首批国家级一流本科课程
湖南省本科精品课程（在线）和一流课程（混合式）
“十四五”时期国家重点出版物出版专项规划项目
中国能源革命与先进技术丛书
电气精品教材丛书

电磁场与电磁波

主　编　谭阳红
副主编　朱彦卿　帅智康
参　编　唐志祥　高　兵　邓　晓　白艳锋

机械工业出版社
CHINA MACHINE PRESS

本书共8章，主要讲解了电磁场与电磁波的基本原理，在此基础上增加了很多相关的工程应用实例，如地面雷达如何和空中雷达进行配合，飞机如何隐形和反隐形等。

本书可作为高等院校电气工程及其自动化等专业的本科及研究生教材，也可作为有关工程人员的参考用书。

本书提供33个视频微课，除此之外还有教学课件PPT、习题的详细题解、教案和教学大纲、模拟试卷等教学资料，欢迎选用教材的老师登录www.cmpedu.com下载或发邮件至编辑邮箱lixiaoping91142@163.com索要。

图书在版编目(CIP)数据

电磁场与电磁波/谭阳红主编. —北京：机械工业出版社，2021.2
(2024.8重印)
(电气精品教材丛书)
ISBN 978-7-111-67534-1

Ⅰ.①电… Ⅱ.①谭… Ⅲ.①电磁场-高等学校-教材②电磁波-高等学校-教材 Ⅳ.①O441.4

中国版本图书馆CIP数据核字(2021)第029332号

机械工业出版社(北京市百万庄大街22号 邮政编码100037)
策划编辑：李小平 责任编辑：李小平
责任校对：王 延 封面设计：马精明
责任印制：张 博
北京建宏印刷有限公司印刷
2024年8月第1版第3次印刷
184mm×260mm · 17.75印张 · 410千字
标准书号：ISBN 978-7-111-67534-1
定价：69.00元

电话服务	网络服务
客服电话：010-88361066	机 工 官 网：www.cmpbook.com
010-88379833	机 工 官 博：weibo.com/cmp1952
010-68326294	金 书 网：www.golden-book.com
封底无防伪标均为盗版	机工教育服务网：www.cmpedu.com

电气精品教材丛书
编 审 委 员 会

序

Preface

电气工程作为科技革命与工业技术中的核心基础学科，在自动化、信息化、物联网、人工智能的产业进程中都起着非常重要的作用。在当今新一代信息技术、高端装备制造、新能源、新材料、节能环保等战略性新兴产业的引领下，电气工程学科的发展需要更多学术研究型和工程技术型的高素质人才，这种变化也对该领域的人才培养模式和教材体系提出了更高的要求。

由湖南大学电气与信息工程学院和机械工业出版社合作开发的电气精品教材丛书，正是在此背景下诞生的。这套教材联合了国内多所著名高校的优秀教师团队和教学名师参与编写，其中包括首批国家级一流本科课程建设团队。该丛书主要包括基础课程教材和专业核心课程教材，都是难学也难教的科目。编写过程中我们重视基本理论和方法，强调创新思维能力培养，注重对学生完整知识体系的构建。一方面用新的知识和技术来提升学科和教材的内涵；另一方面，采用成熟的新技术使得教材的配套资源数字化和多样化。

本套丛书特色如下：

(1) 突出创新。这套丛书的作者既是授课多年的教师，同时也是活跃在科研一线的知名专家，对教材、教学和科研都有自己深刻的体悟。教材注重将科技前沿和基本知识点深度融合，以培养学生综合运用知识解决复杂问题的创新思维能力。

(2) 重视配套。包括丰富的立体化和数字化教学资源（与纸质教材配套的电子教案、多媒体教学课件、微课等数字化出版物），与核心课程教材相配套的习题集及答案、模拟试题，具有通用性、有特色的实验指导等。利用视频或动画讲解理论和技术应用，形象化展示课程知识点及其物理过程，提升课程趣味性和易学性。

(3) 突出重点。侧重效果好、影响大的基础课程教材、专业核心课程教材、实验实践类教材。注重夯实专业基础，这些课程是提高教学质量的关键。

(4) 注重系列化和完整性。针对某一专业主干课程有定位清晰的系列教材，提高教材的教学适用性，便于分层教学；也实现了教材的完整性。

(5) 注重工程角色代入。针对课程基础知识点，采用探究生活中真实案例的选题方式，提高学生学习兴趣。

(6) 注重突出学科特色。教材多为结合学科、专业的更新换代教材，且体现本地区和不同学校的学科优势与特色。

这套教材的顺利出版，先后得到多所高校的大力支持和很多优秀教学团队的积极参与，在此表示衷心的感谢！也期待这些教材能将先进的教学理念普及到更多的学校，让更多的学生从中受益，进而为提升我国电气领域的整体水平做出贡献。

教材编写工作涉及面广、难度大，一本优秀的教材离不开广大读者的宝贵意见和建议，欢迎广大师生不吝赐教，让我们共同努力，将这套丛书打造得更加完美。

电气精品教材丛书编审委员会

前　言
PREFACE

“电磁场与电磁波”一直都是高等院校电类专业最重要的专业基础课，作为人类知识宝库中的精髓，电磁技术是相关专业工程技术人员必须掌握的基础理论。

为了使学生能够了解电磁场理论的应用和前沿知识，激发学生的学习兴趣，提高他们应用理论知识解决实际问题的能力，我们编写了《电磁场与电磁波》《电磁场与电磁波的 MATLAB 仿真》《电磁场与电磁波的 Maxwell 仿真》。这 3 本书在系统阐述电磁场基本理论的基础上，通过已成功应用于工程实际中的技术成果，介绍了电磁场工程问题的提出和应用电磁场理论分析、计算、解决实际问题的过程。

本书的编写宗旨就是希望读者通过本书的学习，能够掌握足够的电磁场基本理论和应用研究方法。本书的编写特点如下：

第一，本书介绍了电磁场的数学、物理基础，帮助学生在尽量不借助数学参考文献的情况下学习后续内容。为此按传统体系逐一讲述预备知识矢量分析、静电场、恒定电场、恒定磁场、时变电磁场、准静态电磁场、无界媒质中的均匀平面波、均匀平面波在不同媒质分界面的反射和折射、导行电磁波等内容。本着由简单到复杂、由浅入深、由特殊规律到普遍规律的顺序，使学生逐步加深对电磁场理论及工程应用的理解。

第二，本书突出对基础和概念的理解。增加了部分概念阐述和新的例题、图示，所有名词和概念均给出了明确的定义，概念更加清楚。为检验学习效果，课程设置有大量习题，并且为便于学生学习，还提供了所有习题的答案及详细题解。

第三，为了帮助学生提高应用电磁场理论解决实际问题的能力，本书增加了很多相关的工程应用实例，如马航 MH370 事件的分析、地面雷达为什么会存在低空盲区、地面雷达如何和空中雷达进行配合、飞机如何隐形和反隐形、为何“奶牛被严重击伤，人却安全无恙”、“易拉罐”是增强 WiFi 信号的神器、4G 和 5G 手机能否用于煤矿的井下和井上通信、鱼塘死鱼之谜、别墅起火之谜等。

第四，该教材对“场论与路的关系”进行疏理，更加突出了场论与路的统一关系，明确指出场论是一切宏观电磁现象遵循的普遍规律，而路则是静态或准静态条件下由场论推出的特例。

第五，该教材为新形态教材，在纸质版教材基础上，在重要的知识点处增加了视频、工程应用实例、教学设计案例等数字资源，使教材内容更加丰富和立体。

另外，文中带 * 部分为选学的内容。

参加本书编写的有谭阳红、朱彦卿、帅智康、唐志祥、高兵、邓晓、白艳锋，由谭阳红担任主编。

本书可作为电气工程、自动化等相关专业本科及研究生的教材或有关工程人员的参考用书。

书中难免存在不足之处，敬请使用本书的师生和读者批评指正。

编者

2021 年 1 月于湖南大学

目　录
CONTENTS

第4章 时变电磁场 117

预备知识:矢量分析

"电路"课程用到的物理量是电压、电流、功率和阻抗等,这些物理量都是标量,完全由其幅值和相位决定,它们和时间有关,但是和空间坐标无关。因此,系统的描述方程是代数方程(直流电路)或常微分方程(动态电路和交流电路)。而在"电磁场和电磁波"课程中描述的场是电场和磁场,是矢量,既有大小,又有方向,很多情况下同时是时间和空间坐标的函数。即使是静态场,其系统方程也是偏微分方程,这就需要我们具备处理矢量代数和矢量微积分的能力。矢量分析是研究矢量(场)的空间分布和变化规律的基本数学工具。

本章介绍标量场和矢量场的运算规律,包括标量场和矢量场的表示、标量的梯度、矢量的乘法和矢量的散度与旋度,以及对后面学习特别有用的定理:散度定理和斯托克斯定理等。

0.1 正交坐标系

0.1.1 直角坐标系

在直角坐标系中,点 P 的三独立坐标变量为 $P(x,y,z)$,如图 0-1a 所示。三线段元为 dx、dy 和 dz,面积元为 $dxdy$、$dydz$ 和 $dxdz$,体积元为 $dV=dxdydz$。

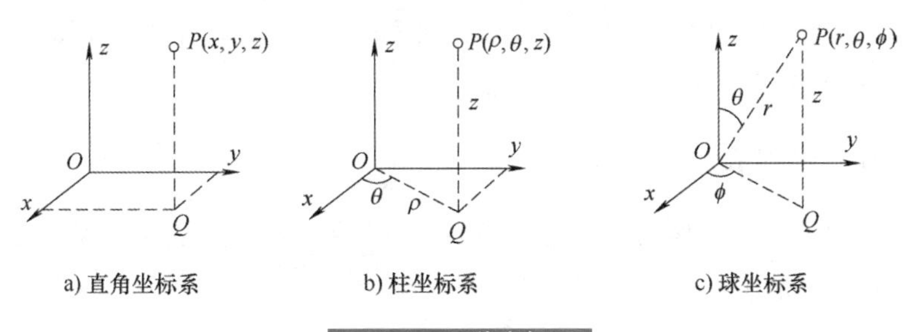

a) 直角坐标系　b) 柱坐标系　c) 球坐标系

图 0-1　三种坐标系

0.1.2 柱坐标系

柱坐标系如图 0-1b 所示,空间任一点 P 的位置用三个独立的坐标变量表示为 $P(\rho,\theta,z)$,ρ 为 OP 在 xOy 平面上的投影,θ 为正 x 轴到 OP 在 xOy 平面上的投影之间的夹角,z 为 OP 在 z

轴上的投影。由图 0-1b 可看出，柱坐标与直角坐标间的关系为 $x=\rho\cos\theta, y=\rho\sin\theta, z=z$ 或 $\rho=\sqrt{x^2+y^2}, \tan\theta=y/x$。其中，各变量的取值范围为 $0\leqslant\rho\leqslant+\infty$，$0\leqslant\theta\leqslant2\pi$ 和 $-\infty<z<+\infty$。

柱坐标系中，三个线段元为 $\mathrm{d}\rho$、$\rho\mathrm{d}\theta$ 和 $\mathrm{d}z$，三个面积元分别为 $\rho\mathrm{d}\theta\mathrm{d}z$、$\mathrm{d}\rho\mathrm{d}z$ 和 $\rho\mathrm{d}\theta\mathrm{d}\rho$，体积元为 $\mathrm{d}V=\rho\mathrm{d}\rho\mathrm{d}\theta\mathrm{d}z$。

0.1.3 球坐标系

球坐标系如图 0-1c 所示，球坐标系空间的点坐标表示为 $P(r,\theta,\phi)$，r 为线段 OP 的长度，θ 为 OP 与 z 轴的夹角，ϕ 为 OP 在 xOy 平面上的投影与 x 轴的夹角。

球坐标变量 $P(r,\theta,\phi)$ 与直角坐标变量 $P(x,y,z)$ 之间的变换关系为 $x=r\sin\theta\cos\phi$，$y=r\sin\theta\sin\phi$ 和 $z=r\cos\theta$，或 $r=\sqrt{x^2+y^2+z^2}$，$\cos\theta=z/\sqrt{x^2+y^2+z^2}$ 和 $\tan\phi=y/x$。

在球坐标中，三个方向的线段元为 $\mathrm{d}r$、$r\mathrm{d}\theta$ 和 $r\sin\theta\mathrm{d}\phi$，三个面积元分别为 $r^2\sin\theta\mathrm{d}\theta\mathrm{d}\phi$、$r\sin\theta\mathrm{d}r\mathrm{d}\phi$ 和 $r\mathrm{d}r\mathrm{d}\theta$，体积元为 $r^2\sin\theta\mathrm{d}r\mathrm{d}\theta\mathrm{d}\phi$。

0.2 标量场和矢量场

场是指空间各点的某物理量的集合。在空间区域的每一点，都有该物理量的确定值和它对应，即物理量在空间的分布状况或变化规律，称为“场”。若用 φ 表示物理量，$\boldsymbol{r}$ 是位置矢量，则 $\varphi(\boldsymbol{r})$ 就是场，因此场是物理量的位置函数。例如，某区域的高度分布规律构成高度场，某范围内的温度分布构成温度场等。

0.2.1 标量和矢量

标量是指只有大小没有方向的物理量。例如质量、长度、时间、能量和温度等。而矢量是既有大小又有方向的物理量，如位移、速度和电场强度等。

能使用标量来描述的场是标量场，或者说标量的空间分布构成标量场，如温度场、电位场等。矢量的空间分布构成矢量场，即需要同时用数值及方向表示的场，如速度场、力场和电磁场等。如果某场的值仅与空间坐标有关，而与时间无关，则该场是静态场；反之，与空间、时间都有关的场是时变场或动态场。

0.2.2 标量和矢量的表示

标量的表示特别简单，直接用斜体字母表示，如 l 代表长度。矢量的表示方式有几何表示、解析表示和方向余弦表示三种。

1. 矢量的几何表示

矢量的几何表示是指矢量可以用有向线段表示，如图 0-2a 所示，记为 $\boldsymbol{A}$ 或 $\overrightarrow{A}$，A 为 $\boldsymbol{A}$ 的模。线段长度表示模的大小，箭头表示矢量 $\boldsymbol{A}$ 的方向。单位矢量可以表示为 $\dfrac{\boldsymbol{A}}{A}$ 或 $\boldsymbol{e}_A$，即 $\boldsymbol{A}=A\boldsymbol{e}_A$ 或 $\boldsymbol{e}_A=\dfrac{\boldsymbol{A}}{A}$。

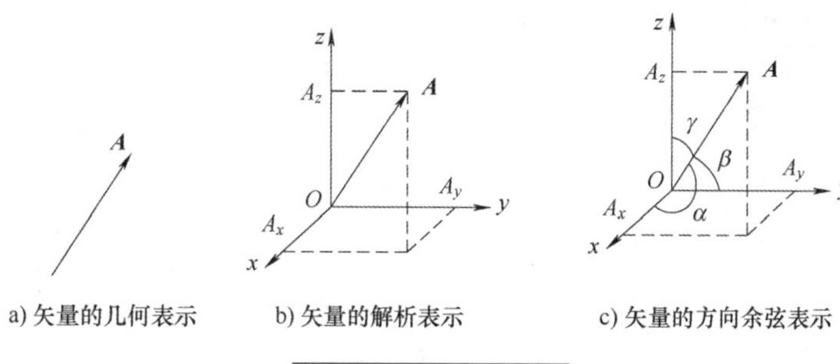

a) 矢量的几何表示　b) 矢量的解析表示　c) 矢量的方向余弦表示

图 0-2 矢量的表示

2. 矢量的解析表示

矢量手写时,采用解析表示方式,即在字母上加箭头的形式,如 $\vec{A}$;印刷体为场量符号加粗,如 $\boldsymbol{A}$。本教材上的矢量符号采用印刷体。

给矢量 $\boldsymbol{A}$ 赋予特定的物理含义时,即成为一个具有实际意义的矢量,如位置矢量代表从坐标原点指向空间位置点的矢量,记为 $\boldsymbol{r}$。有 $\boldsymbol{r}=x\boldsymbol{e}_x+y\boldsymbol{e}_y+z\boldsymbol{e}_z$ 或 $\boldsymbol{r}=x\boldsymbol{i}+y\boldsymbol{j}+z\boldsymbol{k}$,$\boldsymbol{i}$、$\boldsymbol{j}$、$\boldsymbol{k}$ 和 $\boldsymbol{e}_x$、$\boldsymbol{e}_y$、$\boldsymbol{e}_z$ 分别是 x、y 和 z 方向的单位矢量。

在直角坐标系中,三维矢量场 $\boldsymbol{A}(\boldsymbol{r})$ 可以分解为三个分量的场,如图 0-2b 所示。即 $\boldsymbol{A}(\boldsymbol{r})=A_x(\boldsymbol{r})\boldsymbol{e}_x+A_y(\boldsymbol{r})\boldsymbol{e}_y+A_z(\boldsymbol{r})\boldsymbol{e}_z$,其中 $A_x(\boldsymbol{r})$、$A_y(\boldsymbol{r})$ 和 $A_z(\boldsymbol{r})$ 为标量场,矢量 $\boldsymbol{A}$ 的大小(模)为 $A=|\boldsymbol{A}|=\sqrt{A_x^2+A_y^2+A_z^2}$,三种坐标系的单位矢量、位置矢量和元位移矢量见表 0-1。

表 0-1 三种坐标系的单位矢量、位置矢量和元位移矢量

	单位矢量	位置矢量	元位移矢量
直角坐标系	$\boldsymbol{e}_x,\boldsymbol{e}_y,\boldsymbol{e}_z$	$\boldsymbol{r}=x\boldsymbol{e}_x+y\boldsymbol{e}_y+z\boldsymbol{e}_z$	$\mathrm{d}\boldsymbol{r}=\mathrm{d}x\boldsymbol{e}_x+\mathrm{d}y\boldsymbol{e}_y+\mathrm{d}z\boldsymbol{e}_z$
柱坐标系	$\boldsymbol{e}_\rho,\boldsymbol{e}_\theta,\boldsymbol{e}_z$	$\boldsymbol{r}=\rho\boldsymbol{e}_\rho+z\boldsymbol{e}_z$	$\mathrm{d}\boldsymbol{r}=\mathrm{d}\rho\boldsymbol{e}_\rho+\rho\mathrm{d}\varphi\boldsymbol{e}_\theta+\mathrm{d}z\boldsymbol{e}_z$
球坐标系	$\boldsymbol{e}_r,\boldsymbol{e}_\theta,\boldsymbol{e}_\phi$	$\boldsymbol{r}=r\boldsymbol{e}_r$	$\mathrm{d}\boldsymbol{r}=\mathrm{d}r\boldsymbol{e}_r+r\mathrm{d}\theta\boldsymbol{e}_\theta+r\sin\theta\mathrm{d}\varphi\boldsymbol{e}_\phi$

3. 矢量的方向余弦表示

设 α、β 和 γ 表示矢量 $\boldsymbol{A}$ 与三坐标轴正方向间的夹角,则 α、β 和 γ 称为 $\boldsymbol{A}$ 的方向角,如图 0-2c 所示。不难看出,$A_x=A\cos\alpha$,$A_y=A\cos\beta$,$A_z=A\cos\gamma$,故

$$\boldsymbol{A}=A\cos\alpha\boldsymbol{e}_x+A\cos\beta\boldsymbol{e}_y+A\cos\gamma\boldsymbol{e}_z \tag{0-1}$$

这是采用方向角的余弦函数来表示的,故称为 $\boldsymbol{A}$ 的方向余弦表示。

0.3 矢量运算

矢量运算包括矢量的加减法、矢量的数乘、点积和叉积等。

0.3.1 矢量的加减法

设矢量 $\boldsymbol{A}$ 和 $\boldsymbol{B}$ 的和为 $\boldsymbol{C}$,即 $\boldsymbol{C}=\boldsymbol{A}+\boldsymbol{B}$,运算遵循平行四边形或三角形法则,如图 0-3 所示。

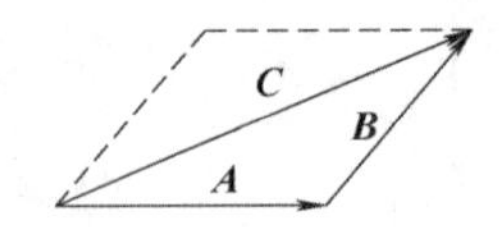

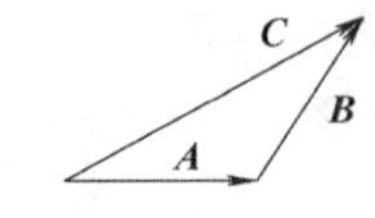

图 0-3 矢量的加法

矢量 $\boldsymbol{B}$ 和矢量 $-\boldsymbol{B}$ 的大小相等，方向相反，两矢量 $\boldsymbol{A}$ 和 $\boldsymbol{B}$ 的减法 $\boldsymbol{A}-\boldsymbol{B}$ 可变成加法运算 $\boldsymbol{A}-\boldsymbol{B}=\boldsymbol{A}+(-\boldsymbol{B})$。

矢量加法运算符合结合律和交换律，其中交换律为 $\boldsymbol{A}+\boldsymbol{B}=\boldsymbol{B}+\boldsymbol{A}$；结合律的表达式为 $(\boldsymbol{A}+\boldsymbol{B})+\boldsymbol{C}=\boldsymbol{A}+(\boldsymbol{B}+\boldsymbol{C})$，式中，$\boldsymbol{A}$、$\boldsymbol{B}$ 和 $\boldsymbol{C}$ 均为矢量。

0.3.2 矢量与标量的乘积(矢量的数乘)

设 k 为标量，$\boldsymbol{A}$ 为矢量，则 $\boldsymbol{B}=k\boldsymbol{A}$ 为矢量的数乘。矢量 $\boldsymbol{B}$ 的大小是矢量 $\boldsymbol{A}$ 的 $|k|$ 倍。如果 $k>0$，则矢量 $\boldsymbol{B}$ 的方向与矢量 $\boldsymbol{A}$ 的方向相同；如果 $k<0$，则 $\boldsymbol{B}$ 的方向与 $\boldsymbol{A}$ 的方向相反。

0.3.3 矢量与矢量的乘积

矢量与矢量的乘积分为矢量的标积和矢量的矢积。

1. 矢量的标量积

矢量的标量积如图 0-4 所示，设 $\boldsymbol{A}$ 和 $\boldsymbol{B}$ 是两个任意矢量，它们的模分别为 A 和 B，θ 是它们之间的夹角，则 $\boldsymbol{A}$ 和 $\boldsymbol{B}$ 的标积为标量，表示为

$$\boldsymbol{A}\cdot\boldsymbol{B}=AB\cos\theta=A_xB_x+A_yB_y+A_zB_z \tag{0-2}$$

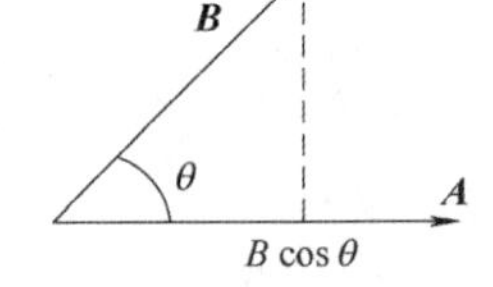

图 0-4 矢量的标量积

图 0-4 可以看出，矢量 $\boldsymbol{B}$ 在矢量 $\boldsymbol{A}$ 方向上的投影为 $B\cos\theta$，故标量积的几何意义是：$\boldsymbol{A}$ 的长度和 $\boldsymbol{B}$ 在 $\boldsymbol{A}$ 上投影 $B\cos\theta$ 的乘积。

不难看出，两矢量垂直的判断方法为：如果非零矢量 $\boldsymbol{A}$ 和矢量 $\boldsymbol{B}$ 之间的夹角为 90°，则 $\boldsymbol{A}\cdot\boldsymbol{B}=0$，即 $\boldsymbol{A}$ 和 $\boldsymbol{B}$ 正交，记作 $\boldsymbol{A}\perp\boldsymbol{B}$。

标积的运算符合交换律和分配律，即满足：$\boldsymbol{A}\cdot\boldsymbol{B}=\boldsymbol{B}\cdot\boldsymbol{A}$，$\boldsymbol{A}\cdot(\boldsymbol{B}+\boldsymbol{C})=\boldsymbol{A}\cdot\boldsymbol{B}+\boldsymbol{A}\cdot\boldsymbol{C}$。

2. 矢量的矢量积

矢量矢积如图 0-5 所示，设 $\boldsymbol{A}$ 和 $\boldsymbol{B}$ 是两个任意矢量，A 和 B 是它们的模，θ 是它们之间的夹角，其矢量积(也称为叉积)为 $\boldsymbol{C}=\boldsymbol{A}\times\boldsymbol{B}$。

在直角坐标系中，如果矢量 $\boldsymbol{A}=A_x\boldsymbol{e}_x+A_y\boldsymbol{e}_y+A_z\boldsymbol{e}_z$ 和 $\boldsymbol{B}=B_x\boldsymbol{e}_x+B_y\boldsymbol{e}_y+B_z\boldsymbol{e}_z$，则 $\boldsymbol{C}$ 的大小为 $C=AB\sin\theta$ 或表示成

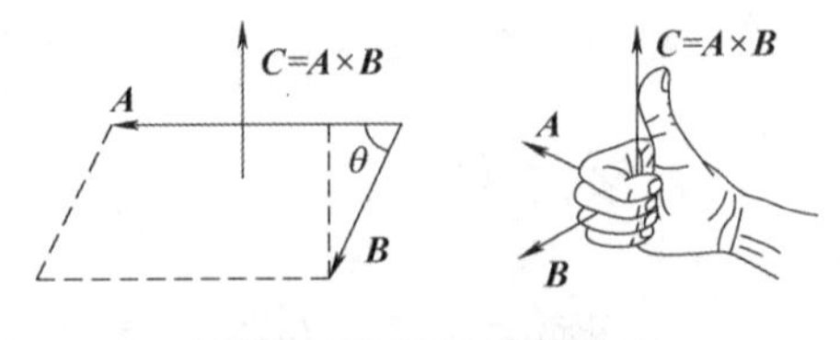

图 0-5 矢量的矢量积

$$\boldsymbol{C}=\boldsymbol{A}\times\boldsymbol{B}=\begin{vmatrix}\boldsymbol{e}_x & \boldsymbol{e}_y & \boldsymbol{e}_z\\ A_x & A_y & A_z\\ B_x & B_y & B_z\end{vmatrix}$$

$$=\boldsymbol{e}_x(A_yB_z-A_zB_y)-\boldsymbol{e}_y(A_xB_z-A_zB_x)+\boldsymbol{e}_z(A_xB_y-A_yB_x) \tag{0-3}$$

矢量 $\boldsymbol{C}$ 的模为 $C=AB\sin\theta$，且 $\boldsymbol{C}$ 与矢量 $\boldsymbol{A}$ 和 $\boldsymbol{B}$ 都垂直，即 $\boldsymbol{C}$ 与 $\boldsymbol{A}$ 和 $\boldsymbol{B}$ 构成的平面垂直且满足右手螺旋定则：四指与大拇指垂直，且在同一平面内，右手四指由矢量 $\boldsymbol{A}$ 的方向(沿小于

180°角的方向)向矢量 $\boldsymbol{B}$ 的方向弯曲(环绕),则伸直的大拇指的方向就是矢量 $\boldsymbol{C}$ 的方向。故叉积的几何意义是:$\boldsymbol{A}\times\boldsymbol{B}$ 是 $\boldsymbol{A}$ 和 $\boldsymbol{B}$ 构成的平行四边形的面积矢量。

如果非零矢量 $\boldsymbol{A}$ 和 $\boldsymbol{B}$ 之间的夹角为 0°或 180°,则 $\boldsymbol{A}\times\boldsymbol{B}=\boldsymbol{0}$。所以,$\boldsymbol{A}\times\boldsymbol{B}=\boldsymbol{0}$ 是判断两矢量平行的方法。

场线

矢量的叉积不服从交换律,且 $\boldsymbol{A}\times\boldsymbol{B}=-\boldsymbol{B}\times\boldsymbol{A}$。但矢量积服从分配律,即

$$(k\boldsymbol{A})\times(p\boldsymbol{B})=kp\boldsymbol{A}\times\boldsymbol{B},\boldsymbol{A}\times(\boldsymbol{B}+\boldsymbol{C})=\boldsymbol{A}\times\boldsymbol{B}+\boldsymbol{A}\times\boldsymbol{C} \tag{0-4}$$

0.3.4 场图

为了研究标量场和矢量场在空间的逐点演变情况,可以用场图直观表示。

1. 标量场的场线:等值线或等值面

对于标量场 $\varphi(\boldsymbol{r})$,通常用等值线或等值面来表示,标量场的等值线如图 0-6 所示,象直观地描述了物理量在空间的分布状态。

在等值面上,每一个面上的标量场值是相等的。因此,等值面方程为

$$\varphi(\boldsymbol{r})=C \tag{0-5}$$

式中,对于某一点 C 为常数。C 取不同的值,得到一系列等值面,它们充满场所在的整个空间,且互不相交,场中的每一点只与一等值面/线对应。

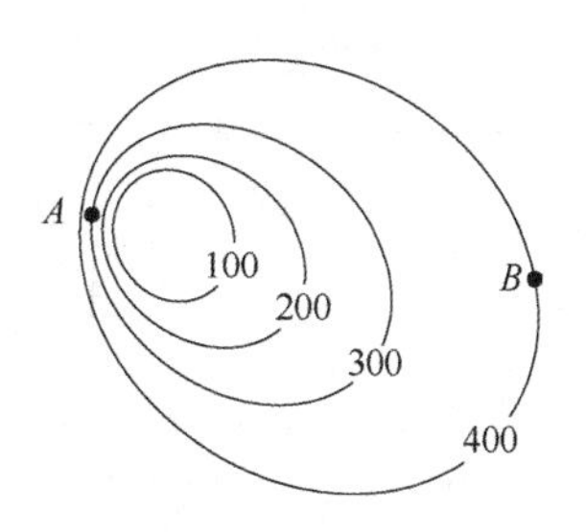

图 0-6 标量场的等值线

空间等值面的疏密程度表示标量场的大致分布特点。设图 0-6 表示高度场的等高线(单位:m),则 A 点的高度为 300m,B 点的高度为 400m,A 点所在位置的等高线比 B 点密,代表 A 点比 B 点陡。

例如,某温度场的表达式为 $T=z-\sqrt{x^2+y^2}$,则等值面方程为 $T=z-\sqrt{x^2+y^2}=c$,(c 为常数)整理后得到 $x^2+y^2=(z-c)^2$。这显然是圆的方程,因此上述温度场的等值面是圆。

2. 矢量场的场线:力线/流线

对于矢量场 $\boldsymbol{A}(\boldsymbol{r})$,可用一些有向曲线来描述。这些有向曲线称为矢量线或力线、流线,如电力线、磁力线等,如图 0-7 所示。

矢量场的大小用力线的疏密程度表示,力线稠密处矢量场大,反之力线稀疏处矢量场就小。如图 0-7 中 A 点的场线分布比 B 的点的场线密,故 A 点的场比 B 点大。曲线上每一点的切线方向为此处矢量场的方向。

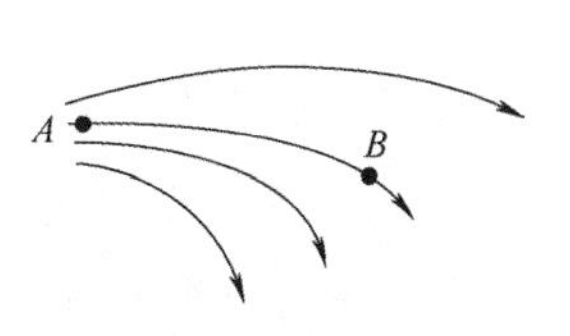

图 0-7 矢量场的矢量线

矢量有四种分布,具体如图 0-8 所示,分别为有头有尾型、有头无尾型、无头有尾型和无头无尾型。

a) 有头有尾型

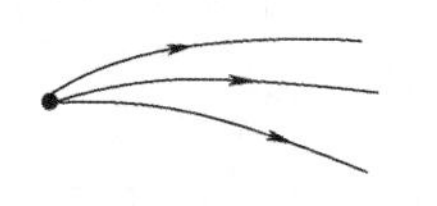

b) 有头无尾型

c) 无头有尾型

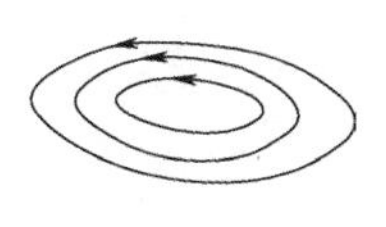

d) 无头无尾型

图 0-8 矢量线的形式

矢量场的力线方程可以通过微分方程求得，设 d$\boldsymbol{r}$ 为力线上某点的切向微分矢量，$\boldsymbol{A}(\boldsymbol{r})$ 为该点的矢量，对直角坐标系，有 $\mathrm{d}\boldsymbol{r}=\mathrm{d}x\boldsymbol{e}_x+\mathrm{d}y\boldsymbol{e}_y+\mathrm{d}z\boldsymbol{e}_z$，且 $\boldsymbol{A}(\boldsymbol{r})=A_x\boldsymbol{e}_x+A_y\boldsymbol{e}_y+A_z\boldsymbol{e}_z$。由于该点的矢量方向即为该点的切向方向，即 $\boldsymbol{A}(\boldsymbol{r})$ 与 d$\boldsymbol{r}$ 同向，故满足 $\boldsymbol{A}(\boldsymbol{r})\times\mathrm{d}\boldsymbol{r}=\boldsymbol{0}$，即

$$\frac{\mathrm{d}x}{A_x}=\frac{\mathrm{d}y}{A_y}=\frac{\mathrm{d}z}{A_z} \tag{0-6}$$

0.4 方向导数和梯度

0.4.1 标量场的方向导数

在标量场空间中，从等值面的分布可以大致了解标量场的整体分布情况。

为了定量研究场的局部分布情况，需要考察每个点在邻域内沿各方向的变化情况，因此引入方向导数的概念。

方向导数是指场沿不同方向的变化率，如图 0-9 所示。设 M_0 为标量场 μ 中的定点，经 M_0 引一条射线 $\boldsymbol{l}$。点 M 是 $\boldsymbol{l}$ 上的动点，到点 M_0 的距离为 Δl。当点 M 沿 $\boldsymbol{l}$ 趋近于 M_0（即 $\Delta l\to 0$）时，比值 $\dfrac{\mu(M)-\mu(M_0)}{\Delta l}$ 的极限称为标量场 μ 在点 M_0 处沿 $\boldsymbol{l}$ 方向的方向导数，记作 $\left.\dfrac{\partial\mu}{\partial l}\right|_{M_0}$，即

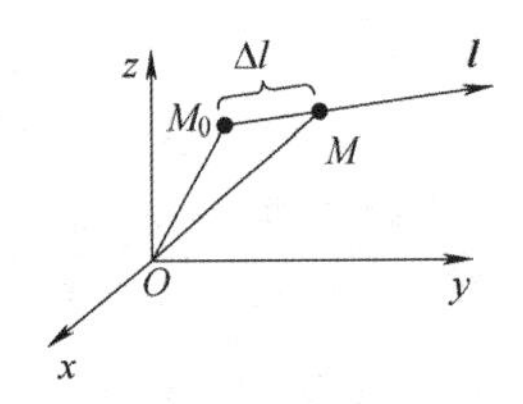

图 0-9 方向导数

$$\left.\frac{\partial\mu}{\partial l}\right|_{M_0}=\lim_{\Delta l\to 0}\frac{\mu(M)-\mu(M_0)}{\Delta l} \tag{0-7}$$

在直角坐标系中，根据复合函数求导的链式法则，有

$$\frac{\partial\mu}{\partial l}=\frac{\partial\mu}{\partial x}\frac{\mathrm{d}x}{\mathrm{d}l}+\frac{\partial\mu}{\partial y}\frac{\mathrm{d}y}{\mathrm{d}l}+\frac{\partial\mu}{\partial z}\frac{\mathrm{d}z}{\mathrm{d}l}$$

设 $\boldsymbol{l}$ 方向的方向余弦为 $\cos\alpha$、$\cos\beta$ 和 $\cos\gamma$，即 $\dfrac{\mathrm{d}x}{\mathrm{d}l}=\cos\alpha$、$\dfrac{\mathrm{d}y}{\mathrm{d}l}=\cos\beta$、$\dfrac{\mathrm{d}z}{\mathrm{d}l}=\cos\gamma$，得到标量场 μ 在 $\boldsymbol{l}$ 的方向导数为

$$\left.\frac{\partial\mu}{\partial l}\right|_{M_0}=\frac{\partial\mu}{\partial x}\cos\alpha+\frac{\partial\mu}{\partial y}\cos\beta+\frac{\partial\mu}{\partial z}\cos\gamma \tag{0-8}$$

因此，在标量场中，场沿不同方向的变化率是不一样的，如果 $\left.\dfrac{\partial\mu}{\partial l}\right|_{M_0}>0$，则表示 μ 沿 $\boldsymbol{l}$ 方向是增大的；如果 $\left.\dfrac{\partial\mu}{\partial l}\right|_{M_0}<0$，则表示 μ 沿 $\boldsymbol{l}$ 方向是减小的；如果 $\left.\dfrac{\partial\mu}{\partial l}\right|_{M_0}=0$，则表示 μ 沿 $\boldsymbol{l}$ 方向的值不变。

0.4.2 梯度

很明显，方向导数不仅和点 M_0 的位置有关，还和方向 $\boldsymbol{l}$ 有关，不同方向的变化快慢是不一

样的。而在工程实际中,我们更关心沿哪个方向的变化率最大。同时,方向导数描述的是场点的方向变化率,即点的空间变化率。而空间变化率涉及三个空间坐标变量的偏导数,因此为了准确刻画标量场的空间变化率,需引入一个矢量,即梯度的概念。

标量场的分析(梯度)

在直角坐标系中,若令

$$\boldsymbol{G}=\boldsymbol{e}_x\frac{\partial\mu}{\partial x}+\boldsymbol{e}_y\frac{\partial\mu}{\partial y}+\boldsymbol{e}_z\frac{\partial\mu}{\partial z},\boldsymbol{e}_l=\boldsymbol{e}_x\cos\alpha+\boldsymbol{e}_y\cos\beta+\boldsymbol{e}_z\cos\gamma$$

式中,$\boldsymbol{e}_x$、$\boldsymbol{e}_y$ 和 $\boldsymbol{e}_z$ 分别为 x、y、z 方向上的单位矢量;$\boldsymbol{e}_l$ 为 $\boldsymbol{l}$ 方向的单位矢量。则标量场 μ 在 $\boldsymbol{l}$ 的方向导数为

$$\frac{\partial\mu}{\partial l}=\left(\boldsymbol{e}_x\frac{\partial\mu}{\partial x}+\boldsymbol{e}_y\frac{\partial\mu}{\partial y}+\boldsymbol{e}_z\frac{\partial\mu}{\partial z}\right)\cdot(\boldsymbol{e}_x\cos\alpha+\boldsymbol{e}_y\cos\beta+\boldsymbol{e}_z\cos\gamma) \tag{0-9}$$

式(0-9)就是矢量 $\boldsymbol{G}$ 和方向 $\boldsymbol{l}$ 的点积,故

$$\frac{\partial\mu}{\partial l}=\boldsymbol{G}\cdot\boldsymbol{e}_l \tag{0-10}$$

由于 $\boldsymbol{G}$ 是与方向 $\boldsymbol{l}$ 无关的矢量,由式(0-10)可知,当方向 $\boldsymbol{l}$ 与矢量 $\boldsymbol{G}$ 的方向一致时,方向导数的值最大,且等于矢量 $\boldsymbol{G}$ 的模 G。

设 $\mathrm{grad}\mu=\boldsymbol{e}_l\left.\frac{\partial\mu}{\partial l}\right|_{\max}$,其方向是标场量 μ 变化率最大的方向,大小等于该点的最大方向导数,即最大空间变化率。将 $\mathrm{grad}\mu$ 称为标量场 μ 梯度,即

$$\mathrm{grad}\mu=\boldsymbol{e}_x\frac{\partial\mu}{\partial x}+\boldsymbol{e}_y\frac{\partial\mu}{\partial y}+\boldsymbol{e}_z\frac{\partial\mu}{\partial z} \tag{0-11}$$

例如图 0-10 所示的高度场中,沿 OA 方向高度增加。很显然,有无数个方向的高度是增加的。其中 OB 方向的高度增加是最快的,OB 方向就是梯度方向。

图 0-10 中,任意点的高度梯度数值就是该点高度的最大陡度,梯度方向与等高线垂直,指向地势升高的方向。

因此,我们乘坐直升电梯的上楼方向,垂直攀岩时的向上方向,都是高度的梯度方向。

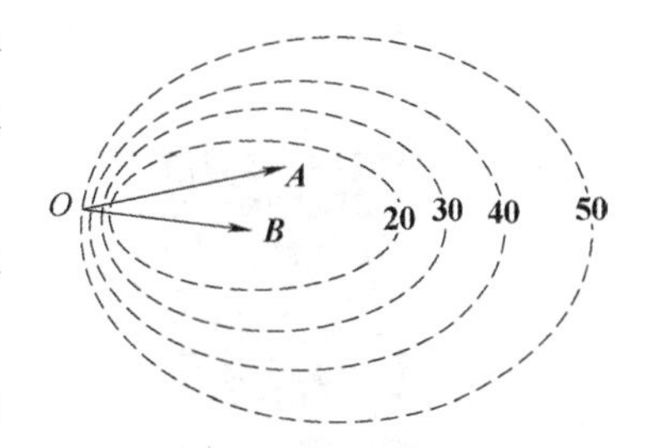

图 0-10 梯度方向

在直角坐标系中,设

$$\boldsymbol{\nabla}=\boldsymbol{e}_x\frac{\partial}{\partial x}+\boldsymbol{e}_y\frac{\partial}{\partial y}+\boldsymbol{e}_z\frac{\partial}{\partial z} \tag{0-12}$$

$\boldsymbol{\nabla}$ 称为哈密顿算子,故

$$\mathrm{grad}\mu=\boldsymbol{e}_x\frac{\partial\mu}{\partial x}+\boldsymbol{e}_y\frac{\partial\mu}{\partial y}+\boldsymbol{e}_z\frac{\partial\mu}{\partial z}=\boldsymbol{\nabla}\mu \tag{0-13}$$

很明显,梯度有如下性质:

(1) 标量场的梯度是一个矢量。

(2) 在给定点的任意方向,方向导数等于梯度在该方向上的投影。

(3) 梯度指向标量场增长最快的方向,大小等于最大空间变化率。例如高度场的梯度方

向是高度变化最快(最陡)的方向,大小为该点的最大陡度。

(4) 沿等值面的方向导数为零,故梯度与等值面垂直;沿梯度方向导数为正,说明梯度指向函数值增加的方向。

例 0-1 求场 $\varphi=3x^2+z^2+2xz-2yz$ 在点(0,0.5,1)处的梯度。

解:根据梯度的定义式 $\boldsymbol{g}=\frac{\partial\varphi}{\partial x}\boldsymbol{e}_x+\frac{\partial\varphi}{\partial y}\boldsymbol{e}_y+\frac{\partial\varphi}{\partial z}\boldsymbol{e}_z$,得到

$$\boldsymbol{g}=(6x+2z)\boldsymbol{e}_x+(-2z)\boldsymbol{e}_y+2(x-y+z)\boldsymbol{e}_z$$

在点(0,0.5,1)处,得到 $\boldsymbol{g}=2\boldsymbol{e}_x-2\boldsymbol{e}_y+\boldsymbol{e}_z$,即场在点(0,0.5,1)处的梯度。

0.5 矢量场的通量和散度

和标量场一样,矢量线可以形象直观地描述矢量场,但是矢量线的疏密只能定性表征矢量场的大小,无法定量描述。在众多工程实际中,需定量描述矢量场的分布,故本节和下节关注矢量场的空间分布,采用散度和旋度来描述。

0.5.1 面元矢量

设 $\mathrm{d}S$ 为曲面 S 上的面元,$\boldsymbol{e}_\mathrm{n}$ 为与此面元相垂直的单位矢量,定义面元矢量 $\mathrm{d}\boldsymbol{S}=\boldsymbol{e}_\mathrm{n}\mathrm{d}S$,如图 0-11a 所示。

对于闭合面,其面元方向定义为垂直封闭曲面向外,即外法线方向,如图 0-11b 所示。对于由一条闭合曲线 S 围成的非闭合面,选择 S 的环绕方向后,采用右手螺旋法则确定面元方向,即右手四指沿着曲线环绕方向环绕,大拇指方向即为面元方向,如图 0-11c 所示。

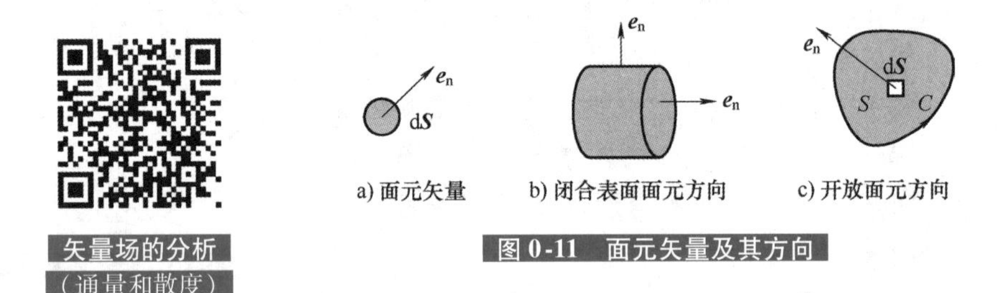

矢量场的分析(通量和散度)

图 0-11 面元矢量及其方向

0.5.2 通量

矢量线的疏密可以定性表征矢量场的大小,工程实际中,往往需要定量描述矢量场的大小,故引入通量的概念。

若矢量场 $\boldsymbol{A}(\boldsymbol{r})$ 分布于某空间中,S 是空间的任意曲面,则矢量 $\boldsymbol{A}(\boldsymbol{r})$ 沿有向曲面 S 的面积分称为通量 φ,即

$$\varphi=\int_S \mathrm{d}\varphi=\int_S \boldsymbol{A}(\boldsymbol{r})\cdot\mathrm{d}\boldsymbol{S}=\int_S \boldsymbol{A}(\boldsymbol{r})\cdot\boldsymbol{e}_\mathrm{n}\mathrm{d}S \tag{0-14}$$

式中,$\mathrm{d}\boldsymbol{S}=\boldsymbol{e}_\mathrm{n}\mathrm{d}S$ 为面元矢量;$\boldsymbol{e}_\mathrm{n}$ 为面积元的法向单位矢量。

很显然,通量是标量。

* **通量的理解:** 假设 $\boldsymbol{A}(\boldsymbol{r})$ 代表真实流体的流动,而 S 代表渗透膜,流体中不同位置的流速是不同的,因此通过曲面不同位置的流速不一样。如果曲面的某部分平行于流动方向,则单位时间内通过的该部分流体数量为零,因为流线必须穿过曲面,流体才能从曲面穿过。因此,通量取决于流体垂直于曲面的分量和曲面面积的乘积。

若 S 面闭合,则

$$\varphi = \oint_s \boldsymbol{A}(\boldsymbol{r}) \cdot \mathrm{d}\boldsymbol{S}(\boldsymbol{r}) = \oint_s \boldsymbol{A} \cdot \boldsymbol{n}\mathrm{d}S = \oint_s A\cos\theta \mathrm{d}S \tag{0-15}$$

式中,θ 为方向矢量 $\boldsymbol{n}$ 与 $\boldsymbol{A}(\boldsymbol{r})$ 的夹角。

穿过任意闭合面上的通量在不同的场景有不同的物理含义,例如流速场的通量代表穿过闭合面 S 的净流量,即 S 面的流出流量和流入流量之差。如果通量 $\varphi>0$,代表流出的流量比流入的流量多,说明区域内有产生流量的“源”;反之,如果通量 $\varphi<0$,表示闭合区域内有吸收流量的“洞”。

将产生或汇集通量的“源”称为通量源,例如静电场中的正电荷是产生通量的正源,负电荷是汇集通量的负源。通量源是一种管型源,其场线是有始有终的,例如点电荷的电力线。因此,闭合面的通量代表闭合面所包围区域内的通量源总体情况。如图 0-12 所示,通量有三种结果:若通量 $\varphi<0$,如图 0-12a 所示,表示有净矢量线穿入闭合面,即闭合面内有汇集矢量线的负通量源;若 $\varphi>0$,如图 0-12b 所示,表示有净矢量线穿出闭合面,即闭合面内有发出矢量线的正源;若 $\varphi=0$,如图 0-12c 所示,表示进入与穿出闭合曲面的矢量线相等,即闭合面内无源,或正源与负源代数和为 0。

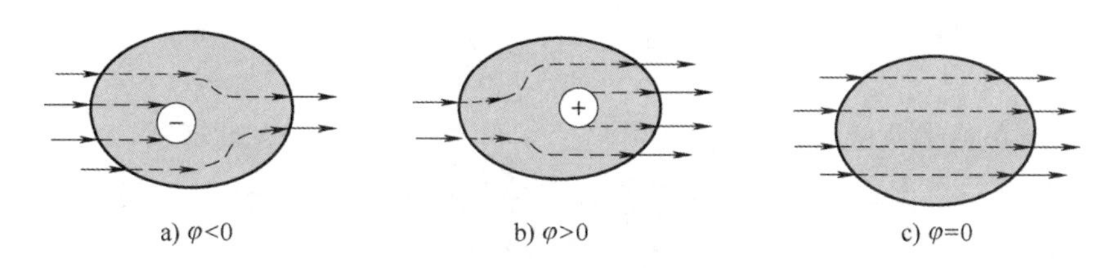

a) $\varphi<0$　　b) $\varphi>0$　　c) $\varphi=0$

图 0-12　闭合面通量的物理含义

0.5.3　散度

通量是闭合面上的积分量,只能反映整个闭合面内所有通量源的整体特性,并不能详细地描述通量源分布的特性。为了研究场内任意点的源分布强度特性,引进散度的概念。

设包围点 P 的闭合面 S 所围区域的体积为 ΔV,以任意方式将 S 进行无限收缩,使体积 $\Delta V\to0$,此时 ΔV 缩小至点 P,如通量与体积之比的极限存在,即 $\lim\limits_{\Delta V\to0}\dfrac{\oint_S \boldsymbol{A}\cdot\mathrm{d}\boldsymbol{S}}{\Delta V}$,称为散度,记为

$$\nabla\cdot\boldsymbol{A} = \mathrm{div}\boldsymbol{A} = \lim_{\Delta V\to0}\frac{\oint_S \boldsymbol{A}\cdot\mathrm{d}S}{\Delta V} \tag{0-16}$$

式中，∇ 为哈密顿算子，$\nabla = \boldsymbol{e}_x \frac{\partial}{\partial x} + \boldsymbol{e}_y \frac{\partial}{\partial y} + \boldsymbol{e}_z \frac{\partial}{\partial z}$。

从式(0-16)看出，散度是代表矢量场中空间点的源特性，表示该点单位体积内散发的通量，即通量的体密度，反映该点处通量源的强度(分布特性)。

散度表征该点的通量源强度，故又称散度源密度，如图 0-13 所示。若 $\nabla \cdot \boldsymbol{A}>0$，代表该点存在正通量源，有净场线从该点发出；若 $\nabla \cdot \boldsymbol{A}<0$，表示该点有负通量源，有净场线终止于该点；如果 $\nabla \cdot \boldsymbol{A}=0$ 成立，则该矢量场称为无源场(无散场、管形场)，否则称为有散场。

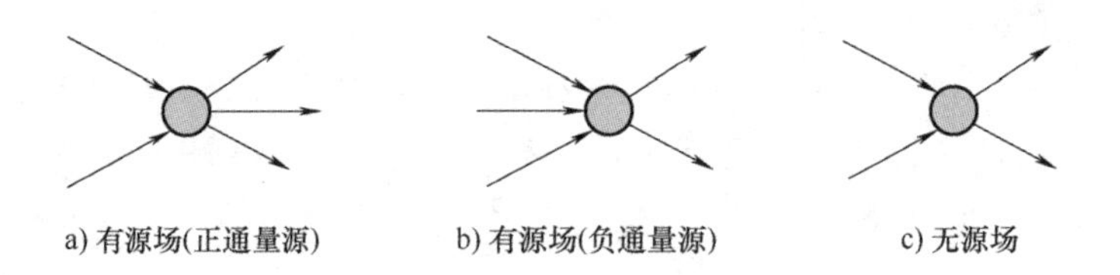

图 0-13　散度的物理意义

在直角坐标系中，散度的计算公式为 $\operatorname{div}\boldsymbol{A} = \nabla \cdot \boldsymbol{A} = \frac{\partial A_x}{\partial x} + \frac{\partial A_y}{\partial y} + \frac{\partial A_z}{\partial z}$，故矢量的散度是标量。

0.5.4　散度定理(高斯公式)

由散度的定义式有

$$\nabla \cdot \boldsymbol{A} = \lim_{\Delta V \to 0} \frac{\oint_S \boldsymbol{A} \cdot \mathrm{d}\boldsymbol{S}}{\Delta V} \tag{0-17}$$

由于 $\nabla \cdot \boldsymbol{A}$ 是通量源密度，即穿过包围单位体积 ΔV 的闭合面 S 的通量。将体积 V 分成 n 个体积元 $\mathrm{d}V_1, \mathrm{d}V_2, \cdots, \mathrm{d}V_n$，每个体积元对应的闭合面为 $S_1, S_2, \cdots, S_n$，则从闭合面 S 穿出的通量等于从包围每个体积元的小闭合面穿出的通量之和，即

$$\oint_S \boldsymbol{A} \cdot \mathrm{d}\boldsymbol{S} = \oint_{S_1} \boldsymbol{A} \cdot \mathrm{d}\boldsymbol{S} + \oint_{S_2} \boldsymbol{A} \cdot \mathrm{d}\boldsymbol{S} + \cdots + \oint_{S_n} \boldsymbol{A} \cdot \mathrm{d}\boldsymbol{S} \tag{0-18}$$

由散度的定义式得

$$\oint_{S_i} \boldsymbol{A} \cdot \mathrm{d}\boldsymbol{S} = (\nabla \cdot \boldsymbol{A})\,\mathrm{d}V_i \quad i=1,2,\cdots,n \tag{0-19}$$

因此

$$\oint_S \boldsymbol{A} \cdot \mathrm{d}\boldsymbol{S} = \lim_{\substack{n \to \infty \\ \Delta V_n \to 0}} \sum_{n=1}^{\infty} \nabla \cdot \boldsymbol{A} \Delta V_n = \int_V \nabla \cdot \boldsymbol{A} \mathrm{d}V \tag{0-20}$$

所以，矢量散度的体积分等于矢量的闭合面积分，即

$$\oint_S \boldsymbol{A} \cdot \mathrm{d}\boldsymbol{S} = \int_V \nabla \cdot \boldsymbol{A} \mathrm{d}V \tag{0-21}$$

式(0-21)称为散度定理(高斯公式)，揭示了散度与通量的关系，矢量场散度的体积积分等于其包围的闭合面的总通量，矢量的面积分与其散度的体积积分可互换。

0.6 矢量的环量与旋度

0.6.1 有向线元

有向曲线:指定了正方向的曲线称为有向曲线,如图 0-14 所示。图 0-14 中,指定曲线 M_1M_2 的方向是由 M_1 指向 M_2,则它就是有向曲线。

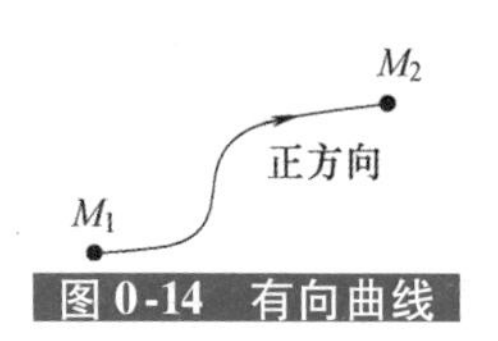

图 0-14 有向曲线

有向线元:指有向曲线上长度趋于零的微元(可看作直线),方向与曲线正方向相同。

0.6.2 矢量的环量

矢量场的环量和旋度

上节讨论了矢量场的通量,即矢量场在一有向曲面上的面积分值,其大小表示区域内的通量源,通量源的强度(分布情况)用散度来描述。

在矢量场还有另外一种源——涡流源,和它相对应的是线积分。闭合曲线的积分值有特定的物理含义,对于不同的场,其含义不同。例如某一质点在力场 $\boldsymbol{F}$ 中沿指定的曲线 $\boldsymbol{l}$ 运动时,力所做的功可表示为线积分:$\int_l \boldsymbol{F}\cdot \mathrm{d}\boldsymbol{l}=\int_l F\cos\theta \mathrm{d}l$,其中线元矢量 $\mathrm{d}\boldsymbol{l}=\mathrm{d}x\boldsymbol{e}_x+\mathrm{d}y\boldsymbol{e}_y+\mathrm{d}z\boldsymbol{e}_z$,$\theta$ 为 $\boldsymbol{F}$ 与 $\mathrm{d}\boldsymbol{l}$ 的夹角。

矢量场 $\boldsymbol{A}$ 中,若曲线 $\boldsymbol{l}$ 闭合,如图 0-15a 所示。则 $\boldsymbol{A}$ 沿 $\boldsymbol{l}$ 的线积分称为环量(环流),表达式为

$$\Gamma=\oint_l \boldsymbol{A}\cdot \mathrm{d}\boldsymbol{l}=\oint_l A\cos\theta \mathrm{d}l \tag{0-22}$$

在不同的场景中,环量的物理含义不同。例如在力场中,环量代表力沿闭合路径所做的功。在流速场中,如果环量为零,表示流体沿平行于管道轴线的方向流动,即流体没有涡旋运动;如果环量不为零,则场中一定有产生涡旋的“源”。

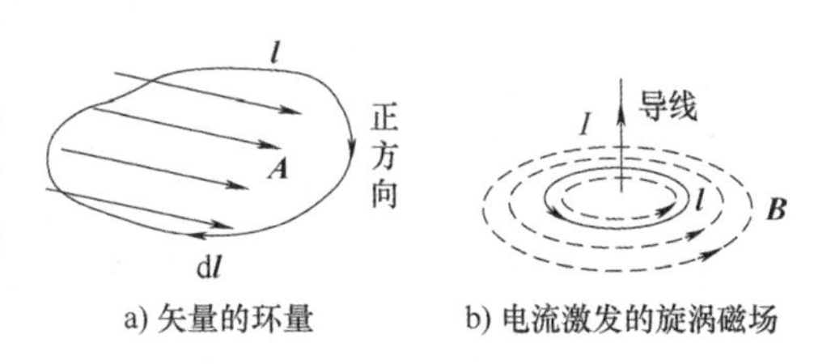

图 0-15 矢量的环量及举例

因此,和通量源不一样,环量描述的是涡流源(也称为旋度源、旋涡源)强度,例如对于水的流速场,可以理解为涡流处水的旋转缓急。涡流源所激发的场线是闭合的。若矢量场环流不为零,表示矢量场中存在产生矢量场的涡流源。例如,图 0-15b 中,电流 I 产生磁场 $\boldsymbol{B}$,$\boldsymbol{B}$ 的环量与电流的关系为 $\oint_L \boldsymbol{B}\cdot \mathrm{d}\boldsymbol{l}=\mu_0 I$。说明磁场的 $\boldsymbol{B}$ 线是闭合的,电流是产生磁场的涡流源。

0.6.3 矢量的旋度

环流描述的是矢量场中闭合线上的涡流源情况,但是环量是闭合线上的积分量,只能反映整个闭合曲线内涡流源的整体特性,为了研究场内任意点的分布特性,即任意点的源分布强度特性,引入旋度的概念。

设包围某点 P 的闭合曲线为 $\boldsymbol{l}$,曲线 $\boldsymbol{l}$ 包围的区域面积是 ΔS,面的法线方向与曲线绕向满

足右手螺旋法则。把包围该点的封闭曲线进行无限收缩，使包围该点的曲线面积 $\Delta S\to 0$，如果 $\lim\limits_{\Delta S\to 0}\dfrac{\oint_l \boldsymbol{A}\cdot \mathrm{d}\boldsymbol{l}}{\Delta S}$ 存在，则此值是环流的面密度或环量强度。

由于面元是有方向的，环流面密度大小与所选取的单位面元方向有关，因此取不同的路径，其环量密度不同。对于 P 点，存在一特殊面元方向，上述极限值有最大值。因此，引入旋度，表示为 $\mathrm{rot}\boldsymbol{A}$

$$\mathrm{rot}_{\mathrm{n}}\boldsymbol{A}=(\nabla\times\boldsymbol{A})\cdot\boldsymbol{n}=\lim_{\Delta S\to 0}\frac{\oint_l \boldsymbol{A}\cdot \mathrm{d}\boldsymbol{l}}{\Delta S} \tag{0-23}$$

式中，ΔS 为任意面元；$\mathrm{rot}_{\mathrm{n}}\boldsymbol{A}$ 为旋度在 S 法线方向 $\boldsymbol{n}$ 上的投影，是环量的面密度。

而旋度 $\mathrm{rot}\boldsymbol{A}$ 是矢量，大小等于最大环量面密度，方向垂直于产生最大环流的闭合线所包围的平面（使环量最大时，面积 ΔS 的法线方向）。

矢量 $\boldsymbol{A}$ 的旋度可以表示成算子 ∇ 和 $\boldsymbol{A}$ 的矢量积，即 $\mathrm{rot}\boldsymbol{A}=\nabla\times\boldsymbol{A}$。若场 $\boldsymbol{A}$ 的 $\nabla\times\boldsymbol{A}=\boldsymbol{J}\neq 0$，$\boldsymbol{A}$ 为旋度场（或涡旋场），$\boldsymbol{J}$ 称为旋度源（或涡流源）密度，如图 0-16a 所示；如果旋度处处为零，该矢量场是无旋场，如图 0-16b 所示。

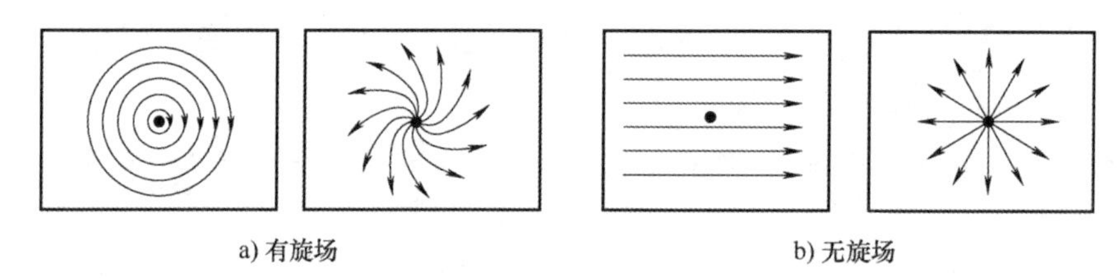

a) 有旋场　　b) 无旋场

图 0-16　有旋场和无旋场

在直角坐标系中，矢量 $\boldsymbol{A}$ 的旋度表达式为

$$\mathrm{rot}\boldsymbol{A}=\nabla\times\boldsymbol{A}=\begin{vmatrix}\boldsymbol{e}_x & \boldsymbol{e}_y & \boldsymbol{e}_z\\ \dfrac{\partial}{\partial x} & \dfrac{\partial}{\partial y} & \dfrac{\partial}{\partial z}\\ A_x & A_y & A_z\end{vmatrix} \tag{0-24}$$

从式(0-24)看出，矢量的旋度为矢量，是空间坐标的函数，表示矢量场在该点处的环量密度的最大值。

0.6.4　斯托克斯定理

矢量场中，设闭合曲线 $\boldsymbol{l}$ 所包围的面积为 S，在环量定义式中，$\mathrm{rot}_{\mathrm{n}}\boldsymbol{A}$ 是环量密度，即围绕单位面积环路上的环量。将曲面 S 进行如图 0-17 所示的拆分，设划分后的面积单元为 $\mathrm{d}S_1$，$\mathrm{d}S_2,\cdots,\mathrm{d}S_n$，面积单元对应的闭合曲线分别为 $l_1,l_2,\cdots,l_n$，故

$$\oint_l \boldsymbol{A}\cdot\mathrm{d}\boldsymbol{l}=\oint_{l_1}\boldsymbol{A}\cdot\mathrm{d}\boldsymbol{l}+\oint_{l_2}\boldsymbol{A}\cdot\mathrm{d}\boldsymbol{l}+\cdots+\oint_{l_n}\boldsymbol{A}\cdot\mathrm{d}\boldsymbol{l} \tag{0-25}$$

由旋度的定义有

$$\oint_{l_i} \boldsymbol{A} \cdot \mathrm{d}\boldsymbol{l} = \nabla \times \boldsymbol{A} \cdot \mathrm{d}\boldsymbol{S}_i \quad i=1,2,\cdots,n \tag{0-26}$$

故 $\int_S (\nabla \times \boldsymbol{A}) \cdot \mathrm{d}\boldsymbol{S} = \sum_{\substack{i=1 \\ n\to\infty}}^{n} (\nabla \times \boldsymbol{A}) \cdot \mathrm{d}\boldsymbol{S}_i$,即

$$\int_S (\nabla \times \boldsymbol{A}) \cdot \mathrm{d}\boldsymbol{S} = \oint_l \boldsymbol{A} \cdot \mathrm{d}\boldsymbol{l} \tag{0-27}$$

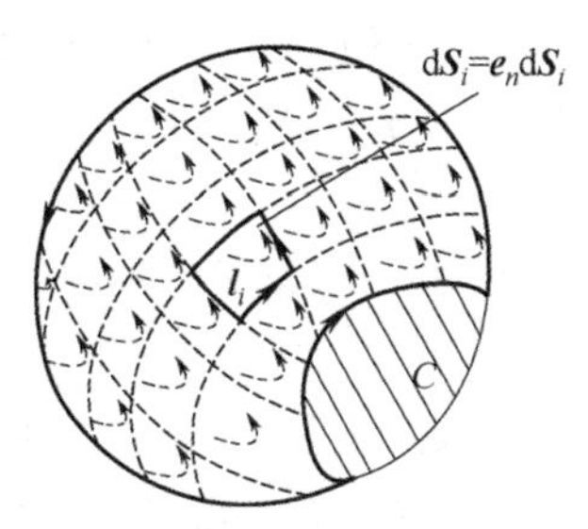

图 0-17 曲面的划分

式(0-27)称为斯托克斯定理,其中 $\boldsymbol{S}$ 为闭合曲线 $\boldsymbol{l}$ 所包围的有向曲面,即矢量旋度的面积分等于矢量的环流,它揭示了旋度与环流之间的关系,矢量函数的线积分与面积分可互换。

* 0.6.5 从环量到旋度[㊀]

从环量到旋度,可以通过两个步骤得出,如图 0-18 所示:

1) 求场中某点的环量面密度,即闭合曲线包围的面积趋近于零时的环量,将环量除以闭合曲线所围面积,当面积收缩到点时,即可得到该点的环量面密度。

环量 —求某点的值→ 环量面密度 —求最大值→ 旋度

图 0-18 旋度的得出过程

2) 当环量面密度取最大值时,即得到旋度。

过点 P 做微小曲面 ΔS,其边界曲线记为 $\boldsymbol{l}$,面的法线方向与曲线绕向成右手螺旋。当 $\Delta S \to 0$ 时,如图 0-19a 所示,若极限存在,即

$$\frac{\mathrm{d}\Gamma}{\mathrm{d}S} = \lim_{\Delta S \to 0} \frac{1}{\Delta S} \oint_{\Delta l} \boldsymbol{A} \cdot \mathrm{d}\boldsymbol{l} \tag{0-28}$$

则式(0-28)称为点 P 的环量密度。

现在思考,环量密度的值是否和方向有关?

设平面上有一点 P 的矢量 $\boldsymbol{A}$ 的方向如图 0-19b 所示,过 P 点可做多条有向曲线,例如图 0-19b 中的 $\boldsymbol{l}_1$(与矢量 $\boldsymbol{A}$ 在同一平面内)、$\boldsymbol{l}_3$(与矢量 $\boldsymbol{A}$ 垂直)和 $\boldsymbol{l}_2$(与矢量 $\boldsymbol{A}$ 有一定的夹角)。比较路径 $\boldsymbol{l}_1$、$\boldsymbol{l}_2$ 和 $\boldsymbol{l}_3$ 所对应的环量面密度,谁最大?

图 0-19b 中,$\boldsymbol{l}_3$ 与 $\boldsymbol{A}$ 垂直,故 $\boldsymbol{A}$ 在 $\boldsymbol{l}_3$ 上的环量为零,因此,环量密度为零;$\boldsymbol{l}_1$,$\boldsymbol{l}_2$ 对应的环量密度不为零,$\boldsymbol{l}_1$ 对应的环量密度最大。

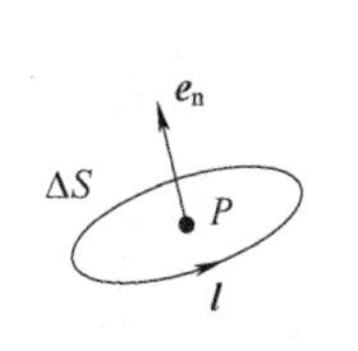

a) 环量密度

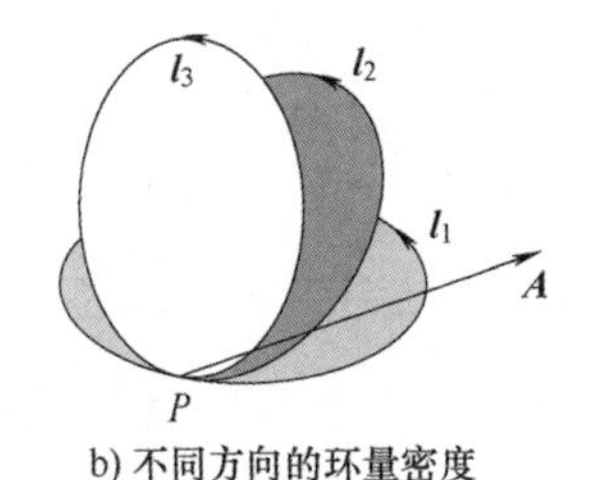

b) 不同方向的环量密度

图 0-19 环量密度和方向的关系

因此,在同一位置点(如 P)的不同路径,对应的环量密度是不唯一的。那么,什么方向的环量密度值最大呢?因为 $\boldsymbol{l}_1$ 与矢量 $\boldsymbol{A}$ 在同一平面内,对应的环量密度为最大。而 $\boldsymbol{l}_1$ 的特点如下:

1) 它是使该点环量及其密度取得最大值的路径。

2) 其他任意路径所对应的环量均可由它间接求得。

㊀ 带 * 部分为选学内容,全书同。

3）它的法线正好是引发矢量涡旋的轴线。

因为 $\boldsymbol{l}_1$ 的环量密度最大，而

$$\oint_l \boldsymbol{A} \cdot \mathrm{d}\boldsymbol{l} = \int_S (\nabla \times \boldsymbol{A}) \cdot \mathrm{d}\boldsymbol{S} = \int_S [(\nabla \times \boldsymbol{A}) \cdot \boldsymbol{e}_n] \mathrm{d}S \tag{0-29}$$

故 $\mathrm{rot}_n\boldsymbol{A} = (\nabla \times \boldsymbol{A}) \cdot \boldsymbol{e}_n$ 为 P 点环流面密度。很显然，它与面元的方向 $\boldsymbol{e}_n$ 有关。当 $\boldsymbol{e}_n$ 和 $\mathrm{rot}_n\boldsymbol{A}$ 的方向相同时，环流密度的值最大。因此，旋度的法向分量描述了 P 点的涡流源密度矢量，大小代表 P 点环流面密度的最大值；方向为环量密度取最大值时，面积元的法线方向。

* 0.6.6 散度和旋度的比较

旋度和散度

矢量场的散度和旋度用于描述矢量场的不同性质，它们的主要区别是：

1）矢量场的旋度是矢量函数，矢量场的散度是标量函数。

2）散度表示的是通量源强度，即通量源的体密度。而通量源的场线是有始有终的，其表达式为 $\mathrm{div}\boldsymbol{A} = \nabla \cdot \boldsymbol{A} = \frac{\partial A_x}{\partial x} + \frac{\partial A_y}{\partial y} + \frac{\partial A_z}{\partial z}$。式中，$A_x$ 只对 x 求导，同理 A_y 只对 y 求导，因此通量源影响场的方式为：只影响沿自己方向的变化。

3）旋度描述的是涡流源强度，即涡流源面密度的最大值。而涡流源发出的场线是闭合的，即通量源的场线是无头无尾，其表达式为

$$\mathrm{rot}\boldsymbol{A} = \nabla \times \boldsymbol{A} = \boldsymbol{e}_x\left(\frac{\partial A_z}{\partial y} - \frac{\partial A_y}{\partial z}\right) + \boldsymbol{e}_y\left(\frac{\partial A_x}{\partial z} - \frac{\partial A_z}{\partial x}\right) + \boldsymbol{e}_z\left(\frac{\partial A_y}{\partial x} - \frac{\partial A_x}{\partial y}\right) \tag{0-30}$$

x 方向的旋度值为 $\frac{\partial A_z}{\partial y} - \frac{\partial A_y}{\partial z}$，因此，涡流源影响场的方式为：影响与自己相垂直的两个方向的变化，即具有旋转特性。

4）通量 $\varphi = \oint_S \boldsymbol{A} \cdot \mathrm{d}\boldsymbol{S}$ 描述的是有向曲面的面积分，是从“面”的角度来描述的，散度 $\mathrm{div}\boldsymbol{A} = \lim\limits_{\Delta V \to 0} \frac{1}{\Delta V}\int_S \boldsymbol{A} \cdot \mathrm{d}\boldsymbol{S}$ 描述的是任意点的通量的体密度，是从“点”的角度来描述的，而散度定理 $\oint_S \boldsymbol{A} \cdot \mathrm{d}\boldsymbol{S} = \int_V \nabla \cdot \boldsymbol{A}\mathrm{d}V$ 描述的是曲面边界的通量和曲线所围体积内的散度之间的关系，是从“体”的角度来描述的，因此，通量、散度和散度定理实现了“面-点-体”之间的转换。

5）环量 $\Gamma = \oint_l \boldsymbol{A} \cdot \mathrm{d}\boldsymbol{l}$ 描述的是有向曲线的线积分，是从“线”的角度来描述的，旋度描述的是任意点的环量的面密度最大值，是从“点”的角度来描述的，而旋度定理 $\oint_l \boldsymbol{A} \cdot \mathrm{d}\boldsymbol{l} = \int_S (\nabla \times \boldsymbol{A}) \cdot \mathrm{d}\boldsymbol{S}$ 描述的是曲线边界的环量和曲线所围面积内的旋度之间的关系，是从“面”的角度来描述的，因此，环量、旋度和旋度定理实现了“线-点-面”之间的转换。

* 0.6.7 哈密顿算子

哈密顿算子 $\nabla = \boldsymbol{e}_x \frac{\partial}{\partial x} + \boldsymbol{e}_y \frac{\partial}{\partial y} + \boldsymbol{e}_z \frac{\partial}{\partial z}$，由梯度、旋度和散度的表达式不难看出，$\nabla$ 算子不是矢

量,但在计算时显示出矢量的性质,具有算子和矢量的双重性,梯度$\nabla\mu$可以看作矢量算子∇与函数μ的乘积。在直角坐标系中,散度$\nabla\cdot\boldsymbol{A}$和旋度$\nabla\times\boldsymbol{A}$可看作算子$\nabla$与$\boldsymbol{A}$的点积和叉积。但在其他坐标系则不然。

定义$\nabla^2=\nabla\cdot\nabla$称为拉普拉斯算子,很容易得到$\nabla^2=\frac{\partial^2}{\partial x}+\frac{\partial^2}{\partial y}+\frac{\partial^2}{\partial z}$。

当哈密顿算子与函数相互作用时,服从乘积的微分法则:每次只对其中的一个因子作用,而把另外一个因子看作常数。因此,$\nabla(uv)=(\nabla u)v+u(\nabla v)$,$\nabla\cdot(uA)=\nabla u\cdot\boldsymbol{A}+u\nabla\cdot\boldsymbol{A}$。

根据算子的矢量性质,$\nabla\cdot(\boldsymbol{A}\times\boldsymbol{B})$可以看作三矢量的混合积,即$\boldsymbol{A}\cdot(\boldsymbol{A}\times\boldsymbol{C})=\boldsymbol{B}\cdot(\boldsymbol{C}\times\boldsymbol{A})=\boldsymbol{C}\cdot(\boldsymbol{A}\times\boldsymbol{B})$,因此,不难得到$\nabla\cdot(\boldsymbol{A}\times\boldsymbol{B})=\boldsymbol{B}\cdot\nabla\times\boldsymbol{A}-\boldsymbol{A}\cdot\nabla\times\boldsymbol{B}$。

*0.6.8 矢径 $\boldsymbol{R}$

矢径又称位置矢量。电磁场中,很多问题涉及矢径及其函数的梯度、散度和旋度。如图 0-20 所示,设 O 为坐标原点,源点 S(产生场的源所在的点)的坐标为$\boldsymbol{r}'(x',y',z')$,场点 P 的坐标为$\boldsymbol{r}(x,y,z)$,则矢径为$\boldsymbol{R}=\boldsymbol{r}-\boldsymbol{r}'=\boldsymbol{e}_x(x-x')+\boldsymbol{e}_y(y-y')+\boldsymbol{e}_z(z-z')$,因此,其大小为

$$R=|\boldsymbol{R}|=\sqrt{(x-x')^2+(y-y')^2+(z-z')^2}$$

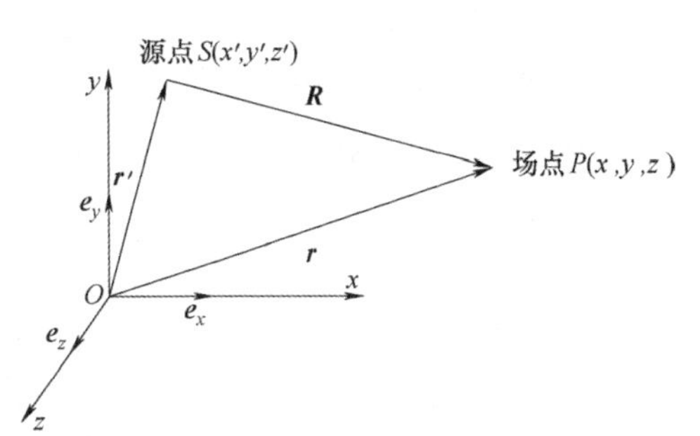

图 0-20 矢径

设$\boldsymbol{e}_R$为矢径方向的单位矢量;$\boldsymbol{e}$为常矢量。不难得到,和矢径有关的梯度、旋度和散度表达式成立:$\nabla R=\boldsymbol{e}_R$,$\nabla\left(\frac{1}{R}\right)=-\nabla'\left(\frac{1}{R}\right)=-\frac{\boldsymbol{R}}{R^3}$,$\nabla\cdot\boldsymbol{R}=3$,$\nabla\times\boldsymbol{R}=0$,$\nabla\cdot\nabla\left(\frac{1}{R}\right)=0$,式中$\nabla'$指对源点所在坐标$(x',y',z')$进行的矢量微分运算。

0.7 两个重要的恒等式

恒等式 1 设标量φ及其一阶导数存在,则

$$\nabla\times(\nabla\varphi)\equiv 0 \tag{0-31}$$

即任何标量场的梯度的旋度恒为零。

证明:设$\boldsymbol{A}=\nabla\varphi$,考虑$\nabla\times\boldsymbol{A}$在任意表面上的面积分,由斯托克斯定理有

$$\int_S(\nabla\times\boldsymbol{A})\cdot\mathrm{d}\boldsymbol{S}=\oint_l\boldsymbol{A}\cdot\mathrm{d}\boldsymbol{l}=\oint_l\nabla\varphi\cdot\mathrm{d}\boldsymbol{l} \tag{0-32}$$

根据梯度的定义式有$\oint_l\nabla\varphi\cdot\mathrm{d}\boldsymbol{l}=\oint_l\mathrm{d}\varphi=0$,因此$\int_S(\nabla\times\boldsymbol{A})\cdot\mathrm{d}\boldsymbol{S}=0$。

上述积分对任意积分面均为零,因此被积函数为零,故$\nabla\times\boldsymbol{A}=0$,即$\nabla\times(\nabla\varphi)=0$。恒等式 1 的逆定理也成立:如果一个矢量$\boldsymbol{A}$的旋度为零,即$\nabla\times\boldsymbol{A}=0$,则该矢量可以表示为标量场的负梯度,即

$$\boldsymbol{A}=-\nabla\varphi \tag{0-33}$$

换句话说,无旋场总可表示为标量场的梯度。

恒等式 2 任何矢量的旋度的散度为零,即

$$\nabla \cdot (\nabla \times \boldsymbol{A}) \equiv 0 \tag{0-34}$$

证明:设 $\boldsymbol{B} = \nabla \times \boldsymbol{A}$,任意闭合面围成的体积为 V,考虑 $\nabla \cdot (\nabla \times \boldsymbol{A}) = \nabla \cdot \boldsymbol{B}$,在 V 上进行积分,由散度定理有 $\int_V \nabla \cdot \boldsymbol{B} \mathrm{d}V = \oint_S \boldsymbol{B} \cdot \mathrm{d}\boldsymbol{S}$。

设体积 V 的划分如图 0-21 所示,将它分成两个开放表面 S_1 和 S_2,很明显,S_1 和 S_2 有公共边界,且 S_1 和 S_2 的法线方向是相反的,故

$$\oint_S \boldsymbol{B} \cdot \mathrm{d}\boldsymbol{S} = \int_{S_1} \boldsymbol{B} \cdot \mathrm{d}\boldsymbol{S} + \int_{S_2} \boldsymbol{B} \cdot \mathrm{d}\boldsymbol{S} \tag{0-35}$$

式(0-35)右边的两积分是沿同一路径进行,相互抵消,因此 $\oint_S \boldsymbol{B} \cdot \mathrm{d}\boldsymbol{S} = 0$,即 $\int_V \nabla \cdot \boldsymbol{B} \mathrm{d}V = 0$。

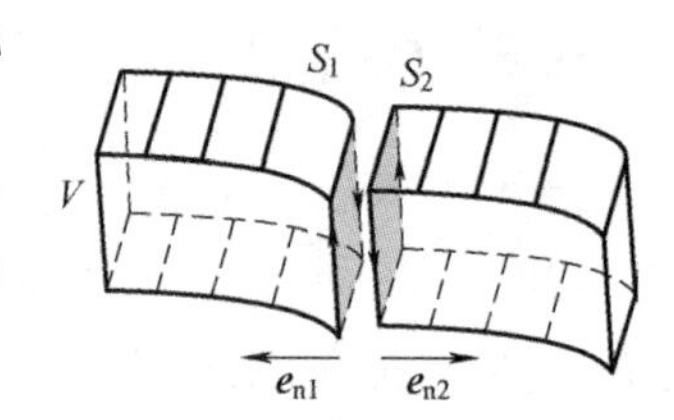

图 0-21 体积的划分

上述积分对任意积分均为零,因此被积函数为零,故 $\nabla \cdot \boldsymbol{B} = 0$,即 $\nabla \cdot (\nabla \times \boldsymbol{A}) = 0$。

恒等式 2(式(0-34))的逆定理也成立:如果一个矢量 $\boldsymbol{B}$ 的散度为零,即

$$\nabla \cdot \boldsymbol{B} = 0 \tag{0-36}$$

则该矢量可以表示为另一矢量场的旋度,即

$$B = \nabla \times \boldsymbol{A} \tag{0-37}$$

换句话说,无源场可以表示为另一矢量场的旋度。

0.8 亥姆霍兹定理

0.8.1 亥姆霍兹定理的内容

任何矢量场都是由场源激发的,由此亥姆霍兹断定:只可能存在两种源,即散度源和旋度源。

亥姆霍兹定理的内容为:如果矢量场 $\boldsymbol{E}$ 在有限区域中处处单值,且其导数连续有界,则当矢量场的散度、旋度和边界条件给定时,该矢量场 $\boldsymbol{E}$ 唯一确定。换句话说,在有限区域内,矢量场由它的散度、旋度及边界条件唯一确定,最多只相差一个常数。

设矢量场 $\boldsymbol{E}$ 的散度源为 f,即 $\nabla \cdot \boldsymbol{E} = f$;$\boldsymbol{E}$ 的旋度源为 g,即 $\nabla \times \boldsymbol{E} = g$。

因为散度描述的是矢量 $\boldsymbol{E}$ 的散度源 f 的密度,旋度描述的是 $\boldsymbol{E}$ 的旋度源 g 的密度,因此,亥姆霍兹定理的内容也可以表述为有限区域内的矢量场由散度源密度、旋度源密度和场域的边界条件确定。

在无界区域,矢量场由其散度及旋度确定。

0.8.2 矢量场的四种类型

根据前面的两个恒等式和亥姆霍兹定理可知,任意矢量场 $\boldsymbol{E}$ 可分解为两部分:无旋场部

分和无散场部分,$\boldsymbol{E}(\boldsymbol{r})=\boldsymbol{E}_l(\boldsymbol{r})+\boldsymbol{E}_C(\boldsymbol{r})$,其中,$\boldsymbol{E}_l(\boldsymbol{r})$是无旋场部分,$\boldsymbol{E}_C(\boldsymbol{r})$是无散场部分。由此得到矢量场有四种基本类型:无旋场、无散场、无旋无散场和有散有旋场。

1. 无旋场

亥姆霍兹定理

若矢量场 $\boldsymbol{E}$ 旋度处处为零,则称它为无旋场,即

$$\nabla\times\boldsymbol{E}\equiv 0 \tag{0-38}$$

很显然,场 $\boldsymbol{E}$ 是由散度源激发的。由斯托克斯定理,有

$$\oint_l \boldsymbol{E}\cdot \mathrm{d}\boldsymbol{l}=0 \tag{0-39}$$

即无旋场的曲线积分与路径无关,只与起点和终点有关。

根据恒等式,任一标量场的梯度的旋度恒为零,即$\nabla\times(\nabla\varphi)=0$,故可以设

$$\boldsymbol{E}=-\nabla\varphi \tag{0-40}$$

标量函数 φ 称为无旋场 $\boldsymbol{E}$ 的标量位函数,简称标量位。

例如静电场是无旋场,所以静电场是电位函数 φ 的负梯度:$\boldsymbol{E}=-\nabla\varphi$。

2. 无散(无源)场

散度处处为零的矢量场称为无源场或无散场,表示为

$$\nabla\cdot\boldsymbol{E}\equiv 0 \tag{0-41}$$

它是由涡流源产生的。由散度定理,$\boldsymbol{E}$ 通过任意闭合曲面 S 的通量为零,即 $\oint_S \boldsymbol{E}\cdot \mathrm{d}\boldsymbol{S}=0$。根据矢量恒等式,任意矢量场 $\boldsymbol{A}$ 旋度的散度恒等于零,即 $\nabla\cdot(\nabla\times\boldsymbol{A})\equiv 0$,设 $\boldsymbol{E}=\nabla\times\boldsymbol{A}$,即可得到无散场 $\boldsymbol{E}$ 可表示成另一个矢量场 $\boldsymbol{A}$ 的旋度。矢量函数 $\boldsymbol{A}$ 称为无散场 $\boldsymbol{E}$ 的矢量位函数,简称矢量位。

例如,恒定磁场是无散场:$\nabla\cdot\boldsymbol{B}=0$,所以,恒定磁场 $\boldsymbol{B}$ 可以表示成另一个矢量场 $\boldsymbol{A}$ 的旋度:$\boldsymbol{B}=\nabla\times\boldsymbol{A}$。

3. 无旋无散场

如果矢量场 $\boldsymbol{E}$ 的旋度和散度均等于零,则称为无旋无散场也称调和场,此时,场源在所讨论的区域之外。因为$\nabla\times\boldsymbol{E}=0$,则 $\boldsymbol{E}=-\nabla\varphi$;同时,$\nabla\cdot\boldsymbol{E}=0$,有$\nabla\cdot(-\nabla\varphi)=0$,将这两式运算后得到

$$\nabla^2\varphi=0 \tag{0-42}$$

这就是拉普拉斯方程。也就是说,无旋无散场满足拉普拉斯方程。

4. 有散有旋场

将矢量场 $\boldsymbol{E}$ 分解为两部分:无旋场部分 $\boldsymbol{E}_l$ 和无散场部分 $\boldsymbol{E}_C$。对于无旋场部分,因为其旋度等于零,可以表示为标量场的梯度,即 $\boldsymbol{E}_l=-\nabla\varphi$;对于无散场部分,因为其散度等于零,可以表示为另一矢量场 $\boldsymbol{A}$ 的旋度,即 $\boldsymbol{E}_C=\nabla\times\boldsymbol{A}$。因此,矢量场 $\boldsymbol{E}$ 可表示为

$$\boldsymbol{E}=-\nabla\varphi+\nabla\times\boldsymbol{A} \tag{0-43}$$

因此,在空间源分布区域,矢量场有四种基本形式,如图 0-22 所示。

亥姆霍兹定理总结了矢量场的基本性质,矢量场由它的散度和旋度唯一确定。因此,分析矢量场时,可以从其散度和旋度着手研究。只要得到了其散度方程和旋度方程(以及边界条件),就得到了矢量场的基本方程。

a) 无源无旋场

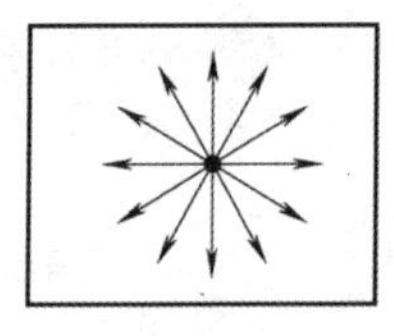

b) 有源无旋场

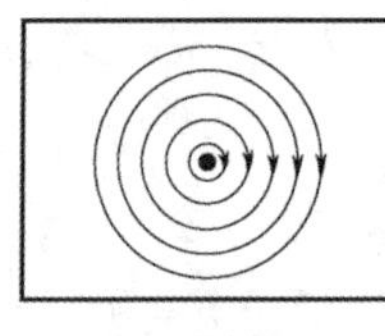

c) 无源有旋场

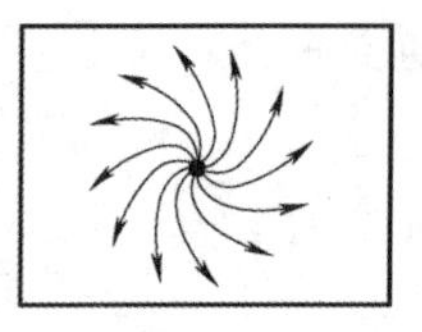

d) 有源有旋场

图 0-22　矢量场的四种基本形式

0.9　习题与答案

0.9.1　习题

1. 给定三个矢量 $\boldsymbol{A}$、$\boldsymbol{B}$ 和 $\boldsymbol{C}$ 如下：

$$\boldsymbol{A}=\boldsymbol{e}_x+2\boldsymbol{e}_y-3\boldsymbol{e}_z$$
$$\boldsymbol{B}=-4\boldsymbol{e}_y+\boldsymbol{e}_z$$
$$\boldsymbol{C}=5\boldsymbol{e}_x-2\boldsymbol{e}_z$$

求：(1) $\boldsymbol{e}_A$。(2) $|\boldsymbol{A}-\boldsymbol{B}|$。(3) $\boldsymbol{A}\cdot\boldsymbol{B}$。(4) θ_{AB}。(5) $\boldsymbol{A}$ 在 $\boldsymbol{B}$ 上的分量。(6) $\boldsymbol{A}\times\boldsymbol{C}$。(7) $\boldsymbol{A}\cdot(\boldsymbol{B}\times\boldsymbol{C})$，$(\boldsymbol{A}\times\boldsymbol{B})\cdot\boldsymbol{C}$。(8) $(\boldsymbol{A}\times\boldsymbol{B})\times\boldsymbol{C}$，$\boldsymbol{A}\times(\boldsymbol{B}\times\boldsymbol{C})$。

2. 标量场 $u=x^2+y^2+2xy$，计算其梯度。

3. 求曲面 $z=x^2+y^2$ 在点(1,1,2)处的法线方向。

4. 矢量场 $\boldsymbol{A}=(y+z)\boldsymbol{e}_x+(x+z)\boldsymbol{e}_y+(x+y)\boldsymbol{e}_z$，$\boldsymbol{B}=\boldsymbol{e}_x(x+y)+\boldsymbol{e}_y(x^2+y^2)$，求它们的散度和旋度。

5. (1) 求标量函数 $\Psi=x^2yz$ 的梯度。

(2) Ψ 在一个指定方向的方向导数，此方向由单位矢量 $\frac{3}{\sqrt{50}}\boldsymbol{e}_x+\frac{4}{\sqrt{50}}\boldsymbol{e}_y+\frac{5}{\sqrt{50}}\boldsymbol{e}_z$ 定出，求其在(2,3,1)点的方向导数值。

6. (1) 求矢量 $\boldsymbol{A}=x^2\boldsymbol{e}_x+x^2y^2\boldsymbol{e}_y+24x^2y^2z^3\boldsymbol{e}_z$ 的散度。

(2) 求 $\nabla\cdot\boldsymbol{A}$ 对中心在原点的一个单位立方体的积分。

(3) 求 $\boldsymbol{A}$ 对此立方体表面的积分，并验证散度定理。

7. $\boldsymbol{R}=\boldsymbol{e}_xx+\boldsymbol{e}_yy+\boldsymbol{e}_zz$，$\boldsymbol{A}$ 为一常矢量。证明：(1) $\nabla\cdot\boldsymbol{R}=3$。(2) $\nabla\times\boldsymbol{R}=\boldsymbol{0}$；(3) $\nabla(\boldsymbol{A}\cdot\boldsymbol{R})=\boldsymbol{A}$。

8. 设 $\boldsymbol{A}=A_x\boldsymbol{e}_x+A_y\boldsymbol{e}_y+A_z\boldsymbol{e}_z$，$\boldsymbol{B}=B_x\boldsymbol{e}_x+B_y\boldsymbol{e}_y+B_z\boldsymbol{e}_z$，证明：$\nabla\cdot(\boldsymbol{A}\times\boldsymbol{B})=\boldsymbol{B}\cdot(\nabla\times\boldsymbol{A})-\boldsymbol{A}\cdot(\nabla\times\boldsymbol{B})$。

9. 利用直角坐标，证明：$\nabla\times(f\boldsymbol{G})=f\nabla\times\boldsymbol{G}+\nabla f\times\boldsymbol{G}$。

0.9.2　答案

1. (1) $\frac{1}{\sqrt{14}}\boldsymbol{e}_x+\frac{2}{\sqrt{14}}\boldsymbol{e}_y-\frac{3}{\sqrt{14}}\boldsymbol{e}_z$.(2) $\sqrt{53}$.(3) -11.(4) $135.5°$.(5) $-\frac{11}{\sqrt{17}}$.

(6) $-4\boldsymbol{e}_x-13\boldsymbol{e}_y-10\boldsymbol{e}_z$.(7) -42，-42.(8) $2\boldsymbol{e}_x-40\boldsymbol{e}_y+5\boldsymbol{e}_z$，$55\boldsymbol{e}_x-44\boldsymbol{e}_y-11\boldsymbol{e}_z$.

2. $(2x+2y)\boldsymbol{e}_x+(2y+2x)\boldsymbol{e}_y$.

3. 法线方向与 $2\boldsymbol{e}_x+2\boldsymbol{e}_y-\boldsymbol{e}_z$ 同向.

4. $\mathrm{div}\boldsymbol{A}=0$, $\nabla\times\boldsymbol{A}=0$; $\mathrm{div}\boldsymbol{B}=1+2y$, $\nabla\times\boldsymbol{B}=\boldsymbol{e}_z(2x-1)$.

5. $2xyz\boldsymbol{e}_x+x^2z\boldsymbol{e}_y+x^2y\boldsymbol{e}_z$; $\dfrac{112}{\sqrt{50}}$.

6. (1) $2x+2x^2y+72x^2y^2z^2$. (2) $\dfrac{1}{24}$. (3) $\dfrac{1}{24}$, $\int_V \nabla\cdot\boldsymbol{A}\mathrm{d}V=\dfrac{1}{24}=\oint_S \boldsymbol{A}\cdot\mathrm{d}\boldsymbol{S}$.

7. ~**9.** 略.

第1章　静　电　场

本章研究的对象是静电场，相对于观察者，静止且量值不随时间变化的电荷所产生的电场称为静电场。本章先介绍产生静电场的源，再从库仑定律这一实验定律引入电场强度的定义，以及电位、电位移矢量的概念。本章主要研究静电场的基本性质以及如何分析静电场问题。

1.1　自由空间的静电场

1.1.1　静电场的源

电荷是产生静电场的源，称为源量；静电场的电场强度、电位等则是场量。为区分源量和场量，本书用加撇的符号表示源量，用不加撇的符号表示场量，并以图1-1所示直角坐标系为例说明源量与场量的表示方式。图1-1中，点电荷所在位置Q的坐标用加撇的符号(x',y',z')表示，简称源点；用$\boldsymbol{r}'$表示从坐标原点到源点的距离矢量，简称源点矢量。另一个是需要确定场量的点P，用不加撇的坐标(x,y,z)表示，简称场点；用$\boldsymbol{r}$表示从坐标原点到场点的距离矢量，简称场点矢量。源点到场点的距离矢量用$\boldsymbol{R}$表示。

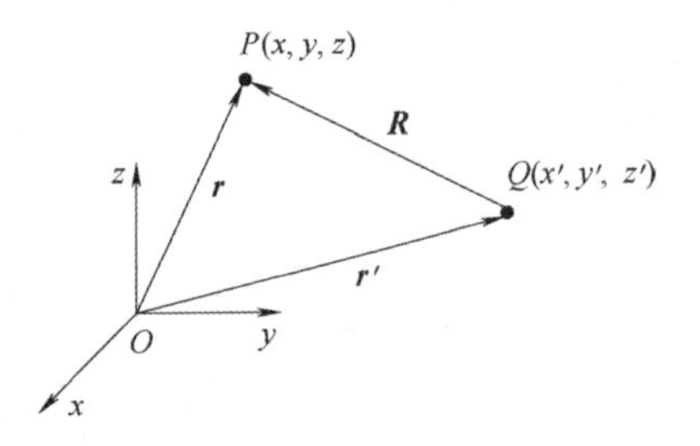

图1-1　源量与场量的表示方式

从微观上看，电荷具有量子化特性，只能取离散、不连续的量值，即电子电荷的整数倍。电荷的国际单位制单位为库(C)，一个电子电荷量为$e=1.60217733\times10^{-19}$C，电荷量只能是电子电荷量e的整数倍。但从宏观上看，可以不考虑电荷量子化的事实，而认为电荷量是连续变化的，电荷以连续的形式分布。实际带电系统的电荷分布形态可理想化地分为四种形式：体分布电荷、面分布电荷、线分布电荷和点电荷。

1. 体分布电荷

当电荷在某一空间体积内连续分布时可视为体分布电荷，用体电荷密度来描述其分布特性，体电荷密度定义为某点处单位体积中的电荷量。

体分布电荷如图 1-2 所示，若包含某点的体积元 $\Delta V'$ 中电荷电量为 Δq，则该点的体电荷密度为

$$\rho(\boldsymbol{r}')=\lim_{\Delta V'\to 0}\frac{\Delta q}{\Delta V'} \tag{1-1}$$

$\rho(\boldsymbol{r}')$ 单位为 $\mathrm{C/m^3}$。它为空间位置的函数，是一个标量场。空间 V' 内包含的电荷总量通过体积分可以求得

$$q=\int_{V'}\rho(\boldsymbol{r}')\,\mathrm{d}V' \tag{1-2}$$

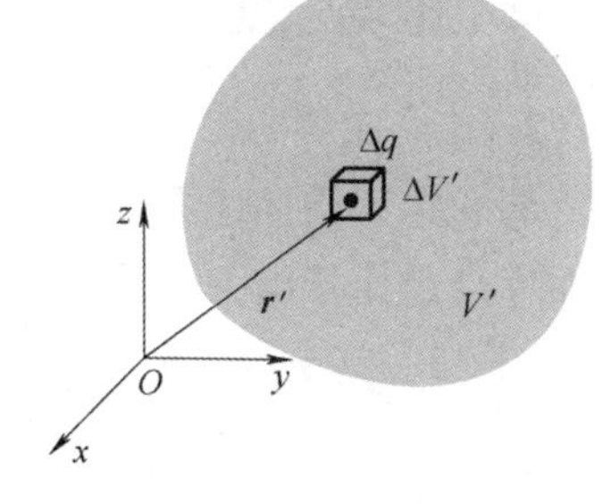

图 1-2　体分布电荷

2. 面分布电荷

当电荷在一个厚度可忽略不计的面上连续分布时可视为面分布电荷，用面电荷密度来描述其分布特性，面电荷密度定义为某点处单位面积上的电荷量。

面分布电荷如图 1-3 所示，若包含某点的面积元 $\Delta S'$ 中电荷电量为 Δq，则该点的面电荷密度为

$$\sigma(\boldsymbol{r}')=\lim_{\Delta S'\to 0}\frac{\Delta q}{\Delta S'} \tag{1-3}$$

$\sigma(\boldsymbol{r}')$ 单位为 $\mathrm{C/m^2}$，它是空间位置的函数，是一个标量场。面 S' 上包含的电荷总量通过面积分可以求得

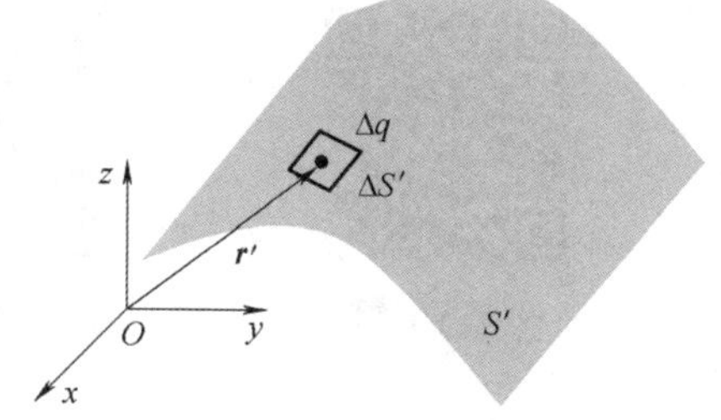

图 1-3　面分布电荷

$$q=\int_{S'}\sigma(\boldsymbol{r}')\,\mathrm{d}S' \tag{1-4}$$

3. 线分布电荷

当电荷在一个截面积可忽略不计的线上连续分布时可视为线分布电荷，用线电荷密度来描述其分布特性，线电荷密度定义为某点处单位长度上的电荷量。

线分布电荷如图 1-4 所示，若包含某点的线元 $\Delta l'$ 中电荷电量为 Δq，则该点的线电荷密度为

$$\tau(\boldsymbol{r}')=\lim_{\Delta l'\to 0}\frac{\Delta q}{\Delta l'} \tag{1-5}$$

图 1-4　线分布电荷

$\tau(\boldsymbol{r}')$ 单位为 C/m。它是空间位置的函数，是一个标量场。线 l' 上包含的电荷总量通过线积分可以求得

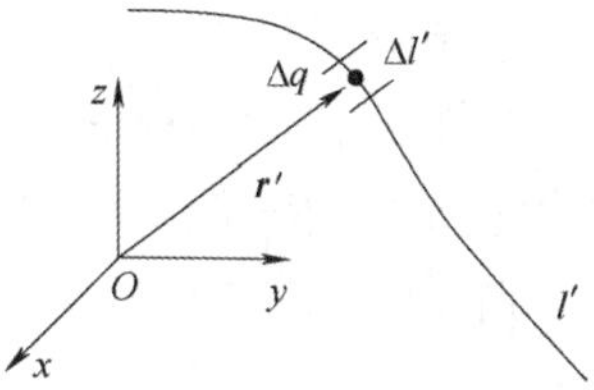

$$q=\int_{l'}\tau(\boldsymbol{r}')\,\mathrm{d}l' \tag{1-6}$$

因此，对于体分布、面分布或线分布的电荷，对应的微分元电荷为 $\mathrm{d}q=\rho(\boldsymbol{r}')\mathrm{d}V'$，$\mathrm{d}q=\sigma(\boldsymbol{r}')\mathrm{d}S'$，$\mathrm{d}q=\tau(\boldsymbol{r}')\mathrm{d}l'$。

4. 点电荷

当电荷分布区域的几何尺寸可忽略不计时，认为电荷集中于一个体积趋近于零的几何点，称为点电荷。

1.1.2 电场强度

1. 库仑定律

库仑定律是描述真空中两个静止点电荷之间相互作用力的实验定律。

库仑定律指出，在无限大自由空间中，如图1-5所示，静止电荷 q_1 和 q_2 分别位于 $\boldsymbol{r}_1$ 和 $\boldsymbol{r}_2$，设 $\boldsymbol{R}=\boldsymbol{r}_2-\boldsymbol{r}_1$，其单位矢量为 $\boldsymbol{e}_R$，则 q_1 对 q_2 的作用力 $\boldsymbol{F}_{12}$ 为

$$\boldsymbol{F}_{12}=\frac{q_1q_2}{4\pi\varepsilon_0R^2}\boldsymbol{e}_R=\frac{q_1q_2\boldsymbol{R}}{4\pi\varepsilon_0R^3} \tag{1-7}$$

式中，$\varepsilon_0(=10^{-9}/36\pi\approx8.85\times10^{-12})$ 为真空的介电常数，单位为F/m。

图1-5 两个静止点电荷之间的相互作用力

根据叠加原理，真空中的 N 个点电荷 $q_1,q_2,\cdots,q_N$ 分别位于 $(\boldsymbol{r}_1',\boldsymbol{r}_2',\cdots,\boldsymbol{r}_N')$ 处，对位于 $\boldsymbol{r}$ 处的点电荷 q 的作用力为

$$\boldsymbol{F}_q=\sum_{i=1}^{N}\frac{qq_i\boldsymbol{R}_i}{4\pi\varepsilon_0R_i^3} \tag{1-8}$$

式中，$\boldsymbol{R}_i=\boldsymbol{r}-\boldsymbol{r}_i'$。

2. 电场强度

电荷对其周围电荷的作用力是通过其产生的电场传递的，静电荷产生的电场称为静电场。为描述电场的分布情况，引入电场强度。设在电场中某点放置一带正电的实验电荷 q_t（见图1-6），若 q_t 所受的力为 $\boldsymbol{F}(\boldsymbol{r})$，则该点的电场强度定义为

$$\boldsymbol{E}(\boldsymbol{r})=\frac{\boldsymbol{F}(\boldsymbol{r})}{q_t} \tag{1-9}$$

习题讲解-电场强度

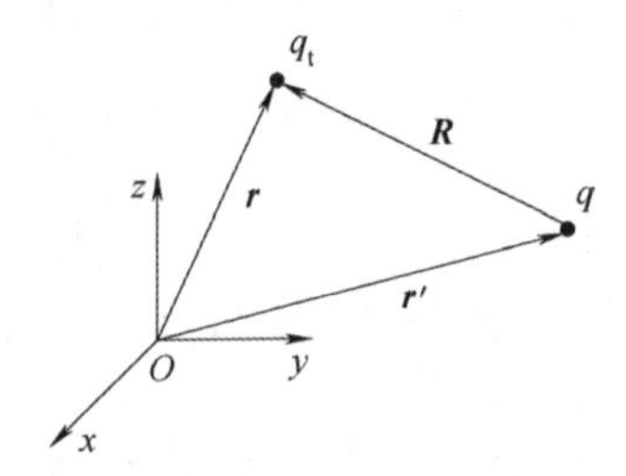

图1-6 实验电荷所受的力

电场强度 $\boldsymbol{E}(\boldsymbol{r})$ 是一个随着空间点位置不同而变化的矢量函数，单位为N/C或V/m。电

场强度仅与该点的电场有关,而与该点实验电荷的电量无关。

如果实验电荷 q_t 所处的电场由电荷 q 产生,由库仑定律可知,点电荷 q 产生的电场在空间中任意一点的电场强度为

$$\boldsymbol{E}(\boldsymbol{r})=\frac{q}{4\pi\varepsilon_0 R^2}\boldsymbol{e}_R \tag{1-10}$$

由于 $\boldsymbol{e}_R=\frac{\boldsymbol{R}}{R}=\frac{\boldsymbol{r}-\boldsymbol{r}'}{|\boldsymbol{r}-\boldsymbol{r}'|}$,因此电场强度也可写成

$$\boldsymbol{E}(\boldsymbol{r})=\frac{q}{4\pi\varepsilon_0 R^3}\boldsymbol{R}=\frac{q}{4\pi\varepsilon_0|\boldsymbol{r}-\boldsymbol{r}'|^3}(\boldsymbol{r}-\boldsymbol{r}') \tag{1-11}$$

根据叠加原理,n 个点电荷产生的电场强度为各点电荷产生的电场强度的矢量和,即

$$\boldsymbol{E}(\boldsymbol{r})=\sum_{i=1}^{n}\frac{q_i}{4\pi\varepsilon_0 R_i^2}\boldsymbol{e}_{R_i}=\sum_{i=1}^{n}\frac{q_i}{4\pi\varepsilon_0 R_i^3}\boldsymbol{R}_i=\sum_{i=1}^{n}\frac{q_i}{4\pi\varepsilon_0|\boldsymbol{r}-\boldsymbol{r}_i'|^3}(\boldsymbol{r}-\boldsymbol{r}_i') \tag{1-12}$$

对于连续分布的电荷,可以对电荷区域进行无限细分,每个区域均可以看作带电量为 $\mathrm{d}q$ 的点电荷,产生的电场为 $\mathrm{d}\boldsymbol{E}(\boldsymbol{r})=\frac{\mathrm{d}q}{4\pi\varepsilon_0 R^2}\boldsymbol{e}_R$。因此,根据叠加原理,可求得体分布电荷产生的电场强度为

$$\boldsymbol{E}(\boldsymbol{r})=\int_{V'}\frac{\rho(\boldsymbol{r}')}{4\pi\varepsilon_0 R^2}\boldsymbol{e}_R\mathrm{d}V'=\int_{V'}\frac{\rho(\boldsymbol{r}')}{4\pi\varepsilon_0 R^3}\boldsymbol{R}\mathrm{d}V'=\int_{V'}\frac{\rho(\boldsymbol{r}')}{4\pi\varepsilon_0|\boldsymbol{r}-\boldsymbol{r}'|^3}(\boldsymbol{r}-\boldsymbol{r}')\mathrm{d}V' \tag{1-13}$$

面分布的电荷产生的电场强度为

$$\boldsymbol{E}(\boldsymbol{r})=\int_{S'}\frac{\sigma(\boldsymbol{r}')}{4\pi\varepsilon_0 R^2}\boldsymbol{e}_R\mathrm{d}S'=\int_{S'}\frac{\sigma(\boldsymbol{r}')}{4\pi\varepsilon_0 R^3}\boldsymbol{R}\mathrm{d}S'=\int_{S'}\frac{\sigma(\boldsymbol{r}')}{4\pi\varepsilon_0|\boldsymbol{r}-\boldsymbol{r}'|^3}(\boldsymbol{r}-\boldsymbol{r}')\mathrm{d}S' \tag{1-14}$$

线分布的电荷产生的电场强度为

$$\boldsymbol{E}(\boldsymbol{r})=\int_{l'}\frac{\tau(\boldsymbol{r}')}{4\pi\varepsilon_0 R^2}\boldsymbol{e}_R\mathrm{d}l'=\int_{l'}\frac{\tau(\boldsymbol{r}')}{4\pi\varepsilon_0 R^3}\boldsymbol{R}\mathrm{d}l'=\int_{l'}\frac{\tau(\boldsymbol{r}')}{4\pi\varepsilon_0|\boldsymbol{r}-\boldsymbol{r}'|^3}(\boldsymbol{r}-\boldsymbol{r}')\mathrm{d}l' \tag{1-15}$$

例 1-1 真空中一无限长线电荷,其电荷分布线密度为 τ,求该线电荷周围的电场(见图 1-7)。

解: 如图 1-7 所示采用柱坐标系,令 z 轴与线电荷共线。元电荷 $\tau\mathrm{d}z'$ 在场点 P 处的电场为

$$\mathrm{d}\boldsymbol{E}=\frac{\tau\mathrm{d}z'}{4\pi\varepsilon_0 R^2}\boldsymbol{e}_R=\frac{\tau\dfrac{\rho}{\sin^2\theta}\mathrm{d}\theta}{4\pi\varepsilon_0\left(\dfrac{\rho}{\sin\theta}\right)^2}\boldsymbol{e}_R=\frac{\tau\mathrm{d}\theta}{4\pi\varepsilon_0\rho}\sin\theta\boldsymbol{e}_\rho+\frac{\tau\mathrm{d}\theta}{4\pi\varepsilon_0\rho}\cos\theta\boldsymbol{e}_z$$

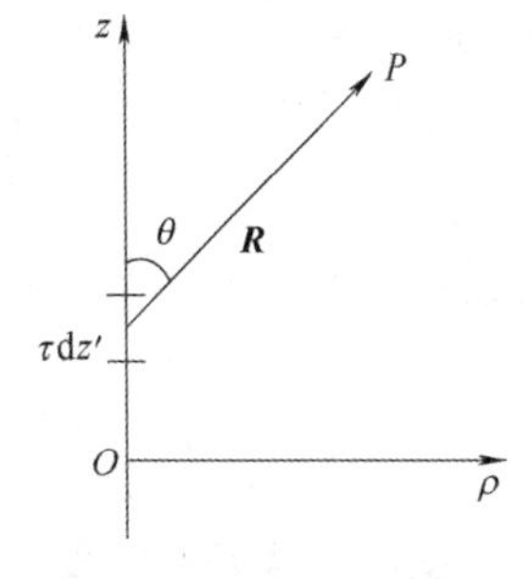

图 1-7 无限长线电荷

则对线电荷分布区域积分可得

$$\boldsymbol{E}=\int_0^{\pi}\frac{\tau\sin\theta\mathrm{d}\theta}{4\pi\varepsilon_0\rho}\boldsymbol{e}_\rho+\int_0^{\pi}\frac{\tau\cos\theta\mathrm{d}\theta}{4\pi\varepsilon_0\rho}\boldsymbol{e}_z=\frac{\tau}{2\pi\varepsilon_0\rho}\boldsymbol{e}_\rho$$

由上式可知,电荷均匀分布的无限长线电荷周围电场方向垂直于线电荷,大小与电荷线密度成正比、与场点到线电荷的距离成反比。

例 1-2 电荷以面密度 σ 均匀分布在真空中一半径为 a 的球面上(见图 1-8),求球面内外的电场。

解：对球面内、外电场分别讨论。

(1) 球面外

假设场点 P 到球心的距离为 r，如图 1-8 所示，取球上虚线所示面元 $2\pi a\sin\theta' a\mathrm{d}\theta'$ 上的电荷为元电荷。由对称性可知，元电荷在场点产生的电场方向由球心指向场点，大小为$\dfrac{\sigma 2\pi a\sin\theta' a\mathrm{d}\theta'}{4\pi\varepsilon_0 R^2}\cos\alpha'$。则对面电荷分布区域积分可得合场强为

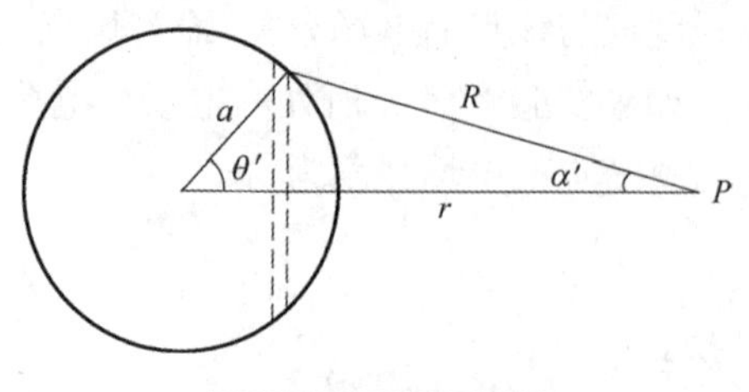

图 1-8 球面电荷

$$E=\int_0^{\pi}\frac{\sigma a^2\sin\theta'\cos\alpha'}{2\varepsilon_0 R^2}\mathrm{d}\theta'=\frac{\sigma a}{2\varepsilon_0}\int_{r-a}^{r+a}\frac{r^2+R^2-a^2}{2r^2R^2}\mathrm{d}R=\frac{\sigma a^2}{\varepsilon_0 r^2}=\frac{Q}{4\pi\varepsilon_0 r^2}$$

式中，$Q=4\pi a^2\sigma$ 为球面上的电荷总量。

这表明，电荷 Q 均匀分布于球面时在球外产生的电场等于电量为 Q 的点电荷位于球心时产生的电场。

(2) 球面内

若场点位于球内距球心 r 处，改变积分上下限可得

$$E=\frac{\sigma a}{2\varepsilon_0}\int_{a-r}^{a+r}\frac{r^2+R^2-a^2}{2r^2R^2}\mathrm{d}R=0$$

这表明，均匀分布于球面的电荷在球内产生的电场恒为零。

可以证明，对于电荷均匀分布于球内时产生的电场，球外某点的电场相当于电荷集中到球心时在该点产生的电场；球内某点的电场相当于该点所在球面内所有电荷集中在球心时在该点产生的电场。

例 1-3 已知电荷以面密度 σ 均匀分布在真空中一无限大平面（见图 1-9），求该平面周围电场。

解：假设场点到该平面的距离为 h，选取以场点到平面投影为圆心、r'为半径的环形元电荷 $\sigma 2\pi r'\mathrm{d}r'$。由对称性可知，元电荷在场点产生的电场方向垂直于带电平面，大小为

$$\frac{\sigma 2\pi r'\mathrm{d}r'}{4\pi\varepsilon_0(r'^2+h^2)}\cdot\frac{h}{\sqrt{r'^2+h^2}}$$

则对面电荷分布区域积分可得合场强为

$$E=\int_0^{\infty}\frac{\sigma 2\pi r'h}{4\pi\varepsilon_0(r'^2+h^2)^{\frac{3}{2}}}\mathrm{d}r'=\frac{\sigma}{2\varepsilon_0}$$

由此可知，在无限大平面上均匀分布的电荷产生的电场方向垂直于带电平面，大小与电荷面密度成正比、与场点到带电平面的距离无关。

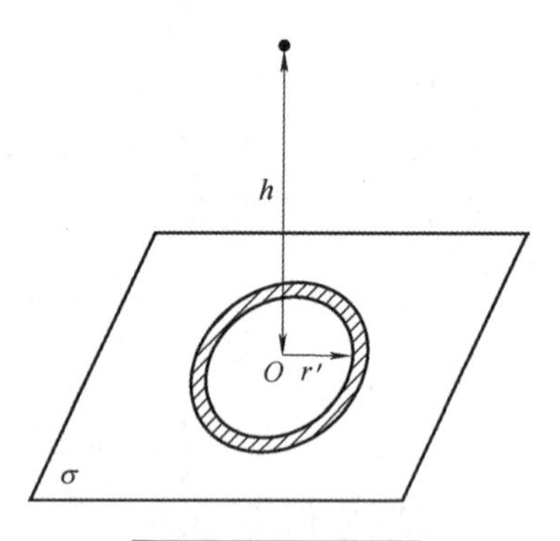

图 1-9 例 1-3 图

1.1.3 电位

电场对处在其中的任何电荷都产生作用力，下面就来讨论电场力的做功。如图 1-10 所

示，电荷 q_t 位于点电荷 q 产生的电场中，当 q_t 产生位移 $\mathrm{d}\boldsymbol{l}$ 时，电场力做的功为 $\mathrm{d}W=\boldsymbol{F}\cdot\mathrm{d}\boldsymbol{l}=q_t\boldsymbol{E}\cdot\mathrm{d}\boldsymbol{l}$；当电荷 q_t 沿某一路径 l 从 A 点移至 B 点时，在此过程中电场力所做的功为

$$W=\int_A^B \mathrm{d}W=\int_A^B q_t\boldsymbol{E}\cdot\mathrm{d}\boldsymbol{l}=\int_A^B \frac{q_t q}{4\pi\varepsilon_0 R^2}\boldsymbol{e}_R\cdot\mathrm{d}\boldsymbol{l}=\int_A^B \frac{q_t q}{4\pi\varepsilon_0 R^2}\mathrm{d}\boldsymbol{R}=\frac{q_t q}{4\pi\varepsilon_0}\left(\frac{1}{R_A}-\frac{1}{R_B}\right) \tag{1-16}$$

式(1-16)表明，电场力做功只与起点和终点有关，与路径无关。如果 q_t 沿闭合路径 l 从 A 点出发回到 A 点，则电场力所做的功为

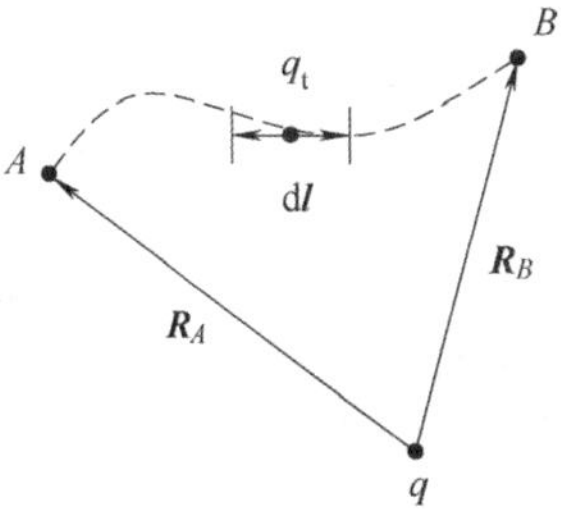

$$W=\oint_l \mathrm{d}W=\frac{q_t q}{4\pi\varepsilon_0 R^2}\left(\frac{1}{R_A}-\frac{1}{R_A}\right)=0 \tag{1-17}$$

故在静电场中沿闭合路径移动电荷，电场力做功为零。式(1-17)也表明，静电场的电场强度的环路积分恒为零，即

$$\oint_l \boldsymbol{E}\cdot\mathrm{d}\boldsymbol{l}=0 \tag{1-18}$$

图 1-10　电场力做功

式(1-18)称为静电场的环路定理，表明静电场是保守场。由斯托克斯定理可得

$$\oint_l \boldsymbol{E}\cdot\mathrm{d}\boldsymbol{l}=\int_S \nabla\times\boldsymbol{E}\cdot\mathrm{d}\boldsymbol{S}=0 \tag{1-19}$$

所以有

$$\nabla\times\boldsymbol{E}=0 \tag{1-20}$$

电位

式(1-20)表明，静电场的电场强度的旋度处处为零，静电场是无旋场。

由场论可知，任意一个标量函数的梯度的旋度恒为零。因此，静电场的电场强度 $\boldsymbol{E}$ 可用一个标量函数 φ 的梯度表示，即

$$\boldsymbol{E}=-\nabla\varphi \tag{1-21}$$

这个标量函数 φ 称为静电场的标量电位函数，其单位为 V，式(1-21)中的负号表示电场强度的方向指向电位函数最大减小率的方向。电位函数在空间某一点的值称为该点的电位，是表征静电场特性的另一个物理量。

空间中 A、B 两点之间的电压 U_{AB} 的定义为单位正电荷从 A 点移动到 B 点电场力所做的功，可求得单位正电荷从 A 点移动到 B 点电场力做功表达式为

$$W=\int_A^B \boldsymbol{F}\cdot\mathrm{d}\boldsymbol{l}=\int_A^B \boldsymbol{E}\cdot\mathrm{d}\boldsymbol{l}=\int_A^B -\nabla\varphi\cdot\mathrm{d}\boldsymbol{l}=-\int_A^B \mathrm{d}\varphi=\varphi(A)-\varphi(B) \tag{1-22}$$

因此

$$U_{AB}=\varphi(A)-\varphi(B)=\int_A^B \boldsymbol{E}\cdot\mathrm{d}\boldsymbol{l} \tag{1-23}$$

式(1-23)表明，静电场中两点间的电压等于这两点的电位函数之差。该式也给出了由电场强度求两点电位差的方法。

当电荷在有限区域分布时，通常选无穷远处为参考点，则任意一点 P 的电位为

$$\varphi(P)=\int_P^\infty \boldsymbol{E}\cdot\mathrm{d}\boldsymbol{l} \tag{1-24}$$

由此式可得 $\boldsymbol{r}'$ 处点电荷 q 产生的电场在场点 $\boldsymbol{r}$ 处的电位为

$$\varphi(\boldsymbol{r})=\frac{q}{4\pi\varepsilon_0 R}=\frac{q}{4\pi\varepsilon_0|\boldsymbol{r}-\boldsymbol{r}'|} \tag{1-25}$$

由叠加原理可得多个点电荷、体分布电荷、面分布电荷及线分布电荷产生的电场在场点 $\boldsymbol{r}$ 处的电位。对于 n 个点电荷有

$$\varphi(\boldsymbol{r})=\sum_{i=1}^{n}\frac{q_i}{4\pi\varepsilon_0 R_i}=\sum_{i=1}^{n}\frac{q_i}{4\pi\varepsilon_0|\boldsymbol{r}-\boldsymbol{r}_i'|} \tag{1-26}$$

对于体分布电荷有

$$\varphi(\boldsymbol{r})=\int_{V'}\frac{\rho(\boldsymbol{r}')}{4\pi\varepsilon_0 R}\mathrm{d}V'=\int_{V'}\frac{\rho(\boldsymbol{r}')}{4\pi\varepsilon_0|\boldsymbol{r}-\boldsymbol{r}'|}\mathrm{d}V' \tag{1-27}$$

对于面分布电荷有

$$\varphi(\boldsymbol{r})=\int_{S'}\frac{\sigma(\boldsymbol{r}')}{4\pi\varepsilon_0 R}\mathrm{d}S'=\int_{S'}\frac{\sigma(\boldsymbol{r}')}{4\pi\varepsilon_0|\boldsymbol{r}-\boldsymbol{r}'|}\mathrm{d}S' \tag{1-28}$$

对于线分布电荷有

$$\varphi(\boldsymbol{r})=\int_{l'}\frac{\tau(\boldsymbol{r}')}{4\pi\varepsilon_0 R}\mathrm{d}l'=\int_{l'}\frac{\tau(\boldsymbol{r}')}{4\pi\varepsilon_0|\boldsymbol{r}-\boldsymbol{r}'|}\mathrm{d}l' \tag{1-29}$$

求得空间电位的分布后，再由式(1-21)便可求得空间电场的分布，即将一个矢量场问题转化为一个标量场问题。

例 1-4 求图 1-11 所示电偶极子远区的电场强度和电位。电偶极子是指间距很小的两个等量异号点电荷。为方便描述电偶极子，引入电偶极矩 $\boldsymbol{p}$，其定义为

$$\boldsymbol{p}=q\boldsymbol{d} \tag{1-30}$$

式中，q 为正电荷电量；$\boldsymbol{d}$ 为正负电荷间的方向矢量，大小为正负电荷间距，方向为负电荷指向正电荷。

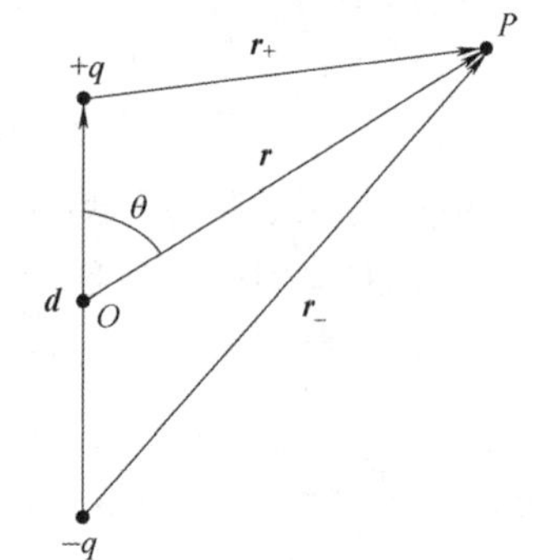

图 1-11 电偶极子

解：采用球坐标系，设坐标原点为电偶极子中点，由叠加原理可得场中任意一点 P 的电位为

$$\varphi(\boldsymbol{r})=\frac{q}{4\pi\varepsilon_0}\left(\frac{1}{r_+}-\frac{1}{r_-}\right)=\frac{q}{4\pi\varepsilon_0}\left(\frac{r_--r_+}{r_+r_-}\right) \tag{1-31}$$

式中，r_+、r_-分别为场点 P 到电偶极子正负电荷的距离。

对于远区，即 $r\gg d$，有 $r_--r_+\approx d\cos\theta$ 以及 $r_+r_-\approx r^2$，因此

$$\varphi(\boldsymbol{r})\approx\frac{qd\cos\theta}{4\pi\varepsilon_0 r^2}=\frac{\boldsymbol{p}\cdot\boldsymbol{e}_r}{4\pi\varepsilon_0 r^2} \tag{1-32}$$

因此由 $\boldsymbol{E}=-\nabla\varphi$ 可得 $\boldsymbol{r}$ 处的电场强度

$$\boldsymbol{E}(\boldsymbol{r})\approx\frac{p\cos\theta}{2\pi\varepsilon_0 r^3}\boldsymbol{e}_r+\frac{p\sin\theta}{4\pi\varepsilon_0 r^3}\boldsymbol{e}_\theta \tag{1-33}$$

以上表明，电偶极子的电场强度和电位都与 θ 有关，电场强度与 r^3 成反比。

为形象化描述静电场，引入电场强度线，简称 $\boldsymbol{E}$ 线。$\boldsymbol{E}$ 线上每一点的切线方向与该点电场强度方向一致。若 $\mathrm{d}\boldsymbol{l}$ 是 $\boldsymbol{E}$ 线上某处的长度元，则该处的 $\boldsymbol{E}$ 与 $\mathrm{d}\boldsymbol{l}$ 的方向一致，即满足方程

$$\boldsymbol{E}\times\mathrm{d}\boldsymbol{l}=0 \tag{1-34}$$

式(1-34)就是 $\boldsymbol{E}$ 线的微分方程，它的解即为 $\boldsymbol{E}$ 线的方程。

在静电场也可用等电位面(线)描述,将电位相等的点连接起来形成的曲面(曲线)称为等位面(线),其方程为

$$\varphi(\boldsymbol{r})=C \tag{1-35}$$

C 取不同数值可得到一组等位面(线)。

由电场强度与电位之间的关系可知,等位面(线)和 $\boldsymbol{E}$ 线是处处正交的。在场图中,相邻两等位面之间的电位差应相等,这样才能表示出电场的强弱。等位面愈密处,场强愈大。

1.1.4 真空中静电场的基本性质

根据亥姆霍兹定理,真空中静电场的基本性质由它的散度和旋度唯一确定。

任意静电场可以看作点静止电荷产生的场的叠加,而静止电荷产生的场为

$$\boldsymbol{E}(\boldsymbol{r})=\frac{q}{4\pi\varepsilon_0}\cdot\frac{\boldsymbol{r}-\boldsymbol{r}'}{|\boldsymbol{r}-\boldsymbol{r}'|^3} \tag{1-36}$$

对式(1-36)两边同时取旋度得

$$\nabla\times\boldsymbol{E}(\boldsymbol{r})=0 \tag{1-37}$$

根据斯托克斯定理,有

$$\oint_l \boldsymbol{E}\cdot\mathrm{d}\boldsymbol{l}=0 \tag{1-38}$$

对式(1-36)两边同时取散度得

$$\nabla\cdot\boldsymbol{E}(\boldsymbol{r})=\frac{\rho}{\varepsilon_0} \tag{1-39}$$

根据高斯定理,有

$$\int_S \boldsymbol{E}\cdot\mathrm{d}\boldsymbol{S}=\frac{q}{\varepsilon_0} \tag{1-40}$$

式(1-37)~式(1-40)称为真空中静电场基本方程,式(1-37)和式(1-39)是微分形式,描述的是场源的分布特性;式(1-38)和式(1-40)是积分形式,描述的是场源和场量的整体情况。

式(1-38)说明电场强度的环路线积分恒等于零,即静电场是一个保守场。式(1-40)说明穿出任一闭合面的电场强度的通量等于面内所有电荷的代数和的 $1/\varepsilon_0$,电场强度线始于正自由电荷,止于负自由电荷。式(1-37)表明静电场是无旋场,即电场线是有头有尾的,式(1-39)表明静电场是有散(有源)场。

式(1-39)和式(1-40)即为真空中的高斯定理。

例1-5 由于地面带着负电,大气中含有净的正电荷,所以大气中时刻存在电场,且大气电场的方向指向地面,强度随时间、地点、天气状况和离地面的高度而变。实验表明:在靠近地面处电场垂直于地面向下,大小为100V/m;在离地面1.5km高的地方,电场也是垂直于地面向下的,大小约为25V/m。(1) 试计算从地面到此高度大气中电荷的平均体密度 ρ。(2) 如果地球上的电荷全部均匀分布在表面,求地面上电荷的面密度。

解:(1) 设地面处电场为 $\boldsymbol{E}_1$,离地面 h 高处电场为 $\boldsymbol{E}_2$。垂直于地面做一底面为 Δs、高为 h 的细长圆柱体,则由高斯定理有

$$\oint_s \boldsymbol{E} \cdot \mathrm{d}\boldsymbol{S} = E_1\Delta S - E_2\Delta S = \frac{\sum q}{\varepsilon_0} = \frac{\Delta Sh\rho}{\varepsilon_0}$$

代入已知条件得到

$$\rho = \frac{\varepsilon_0(E_1 - E_2)}{h} = \frac{8.85\times10^{-12}\mathrm{F/m}\times(100-25)\mathrm{V/m}}{1500\mathrm{m}} = 4.4\times10^{-13}\mathrm{C/m^3}$$

(2) 垂直于地面做一底面为 Δs、高为 Δh 的小扁圆柱体，上下底面分别位于地面两侧且都平行于地面，由高斯定理有

$$\oint_S \boldsymbol{E} \cdot \mathrm{d}\boldsymbol{S} = -E_1\Delta S = \frac{\sum q}{\varepsilon_0} = \frac{\Delta S\sigma}{\varepsilon_0}$$

代入已知条件得到

$$\sigma = -\varepsilon_0 E_1 = -8.85\times10^{-12}\mathrm{F/m}\times100\mathrm{V/m} = -8.9\times10^{10}\mathrm{C/m^2}$$

1.2 静电场中的导体和电介质

自由电荷在其周围空间产生电场，当空间中存在物质时，场与物质之间将发生相互作用。根据物质的导电特性，可将其分为导电物质和绝缘物质两类。有外加电场时，电子通过材料的难易程度称为电导率。电导率大的称为导体，如金属的电导率为 10^6 ~ 10^7S/m；电导率小的称为电介质，例如绝缘体的电导率一般小于 10^{-10}S/m。

静电场中的导体和电介质

1.2.1 静电场中的导体

导体的特点是其中有大量的自由电子，将导体置入外电场中以后，其自由电荷将会在导体中移动。移动的自由电荷积累在导体表面，并建立附加电场，直至其表面电荷（这些电荷也称为感应电荷）建立的附加电场与外加电场在导体内部处处相抵消为止，最终达到一种静电平衡状态。静电平衡时导体的电特性可归纳如下：①导体内部的电场强度处处为零；②导体内部没有自由电荷，电荷只分布在导体表面；③导体为等位体，导体表面为等位面；④导体外表面附近电场强度处处垂直于导体表面。

*静电的危害

静电的特点是电压较高，但是电量不大，一般不会有生命危险。静电的主要危害是产生静电火花，因此在易燃易爆场所容易引起火灾和爆炸。

静电引起火灾和爆炸的充要条件是：

1）具有产生和积累静电的条件。

2）周围存在可燃物。

3）静电积累到足够高的电压后，发生局部放电，产生静电火花。

4）静电火花的能力大于可燃物的最小着火能量。

2019 年 8 月 9 日，深圳市龙岗区某轮胎汽修店发生爆炸，导致大火，造成 4 人死亡。事故原因是：员工在维修汽车过程中将拆卸油箱内的汽油倒入塑料桶，同时还将塑料桶进行了搬

运,引起汽油蒸气爆炸并蔓延成灾。在向普通塑料桶内充装汽油时,由于汽油在充装过程中与充装管壁摩擦,会把静电带入桶内,桶内静电积累产生静电火花;同时,在搬运过程中,普通塑料桶会与外界接触摩擦,在外表面积聚静电荷。当静电积累到一定的程度时形成高压,从而发生局部放电,产生火花并引爆了汽油。

1.2.2 静电场中的电介质

电介质的自由带电粒子数量极其微小,它的带电粒子被原子内在力、分子内在力或分子间的力紧密束缚着。即使在外电场作用下,这些电荷也只能在微观范围内移动,称为束缚电荷。

1. 电介质的极化

电介质分子可分为两类:有极性分子和无极性分子。无极性分子中,正负电荷中心重合,无外加电场时对外不呈现电场特性;有极性分子的正负电荷中心不重合,形成电偶极矩。无外加电场作用时,由于分子的不规则运动,电偶极子的排列杂乱无章,对外不呈现电场特性,如图1-12a所示。

在外加电场作用下,无极性分子的正电极和负电极沿相反方向移动,因此正负电荷中心不重合,这种极化称为位移极化。对于有极性分子,电偶极子在外电场作用下会产生转动,使电偶极子趋于有序排列,故介质在宏观上呈现出电偶极子分布,这种极化称为取向极化。无极性分子的位移极化和有极分子的取向极化,两者的宏观效果是一样的,统称为电介质的极化,如图1-12b所示。

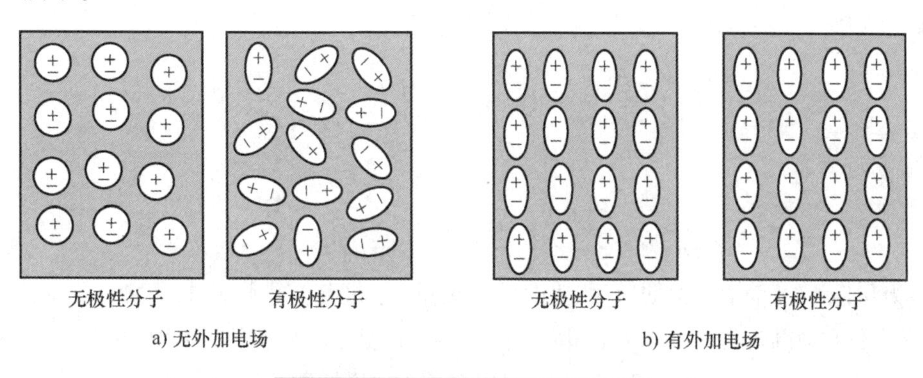

图1-12 有极性分子和无极性分子

极化形成的电荷称为极化电荷。电介质中的电场包含两部分:外电场和极化电荷产生的附加场强。该附加场强减弱外加场强而不能将其抵消,故介质内部的总场强一般不为零。如果外电场足够强,束缚电荷就可以脱离原子或分子结构的束缚而运动,成为自由电荷,使介质导电,这种现象称为介质击穿,相应的电场强度称为介质的击穿场强。不同介质的击穿场强不尽相同,同一种介质在不同环境下的击穿场强也不尽相同。

2. 极化强度

极化电荷产生的附加场强与电介质的极化有关。为表征电介质的极化特性,引入极化强度矢量 $\boldsymbol{P}$,单位为 $\mathrm{C/m^2}$,其定义为电介质单位体积内电偶极矩的矢量和,即

$$\boldsymbol{P}(\boldsymbol{r}') = \lim_{\Delta V'} \frac{\sum \boldsymbol{p}_i}{\Delta V'} \tag{1-41}$$

式中，$\sum \boldsymbol{p}_i$ 为体积 $\Delta V'$中电偶极矩的矢量和，$\boldsymbol{p}_i=q_i\boldsymbol{d}_i$。

极化强度与电场强度有关，其关系一般比较复杂。在线性、各向同性的电介质中，极化强度与电场强度成正比，即

$$\boldsymbol{P}=\varepsilon_0\chi_e\boldsymbol{E} \tag{1-42}$$

式中，$\chi_e(>0)$为电介质的电极化率。

3. 极化电荷(束缚电荷)

媒质被极化后，在媒质体内和分界面上会出现电荷分布，这种电荷被称为极化电荷。相对于自由电子而言，由于极化电荷不能自由运动，故也被称为束缚电荷。

介质被极化后，每个电荷单元都可看作是电偶极子。故电介质中体积元 $\mathrm{d}V'$内部电偶极子的等效电偶极矩为 $\boldsymbol{P}(\boldsymbol{r}')\mathrm{d}V'$，由电偶极子的电位表达式可知，远区位置 $\boldsymbol{r}$ 处的电位为

$$\mathrm{d}\varphi(\boldsymbol{r})=\frac{\boldsymbol{P}(\boldsymbol{r}')\mathrm{d}V'}{4\pi\varepsilon_0}\cdot\frac{\boldsymbol{r}-\boldsymbol{r}'}{|\boldsymbol{r}-\boldsymbol{r}'|^3} \tag{1-43}$$

对式(1-43)积分可得电介质在远区产生的电位，即

$$\varphi(\boldsymbol{r})=\int_{V'}\frac{\boldsymbol{P}(\boldsymbol{r}')}{4\pi\varepsilon_0}\cdot\frac{\boldsymbol{r}-\boldsymbol{r}'}{|\boldsymbol{r}-\boldsymbol{r}'|^3}\mathrm{d}V' \tag{1-44}$$

而由 $\nabla'\frac{1}{|\boldsymbol{r}-\boldsymbol{r}'|}=\frac{\boldsymbol{r}-\boldsymbol{r}'}{|\boldsymbol{r}-\boldsymbol{r}'|^3}$，以及矢量运算性质 $\nabla'\cdot(u\boldsymbol{A})=u\nabla'\cdot\boldsymbol{A}+\nabla'u\cdot\boldsymbol{A}$，有

$$\begin{aligned}\varphi(\boldsymbol{r})&=\frac{1}{4\pi\varepsilon_0}\int_{V'}\boldsymbol{P}(\boldsymbol{r}')\cdot\nabla'\frac{1}{|\boldsymbol{r}-\boldsymbol{r}'|}\mathrm{d}V'\\&=\frac{1}{4\pi\varepsilon_0}\int_{V'}\nabla'\cdot\frac{\boldsymbol{P}(\boldsymbol{r}')}{|\boldsymbol{r}-\boldsymbol{r}'|}\mathrm{d}V'+\frac{1}{4\pi\varepsilon_0}\int_{V'}-\frac{1}{|\boldsymbol{r}-\boldsymbol{r}'|}\nabla'\cdot\boldsymbol{P}(\boldsymbol{r}')\mathrm{d}V'\end{aligned} \tag{1-45}$$

由散度定理有

$$\varphi(\boldsymbol{r})=\frac{1}{4\pi\varepsilon_0}\int_{S'}\frac{\boldsymbol{P}(\boldsymbol{r}')}{|\boldsymbol{r}-\boldsymbol{r}'|}\cdot\boldsymbol{e}_n\mathrm{d}S'+\frac{1}{4\pi\varepsilon_0}\int_{V'}-\frac{\nabla'\cdot\boldsymbol{P}(\boldsymbol{r}')}{|\boldsymbol{r}-\boldsymbol{r}'|}\mathrm{d}V' \tag{1-46}$$

式中，$\boldsymbol{e}_n$ 为包围 V'的面 $\boldsymbol{S}'$在源点 $\boldsymbol{r}'$的法向单位矢量，方向由 V'内指向 V'外。

对比体分布电荷和面分布电荷的电位计算式可知，式(1-46)第一项为面密度为 $\boldsymbol{P}(\boldsymbol{r}')\cdot\boldsymbol{e}_n$ 的面分布电荷产生的电位；第二项为体密度为$-\nabla'\cdot\boldsymbol{P}(\boldsymbol{r}')$的体分布电荷产生的电位。因此，电介质极化的结果是，在其表面产生极化面电荷、内部产生极化体电荷，极化电荷面密度 σ_p 和体密度 ρ_p 分别为

$$\sigma_p=\boldsymbol{P}(\boldsymbol{r}')\cdot\boldsymbol{e}_n \tag{1-47}$$

$$\rho_p=-\nabla'\cdot\boldsymbol{P}(\boldsymbol{r}') \tag{1-48}$$

显然，极化电荷的分布取决于极化强度矢量 $\boldsymbol{P}$。

从上面讨论不难得出如下结论：

1）当极化强度为常矢量时，称媒质被均匀极化，此时极化电荷只分布于介质表面，介质内部无极化电荷；对于均匀介质，其内部一般不存在极化电荷。

2）无论是自由电荷，还是极化电荷，它们都激发电场，服从同样的库仑定律和高斯定理。

1.3　电介质中的高斯定理

介质的极化过程包括两个方面:外加电场的作用使介质极化,产生极化电荷;反过来极化电荷激发电场,两者相互制约。无论是自由电荷,还是极化电荷,它们都激发电场,服从同样的库仑定律和高斯定理。

电介质中的电场应该是外加电场和极化电荷产生的电场的叠加,故空间任意点的电场强度的散度不只与该点的自由电荷体密度有关,还与该点的极化电荷体密度有关,即

$$\nabla \cdot \boldsymbol{E}=\frac{\rho+\rho_{\mathrm{p}}}{\varepsilon_0} \tag{1-49}$$

将 $\rho_{\mathrm{p}}=-\nabla \cdot \boldsymbol{P}$ 代入式(1-49)可得

$$\nabla \cdot (\varepsilon_0\boldsymbol{E}+\boldsymbol{P})=\rho \tag{1-50}$$

显然,矢量 $\varepsilon_0\boldsymbol{E}+\boldsymbol{P}$ 的散度等于自由电荷体密度,定义该矢量为电位移矢量或电通量密度,单位为 $\mathrm{C/m^2}$,记为 $\boldsymbol{D}$,即

$$\boldsymbol{D}=\varepsilon_0\boldsymbol{E}+\boldsymbol{P} \tag{1-51}$$

对于各向同性的线性电介质,代入极化强度与电场强度关系式,有

$$\boldsymbol{D}=\varepsilon_0(1+\chi_{\mathrm{e}})\boldsymbol{E} \tag{1-52}$$

令 $\varepsilon=\varepsilon_0(1+\chi_{\mathrm{e}})=\varepsilon_0\varepsilon_{\mathrm{r}}$,其中 ε 称为电介质的介电常数,单位为 F/m;ε_{r} 为相对介电常数,无量纲,且 $\varepsilon_{\mathrm{r}}=\varepsilon/\varepsilon_0=1+\chi_{\mathrm{e}}$。

由此可得各向同性的线性电介质的构成方程为

$$\boldsymbol{D}=\varepsilon\boldsymbol{E} \tag{1-53}$$

*电介质的电性能有均匀与非均匀、线性与非线性及各向同性与各向异性等特点。若电介质的介电常数不随空间变化,则称为均匀介质,反之则称为非均匀介质。若电介质的介电常数与外电场的大小无关,则称为线性介质,反之则称为非线性介质。若电介质的介电常数不但与外电场的大小无关,而且还与外电场的方向无关,则该介质为各向同性线性介质,反之则为各向异性线性介质。

高斯定理应用专题

电性能各向异性的线性介质,其介电常数具有 9 个分量。在直角坐标系中,各向异性线性电介质的构成方程可表示为

$$\begin{cases} D_x=\varepsilon_{11}E_x+\varepsilon_{12}E_y+\varepsilon_{13}E_z \\ D_y=\varepsilon_{21}E_x+\varepsilon_{22}E_y+\varepsilon_{23}E_z \\ D_z=\varepsilon_{31}E_x+\varepsilon_{32}E_y+\varepsilon_{33}E_z \end{cases}$$

用矩阵表示为

$$\boldsymbol{D}=\begin{pmatrix} \varepsilon_{11} & \varepsilon_{12} & \varepsilon_{13} \\ \varepsilon_{21} & \varepsilon_{22} & \varepsilon_{23} \\ \varepsilon_{31} & \varepsilon_{32} & \varepsilon_{33} \end{pmatrix}\boldsymbol{E}$$

引入电位移矢量后,高斯定理的微分形式记为

$$\nabla \cdot \boldsymbol{D}=\rho \tag{1-54}$$

式(1-54)表明静电场任一点上电位移矢量的散度等于该点的自由电荷体密度。其积分形式为

$$\oint_S \boldsymbol{D} \cdot \mathrm{d}\boldsymbol{S} = \int_V \rho \mathrm{d}V = q \tag{1-55}$$

式(1-55)表明,任意闭合曲面电位移矢量的通量等于该曲面所包含自由电荷的代数和,而与极化电荷及曲面外的电荷无关。

例 1-6 已知同轴电缆内外导体(半径分别为 a_1、a_2)间的电压为 U_0,内外导体间绝缘介质介电常数为 ε_1(见图 1-13)。试求:(1) 内外导体间何处电场强度最大以及该最大电场强度为多少? (2) 若内外导体间电压和外导体半径不变,内导体半径取何值时该最大电场强度为最小?

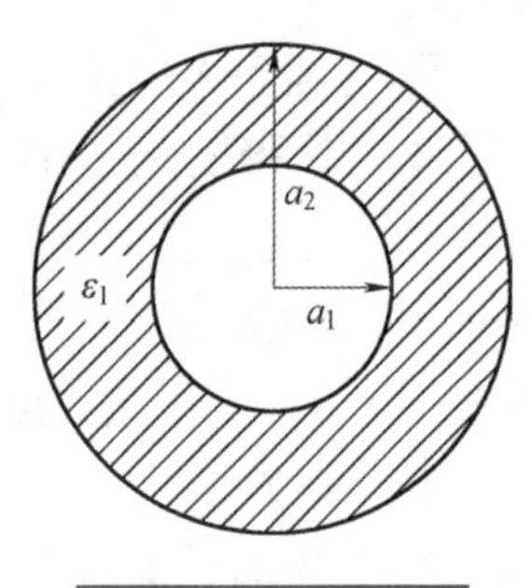

图 1-13 例 1-6 图

解:(1) 设同轴电缆内外导体间某点 P 电位移矢量大小为 D,P 到电缆轴线距离为 ρ。过 P 点做与电缆同轴的高为 h、底面半径为 $\rho(a_2>\rho>a_1)$ 的圆柱体,由高斯定理有

$$\oint_S \boldsymbol{D} \cdot \mathrm{d}\boldsymbol{S} = 2\pi\rho h D = \tau h$$

其中 τ 为同轴电缆的内导体单位长度所带电荷,因此

$$E=\frac{D}{\varepsilon_1}=\frac{\tau}{2\pi\varepsilon_1\rho}$$

再由内外导体间电压

$$U_0 = \int_{a_1}^{a_2} E\mathrm{d}\rho = \frac{\tau}{2\pi\varepsilon_1}\ln\frac{a_2}{a_1}$$

可求得

$$E=\frac{U_0}{\rho\ln\dfrac{a_2}{a_1}}$$

故当 $\rho=a_1$ 时,即在内导体表面处,电场强度最大,且最大电场强度为

$$E_{\max}=\frac{U_0}{a_1\ln\dfrac{a_2}{a_1}}$$

（2）由 E_{max} 的表达式可知，U_0 和 a_2 不变的情况下，当 $\ln\frac{a_2}{a_1}-1=0$，即 $a_1=\frac{a_2}{e}$ 时，最大电场强度最小，且有 $E_{max}=eU_0/a_2$。

1.4　静电场的基本方程及分界面的衔接条件

1.4.1　静电场的基本方程

静电场的性质可由下面一组基本方程描述

$$\oint_l \boldsymbol{E}\cdot d\boldsymbol{l}=0 \tag{1-56}$$

$$\oint_S \boldsymbol{D}\cdot d\boldsymbol{S}=q \tag{1-57}$$

$$\nabla\times\boldsymbol{E}=0 \tag{1-58}$$

$$\nabla\cdot\boldsymbol{D}=\rho \tag{1-59}$$

在各向同性电介质中，$\boldsymbol{E}$、$\boldsymbol{D}$ 满足构成方程

$$\boldsymbol{D}=\varepsilon\boldsymbol{E} \tag{1-60}$$

式（1-56）和式（1-57）称为积分形式的静电场基本方程，式（1-58）和式（1-59）称为微分形式的静电场基本方程。积分形式的基本方程描述的是场源和场量的整体情况，而微分形式的基本方程描述的是场源的分布特性以及场量在空间的变化情况。

式（1-56）为静电场的环路定理，说明电场强度的环路线积分恒等于零，即静电场是一个守恒场。式（1-57）说明穿出任一闭合面的电位移矢量的通量等于该闭合面内的总自由电荷，电位移矢量线始于正自由电荷止于负自由电荷。式（1-58）是静电场环路定理的微分形式，表明静电场是无旋场，即电场线有头有尾。式（1-59）表明静电场是有散场。

1.4.2　静电场的分界面的衔接条件

在工程实践中，很多场中分布着多种媒质。由于参数不同，不同媒质分界面两侧的场量间存在一定的关系，称为静电场的边界条件（衔接条件），可由基本方程的积分形式导出。

考虑如图 1-14a 所示分界面（上、下半平面的媒质介电常数分别为 ε_2 和 ε_1，场强分别为 $\boldsymbol{E}_2$ 和 $\boldsymbol{E}_1$）上一点，围绕该点邻域做一狭小矩形环路：长边为 Δl_1，分别位于分界面两侧且平行于分界面；窄边为 Δl_2，垂直于分界面且趋向于零，电场强度沿该矩形环路的线积分为

$$\oint_l \boldsymbol{E}\cdot d\boldsymbol{l}=E_{1t}\Delta l_1-E_{2t}\Delta l_1 \tag{1-61}$$

式中，E_{1t} 和 E_{2t} 分别为分界面两侧电场强度的切向分量。

因为电场强度的环路线积分恒等于零，故

$$E_{1t}=E_{2t} \tag{1-62}$$

即分界面两侧电场强度的切线分量连续。

考虑如图 1-14b 所示分界面上一点，围绕该点邻域做一小扁圆柱体，两个底面面积为 ΔS，

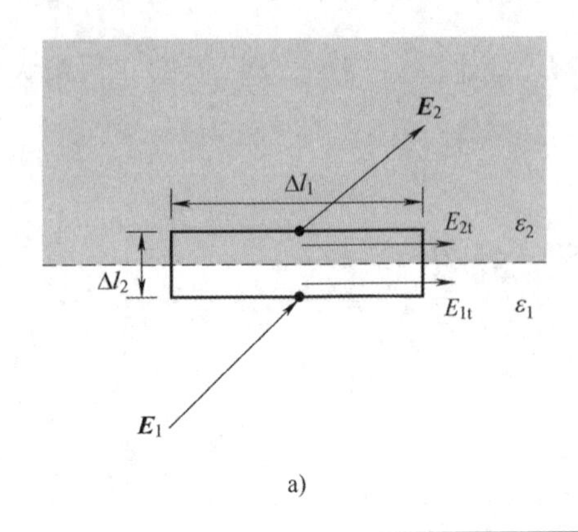

a)

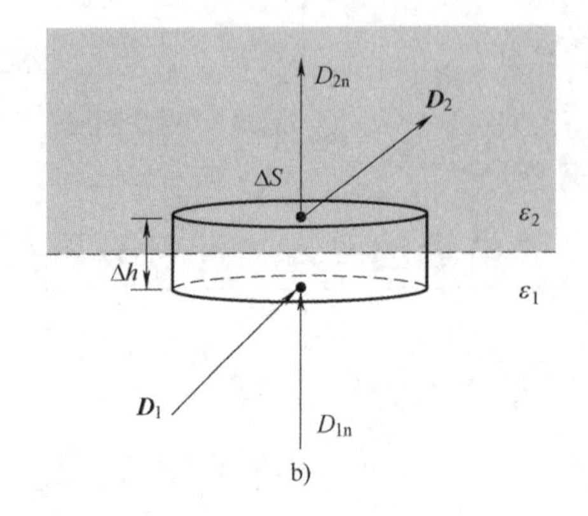

b)

图 1-14 媒质分界面两侧的电场量

分别位于分界面两侧且都平行于分界面，高度为 Δh 且趋向于零，分界面上自由电荷面密度为 σ，则由高斯定理可得

$$\oint_S \boldsymbol{D} \cdot \mathrm{d}\boldsymbol{S} = -D_{1n}\Delta S + D_{2n}\Delta S = \sigma\Delta S \tag{1-63}$$

式中，D_{1n} 和 D_{2n} 分别为分界面两侧电位移矢量的法向分量。

因此有

$$D_{2n} - D_{1n} = \sigma \tag{1-64}$$

即分界面两侧电位移矢量的法向分量不连续，其差值等于分界面上的自由电荷面密度。

式(1-62)和式(1-64)称为静电场中分界面上的衔接条件，反映了从一种媒质过渡到另一种媒质时分界面上电场的变化规律，相应的矢量形式为

$$\boldsymbol{e}_n \times (\boldsymbol{E}_2 - \boldsymbol{E}_1) = 0 \tag{1-65}$$

$$\boldsymbol{e}_n \cdot (\boldsymbol{D}_2 - \boldsymbol{D}_1) = \sigma \tag{1-66}$$

式中，$\boldsymbol{e}_n$ 为分界面的法向单位矢量，方向由介质 1 指向介质 2。

分界面上的衔接条件也可用电位表示。在分界面两侧各取一点，电位分别为 φ_1 和 φ_2。由电位与电场强度的微分关系可知，分界面两侧的电位差必为零，否则意味着电场强度无穷大，即

$$\varphi_1 = \varphi_2 \tag{1-67}$$

即分界面两侧的电位连续。由 $\boldsymbol{D} = \varepsilon\boldsymbol{E}$、$\boldsymbol{E} = -\nabla\varphi$ 及式(1-64)，可得

$$-\varepsilon_2 \frac{\partial\varphi_2}{\partial n} + \varepsilon_1 \frac{\partial\varphi_1}{\partial n} = \sigma \tag{1-68}$$

式中，$\frac{\partial\varphi_1}{\partial n}$ 和 $\frac{\partial\varphi_2}{\partial n}$ 分别为分界面两侧电位的法向导数。

式(1-67)和式(1-68)为用电位表示的分界面上的衔接条件。

1.4.3 特殊的静电场分界面

1. 两种电介质的分界面

如图 1-15 所示，分界面两侧皆为线性且各向同性电介质(分界面上无自由面电荷分布)，则由 $D_1 = \varepsilon_1 E_1$、$D_2 = \varepsilon_2 E_2$ 以及分界面衔接条件可得

$$E_1\sin\alpha_1=E_2\sin\alpha_2 \tag{1-69}$$

$$\varepsilon_1E_1\cos\alpha_1=\varepsilon_2E_2\cos\alpha_2 \tag{1-70}$$

因此有

$$\frac{\tan\alpha_1}{\tan\alpha_2}=\frac{\varepsilon_1}{\varepsilon_2} \tag{1-71}$$

式(1-71)称为静电场中的折射定律,适用于无自由面电荷分布的两种电介质的分界面。

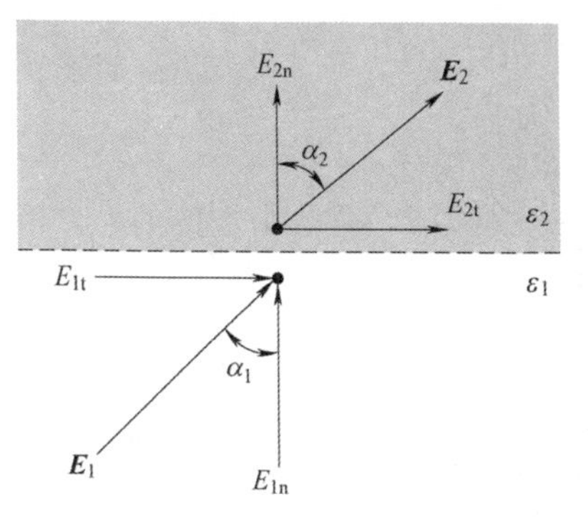

图 1-15　电介质分界面两侧的电场量

2. 导体与电介质的分界面

对于导体与电介质的分界面(设媒质 1 为导体,媒质 2 为介质),因为静电场导体中导体内部电场强度为零,即 $E_{1t}=0$、$D_{1n}=0$。因此由分界面衔接条件可得电介质侧场量为

$$\begin{cases}E_{2t}=0\\D_{2n}=\sigma\end{cases} \tag{1-72}$$

式(1-72)表明,在电介质中与导体表面相邻处的电场强度与电位移都垂直于导体表面,且电位移的大小等于该处电荷的面密度。进一步,由导体是等位体可得电位的衔接条件为

$$\begin{cases}\varphi_1=\varphi_2=C\\-\varepsilon_2\dfrac{\partial\varphi_2}{\partial n}=\sigma\end{cases} \tag{1-73}$$

式中,C 为常数;σ 为导体表面自由电荷面密度。

1.5　静电场的边值问题及求解

1.5.1　静电场的边值问题

到现在为止,可以用库仑定律和高斯定理求解静电场,但是只能用于求解电荷分布简单的区域。在工程实际中,经常已知某区域的电荷分布以及此区域边界上的电位或场强(即边值或边界条件),这类问题的求解称为静电场的边值问题。这类问题用前面介绍的方法很难求解,下面讨论基于微分方程的求解方法。

电位的微分方程可由静电场基本方程导出。由 $\boldsymbol{E}=-\nabla\varphi$,对等式两边求散度得

$$\nabla\cdot\boldsymbol{E}=\nabla\cdot(-\nabla\varphi)=-\nabla^2\varphi \tag{1-74}$$

假设介质为各向同性,将 $\boldsymbol{D}=\varepsilon\boldsymbol{E}$ 代入式(1-74)得

$$\nabla\cdot\boldsymbol{E}=\nabla\cdot\left(\frac{\boldsymbol{D}}{\varepsilon}\right)=\nabla\left(\frac{1}{\varepsilon}\right)\cdot\boldsymbol{D}+\frac{1}{\varepsilon}\nabla\cdot\boldsymbol{D}=-\nabla^2\varphi \tag{1-75}$$

如果介质均匀,则有 $\nabla\left(\dfrac{1}{\varepsilon}\right)=0$,代入式(1-75)可得

$$\frac{1}{\varepsilon}\nabla\cdot\boldsymbol{D}=-\nabla^2\varphi \tag{1-76}$$

由$\nabla \cdot \boldsymbol{D}=\rho$可得

$$\nabla^2\varphi=-\frac{\rho}{\varepsilon} \tag{1-77}$$

式(1-77)称为电位的泊松方程。在无自由电荷分布($\rho=0$)区域，该式变为

$$\nabla^2\varphi=0 \tag{1-78}$$

式(1-78)称为电位的拉普拉斯方程。∇^2称为拉普拉斯算子，在直角坐标系的展开式为$\nabla^2=\frac{\partial^2}{\partial x^2}+\frac{\partial^2}{\partial y^2}+\frac{\partial^2}{\partial z^2}$。

泊松方程和拉普拉斯方程是电位函数满足的微分方程。静电场的边值问题就是求满足给定边界条件的泊松方程或拉普拉斯方程的解。

边界条件通常有以下三种，对应三种边值问题。

1）第一类边界条件：已知场域边界面S上各点的电位值，即给定

$$\varphi\big|_S=f(S) \tag{1-79}$$

这类问题称为第一类边值问题。

2）第二类边界条件：已知场域边界面S上各点的电位法向导数值，即给定

$$\left.\frac{\partial\varphi}{\partial n}\right|_S=f(S) \tag{1-80}$$

这类问题称为第二类边值问题。

3）第三类边界条件：已知场域边界面S上各点电位和电位法向导数的线性组合的值，即给定

$$\left.\left(\varphi+\alpha\frac{\partial\varphi}{\partial n}\right)\right|_S=f(S) \tag{1-81}$$

这类问题称为第三类边值问题，也称为混合边值问题。

当边值问题所定义的整个场域不是单一电介质时，按各电介质子区域分别写出泊松方程或拉普拉斯方程，还需相应地引入不同媒质分界面上的衔接条件，作为定解条件。

1.5.2 静电场边值问题的求解

求解静电场的边值问题，就是求满足给定边界条件的泊松方程或拉普拉斯方程的解。给定怎样的条件才能确保问题的解是唯一的呢？唯一性定理给出了其充要条件。

静电场的唯一性定理指出：凡满足电位微分方程和给定边界条件的解，即为给定静电场的唯一解。

唯一性定理可用反证法证明。设有两个电位函数φ_1和φ_2在边界为S的场域V中满足同一泊松方程或拉普拉斯方程，则差值$u=\varphi_1-\varphi_2$必满足拉普拉斯方程，即$\nabla^2u=0$。若给定第一类边界条件，则在边界面S上$\varphi_1\big|_S=\varphi_2\big|_S=f(S)$，因此$u=0$；若给定第二类边界条件，则在边界面$S$上$\left.\frac{\partial\varphi_1}{\partial n}\right|_S=\left.\frac{\partial\varphi_2}{\partial n}\right|_S=f(S)$，因此$\left.\frac{\partial u}{\partial n}\right|_S=0$。由此可得

$$\oint_S u\nabla u\cdot\mathrm{d}\boldsymbol{S}=\oint_S u\frac{\partial u}{\partial n}\mathrm{d}S=0 \tag{1-82}$$

再由散度定理有

$$\oint_S u\nabla u\cdot d\boldsymbol{S}=\int_V \nabla\cdot(u\nabla u)dV=\int_V[u\nabla^2u+(\nabla u)^2]dV=\int_V(\nabla u)^2dV=0 \tag{1-83}$$

所以在场域 V 内处处有 $\nabla u=\nabla(\varphi_1-\varphi_2)=0$，即处处有 $\varphi_1-\varphi_2=C$（任意常数）。对于第一类边值问题，在边界面 S 上 $\varphi_1|_S=\varphi_2|_S=f(S)$，可得 $C=0$；对于第二类边值问题，若 φ_1 和 φ_2 取同一参考点，则在参考点处 $\varphi_1=\varphi_2$，则常数 $C=0$。由以上分析可见，在场域 V 中各处，恒有 $u=\varphi_1-\varphi_2=0$，即 φ_1 和 φ_2 处处相等。因此有两个不同的解都满足微分方程和给定边界条件的假设是不能成立的，故唯一性定理得证。

因此，求解静电场边值问题就是求解在给定边界条件下的泊松方程或拉普拉斯方程，唯一性定理为静电场问题的多种解法（如试探解、数值解和解析解等）提供了思路及理论根据。唯一性定理对求解静电场问题的重要意义还在于：可用于判定解的正确性，即无论用何种方法求解静电场，只要这个解满足给定的微分方程和边界条件，这个解就是正确的。常用的边值问题求解方法有直接积分法、分离变量法、保角变换法、镜像法和数值计算法等。

*唯一性定理的应用：等位面法

在静电场中，若沿场的等位面的任一侧填充导电媒质，则等位面另一侧的电场保持不变，这就是等位面法。因为在等位面 k 内填充导电媒质后，边界条件不发生变化：①边界 k 的等位性不变；②边界 k 内的总电荷量不变（相当于给定了第二类边界条件），故等位面另一侧的电场保持不变。

用等位面法很容易解释静电屏蔽现象。例如接地的封闭导体壳内的电荷不影响壳外的电场；又如封闭导体无论是否接地，壳内电场不受壳外电场的影响，因为边界是等位面，且边界上的总电荷量保持不变。

1.5.3 分离变量法

当待求静电场的电位分布只是一个坐标变量的函数时，静电场的边值问题就是二阶常微分方程（泊松方程或拉普拉斯方程）的定解问题，这类问题运用直接积分法就能求解。而当电位函数是两个或两个以上坐标变量的函数时，静电场的边值问题就成为二阶偏微分方程的定解问题，分离变量法则是求偏微分方程定解的一种常用方法。

分离变量法的基本思路是将一个偏微分方程分解为多个只含一个变量的常微分方程，然后分别求解这些常微分方程。以直角坐标系中拉普拉斯方程的求解为例，若待求电位函数只是坐标变量 x、y 的函数，而与坐标变量 z 无关，则拉普拉斯方程为

$$\frac{\partial^2\varphi}{\partial x^2}+\frac{\partial^2\varphi}{\partial y^2}=0 \tag{1-84}$$

将该方程的试探解表示为两个函数的乘积形式，即

$$\varphi=f(x)g(y) \tag{1-85}$$

式中，函数 $f(x)$ 为仅含坐标变量 x 的函数；函数 $g(y)$ 为仅含坐标变量 y 的函数。

将该试探解代入拉普拉斯方程，整理之后便有

$$\frac{1}{f}\frac{\partial^2 f(x)}{\partial x^2}=-\frac{1}{g}\frac{\partial^2 g(y)}{\partial y^2} \tag{1-86}$$

式(1-86)在 x、y 取任意值时均成立，因此等式两边必然恒为同一常数，即有

$$\frac{1}{f}\frac{\partial^2 f(x)}{\partial x^2}=-\frac{1}{g}\frac{\partial^2 g(y)}{\partial y^2}=\lambda \tag{1-87}$$

式中，λ 为一待定常数，由该式可得到如下两个常微分方程

$$\frac{\partial^2 f(x)}{\partial x^2}-\lambda f(x)=0 \tag{1-88}$$

$$\frac{\partial^2 g(y)}{\partial y^2}+\lambda g(y)=0 \tag{1-89}$$

通过分离变量，原来的偏微分方程就被分解成了两个常微分方程。显然，这两个常微分方程解的形式与常数 λ 的取值有关，分为以下三种情况：

1）若 $\lambda=0$，这两个常微分方程解的形式分别为

$$f(x)=A_0x+B_0 \tag{1-90}$$

$$g(y)=C_0y+D_0 \tag{1-91}$$

式中，A_0、B_0、C_0 和 D_0 为待定常数。

2）若 $\lambda>0$，令 $\lambda=k_n^2$，则解的形式分别为

$$f(x)=A_n\cosh(k_nx)+B_n\sinh(k_nx) \tag{1-92}$$

$$g(y)=C_n\cos(k_ny)+D_n\sin(k_ny) \tag{1-93}$$

式中，A_n、B_n、C_n 和 D_n 为待定常数。

3）若 $\lambda<0$，令 $\lambda=-k_n^2$，则有

$$f(x)=A'_n\cos(k_nx)+B'_n\sin(k_nx) \tag{1-94}$$

$$g(y)=C'_n\cosh(k_ny)+D'_n\sinh(k_ny) \tag{1-95}$$

式中，A'_n、B'_n、C'_n 和 D'_n 为待定常数。

根据拉普拉斯方程解的性质，电位解的一般形式是所有可能解的线性组合，即

$$\begin{aligned}\varphi &= (A_0x+B_0)(C_0y+D_0)+\\&\sum_{n=1}^{\infty}[A_n\cosh(k_nx)+B_n\sinh(k_nx)][C_n\cos(k_ny)+D_n\sin(k_ny)]+\\&\sum_{n=1}^{\infty}[A'_n\cos(k_nx)+B'_n\sin(k_nx)][C'_n\cosh(k_ny)+D'_n\sinh(k_ny)]\end{aligned} \tag{1-96}$$

最后，根据给定的边界条件确定式(1-96)中的各个待定常数，便可求得电位的确定解。

例 1-7 一长直金属导体槽埋于地里，其横截面为如图 1-16 所示矩形，金属导体槽上的金属盖板电压为 U_0 且与导体槽绝缘，求导体槽内电位分布。

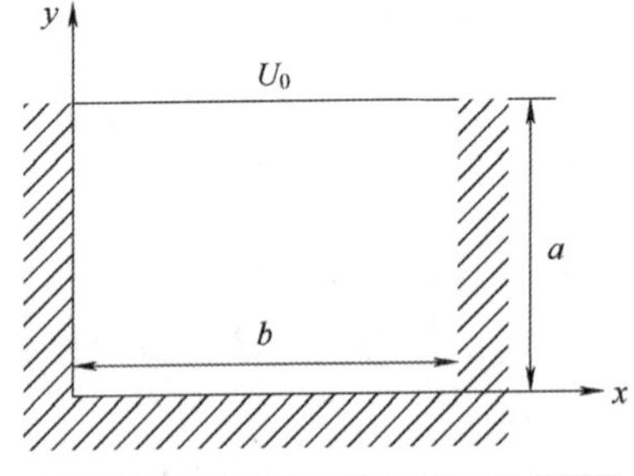

图 1-16 长直金属导体槽横截面

解：如图 1-16 所示取直角坐标，根据边界条件有

(1) 当 $x=0$、$0\leqslant y\leqslant a$ 时，$\varphi=0$，即 y 取 $[0,a]$ 间任意值下式均成立

$$B_0(C_0y+D_0)+\sum_{n=1}^{\infty}A_n[C_n\cos(k_ny)+D_n\sin(k_ny)]+$$

$$\sum_{n=1}^{\infty}A'_n[C'_n\cosh(k_ny)+D'_n\sinh(k_ny)]=0$$

因此，$B_0=0$，$A_n=0$，$A'_n=0$。且

$$\varphi=A_0x(C_0y+D_0)+\sum_{n=1}^{\infty}[B_n\sinh(k_nx)][C_n\cos(k_ny)+D_n\sin(k_ny)]+$$

$$\sum_{n=1}^{\infty}[B_n'\sin(k_nx)][C_n'\cosh(k_ny)+D_n'\sinh(k_ny)]$$

（2）当 $y=0$、$0\leqslant x\leqslant b$ 时，$\varphi=0$，即 x 取$[0,b]$间任意值下式均成立

$$A_0D_0x+\sum_{n=1}^{\infty}C_n[B_n\sinh(k_nx)]+\sum_{n=1}^{\infty}C_n'[B_n'\sin(k_nx)]=0$$

因此，$A_0D_0=0$，$C_n=0$，$C_n'=0$。

$$\varphi=A_0C_0xy+\sum_{n=1}^{\infty}[B_n\sinh(k_nx)][D_n\sin(k_ny)]+\sum_{n=1}^{\infty}[B_n'\sin(k_nx)][D_n'\sinh(k_ny)]$$

（3）当 $x=b$、$0\leqslant y\leqslant a$ 时，$\varphi=0$，即 y 取$[0,a]$间任意值下式均成立

$$A_0C_0by+\sum_{n=1}^{\infty}[B_n\sinh(k_nb)][D_n\sin(k_ny)]+\sum_{n=1}^{\infty}[B_n'\sin(k_nb)][D_n'\sinh(k_ny)]=0$$

因此，$A_0C_0=0$，$B_nD_n=0$，$k_nb=n\pi\quad(n=1,2,3,\cdots)$。

$$\varphi=\sum_{n=1}^{\infty}\left[B_n'\sin\left(\frac{n\pi}{b}x\right)\right]\left[D_n'\sinh\left(\frac{n\pi}{b}y\right)\right]$$

（4）当 $y=a$、$0<x<b$ 时，$\varphi=U_0$，即 x 取$(0,b)$间任意值下式均成立

$$\sum_{n=1}^{\infty}\left[B_n'\sin\left(\frac{n\pi}{b}x\right)\right]\left[D_n'\sinh\left(\frac{n\pi}{b}a\right)\right]=U_0$$

上式等号两边同时乘以 $\sin\left(\frac{m\pi}{b}x\right)$，$m=1,2,3,\cdots$，并从 $0\sim b$ 积分有

$$\int_0^b\sum_{n=1}^{\infty}\sin\left(\frac{m\pi}{b}x\right)\left[B_n'\sin\left(\frac{n\pi}{b}x\right)\right]\left[D_n'\sinh\left(\frac{n\pi}{b}a\right)\right]\mathrm{d}x=\int_0^bU_0\sin\left(\frac{m\pi}{b}x\right)\mathrm{d}x$$

上式等号两边分别有

$$\int_0^b\sum_{n=1}^{\infty}\sin\left(\frac{m\pi}{b}x\right)\left[B_n'\sin\left(\frac{n\pi}{b}x\right)\right]\left[D_n'\sinh\left(\frac{n\pi}{b}a\right)\right]\mathrm{d}x=\begin{cases}\dfrac{b}{2}B_n'D_n'\sinh\left(\dfrac{n\pi}{b}a\right) & (m=n)\\ 0 & (m\neq n)\end{cases}$$

$$\int_0^bU_0\sin\left(\frac{m\pi}{b}x\right)\mathrm{d}x=\begin{cases}\dfrac{2bU_0}{m\pi} & (m\text{ 为奇数})\\ 0 & (m\text{ 为偶数})\end{cases}$$

即

$$B_n'D_n'=\begin{cases}\dfrac{4U_0}{n\pi\sinh\left(\dfrac{n\pi a}{b}\right)} & (n\text{ 为奇数})\\ 0 & (n\text{ 为偶数})\end{cases}$$

因此，电位分布函数的定解为

$$\varphi=\sum_{k=1}^{\infty}\frac{4U_0\left[\sin\dfrac{(2k+1)\pi x}{b}\right]\left[\sinh\dfrac{(2k+1)\pi y}{b}\right]}{(2k+1)\pi\sinh\dfrac{(2k+1)\pi a}{b}}$$

1.6 静电场的等效求解方法:镜像法

在静电场的求解中,如果待求场域是均匀的,可用泊松方程或拉普拉斯方程求解场的分布。如果待求场域是分区均匀的,因为存在感应电荷和极化电荷,且感应电荷和极化电荷的分布规律未知,所以这类问题的直接求解一般比较困难,可采用等效方法——镜像法求解。

镜像法是在待求场域外用简单的等效电荷代替边界面上的感应电荷或极化电荷(其分布复杂,且分布规律未知)。当保持原有边界上的边界条件不变时,根据唯一性定理,待求场域电场可由原来的电荷和所有等效电荷产生的电场叠加得到。这些等效电荷称为镜像电荷,这种求解方法称为镜像法。

引入镜像电荷后,边界条件保持不变,原求解区域所满足的方程也不变,则非均匀媒质空间可看作无限大单一均匀媒质的空间,从而简化分析过程。

1.6.1 导体平面镜像

1. 点电荷与无限大导体平面的镜像

假设点电荷 q 位于接地无限大导体平板上方位置 d 处,如图 1-17a 所示,设上方的介质为空气。导体平板上方电场是由点电荷与导体平板上表面的感应电荷共同产生。直接求解导体上方电场的困难在于计算导体平板上分布不均的感应电荷产生的电场。下面讨论应用镜像法求解导体上方的电场。

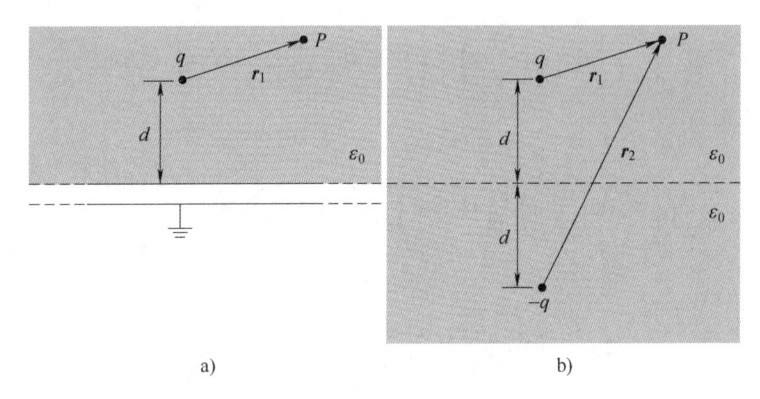

图 1-17 点电荷与导体平面的镜像

如果以点电荷在导体平板上表面上的投影为坐标原点建立直角坐标系,并设导体平板上表面为 $z=0$ 的平面,点电荷到导体平板上表面的距离为 d,则对于图 1-17a 中导体平面上半空间场域,其边值问题为:

1) 除点电荷所在处$(0,0,d)$外,电位满足拉普拉斯方程,即 $\nabla^2\varphi=0$。

2) 在无穷远处边界及导体平面上电位 $\varphi=0$。

如图 1-17b 所示构造镜像系统,即在导体平面的下方与点电荷对称的镜像位置放一带电量为$-q$ 的点电荷(称之为镜像点电荷),并撤掉无限大导体平板。故上半空间 P 点的电位为电荷 q 和镜像电荷$-q$ 产生的电位叠加,即

$$\varphi_P=\frac{q}{4\pi\varepsilon_0}\left(\frac{1}{r_1}-\frac{1}{r_2}\right) \tag{1-97}$$

在导体平板上表面处即 $z=0$ 时，$\varphi_P=0$；镜像点电荷 $-q$ 位于下半空间，未改变上半空间的电荷分布。因此点电荷 q 和镜像电荷 $-q$ 共同产生的电场在原导体平板位置上半空间场域，其边值问题为：

1）除点电荷 q 所在处外，电位满足方程 $\nabla^2\varphi=0$。

2）在无穷远处边界及导体平板上表面所在平面上 $\varphi=0$。

根据唯一性定理，图 1-17a 中导体上方电场可由图 1-17b 镜像系统中电荷 q 和镜像电荷 $-q$ 在导体位置上半空间共同产生。也就是说，用镜像电荷 $-q$ 代替了分布在导体平板表面上的感应电荷对导体平板上半空间场域的作用。

由电荷 q 和镜像电荷 $-q$ 产生的电场叠加，可求得导体平板上表面即 $z=0$ 平面上任一点 $(x,y,0)$ 处的电场为

$$\boldsymbol{E}(x,y,0)=\frac{-qd}{2\pi\varepsilon_0 C}\boldsymbol{e}_z \tag{1-98}$$

$C=(x^2+y^2+d^2)^{\frac{3}{2}}$。根据导体表面的边界条件，可得导体表面上的感应电荷面密度为

$$\sigma=\varepsilon_0 E=-\frac{qd}{2\pi C} \tag{1-99}$$

式(1-99)表明，σ 在导体表面上分布不是均匀的，总感应电荷为 $\int_{-\infty}^{\infty}\int_{-\infty}^{\infty}\sigma\,\mathrm{d}x\mathrm{d}y=-q$，即感应电荷总量与镜像电荷总量相等。这一结论是合理的，因为点电荷 q 所发出的电力线全部终止在无限大的接地导体平面上。

讨论：

1）镜像电荷是一些假想的电荷，它的引入不能改变所研究区域的原有场分布，因此镜像电荷应放在所研究的场区之外。

2）镜像电荷的具体位置由量值大小、符号确定，应满足给定的边界条件。不过很多时候是根据界面的情况，先假定镜像电荷的位置，再由边界条件来决定镜像电荷的大小。

3）用镜像电荷代替感应电荷的作用，因此在考虑了镜像电荷后，就认为导体平面不存在了，把整个空间看成是无界的均匀空间。所求区域的电位等于给定电荷所产生的电位和镜像电荷所产生的电位的叠加。

***镜像电荷大小的求解**

建立如图 1-18 所示的坐标系，因为接地导电平面为无限大，下半平面的电位为零，故只需求解 $z>0$ 的区域即可。

此时，电位 φ 应满足拉普拉斯方程，有

$$\begin{cases}\nabla^2\varphi=0 & \text{除 } q \text{ 点外的所有场}\\ \varphi=0 & \text{导体平面及无穷远处}\\ \oint_S \boldsymbol{D}\cdot\mathrm{d}\boldsymbol{S}=q & S \text{ 为包围点 } q \text{ 的闭合面}\end{cases} \tag{1-100}$$

假设在导体板下方与电荷 q 对称的位置 $(0,0,-h)$ 上放一个假想电荷 q'，并将导体平面撤

离(将 $z\leqslant0$ 区域换成 $z>0$ 空间的媒质),如图1-18b 所示。此时,对于 $z>0$ 的空间区域,电荷分布与边界条件都没有改变,即依然满足方程(1-100)。根据唯一性定理,图 1-18b 的解就是图 1-18a 的解。也就是说,图 1-18a 的场分布可以通过图 1-18b 的两个点电荷来计算。或者说导体平面上分布不均匀的感应电荷和位置 $(0,0,-h)$ 的点电荷是等效的。

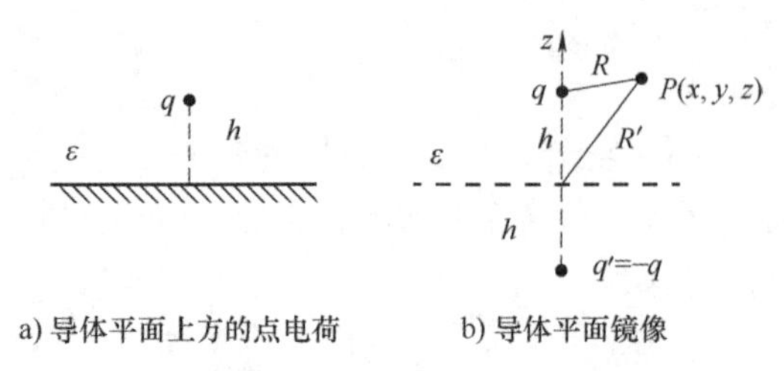

图 1-18　点电荷与导体平面镜像

由于这个等效的点电荷与待求场区的点电荷相对于边界面是镜像对称的,所以这个等效的点电荷称为镜像电荷,这种方法称为镜像法。需要特别强调的是,镜像法只是对特定的区域才有效,即镜像电荷一定是位于有效的场区之外。下面通过边界条件确定 q'。

在图 1-18b 中,选无穷远处为参考点,$z>0$ 区域内的点 $p(x,y,z)$ 的电位为 q 与 q'产生的电位叠加,即

$$\varphi=\frac{1}{4\pi\varepsilon}\left(\frac{q}{R}+\frac{q'}{R'}\right)=\frac{1}{4\pi\varepsilon}\left(\frac{q}{\sqrt{x^2+y^2+(z-h)^2}}+\frac{q'}{\sqrt{x^2+y^2+(z+h)^2}}\right)\quad z>0 \tag{1-101}$$

在导体平面处即 $z=0$ 时,$\varphi=0$,由式(1-101)解得 $q'=-q$(因为镜像电荷在下半平面,舍去正号解),故

$$\varphi=\frac{1}{4\pi\varepsilon}\left(\frac{q}{\sqrt{x^2+y^2+(z-h)^2}}+\frac{-q}{\sqrt{x^2+y^2+(z+h)^2}}\right)$$

可见,引入镜像电荷 q'后保证了边界条件不变;镜像点电荷位于 $z<0$ 的空间,未改变所求空间的电荷分布,因而在 $z>0$ 的空间,电位仍然满足原有的方程。由唯一性定理可知结果正确。

2. 无限长线电荷与无限大导体平面的镜像

如果将接地无限大导体平面上方的点电荷换成与导体平面平行的无限长线电荷(一般称为电轴),同样可用镜像法进行分析:用置于电轴上的等效线电荷来代替导体上的分布电荷,从而求得电场的方法称为电轴法。

如图 1-19 所示,以电轴在导体平面上的投影为 z 轴,无限大导体平面为 yOz 坐标平面建立直角坐标系,设电轴到导体平面距离为 b,电轴电荷线密度为 τ,则其边值问题为:

1) x 正半轴空间除电轴所在处 $(b,0,z)$ 外,电位满足拉普拉斯方程 $\nabla^2\varphi=0$。

2) 在 yOz 坐标平面上,电位 $\varphi=0$。

如图 1-19b 所示,在电荷线密度为 τ 的电轴(正电轴)相对 yOz 坐标平面的镜像位置 $(-b,0,z)$ 处放一电荷线密度为 τ 的镜像电轴(负电轴)。显然镜像系统在 x 正半轴空间除 $(b,0,z)$ 外的电位方程依然为拉普拉斯方程,因此还要满足给定的边界条件:镜像系统中 yOz 坐标平面上,电位 $\varphi=0$。由叠加原理可知,镜像系统中任意一点 $P(x,y,z)$ 的电场是正负电轴产生的电场的叠加,即

$$\boldsymbol{E}_P=\frac{\tau}{2\pi\varepsilon_0\rho_+}\boldsymbol{e}_+-\frac{\tau}{2\pi\varepsilon_0\rho_-}\boldsymbol{e}_- \tag{1-102}$$

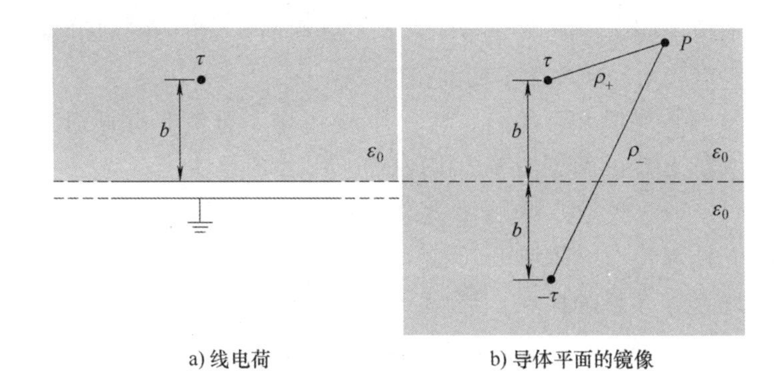

a) 线电荷　　　　b) 导体平面的镜像

图 1-19　线电荷与导体平面的镜像

式中，ρ_+和ρ_-分别为场点 P 到正负电轴的距离；$\boldsymbol{e}_+$为场点 P 在正电轴上投影到场点 P 的单位方向矢量；$\boldsymbol{e}_-$为场点的单位方向矢量。

如果电位参考点为 Q，则场点 P 的电位为

$$
\begin{aligned}
\varphi &= \int_P^Q \left(\frac{\tau}{2\pi\varepsilon_0\rho_+}\boldsymbol{e}_+ - \frac{\tau}{2\pi\varepsilon_0\rho_-}\boldsymbol{e}_- \right) \mathrm{d}\rho \\
&= \frac{\tau}{2\pi\varepsilon_0}\ln\frac{\rho_{Q+}}{\rho_{Q-}} + \frac{\tau}{2\pi\varepsilon_0}\ln\frac{\rho_-}{\rho_+} \\
&= C + \frac{\tau}{2\pi\varepsilon_0}\ln\frac{\rho_-}{\rho_+}
\end{aligned} \tag{1-103}
$$

式中，常数 $C=\frac{\tau}{2\pi\varepsilon_0}\ln\frac{\rho_{Q+}}{\rho_{Q-}}$；$\rho_{Q+}$和$\rho_{Q-}$分别为参考点 Q 到正负电轴的距离。

当参考点 Q 取在 yOz 坐标平面上时常数 $C=0$，于是

$$
\varphi = \frac{\tau}{2\pi\varepsilon_0}\ln\frac{\rho_-}{\rho_+} \tag{1-104}
$$

显然，场点 P 在 yOz 坐标平面上时 $\rho_+=\rho_-$，因此 yOz 坐标平面上电位 $\varphi=0$，满足边值条件。因此，用镜像电荷负电轴代替导体平板表面上的感应电荷对导体平板上半空间场域的作用，导体平板上半空间的电场可由正负电轴产生的电场合成求得。

3. 点电荷对相交半无限大接地角域（导体劈）的镜像

考虑两个相互垂直相连的半无限大接地导体平板形成的角域（导体劈），设直角区有一点电荷 q，如图 1-20a 所示。

要满足在导体平面上电位为零（接地），必须引入对称分布的 3 个镜像电荷，如图 1-20b 所示。此时可通过这 4 个点电荷求解待求场区的场，如 P 点的电位为

$$
\varphi_P = \frac{q}{4\pi\varepsilon_0}\left(\frac{1}{R}-\frac{1}{R_1}-\frac{1}{R_2}+\frac{1}{R_3}\right) \tag{1-105}
$$

式中，R 为 P 点到点电荷 q 的距离；R_1 和 R_2

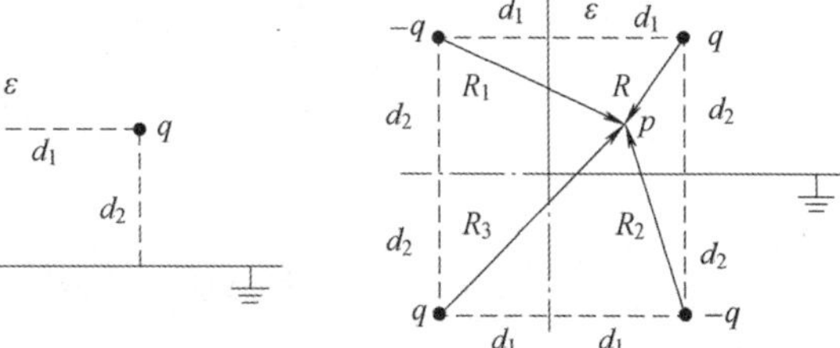

a) 导体劈中的点电荷　　　　b) 导体劈中的点电荷镜像

图 1-20　导体劈中的点电荷和镜像

分别为 P 点到两个负的镜像电荷的距离；R_3 为 P 点到正的镜像电荷的距离。

*点电荷对非垂直相交的两导体平面的镜像

镜像法不仅用于导电平面和直角形导电平面，还可用于分析非垂直相交的两导体平面镜像的情况。对于非垂直相交的两导体平面构成的边界，若两导体平面夹角为 $\theta=\pi/n$（n 为正整数），则可用镜像法求解。其镜像电荷的个数为 $2n-1$，所有镜像电荷都正、负交替地分布在同一个圆周上。该圆的圆心位于角域的顶点，半径为点电荷到顶点的距离。例如，当 $\theta=60°$时（见图 1-21），有 5 个镜像电荷；当 n 不为整数时，镜像法不再适用；当角域夹角为钝角时，镜像法亦不适用。

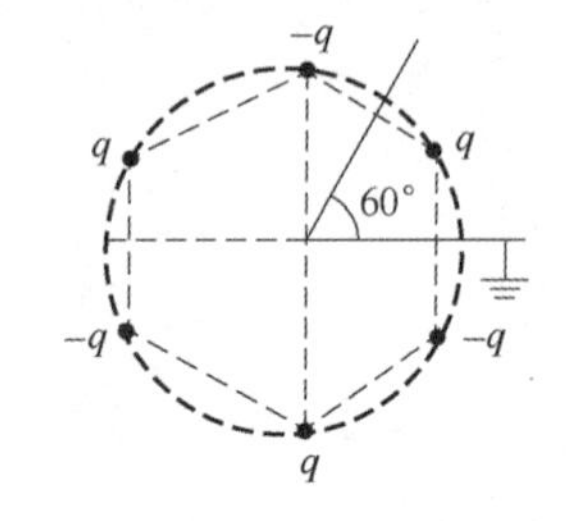

图 1-21　两导体平面夹角为 60°时的 5 个镜像电荷

1.6.2　介质平面镜像

如果点电荷位于两种电介质分界面附近，则电介质中的电场是由点电荷和分界面上分布的面极化电荷共同产生的。直接求解电介质中电场的困难在于计算电介质分界面上分布不均的面极化电荷产生的电场，下面讨论应用镜像法求解电介质中的电场。

对于如图 1-22a 所示的点电荷 q 位于两种电介质分界面附近的情况，设两种均匀电介质的介电常数分别为 ε_1 与 ε_2，点电荷到分界（平）面的距离为 d，相应的边值问题为：

1）介电常数为 ε_1 的电介质中的电位 φ_1，除在点电荷所在处外满足方程 $\nabla^2\varphi_1=0$。

2）介电常数为 ε_2 的电介质中的电位 φ_2 满足方程 $\nabla^2\varphi_2=0$。

3）在无穷远处边界上电位 $\varphi_1=0$，$\varphi_2=0$。

4）在分界面上电位 $\varphi_1=\varphi_2$，$\varepsilon_1\dfrac{\partial\varphi_1}{\partial n}=\varepsilon_2\dfrac{\partial\varphi_2}{\partial n}$。

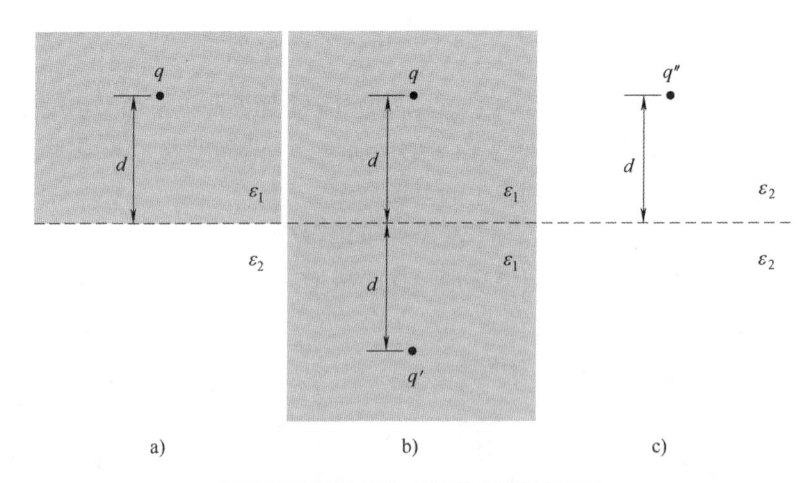

图 1-22　点电荷与介质平面的镜像

介电常数为 ε_1 的电介质中的电场是由点电荷和分界面上极化电荷共同产生的，该区域的电场可由图 1-22b 所示的镜像系统求得。即在点电荷的镜像位置放一镜像电荷 q'（等效分界面上的极化电荷），并将介电常数为 ε_2 的电介质替换成介电常数为 ε_1 的电介质。显然无论镜

像电荷 q' 如何取值，图 1-22b 中原介电常数为 ε_1 的电介质区域除在点电荷所在处外满足方程 $\nabla^2\varphi_1=0$，并且在无穷远处边界上电位 $\varphi_1=0$。

介电常数为 ε_2 的电介质中的电场同样是由点电荷和分界面上极化电荷共同产生的，而该区域的电场可由图 1-22c 所示的镜像系统求得。即将点电荷用镜像电荷 q''（等效点电荷和分界面上的极化电荷）替代，并将介电常数为 ε_1 的电介质替换成介电常数为 ε_2 的电介质。同样，无论镜像电荷 q'' 如何取值，图 1-22c 中原介电常数为 ε_2 的电介质区域满足方程 $\nabla^2\varphi_2=0$，并且在无穷远处边界上电位 $\varphi_2=0$。

由分界面上电位 $\varphi_1=\varphi_2$，$\varepsilon_1\dfrac{\partial\varphi_1}{\partial n}=\varepsilon_2\dfrac{\partial\varphi_2}{\partial n}$（或等效的分界面衔接条件 $E_{1t}=E_{2t}$、$D_{1n}=D_{2n}$），以及图 1-22b 和图 1-22c 镜像系统的电场有

$$\begin{cases}\dfrac{q}{\varepsilon_1}+\dfrac{q'}{\varepsilon_1}=\dfrac{q''}{\varepsilon_2}\\ q-q'=q''\end{cases}\tag{1-106}$$

则可确定镜像电荷 q' 和 q'' 的取值为

$$\begin{cases}q'=\dfrac{\varepsilon_1-\varepsilon_2}{\varepsilon_1+\varepsilon_2}q\\ q''=\dfrac{2\varepsilon_2}{\varepsilon_1+\varepsilon_2}q\end{cases}\tag{1-107}$$

这样，介质分界面两侧电介质中的电场便可分别由图 1-22b 和图 1-22c 所示的镜像系统求得。

同理，对位于无限大平板表面介质分界面附近且平行于分界面的无限长线电荷 τ，其镜像电荷为

$$\begin{cases}\tau'=\dfrac{\varepsilon_1-\varepsilon_2}{\varepsilon_1+\varepsilon_2}\tau\\ \tau''=\dfrac{2\varepsilon_2}{\varepsilon_1+\varepsilon_2}\tau\end{cases}\tag{1-108}$$

1.6.3　导体球面镜像

假设点电荷 q 位于接地导体球附近，如图 1-23a 所示。显然，导体球外空间的电场是由点电荷与导体球表面的感应电荷共同产生的。直接求解球外空间电场的困难在于计算导体球表面分布不均的感应电荷产生的电场，下面讨论应用镜像法求解导体球外的电场。

设导体球半径为 a，点电荷 q 到导体球的球心距离为 d，则对于导体球外空间场域，其边值问题为：

1）除点电荷所在处外电位满足拉普拉斯方程，即 $\nabla^2\varphi=0$。

2）在无穷远处边界及导体球外表面上电位 $\varphi=0$。

构造如图 1-23b 所示的镜像系统，即在导体球内、导体球球心与点电荷连线上距离球心位置 b 处放一镜像电荷 q'，并撤掉导体球。显然，图 1-23b 所示的镜像系统在原导体球外空间场

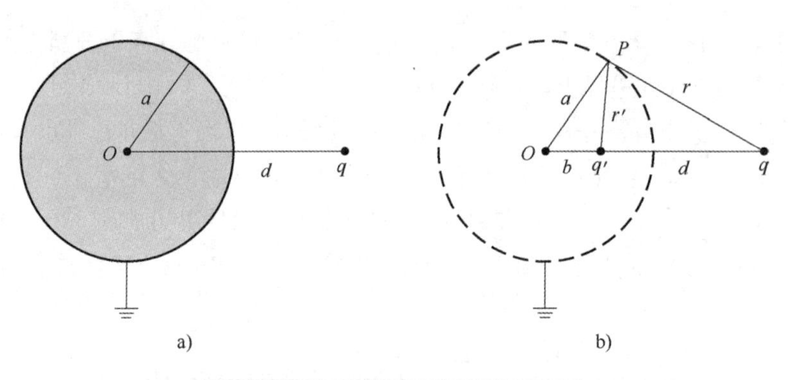

图 1-23　点电荷位于接地导体球外

域，除点电荷 q 所在处外电位满足方程 $\nabla^2\varphi=0$，且在无穷远处边界上 $\varphi=0$。

由于导体球外表面上 $\varphi=0$，因此图 1-23b 所示的镜像系统中原导体球外表面所在球面上需满足处处电位为零，即点电荷 q 和镜像电荷 q' 在该球面上任一点 P 共同产生的电位为

$$\varphi_P=\frac{q}{4\pi\varepsilon_0 r}+\frac{q'}{4\pi\varepsilon_0 r'}=0 \tag{1-109}$$

也就是球面上任一点均满足

$$-\frac{q'}{q}=\frac{r'}{r} \tag{1-110}$$

式(1-110)表明，球面上任一点比值 r'/r 均为固定值。由三角形相似性可知，如果三角形 OPq' 与三角形 OqP 相似，则有 $\frac{r'}{r}=\frac{a}{d}$ 为固定值。由此，可确定镜像电荷的位置和大小为

$$\begin{cases} b=\dfrac{a^2}{d} \\ q'=-\dfrac{a}{d}q \end{cases} \tag{1-111}$$

这里 $|q'|<q(q>0$ 时)，因为 q 发出的电力线一部分终止于导体球，另一部分终止于无限远处。确定了镜像电荷的位置和大小，导体球外空间的电场便可由镜像系统中点电荷和镜像电荷产生的电场叠加求得。

因此，球外任意点的电位为

$$\varphi=\frac{q}{4\pi\varepsilon_0}\left[\frac{1}{(r^2+d^2-2rd\cos\theta)^{1/2}}-\frac{1}{(r^2d^2-2rda^2\cos\theta+a^4)^{1/2}}\right] \tag{1-112}$$

球面上的感应电荷面密度为

$$\sigma=-\frac{q(d^2-a^2)}{4\pi(d^2+a^2-2da\cos\theta)} \tag{1-113}$$

球面上感应电荷总量为 $\int_S \sigma \mathrm{d}S=-\frac{a}{d}q$，即导体球面上的感应电荷总和与镜像电荷 q' 相等。

应用上述球面镜像法，还可以进一步分析点电荷位于导体球内、导体球不接地、导体球带电以及给定导体球电位等情况的电场问题。

*1. 点电荷位于接地空心导体球壳内

如图1-24所示，接地空心导体球壳的内外半径分别为 a 和 h，点电荷 q 位于球壳内，与球心相距为 d，$d<a$。此时感应电荷非均匀分布于球壳的内表面上，故镜像电荷 q' 应位于导体空腔外，且在 q 与球心连线的延长线上。根据边界条件，可求得

$$b=\frac{a^2}{d}\qquad q'=-\frac{a}{d}q$$

这里的镜像电荷 $|q'|>|q|$，即镜像电荷的电量大于点电荷的电量 q。

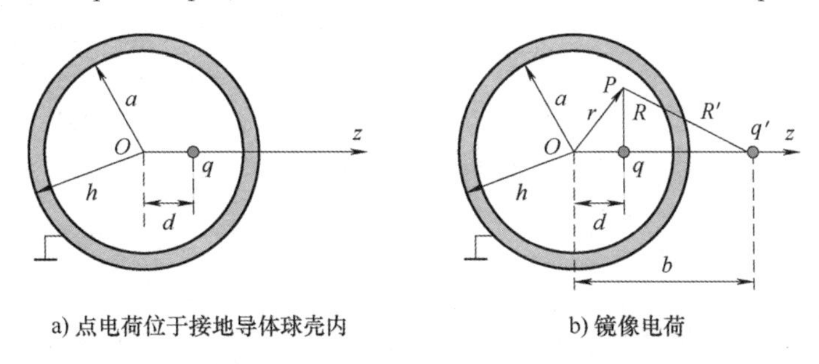

a) 点电荷位于接地导体球壳内　　b) 镜像电荷

图1-24　点电荷的球面镜像(点电荷位于接地导体球壳内)

球壳内的电位为

$$\varphi=\frac{q}{4\pi\varepsilon_0}\left[\frac{1}{\sqrt{r^2+d^2-2rd\cos\theta}}-\frac{a}{d\sqrt{r^2+(a^2/d)^2-2r(a^2/d)\cos\theta}}\right]\quad(r\leqslant a)$$

球壳内表面感应电荷面密度为

$$\rho_S=\varepsilon_0\frac{\partial\varphi}{\partial r}\bigg|_{r=a}=-\frac{q(a^2-d^2)}{4\pi a\ (a^2+d^2-2ad\cos\theta)^{3/2}}$$

球壳内表面的总感应电荷为

$$q_S=\int_S\rho_S\mathrm{d}S=-\frac{q(a^2-d^2)}{4\pi a}\int_0^{2\pi}\int_0^{\pi}\frac{a^2\sin\theta\mathrm{d}\theta\mathrm{d}\varphi}{(a^2+d^2-2ad\cos\theta)^{3/2}}=-q$$

由此可看出，点电荷 q 在内球面将产生电量为 $-q$ 的非均匀感应电荷。导体球面上的总感应电荷与镜像电荷不相等，也就是说，用镜像电荷替代感应电荷，只是作用上的等效。

*2. 点电荷位于不接地导体球面外

设点电荷 q 位于半径为 a 的不接地导体球面外，距球心距离为 d，如图1-25a所示。此时，系统具有如下特点：

1）导体球面是电位不为零的等位面。

2）球面上既有感应负电荷分布，也有感应正电荷分布，但总的感应电荷为零。

此时，系统的电位 φ 满足

$$\begin{cases}\nabla^2\varphi=0 & \text{除 } q \text{ 点外的导体}\\ \varphi=\text{常数}\neq 0 & \text{导体球}\\ \varphi=0 & \text{无穷远处}\\ \oint_S\boldsymbol{D}\cdot\mathrm{d}\boldsymbol{S}=q & S\text{ 为包围 } q \text{ 的球面}\end{cases}$$

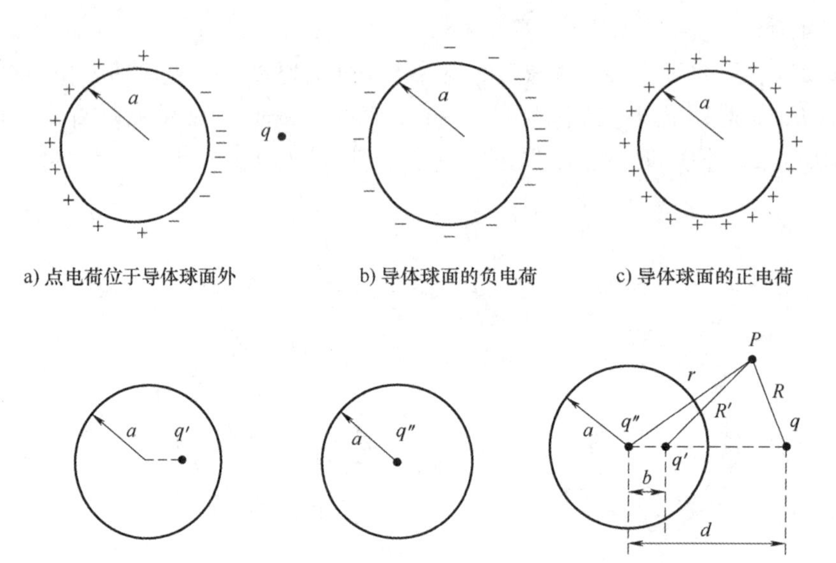

图 1-25　点电荷的球面镜像(点电荷位于不接地导体球外)

先设想导体球是接地的,则球面上只有总电荷量为 q'($q'=-\frac{a}{d}q$,距离圆心的距离为 $b=\frac{a^2}{d}$)的感应电荷分布。然后断开接地线,并将电荷 $-q'$ 加于导体球上,从而使总电荷为零。为保持导体球面为等位面,所加的电荷 $-q'$ 应均匀分布在导体球面上,可用一个位于球心的镜像电荷 q'' 来替代。此时,可以运用叠加原理来确定镜像电荷:

1) 负电荷的分布与接地球面相同(见图 1-25b),与 q 共同作用使球面电位为零。可将它等效为偏心镜像电荷,大小为 $q'=-\frac{a}{d}q$,距球心的距离 $b=\frac{a^2}{d}$,如图 1-25d 所示。

2) 根据电荷守恒定律,导体球面上感应电荷代数和应为零。因此,球面上还有均匀分布的正电荷(见图 1-25c)。为了保证球面为等位面的条件,镜像电荷 q'' 应位于球心处,且 $q''=-q'$,如图 1-25e 所示。

因此,整个系统包含两个镜像点电荷,如图 1-25f 所示。故球外任意点的电位为

$$\varphi=\frac{1}{4\pi\varepsilon_0}\left(\frac{q}{R}+\frac{q'}{R'}+\frac{q''}{r}\right)$$

* 3. 点电荷位于不接地空心球壳内

设点电荷 q 位于内外半径为 a 和 h 的不接地导体球面内,距球心距离为 d,如图 1-26a 所示。此时,系统的电荷分布如图 1-26b 所示,按照前述方法可得其等效电荷如图 1-26c 所示,包含两个镜像点电荷,其大小和位置分别为

$$q'=-\frac{a}{d}q,\text{距离球心 } b=\frac{a^2}{d}$$

$$q''=q,\text{位于球心}$$

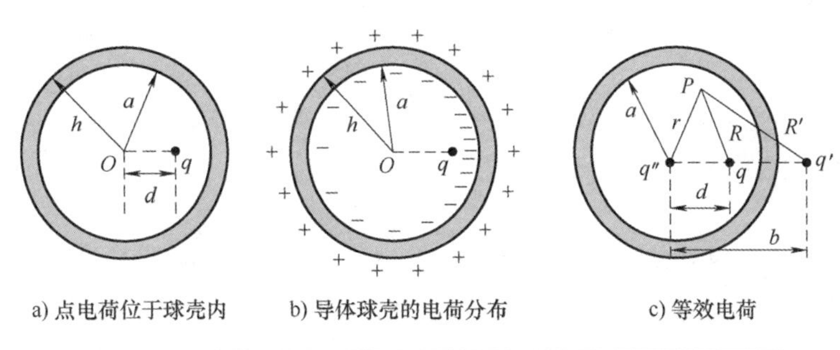

a) 点电荷位于球壳内　　b) 导体球壳的电荷分布　　c) 等效电荷

图 1-26　点电荷的球面镜像(点电荷位于不接地空心球壳内)

*4. 点电荷位于接地空心球壳内外

接地导体球壳的内外半径分别为 a_1 和 a_2，在球壳内外各有一点电荷 q_1 和 q_2，与球心距离分别为 d_1 和 d_2，如图 1-27 所示。求球壳外、球壳中和球壳内的电位分布。

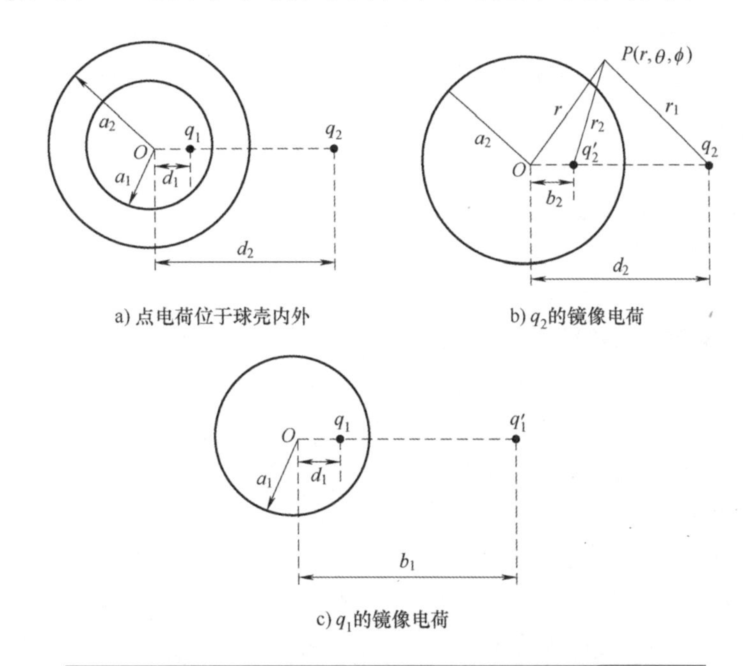

a) 点电荷位于球壳内外　　b) q_2的镜像电荷

c) q_1的镜像电荷

图 1-27　点电荷的球面镜像(点电荷位于接地空心球壳内外)

球壳外：在边界为 a_2 的导体球壳外，边界条件为 $\varphi(a_2,\theta,\phi)=0$。

根据球面镜像原理，镜像电荷 q_2' 的位置和大小分别为

$$b_2=\frac{a_2^2}{d_2}\qquad q_2'=-\frac{a_2}{d_2}q_2$$

球壳外区域任一点电位为

$$\varphi_{外}=\frac{q}{4\pi\varepsilon_0}\left[\frac{1}{(r^2-2d_2r\cos\theta+d_2^2)^{1/2}}-\frac{a_2}{(d_2^2r^2-2d_2ra_2^2\cos\theta+a_2^4)^{1/2}}\right]$$

球壳中：因为球壳中为导体区域，导体为等位体，球壳中的电位为零。

球壳内：边界为 a_1 的导体球面，边界条件为 $\varphi(a_1,\theta,\phi)=0$。

根据球面镜像原理，镜像电荷 q_1' 的位置和大小分别为

$$b_1=\frac{a_1^2}{d_1}\qquad q_1'=-\frac{a_1}{d_1}q_1$$

球壳内区域任一点电位为

$$\varphi_{内}=\frac{q}{4\pi\varepsilon_0}\left[\frac{1}{(r^2-2d_1r\cos\theta+d_1^2)^{1/2}}-\frac{a_1}{(d_1^2r^2-2d_1ra_1^2\cos\theta+a_1^4)^{1/2}}\right]$$

值得注意的是，用镜像法一定要注意待求区域。

1.6.4 导体柱面镜像

如果将无限长线电荷平行地放置在接地长直圆柱导体附近，由于圆柱导体表面感应电荷分布不均，给直接求解电场带来困难，下面讨论应用镜像法求解这类电场问题。

假设无限长线电荷的电荷分布线密度为 τ，长直圆柱导体半径为 a。由于线电荷与长直圆柱导体平行，因此长直圆柱导体周围空间电场为平行电场，只需分析如图 1-28a 所示横截面的电场，其边值问题为：

1）长直圆柱导体周围除电轴所在处外，电位满足拉普拉斯方程，即 $\nabla^2\varphi=0$。

2）长直圆柱导体电位 $\varphi=0$。

构造如图 1-28b 所示的镜像系统，即在长直圆柱导体内与电荷线密度为 τ 的电轴（正电轴）平行地放一电荷线密度为 $-\tau$ 的镜像电轴（负电轴），且正负电轴与长直圆柱导体轴线共面。显然，对于图 1-28b 所示的镜像系统，原长直圆柱导体周围除正电轴以外空间的电位方程依然为拉普拉斯方程，因此还要满足给定的边界条件：原长直圆柱导体柱面上电位 $\varphi=0$。

图 1-28b 的镜像系统中任意一点 P 的电场是正负电轴产生的电场的叠加，即

$$\boldsymbol{E}_P=\frac{\tau}{2\pi\varepsilon_0\rho_+}\boldsymbol{e}_+-\frac{\tau}{2\pi\varepsilon_0\rho_-}\boldsymbol{e}_-\qquad(1\text{-}114)$$

式中，ρ_+ 和 ρ_- 分别为场点 P 到正负电轴的距离；$\boldsymbol{e}_+$ 为场点 P 在正电轴上投影到场点 P 的单位方向矢量；$\boldsymbol{e}_-$ 为场点 P 在负电轴上投影到场点 P 的单位方向矢量。

如果电位参考点为 Q，则场点 P 的电位为

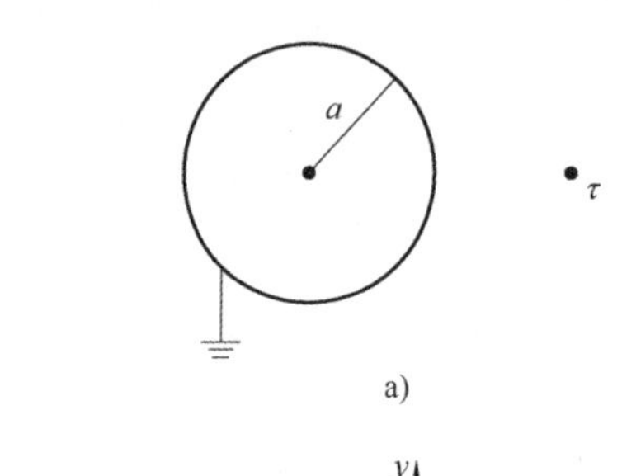

a)

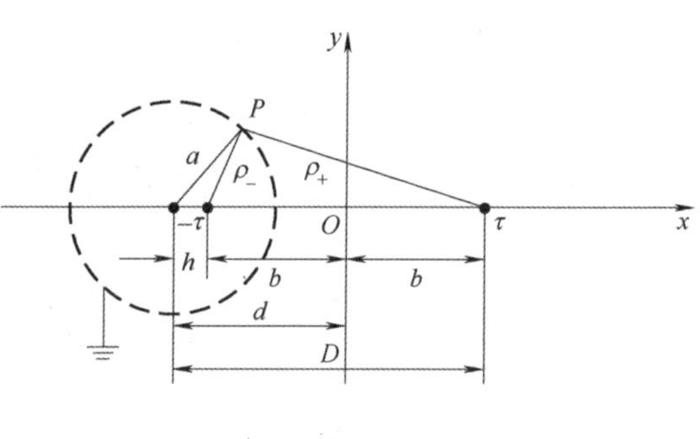

b)

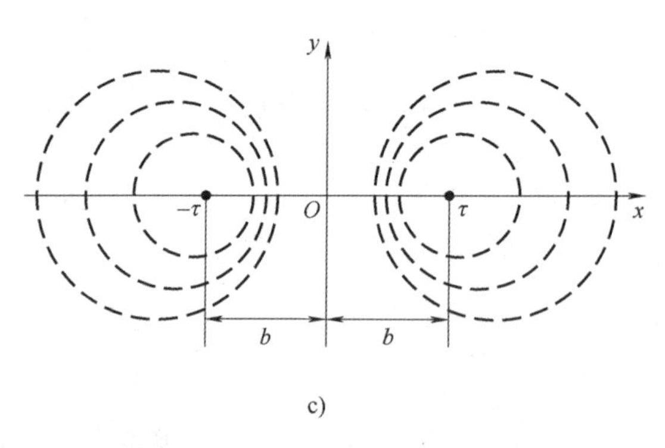

c)

图 1-28 无限长线电荷与接地长直圆柱导体

$$\varphi_P=\varphi_Q+\int_P^Q\left(\frac{\tau}{2\pi\varepsilon_0\rho_+}\boldsymbol{e}_+-\frac{\tau}{2\pi\varepsilon_0\rho_-}\boldsymbol{e}_-\right)\mathrm{d}\rho$$
$$=C+\frac{\tau}{2\pi\varepsilon_0}\ln\frac{\rho_-}{\rho_+} \tag{1-115}$$

式中，φ_Q 为参考点电位；常数 $C=\varphi_Q+\frac{\tau}{2\pi\varepsilon_0}\ln\frac{\rho_{Q+}}{\rho_{Q-}}$（$\rho_{Q+}$ 和 ρ_{Q-} 分别为点 Q 到正负电轴的距离）。

要使圆柱面上任意位置的电位都为零，就必须要求圆柱面上任意场点均满足

$$\frac{\tau}{2\pi\varepsilon_0}\ln\frac{\rho_-}{\rho_+}=-C \tag{1-116}$$

即对于圆柱面上任意位置，比值 ρ_-/ρ_+ 为固定值。与前面的分析同理，给定正电轴到长直圆柱导体轴心的距离 D 和长直圆柱导体的半径 a，可令

$$\frac{\rho_-}{\rho_+}=\frac{a}{D} \tag{1-117}$$

由三角形相似性，有

$$\frac{a}{D}=\frac{h}{a} \tag{1-118}$$

式中，h 为镜像负电轴到长直圆柱导体轴线的距离。

由式(1-116)可得

$$h=\frac{a^2}{D} \tag{1-119}$$

因此，给定正电轴到长直圆柱导体轴心的距离 D 和长直圆柱导体的半径 a，便可由式(1-117)确定镜像负电轴的位置。将正负电轴产生的电场叠加，便可求得长直圆柱导体周围空间任意位置的电场，该方法称为电轴法。

建立如图 1-28b 所示坐标系，设正负电轴到 yOz 坐标平面的距离为 b，长直圆柱导体轴线到 yOz 坐标平面的距离为 d。则由 $D=d+b$、$h=d-b$ 以及式(1-117)，可得到

$$a^2+b^2=d^2 \tag{1-120}$$

式(1-118)给出了图 1-28b 虚线所示等位圆柱面的半径、轴心位置和正负电轴位置之间的关系。若固定正负电轴位置，即给定 b，由该式可得到其他等位圆柱面，如图 1-28c 虚线所示。

图 1-29 所示的各类传输线的电场问题均可用电轴法方便地求解。

1.6.5 工程应用举例

例 1-8 由两平行长直圆柱导体组成的传输线在工程上有着很广泛的应用，分析这类传输线的电场具有实际意义。如图 1-30 所示，两平行长直圆柱导体轴线间距离为 D，半径为 a，假设两导体之间电压为 U_0，求导体周围的电场。

解：待求场域为两个圆柱导体外的区域，待求场域处处满足拉普拉斯方程，两圆柱导体表面分别为等位面且电位差为 U_0。这类电场问题可用电轴法分析，即用正负电轴等效替代导体表面的电荷。如图 1-30 所示，将正负电轴置于待求场域以外（圆柱导体内），保证了待求场域（圆柱导体外）电位依然满足拉普拉斯方程。要使两圆柱导体表面为等位面，正负电轴位置与

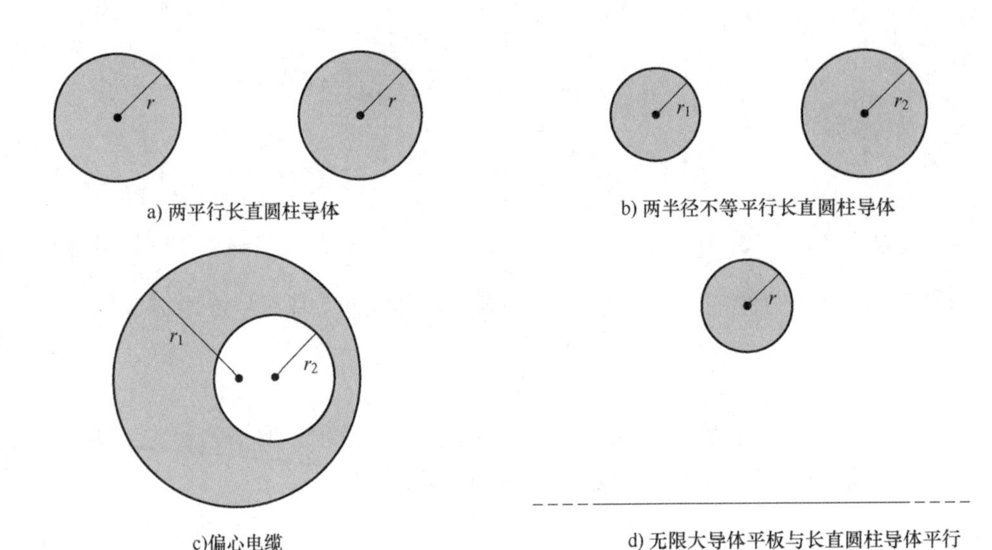

图 1-29 各类传输线

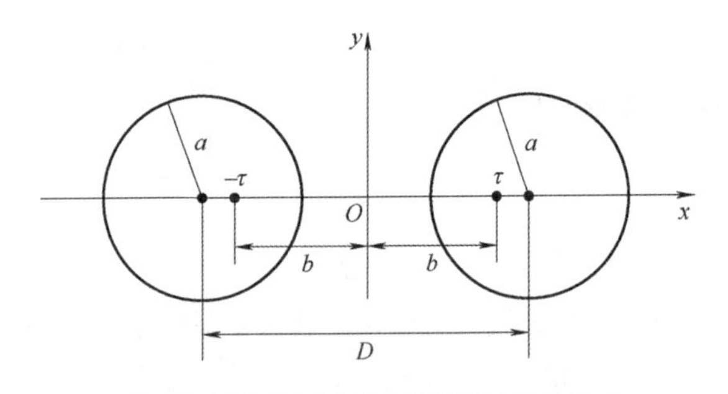

图 1-30 两平行长直圆柱导体横截面

两圆柱导体位置、半径需满足下式。如图 1-30 所示，选择与正负电轴距离相等的平面为 yOz 坐标面，则由下式可得正负电轴到 yOz 坐标面的距离

$$b=\sqrt{\left(\frac{D}{2}\right)^2-a^2}$$

根据上式确定正负电轴位置，可保证图中两个圆柱面为等位面，满足两圆柱导体表面为等位面的条件。

根据已知条件两导体之间电压为 U_0，可知图 1-30 中两个圆柱面上任意两点之间的电位差为 U_0。选取两圆柱导体表面距离最近的两个点，假设导体间电介质介电常数为 ε，则由两点之间的电位差有

$$U_0=\frac{\tau}{\pi\varepsilon}\ln\left[\frac{b+\left(\frac{D}{2}-a\right)}{b-\left(\frac{D}{2}-a\right)}\right]$$

由此便可确定电轴电荷线密度为

$$\tau=\frac{U_0\pi\varepsilon}{\ln\left[\dfrac{b+\left(\dfrac{D}{2}-a\right)}{b-\left(\dfrac{D}{2}-a\right)}\right]}$$

叠加图中正负电轴产生的电场,便可得到传输线周围的电场。

当传输线周围的电场超出电介质的击穿场强时,会导致传输线周围的电介质被击穿,应尽量避免。可以证明,当传输线间距 $D\gg a$ 时,传输线周围最大电场强度为

$$E_{\max}\approx\frac{U_0}{2a\ln\dfrac{D}{a}}$$

因此,高压输电线通常制作成分裂导线方式,以降低导线表面的最大电场强度。

*电轴法的应用:架空地线避雷原理

带电的云与地面之间形成一均匀向下的电场 E_0,由于大气电场的影响将导致高度为 l 处的高压输电线的电位升高(见图 1-31a)。若在高压输电线的上方架设有架空地线,架空地线经过支架接地。则在架空地线上感应出负电荷,地面上感应出正电荷。将这些感应电荷的电场叠加到大气电场以后可以降低高压输电线处的电位。下面求由于架空地线的屏蔽作用而导致的高压输电线处电位的变化。

设架空地线上单位长度的感应电荷量为 $-\tau$,架空地线的半径为 r_0、高度为 h,其等效电轴与架空地线中心重合(见图 1-31b)。

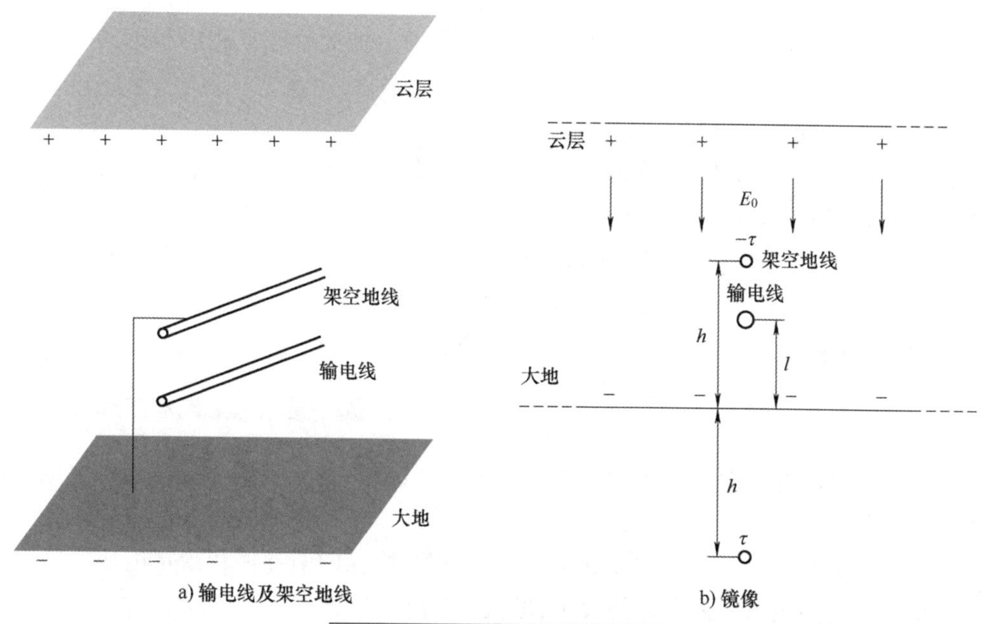

图 1-31　架空地线避雷原理图

架空地线的电位为

$$E_0h+\frac{\tau}{2\pi\varepsilon_0}\ln\frac{r_0}{2h}=0$$

故

$$\tau=-2\pi\varepsilon_0\frac{E_0h}{\ln\dfrac{r_0}{2h}}$$

高压输电线上的电位为

$$\varphi=E_0l+\frac{\tau}{2\pi\varepsilon_0}\ln\frac{h-l}{h+l}=E_0l-\frac{E_0h\ln\dfrac{h-l}{h+l}}{\ln\dfrac{r_0}{2h}}$$

在架设架空地线前后，高压输电线电位之比为

$$\frac{\varphi}{\varphi_0}=1-\frac{h}{l}\frac{\ln\dfrac{h-l}{h+l}}{\ln\dfrac{r_0}{2h}}$$

当 $h=11\text{m}, l=10\text{m}, r_0=0.004\text{m}$ 时，$\varphi/\varphi_0=61.1\%$。

1.7 静电场工程应用：电容及部分电容

1.7.1 电容

电容器是工程中常见的器件。如图 1-32 所示的两个彼此绝缘且相隔很近的导体就构成电容器。

如果两导体分别带有等量异号电荷，则正负电荷在空间产生电场，因此两导体存在电位差，也就是电压。如果导体带电量 Q 变化，则两导体间的电压 U 也会变化。导体带电量 Q 与导体间电压 U 的比值称为该两导体系统的电容，可表示为

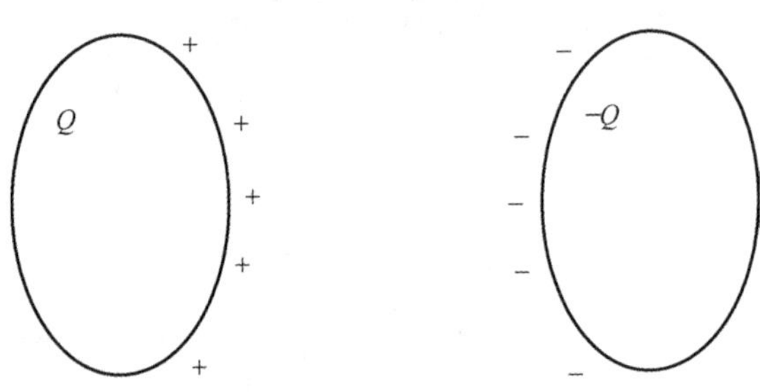

图 1-32 两导体构成的电容器

$$C=\frac{Q}{U} \tag{1-121}$$

式中，C 为电容，单位为 F；Q 为带正电导体的带电量；电压 U 等于带正电导体与带负电导体之间的电位差。

电容是表现电容器容纳电荷本领的物理量，即相互绝缘的两导体在给定电压下能容纳的电荷量。两导体间的电容与两导体的大小、形状、相互位置及周围的介质有关。

例 1-9 求半径分别为 a_1、a_2 的同心导体球之间的电容，导体间电介质介电常数为 ε。

解：假设内导体球带电量为 Q，则内外导体间距离球心 r 处的电场强度大小为

$$E=\frac{Q}{4\pi\varepsilon r^2}$$

方向为由球心指向场点。因此,内外导体球之间的电位差,即电压大小为

$$U=\int_{a_1}^{a_2}\frac{Q}{4\pi\varepsilon r^2}\mathrm{d}r=\frac{Q}{4\pi\varepsilon}\left(\frac{1}{a_1}-\frac{1}{a_2}\right)$$

最后由电容定义可求得

$$C=\frac{Q}{U}=\frac{4\pi\varepsilon a_1a_2}{a_2-a_1}$$

由上式可推出半径为 a 的孤立导体球的电容为

$$C=4\pi\varepsilon a$$

例 1-10 电容是同轴电缆重要参数之一,求内半径为 a_1、外半径为 a_2、绝缘介质介电常数为 ε_0 的同轴电缆单位长度的电容。

解:假设同轴电缆内导体每单位长度带电量为 Q,则内外导体间距离轴心 ρ 处的电场强度大小为

$$E=\frac{Q}{2\pi\varepsilon_0\rho}$$

方向为由场点到轴线的投影指向场点。内外导体球之间的电压大小为

$$U=\int_{a_1}^{a_2}\frac{Q}{2\pi\varepsilon_0\rho}\mathrm{d}\rho=\frac{Q}{2\pi\varepsilon_0}\ln\frac{a_2}{a_1}$$

因此,同轴电缆单位长度的电容为

$$C=\frac{2\pi\varepsilon_0}{\ln\frac{a_2}{a_1}}$$

例 1-11 求自由空间中一段长为 L、直径为 $D(D\ll L)$ 的圆柱形导体管的电容(见图 1-33)。

解:假设圆柱形导体管每单位长度带电量为 τ,由于 $D\ll L$,圆柱形导体管外的电场可近似等效于轴心位置的长为 L、电荷线密度为 τ 的线电荷的电场。采用如图 1-33 所示的柱坐标系,以线电荷中点为坐标原点,并令 z 轴与线电荷共线。由对称性不难求出线电荷中垂线上距离中点 ρ 处的电场强度为

$$\boldsymbol{E}=\frac{\tau L}{2\pi\varepsilon_0\rho\sqrt{4\rho^2+L^2}}\boldsymbol{e}_\rho$$

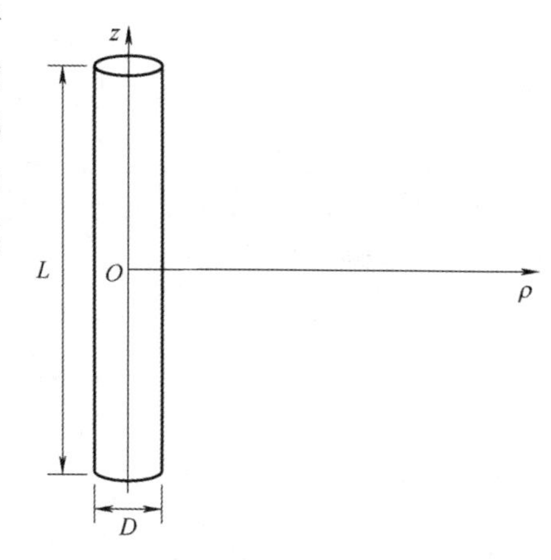

图 1-33 圆柱形导体管

则圆柱形导体管电位为

$$\begin{aligned}\varphi&=\int_{\frac{D}{2}}^{\infty}\frac{\tau L}{2\pi\varepsilon_0\rho\sqrt{4\rho^2+L^2}}\mathrm{d}\rho\\&=\frac{\tau}{4\pi\varepsilon_0}\ln\frac{\sqrt{L^2+D^2}+L}{\sqrt{L^2+D^2}-L}\\&\approx\frac{\tau}{2\pi\varepsilon_0}\ln\frac{2L}{D}\end{aligned}$$

因此,电容为

$$C=\frac{2\pi L\varepsilon_0}{\ln\frac{2L}{D}}$$

1.7.2 部分电容

对于三个及以上导体组成的系统,任意两个导体之间的电压不仅与各自的电量有关,还与其余导体的电量有关。由于导体电量与导体间电压的关系不能仅用一个比值表示,因此引入部分电容来表示多导体间的电容。

假设空间有 $n+1$ 个导体,带电量分别为 q_1、q_2、q_3、…、q_n、q_{n+1}。若所有导体的总电量为零,即

$$q_1+q_2+q_3+\cdots+q_n+q_{n+1}=0 \tag{1-122}$$

则该多导体系统构成一个封闭系统,称为静电独立系统。

选取第 $n+1$ 个导体为电位参考点,并假设空间电介质是线性的,则由叠加定理可知,其余各个导体的电位与各个导体的电量关系也是线性的,可表示为

$$\begin{cases}\varphi_1=\alpha_{11}q_1+\alpha_{12}q_2+\alpha_{13}q_3+\cdots+\alpha_{1n}q_n\\ \varphi_2=\alpha_{21}q_1+\alpha_{22}q_2+\alpha_{23}q_3+\cdots+\alpha_{2n}q_n\\ \quad\vdots\\ \varphi_n=\alpha_{n1}q_1+\alpha_{n2}q_2+\alpha_{n3}q_3+\cdots+\alpha_{nn}q_n\end{cases} \tag{1-123}$$

式中,电量前面的系数为电位系数;α_{nn}为自有电位系数;$\alpha_{mn}(m\neq n)$为互有电位系数。

求解式(1-123)可得

$$\begin{cases}q_1=\beta_{11}\varphi_1+\beta_{12}\varphi_2+\beta_{13}\varphi_3+\cdots+\beta_{1n}\varphi_n\\ q_2=\beta_{21}\varphi_1+\beta_{22}\varphi_2+\beta_{23}\varphi_3+\cdots+\beta_{2n}\varphi_n\\ \quad\vdots\\ q_n=\beta_{n1}\varphi_1+\beta_{n2}\varphi_2+\beta_{n3}\varphi_3+\cdots+\beta_{nn}\varphi_n\end{cases} \tag{1-124}$$

式中,电位前面的系数为感应系数;β_{nn}为自有感应系数; $\beta_{mn}(m\neq n)$为互有感应系数。

代入导体间电压表达式,则式(1-124)可进一步改写成

$$\begin{cases}q_1=C_{10}U_{10}+C_{12}U_{12}+C_{13}U_{13}+\cdots+C_{1n}U_{1n}\\ q_2=C_{21}U_{21}+C_{20}U_{20}+C_{23}U_{23}+\cdots+C_{2n}U_{2n}\\ \quad\vdots\\ q_n=C_{n1}U_{n1}+C_{n2}U_{n2}+C_{n3}U_{n3}+\cdots+C_{n0}U_{n0}\end{cases} \tag{1-125}$$

式中,U_{10},U_{20},U_{30},…,U_{n0}为各导体与参考点之间的电压;$U_{mn}(m\neq n)$为导体之间的电压;电压前面的系数称为部分电容;C_{10},C_{20},C_{30},…,C_{n0}为自有部分电容;$C_{mn}(m\neq n)$为互有部分电容,且有 $C_{mn}=C_{nm}$。

应用部分电容可以说明工程中的静电屏蔽问题。如图 1-34 所示,导体球 1 和导体球 2 分别置于一接地导体球内外。

假设导体球 1 和导体球 2 分别带有电量 q_1、q_2,则有

$$\begin{cases} q_1 = C_{10}U_{10} + C_{12}U_{12} \\ q_2 = C_{21}U_{21} + C_{20}U_{20} \end{cases} \tag{1-126}$$

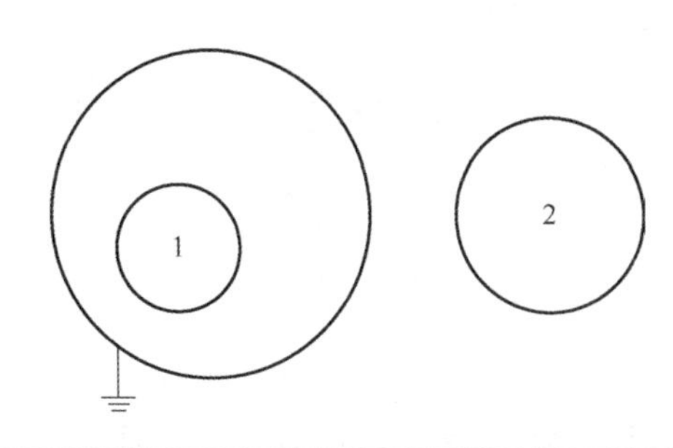

图 1-34　两导体球分别置于一接地导体球内外

q_1、q_2 取任何值该式均成立。那么，当 $q_1 = 0$、$q_2 \neq 0$ 时，应有

$$\begin{cases} 0 = C_{10}U_{10} + C_{12}U_{12} \\ q_2 = C_{21}U_{21} + C_{20}U_{20} \end{cases} \tag{1-127}$$

由 $q_1 = 0$ 可知，接地导体球内无电场，因此导体球 1 与接地导体球之间电压 $U_{10} = 0$，从而有 $0 = C_{12}U_{12}$。由 $q_2 \neq 0$ 可知，导体球 1 和导体球 2 之间的电压 $U_{12} \neq 0$，因此有 $C_{12} = 0$，再由电容性质有 $C_{21} = C_{12} = 0$。

因此，导体球 1 和导体球 2 之间的电压和电量满足关系式

$$\begin{cases} q_1 = C_{10}U_{10} \\ q_2 = C_{20}U_{20} \end{cases} \tag{1-128}$$

式中，U_{10}、U_{20}分别为导体球 1 和导体球 2 与参考点之间的电压，分别等于导体球 1 和导体球 2 的电位，即导体球 1 和导体球 2 的电位只与各自的电量有关。

这表明接地导体球实现了导体球 1 和导体球 2 之间的静电屏蔽，因此工程上把不希望受外界影响的带电体或不希望对外界产生影响的带电体用接地金属球壳包裹，以实现静电屏蔽。

*架空地线

在雷雨天气，带有电荷积累的雷积云与大地之间形成电场，这将导致输电线的电位升高。工程上，通过在输电线上方敷设接地钢索，对输电线做防护。接地线的防护作用可以采用多导体系统分析。如图 1-35所示，设带电的云与地面之间形成一均匀向下的电场 E_0，输电线高度为 l，架空地线高度为 h、半径为 r_0。

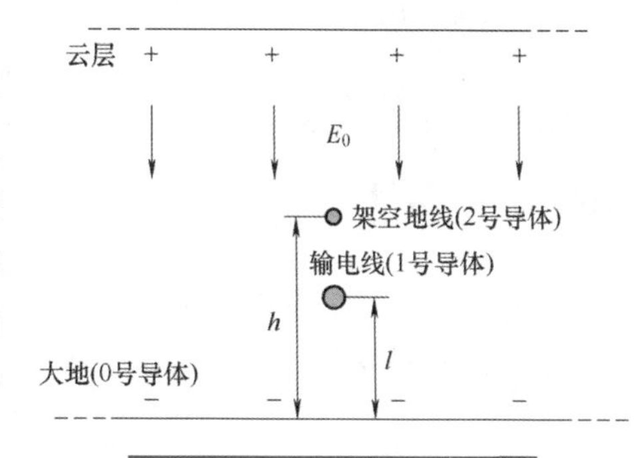

图 1-35　输电线及架空地线

以大地为电位参考点，输电线为 1 号导体、架空地线为 2 号导体。根据多导体系统中导体电位与导体电荷的关系，并应用镜像法，可求得输电线电位为

$$\varphi = E_0 l - \alpha_{12}\frac{E_0 h}{\alpha_{22}} = E_0 l - \frac{E_0 h \ln \dfrac{h-l}{h+l}}{\ln \dfrac{r_0}{2h}}$$

若不存在架空地线，则输电线与大地构成二导体系统。同样以大地为电位参考点，易求得输电线的电位 $\varphi' = E_0 l$。

显然 $\varphi < \varphi'$，说明架空地线的存在降低了输电线的电位，对输电线起到了防护作用。

1.8 静电能量与力

1.8.1 静电能量

将电荷从无穷远处移入静电场中，由于静电场对电荷存在静电力，因此在这个过程中外力要克服静电力做功，并转化为电场能量储存在静电场中。接下来就以如图1-36所示的三点电荷组成的系统为例进行说明。

当只有点电荷 q_1 时，q_1 产生的静电场可由下式求得

$$\boldsymbol{E}=\frac{q_1}{4\pi\varepsilon_0 R^2}\boldsymbol{e}_R \tag{1-129}$$

移动 q_1 外力无须克服静电力做功。将点电荷 q_2 从无穷远处移到 A 位置时，由于 q_2 受到 q_1 的静电力，因此该过程外力克服静电力做功可由下式求得

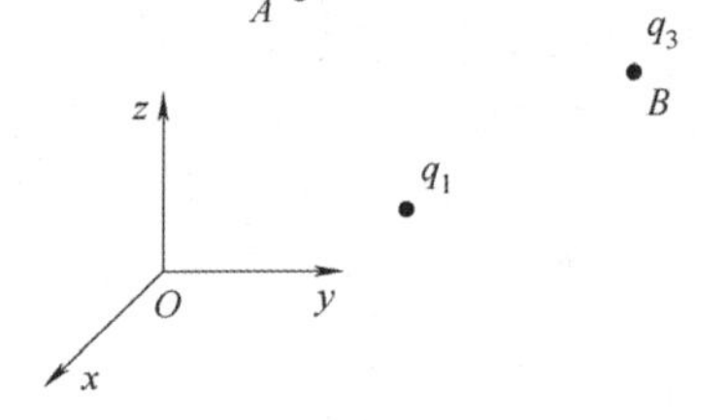

图1-36 三点电荷系统

$$W_2=\int_{\infty}^{A}-q_2\boldsymbol{E}\cdot \mathrm{d}\boldsymbol{l}=q_2\frac{q_1}{4\pi\varepsilon_0 R_{12}}=q_2\varphi_2 \tag{1-130}$$

式中，R_{12} 为 q_1 到 q_2 的距离；φ_2 为点电荷 q_1 在点电荷 q_2 位置产生的电位。

静电力与静电能量

因此，移入 q_2 的过程中，外力做的功等于点电荷 q_2 的电量乘以其所在处的电位 φ_2。

同样地，将点电荷 q_3 从无穷远处移到 B 位置时，外力做的功等于点电荷 q_3 的电量乘以其所在处由点电荷 q_1 和 q_2 共同作用产生的电位 φ_3，即

$$W_3=q_3\varphi_3=\frac{q_3}{4\pi\varepsilon_0}\left(\frac{q_1}{R_{13}}+\frac{q_2}{R_{23}}\right) \tag{1-131}$$

式中，R_{13} 为 q_1 到 q_3 的距离；R_{23} 为 q_2 到 q_3 的距离。

因此，图1-36所示的三点电荷系统建立过程中，外力做功之和为

$$\begin{aligned}W&=W_2+W_3\\&=\frac{1}{4\pi\varepsilon_0}\left(\frac{q_2q_1}{R_{12}}+\frac{q_3q_1}{R_{13}}+\frac{q_3q_2}{R_{23}}\right)\\&=\frac{1}{2}(q_1\varphi_1+q_2\varphi_2+q_3\varphi_3)\\&=\frac{1}{2}\sum_{i=1}^{3}q_i\varphi_i\end{aligned} \tag{1-132}$$

式中，φ_1、φ_2 和 φ_3 分别为点电荷 q_1、q_2 和 q_3 所在位置的电位。

根据能量守恒可知，静电场储存的能量等于该外力做功之和，即静电能量为

$$W_{\mathrm{e}}=\frac{1}{2}\sum_{i=1}^{3}q_i\varphi_i \tag{1-133}$$

类似地，对于 n 个点电荷组成的系统，其静电能量可由下式求得

$$W_e = \frac{1}{2}\sum_{i=1}^{n} q_i\varphi_i \tag{1-134}$$

式中，q_i 为第 i 个点电荷的电量；φ_i 为第 i 个点电荷所在位置的电位。

对于连续分布的体分布电荷，静电场能量为

$$W_e = \frac{1}{2}\int_V \rho\varphi \mathrm{d}V \tag{1-135}$$

面分布电荷的静电场能量为

$$W_e = \frac{1}{2}\int_S \sigma\varphi \mathrm{d}S \tag{1-136}$$

线分布电荷的静电场能量为

$$W_e = \frac{1}{2}\int_l \tau\varphi \mathrm{d}l \tag{1-137}$$

给出电荷分布，由上式可求出总的静电场能量。而为描述静电能量在场中的分布情况，引入静电场能量密度。

由体分布电荷的静电能量表达式以及 $\boldsymbol{D}$ 的散度等于自由电荷体密度，有

$$W_e = \frac{1}{2}\int_V \rho\varphi \mathrm{d}V = \frac{1}{2}\int_V \varphi \nabla\cdot\boldsymbol{D}\mathrm{d}V \tag{1-138}$$

再将矢量运算等式 $\varphi(\nabla\cdot\boldsymbol{D}) = \nabla\cdot(\varphi\boldsymbol{D}) - \boldsymbol{D}\nabla\varphi$ 代入式(1-136)中，便可得到

$$W_e = \frac{1}{2}\left[\int_V \nabla\cdot(\varphi\boldsymbol{D})\mathrm{d}V - \int_V \boldsymbol{D}\cdot\nabla\varphi\mathrm{d}V\right] \tag{1-139}$$

对于式(1-139)中第一项，应用散度定理，第二项则代入 $\boldsymbol{E} = -\nabla\varphi$，便可得到

$$W_e = \frac{1}{2}\oint_S \varphi\boldsymbol{D}\cdot\mathrm{d}\boldsymbol{S} + \frac{1}{2}\int_V \boldsymbol{D}\cdot\boldsymbol{E}\mathrm{d}V \tag{1-140}$$

对于无穷大空间，式(1-140)中的第一项结果为零。因此，由该式便可得到如下用场量 $\boldsymbol{E}$ 和 $\boldsymbol{D}$ 表示的静电场能量公式为

$$W_e = \frac{1}{2}\int_V \boldsymbol{D}\cdot\boldsymbol{E}\mathrm{d}V \tag{1-141}$$

由此可得到静电场能量密度为

$$w_e = \frac{1}{2}\boldsymbol{D}\cdot\boldsymbol{E} \tag{1-142}$$

可以看出，w_e 为能量密度，说明有电场的区域即有静电能量；但是，静电场能量分布于电场存在的整个空间，而不限于有电荷分布区域，故被积函数 $\rho\varphi/2$ 不代表能量密度。

电场力

例 1-12　在夏季雷雨中，通常一次闪电里两点间的电势差约为 100MV，通过的电量约为 30C。问：(1) 一次闪电消耗的能量是多少？(2) 如果用这些能量来烧水，能把多少水从 0℃ 加热到 100℃？

解：(1) 消耗的能量：$W = qU = 3.0\times10^9$J

(2) 设能把质量 m(kg)的水从0℃加热到100℃,则有

$$W=cm(T_2-T_1)$$

其中 c 为水的比热容,且 $c=4.2\times10^3$ J/(kg·℃),则由 $T_2-T_1=100$℃,求得 $m=7.1\times10^3$kg。

1.8.2 静电力

静电场对场中的电荷有力的作用,称之为静电力。静电场中点电荷 q 受到的静电力为

$$\boldsymbol{F}=q\boldsymbol{E} \tag{1-143}$$

式中,$\boldsymbol{E}$ 为点电荷所在位置的电场强度。

因此,由场中电荷分布求得电场强度后,再由式(1-143)便可求得静电力。

静电力与静电能量之间有密切联系,因此可以根据能量求力,即所谓的虚位移法。

虚位移法是从力、做功和能量的角度进行分析,因此先讨论静电场的功能平衡方程。假设多个带电体组成的系统中,若某个带电体在静电力的作用下发生微小的位移 dg,而其他带电体固定,那么在这个过程中有如下功能平衡方程

$$\mathrm{d}W=\mathrm{d}W_\mathrm{e}+f\mathrm{d}g \tag{1-144}$$

即外源提供的能量 dW 等于系统静电能量的增量 dW_e 与静电力做的功(力 f 与位移 dg 乘积)之和。该式中,位移 dg 是广义位移,如距离、角度、面积和体积等,力 f 为与之对应的广义力,如力、力矩等。

如果系统不接外源,则电荷将保持不变,称为常电荷系统;如果系统中各带电体与外源保持电位恒定,则称为常电位系统。下面对这两种情况分别进行讨论。

1. 常电荷系统

由于常电荷系统中不接入外源,因此外源做功 dW=0,由功能平衡方程有

$$0=\mathrm{d}W_\mathrm{e}+f\mathrm{d}g \tag{1-145}$$

即静电力

$$f=-\frac{\mathrm{d}W_\mathrm{e}}{\mathrm{d}g}\bigg|_{q_k=C}=-\frac{\partial W_\mathrm{e}}{\partial g}\bigg|_{q_k=C} \tag{1-146}$$

2. 常电位系统

常电位系统中外源做功为

$$\mathrm{d}W=\sum\varphi_k\mathrm{d}q_k \tag{1-147}$$

而系统静电能量的增量为

$$\mathrm{d}W_\mathrm{e}=\frac{1}{2}\sum\varphi_k\mathrm{d}q_k \tag{1-148}$$

由功能平衡方程有

$$f\mathrm{d}g=\mathrm{d}W-\mathrm{d}W_\mathrm{e}=\mathrm{d}W_\mathrm{e} \tag{1-149}$$

因此静电力

$$f=\frac{\mathrm{d}W_\mathrm{e}}{\mathrm{d}g}\bigg|_{\varphi_k=C}=\frac{\partial W_\mathrm{e}}{\partial g}\bigg|_{\varphi_k=C} \tag{1-150}$$

常电荷系统和常电位系统两种假设求的是同一个力，因此有

$$f=-\frac{\partial W_e}{\partial g}\bigg|_{q_k=c}=\frac{\partial W_e}{\partial g}\bigg|_{\varphi_k=c} \tag{1-151}$$

静电力还可用法拉第观点求得。法拉第观点认为：电场中的场线沿其轴向方向受到纵张力，垂直方向受到侧压力，如图1-37所示，而单位面积上张力和压力的量值都等于下式

$$f=\frac{1}{2}\boldsymbol{D}\cdot\boldsymbol{E} \tag{1-152}$$

也就是说，场线沿轴向有收缩的趋势，而在垂直于轴向的方向上有扩张的趋势，收缩力和扩张力在单位面积上的量值都可由式(1-152)求的。法拉第观点提供了一个分析静电力的简便方法。

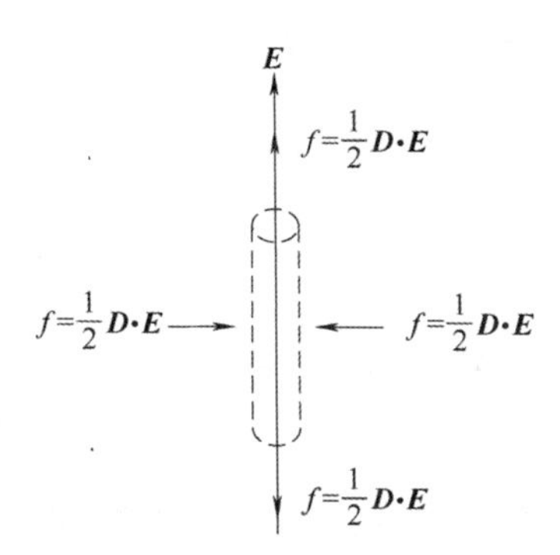

图1-37　静电力的法拉第观点

对于图1-38所示的平行板电容器中的两种介质分界面，根据法拉第观点，其电场力方向如图所示。其中，图1-38a中，规定向右为正方向，每单位面积所受的电场力为：$F_{左}=\frac{D^2}{2\varepsilon_1}\Delta S$，$F_{右}=\frac{D^2}{2\varepsilon_2}\Delta S$，故合力为$F=F_{右}-F_{左}=\frac{D^2}{2}\left(\frac{1}{\varepsilon_2}-\frac{1}{\varepsilon_1}\right)\Delta S$。图1-38b中，规定向上为正方向，每单位面积所受的电场力为：$F_{上}=\frac{1}{2}\varepsilon_2E^2\Delta S$，$F_{下}=\frac{1}{2}\varepsilon_1E^2\Delta S$，故合力为$F=F_{上}-F_{下}=\frac{E^2}{2}(\varepsilon_2-\varepsilon_1)\Delta S$。

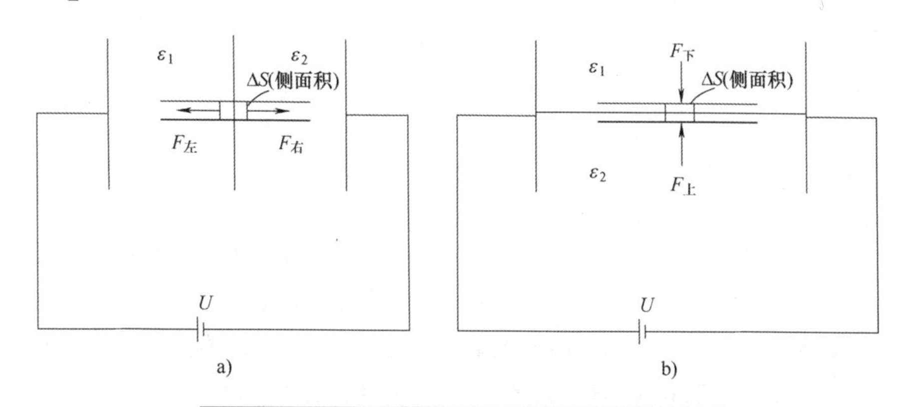

图1-38　平行板电容器中介质分界面上的电场力

1.9　习题与答案

1.9.1　习题

1. 已知真空中$y=2\text{m}$平面有电荷均匀分布，电荷密度为$1\times10^{-9}\text{C/m}^2$；同时，$x$轴上也有电荷均匀分布，电荷密度为$\pi\times10^{-9}\text{C/m}$。求场点(0,1,0)处的电场强度。

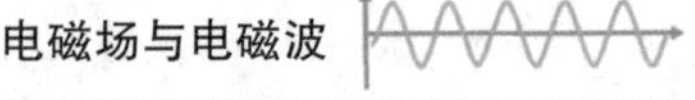

2. 已知真空中，电荷 Q 在一半径为 a 的细圆环上均匀分布，细圆环位于 $x=0$ 平面上且圆心与坐标原点重合，取无穷远电位处为0，求 x 轴线上的电场强度和电位。

3. 已知真空中，电荷 Q 在一半径为 a 的薄圆盘上均匀分布，圆盘位于 $x=0$ 平面上且圆心与坐标原点重合，取无穷远电位处为0，求 x 轴线上的电场强度和电位。

4. 已知真空中有一半径为 a 的球，且电位的分布为：$r\leqslant a$ 时，$\varphi=\dfrac{a^2}{2\varepsilon_0}-\dfrac{r^2}{6\varepsilon_0}$；$r\geqslant a$ 时，$\varphi=\dfrac{a^3}{3r\varepsilon_0}$。求 $\boldsymbol{E}$ 和 ρ。

5. 已知同轴电缆内外导体间电压为 U_0，内外导体半径分别为 a_1、a_2，内外导体间绝缘介质采用双层绝缘，内外层绝缘介质分界面半径为 a_3，内层绝缘介质介电常数为 ε_1，外层绝缘介质介电常数为 ε_2。求电缆内层介质和外层介质中的电场。

6. 已知两同心导体球壳间电压为 U_0，内外导体球壳半径分别为 a_1、a_2，内外导体球壳间绝缘介质介电常数为 ε_1。试求：

(1) 内外导体球壳间何处电场强度最大，以及该最大电场强度为多少？

(2) 若内外导体球壳间电压和外导体球壳大小不变，内导体球壳半径取何值时，该最大电场强度为最小？

7. 设空间中 $y<0$ 区域内，$\boldsymbol{E}_1=(12\boldsymbol{e}_x+10\boldsymbol{e}_y+12\boldsymbol{e}_z)$ (V/m)，介质介电常数 $\varepsilon_1=3\varepsilon_0$。若 $y>0$ 区域内介质介电常数 $\varepsilon_2=5\varepsilon_0$，且 $y=0$ 平面无自由电荷分布，求 $y>0$ 区域的 $\boldsymbol{E}_2$。

8. 已知电介质1（介电常数为 ε_1）和电介质2（介电常数为 ε_2）分界面上一点 P，在电介质2一侧电场强度为 $\boldsymbol{E}_2$ 且与分界面法向（方向由电介质1指向电介质2）成 α_2 角，求电介质1一侧电场强度的大小和方向。

9. 已知自由空间中有一带电量为 q 的点电荷位于接地无限大导体平板附近，点电荷到平板的距离为 d，求点电荷受到的静电力。

10. 已知自由空间中有一带电量为 Q 的导体球壳，球壳半径为 a，球壳外有一带电量为 q 的点电荷，点电荷到导体球壳球心的距离为 d，求点电荷受到的静电力。

11. 已知自由空间中有一带电量为 Q 的导体球壳，球壳半径为 a，球壳内有一带电量为 q 的点电荷，点电荷到导体球壳球心的距离为 d，求点电荷受到的静电力。

12. 已知空气中两同心导体球壳内外壳半径分别为 a、b，外球壳接地。内球壳内有一带电量为 q 的点电荷，点电荷与球心的距离为 d，用镜像法求点电荷受到的电场力。

13. 一半径为 a 的金属半球置于地面，半球正上方有一带电量为 q 的点电荷，点电荷到半球球心的距离为 d，求点电荷受到的静电力。

14. 点电荷 q_1 和 q_2 对称地位于两种均匀电介质分界面附近，q_1 位于介电常数为 ε_1 的电介质中，q_2 位于介电常数为 ε_2 的电介质中，点电荷 q_1 和 q_2 到介质分界面的距离为 d，求点电荷 q_1 和 q_2 受到的静电力。

15. 已知同轴电缆内外导体间电压为 U_0，内外导体半径分别为 a_1、a_2，内外导体间绝缘介质介电常数为 ε_1。由于电缆加工过程中出现了制造误差，导致内外导体不同轴，轴线间距为 d。求电缆绝缘介质中的最大电场强度。

16. 已知两同心导体球壳内外导体球壳半径分别为 a_1、a_2，内外导体球壳间以半径 $r=a_3$ 的球面为分界面分别填充不同的绝缘介质，$a_1<r<a_3$ 区域绝缘介质介电常数为 ε_1，$a_3<r<a_2$ 区域绝缘介质介电常数为 ε_2。求同心导体球壳间的电容。

17. 已知同轴电缆内外导体半径分别为 a_1、a_2，内外导体间绝缘介质采用双层绝缘，内外层绝缘介质分界面半径为 a_3，内层绝缘介质介电常数为 ε_1、外层绝缘介质介电常数为 ε_2。求同轴电缆单位长度的电容。

18. 已知圆心相距为 d 的两导体球半径分别为 a_1、a_2，若 d 远大于两导体球的半径，试求两导体球之间的电容。

19. 半径为 a 的长导线架在空中，导线轴线与地面平行且到地面距离为 $h(h\gg a)$，求该导线对地的单位长度电容。

20. 已知真空中半径为 a 的肥皂泡表面带有电荷 Q，试求静电能量并用虚位移法求肥皂泡受到的静电力。

21. 已知分界面两侧介质介电常数分别为 ε_1 和 ε_2，试用法拉第观点分析分界面单位面积上的电场力。

1.9.2　答案

1. 0.

2. $\boldsymbol{E}=\dfrac{Qx}{4\pi\varepsilon_0(a^2+x^2)^{\frac{3}{2}}}\boldsymbol{e}_x,\varphi=\dfrac{Q}{4\pi\varepsilon_0\sqrt{a^2+x^2}}$.

3. $\boldsymbol{E}=\dfrac{Q}{2\pi\varepsilon_0a^2}\left(1-\dfrac{x}{\sqrt{a^2+x^2}}\right)\boldsymbol{e}_x,\varphi=\dfrac{Q}{2\pi\varepsilon_0a^2}(\sqrt{a^2+x^2}-x)$.

4. $r\leqslant a:\boldsymbol{E}=\dfrac{r}{3\varepsilon_0}\boldsymbol{e}_r,\rho=1\mathrm{C/m^3};r\geqslant a:\boldsymbol{E}=\dfrac{a^3}{3\varepsilon_0r^2}\boldsymbol{e}_r,\rho=0$.

5. $a_1<\rho<a_3:\dfrac{\varepsilon_2U_0}{\rho\left(\varepsilon_2\ln\dfrac{a_3}{a_1}+\varepsilon_1\ln\dfrac{a_2}{a_3}\right)};a_3<\rho<a_2:\dfrac{\varepsilon_1U_0}{\rho\left(\varepsilon_2\ln\dfrac{a_3}{a_1}+\varepsilon_1\ln\dfrac{a_2}{a_3}\right)}$.

6. (1) 内导体球壳处，$\dfrac{a_2U_0}{a_1(a_2-a_1)}$；(2) $a_1=\dfrac{1}{2}a_2$ 时，$E_{\max}=\dfrac{a_2U_0}{a_1(a_2-a_1)}$为最小值.

7. $\boldsymbol{E}_2=(12\boldsymbol{e}_x+6\boldsymbol{e}_y+12\boldsymbol{e}_z)\quad(\mathrm{V/m})$.

8. $E_1=E_2\sqrt{\sin^2\alpha_2+\dfrac{\varepsilon_2^2}{\varepsilon_1^2}\cos^2\alpha_2},\alpha_1=\arctan\left(\dfrac{\varepsilon_1}{\varepsilon_2}\tan\alpha_2\right)$.

9. $\dfrac{q^2}{16\pi\varepsilon_0d^2}$.

10. $\dfrac{qQ}{4\pi\varepsilon_0d^2}+\dfrac{q^2a}{4\pi\varepsilon_0d^3}-\dfrac{q^2ad}{4\pi\varepsilon_0(d^2-a^2)^2}$.

11. $\dfrac{q^2ad}{4\pi\varepsilon_0(a^2-d^2)^2}$.

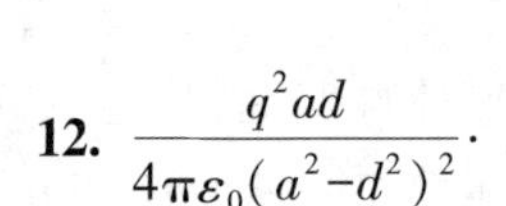

12. $\dfrac{q^2ad}{4\pi\varepsilon_0(a^2-d^2)^2}$.

13. $\dfrac{q^2}{16\pi\varepsilon_0 d^2}+\dfrac{q^2a^3d^3}{\pi\varepsilon_0(d^4-a^4)^2}$.

14. $f_1=\dfrac{q_1}{16\pi\varepsilon_1 d^2}\left(\dfrac{\varepsilon_1-\varepsilon_2}{\varepsilon_1+\varepsilon_2}q_1+\dfrac{2\varepsilon_1}{\varepsilon_1+\varepsilon_2}q_2\right)$, $f_2=\dfrac{q_2}{16\pi\varepsilon_2 d^2}\left(\dfrac{\varepsilon_2-\varepsilon_1}{\varepsilon_1+\varepsilon_2}q_2+\dfrac{2\varepsilon_2}{\varepsilon_1+\varepsilon_2}q_1\right)$.

15. $E_{\max}=\dfrac{U_0}{\ln\dfrac{(b-a_1+h_1)(b+a_2-h_2)}{(b+a_1-h_1)(b-a_2+h_2)}}\left(\dfrac{1}{b+a_1-h_1}+\dfrac{1}{b-a_1+h_1}\right)$，其中$\begin{cases}h_1=\dfrac{a_2^2-a_1^2-d^2}{2d}\\h_2=\dfrac{a_2^2-a_1^2+d^2}{2d}\\b=\sqrt{h_1^2-a_1^2}=\sqrt{h_2^2-a_2^2}\end{cases}$.

16. $\dfrac{4\pi\varepsilon_1\varepsilon_2a_1a_2a_3}{\varepsilon_1a_1(a_2-a_3)+\varepsilon_2a_2(a_3-a_1)}$.

17. $\dfrac{2\pi\varepsilon_1\varepsilon_2}{\varepsilon_2\ln\dfrac{a_3}{a_1}+\varepsilon_1\ln\dfrac{a_2}{a_3}}$.

18. $\dfrac{4\pi\varepsilon_0}{\dfrac{1}{a_1}+\dfrac{1}{a_2}-\dfrac{1}{d-a_1}-\dfrac{1}{d-a_2}}$.

19. $\dfrac{2\pi\varepsilon_0}{\ln\dfrac{\sqrt{h^2-a^2}+h-a}{\sqrt{h^2-a^2}-h+a}}$.

20. $W_e=\dfrac{Q^2}{8\pi\varepsilon_0 a}$, $f=\dfrac{Q^2}{8\pi\varepsilon_0 a^2}$.

21. $\dfrac{\varepsilon_2-\varepsilon_1}{2\varepsilon_1\varepsilon_2}(D_{1n}^2+\varepsilon_1\varepsilon_2E_{1t}^2)$.

第 2 章　恒 定 电 场

静止电荷产生的场是静电场。从本章开始,我们开始研究运动电荷产生的场。首先讨论最简单的电荷运动,设电荷的速度是恒定的,即电荷运动速度的大小和方向都不变,此时产生的电流是恒定电流。

恒定电流产生恒定的电场和磁场,称为恒定电场和恒定磁场,此时电场和磁场可以分开研究,本章仅研究电场。

2.1　电流和电流密度

2.1.1　电流和电流密度

电荷的定向运动形成电流。在导电媒质(如导体、电解液等)中,电荷在电场的作用下形成的电流称为传导电流,如金属中自由电子的运动和电解液中正负离子的运动等。

电流强度(简称电流)是单位时间内通过导电媒质横截面的电量,即

$$I=\lim_{\Delta t\to 0}\frac{\Delta q}{\Delta t}=\frac{\mathrm{d}q}{\mathrm{d}t} \tag{2-1}$$

电流的方向定义为正电荷运动的方向。电流是标量,单位为 A。

恒定电流指的是它的值保持恒定的直流电流。

电流有传导电流、运流电流和位移电流三种,其中,传导电流是指电荷在导电媒质中的定向运动,这里的导电媒质可以是固态,也可以是液态。例如我们常说的导线中的电流就是固态媒质中的电流。

运流电流也叫对流电流,是带电粒子在真空或稀薄气体中的定向运动,因此,这里的媒质是气态。例如荧光灯的灯管内充满稀薄气体,当接通电源时,稀薄气体被电离并发射电子,电子在电场作用下被加速,打到管壁的荧光物质上发光。这些电子的运动形成的电流是运流电流,带电的雷之运动形成的电流也是运流电流。

电流及电流密度

传导电流和运流电流能同时存在吗？运流电流存在于气体媒质中，而传导电流只存在于固态或液体媒质中，因此，传导电流和运流电流不可能共存于同一媒质中。

位移电流是时变电场产生的假想电流，在本书第 4 章详细讨论。

电流只能描述通过导电横截面总电流的强弱，很多情况下，还需知电流在导电媒质内的分布。例如，直流情况下，直流电流通过导线时一般是均匀分布的；而当交流电通过同一导线时，电流在横截面上不再均匀分布，特别是高频时，越靠近导体表面电流分布越大。

即使在直流情况下，不同截面积上的电流分布也是不一样的，例如图 2-1 中的两个截面积 $\boldsymbol{S}_1$ 和 $\boldsymbol{S}_2$ 上的电流分布就是不同的。

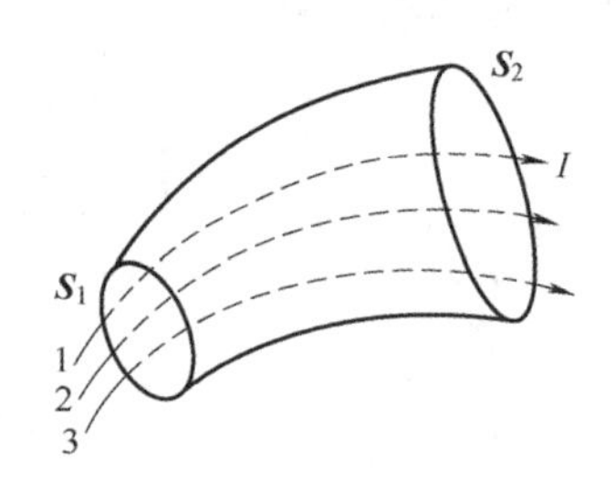

图 2-1　电流在不同截面上的分布

因此，引入电流密度来描述电流的分布。电流密度是流过垂直于电流流向的单位面积的电流强度，其大小为通过该点单位垂直截面积的电流，方向是该点电流的方向。

在前面已经提到，电流是电荷的定向移动，而电荷有三种分布形式：体电荷、面电荷和线电荷，因此，电流也有三种形式：体电流、面电流和线电流。

1. 体电流

体电流是体分布电荷移动形成的电流，如图 2-2 所示，设电荷在整个体积内定向移动，电流方向如图所示，截面积 ΔS 和电荷移动方向垂直，流过截面积 ΔS 的电流为 ΔI，则电流密度 $\boldsymbol{J}$ 是矢量，电流密度的大小为

$$J=\lim_{\Delta S\to 0}\frac{\Delta I}{\Delta S}=\frac{\mathrm{d}I}{\mathrm{d}S} \tag{2-2}$$

图 2-2　体电流

其方向和电流的方向相同。

设导体中只有一种带电粒子，电荷体密度为 ρ，其运动速度为 $\boldsymbol{v}$，在 $\mathrm{d}t$ 时间内，通过面 $\mathrm{d}S$ 的电荷量为 $\mathrm{d}q=\rho\boldsymbol{v}\mathrm{d}t\cdot\mathrm{d}\boldsymbol{S}$，因此

$$\boldsymbol{J}=\rho\boldsymbol{v} \tag{2-3}$$

如果导体含有多种导电粒子，每种粒子电荷密度和速度分别为 ρ_i 和 $\boldsymbol{v}_i$，则有 $\boldsymbol{J}=\sum_i\rho_i\boldsymbol{v}_i$。

体电流的面电流密度（单位为 $\mathrm{A/m^2}$）表达式为

$$I=\int_S\boldsymbol{J}\cdot\mathrm{d}\boldsymbol{S} \tag{2-4}$$

2. 面电流

面电流是面分布电荷移动形成的电流，如图 2-3 所示，设导体截面的法向矢量为 $\boldsymbol{e}_\mathrm{n}$，其厚度和长度分别为 Δh 和 Δl，当其厚度很薄即 $\Delta h\to 0$ 时，此时可以认为电流仅分布在导电媒质表面的薄层内，此时的电流就是面电流。垂直流过单位宽度的电流，称为面电流的线密度，或称为面电流密度，用矢量 $\boldsymbol{K}$ 表示，即 $\mathrm{d}I=(\boldsymbol{K}\cdot\boldsymbol{e}_\mathrm{n})\mathrm{d}l$ 或 $\boldsymbol{K}=\lim\limits_{\Delta l\to 0}\frac{\Delta I}{\Delta l}\boldsymbol{e}_\mathrm{n}=\frac{\mathrm{d}I}{\mathrm{d}l}\boldsymbol{e}_\mathrm{n}$。

因此,流过单位宽度 dl 的电流为

$$I=\int_l \boldsymbol{K}\cdot\boldsymbol{n}\mathrm{d}l \tag{2-5}$$

$\boldsymbol{K}$ 的单位为 A/m,$\boldsymbol{K}$ 的大小等于单位长度的电流,方向和电流方向相同。和体电流的推导方法类似,设电荷面密度 σ 的运动速度为$\boldsymbol{v}$,可推得 $\boldsymbol{K}=\sigma\boldsymbol{v}$。

3. 线电流

线电流是线分布电荷的定向移动形成的电流,图 2-3 中,设导体的厚度 Δh 和长度 Δl 且都忽略不计时,可以认为电荷只在一条线内移动,形成的电流是线电流。当导体截面积近似为零面元,化为线元 dl,设电荷线密度 τ 的速度为 v,则

$$I=\tau v \tag{2-6}$$

因此,将微元段上的电流定义为元电流,则元电流有三种形式:体电流元 $\boldsymbol{J}\mathrm{d}V$、面电流元 $\boldsymbol{K}\mathrm{d}S$ 和线电流元 $I\mathrm{d}\boldsymbol{l}$。

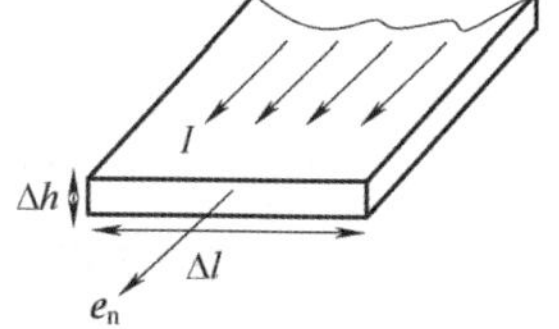

图 2-3　面电流

2.1.2　电流密度的工程应用举例:鱼塘死鱼之谜

据报导,珠三角地区多次发生以下现象:雷雨过后,输电杆塔附近的鱼塘出现大量死鱼,这是为什么呢? 图 2-4 中,输电杆塔的上方装有避雷器,避雷器通过防雷引下线和接地体相连。当输电杆塔遭雷击时,雷电流通过防雷引下线导入大地,以保护输配电线路的正常工作。当接地体周围存在鱼塘时,雷电流就会从接地体向鱼塘中扩散,如图 2-4 所示。雷电流是幅值很高的脉冲电流,其幅值达到几十到几百千安。强大的雷电流通过防雷引下线迅速导入大地,当接地体周围有鱼塘时,雷电流从接地体向鱼塘扩散。如果通过鱼的雷电流幅度超过其耐受电流,鱼就会被电死。

由于水的电导率和土壤不同,所以,鱼塘周围的土壤参数、鱼塘距离输配电杆塔接地极的距离以及鱼塘尺寸都会影响雷电流的分布。

解决此问题的方法有三种:

1）为阻止雷电流向鱼塘扩散,在接地极与鱼塘之间铺设绝缘挡板,如图 2-5 所示。

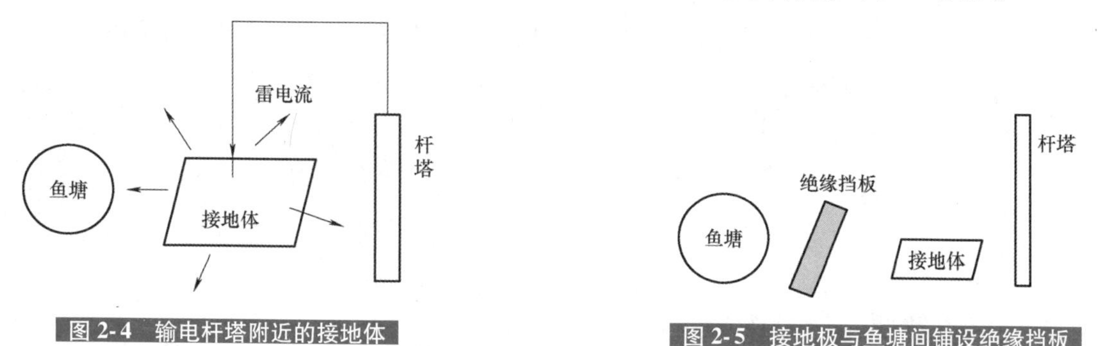

图 2-4　输电杆塔附近的接地体

图 2-5　接地极与鱼塘间铺设绝缘挡板

2）反向迁移接地极:在背离鱼塘方向做水平接地极,让电流尽量多地向远离鱼塘方向流动。如图 2-6 所示,如果达不到接地电阻的要求,也可以在水平接地极末梢处配合使用垂直接地极。

3）综合运用前面两种方式，同时采用绝缘挡板和反向迁移接地极，如图 2-7 所示。如果输配电杆塔距离鱼塘非常近而无法铺设绝缘挡板，或反向水平接地极难以满足要求，可将输配电杆塔的接地体通过表层绝缘连接至远离鱼塘的位置。铜导线电导率比铁导线的高，且趋肤深度大（详见第 5 章），所以为降低接地电阻，可以选择铜导线作为引线。

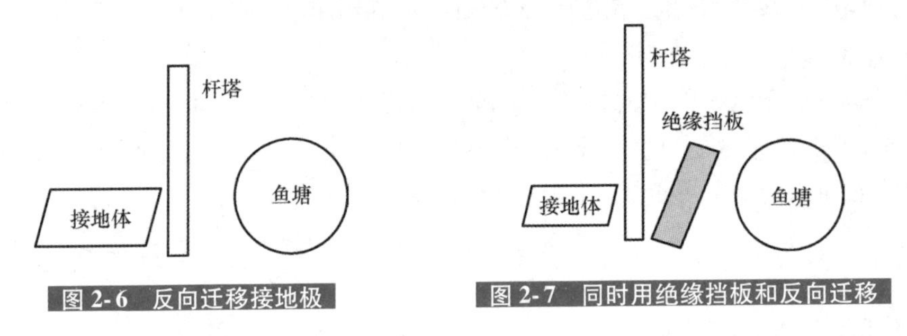

图 2-6　反向迁移接地极　　图 2-7　同时用绝缘挡板和反向迁移

2.2　电流连续性原理

实验表明，电荷既不能被创造，也不能被消灭，它只能从一个物体转移到另一个物体。设某空间的电流密度为 $\boldsymbol{J}$，在空间内任意取封闭曲面 S（它包围的体积为 V），则通过面 S 流出的电流为 $I=\oint_S \boldsymbol{J}\cdot \mathrm{d}\boldsymbol{S}$，应该等于此体积中单位时间内电荷的减少量，即

$$I=\oint_S \boldsymbol{J}\cdot \mathrm{d}\boldsymbol{S}=-\frac{\partial q}{\partial t}=-\frac{\partial}{\partial t}\int_V \rho \mathrm{d}V=-\int_V \frac{\partial}{\partial t}\rho \mathrm{d}V \tag{2-7}$$

由散度定理将面积分化为体积积分，有

$$\int_V\left(\nabla\cdot \boldsymbol{J}+\frac{\partial \rho}{\partial t}\right)\mathrm{d}V=0 \tag{2-8}$$

只有被积函数为零，才能使这个积分对任意的体积 V 都成立，即有

$$\nabla\cdot \boldsymbol{J}=-\frac{\partial \rho}{\partial t} \tag{2-9}$$

式(2-9)称为电流的连续性方程，是电荷守恒定律的数学表达式。稳恒电流的电荷分布不随时间发生变化，即 $\frac{\partial \rho}{\partial t}=0$，故

$$\nabla\cdot \boldsymbol{J}=0 \tag{2-10}$$

对应的积分表达式为

$$\oint_S \boldsymbol{J}\cdot \mathrm{d}\boldsymbol{S}=0 \tag{2-11}$$

这就是恒定电场的电流连续性方程。

2.3　欧姆定律的微分形式

导电媒质中存在大量的自由电荷，在电场中，电荷会在电场作用下运动而形成电流。实验

表明，对于各向同性均匀线性导电媒质，电流密度和该点电场强度成正比，即

$$\boldsymbol{J}=\gamma\boldsymbol{E} \tag{2-12}$$

式中，γ 为导电媒质的电导率，单位为 S/m；γ 的倒数称为电阻率，用 ρ 表示，单位为 Ω · m。式(2-12)称为微分形式的欧姆定律，此式对非恒定电场也适用。

不同材料的电导率不相同。在地质勘探中，电法勘探中的电阻率法就是根据地壳中各种岩矿石的导电性差异，通过分析电场分布规律，得到地下地质结构及有用矿产分布。

设导体两端的电压和电流分布为 U 和 I，积分形式的欧姆定律为

$$U=RI \tag{2-13}$$

欧姆定律与焦耳定律

式中，R 为电阻，Ω。

式(2-13)可以由式(2-12)推导得到。

考虑一段长度为 L、横截面积均为 A 的圆柱形导体(电导率为常数 γ)，当直流电流沿导体轴向流动时，导体内部电流密度 $\boldsymbol{J}$ 是均匀分布的。设导体内部的电场方向为轴线方向，则流经导体的电流为 $I=\boldsymbol{J}A$。因此，导体两端的电压为

$$U=EL=\frac{JL}{\gamma}=\frac{IL}{\gamma A} \tag{2-14}$$

而$\dfrac{L}{\gamma A}$为导体的体电阻，因此 $U=RI$ 成立。

可以看出，微分形式的欧姆定律给出了导体内部任意一点的电流密度和电场强度之间的关系，比积分形式更能细致描述导体的导电规律。积分形式的欧姆定律仅仅适用于稳定情况，而微分形式则适用于普遍情况。

*稳恒电场中导体电荷的分布

在静电场中，导体电荷只能分布于导体表面。那么，在稳恒电场中，导体电荷会如何分布呢？下面用欧姆定律和电流连续性原理进行推导。

根据电流连续性原理有 $\nabla\cdot\boldsymbol{J}=-\dfrac{\partial\rho}{\partial t}$，由欧姆定律有 $\boldsymbol{J}=\gamma\boldsymbol{E}$，故

$$-\frac{\partial\rho}{\partial t}=\nabla\cdot\boldsymbol{J}=\nabla\cdot(\gamma\boldsymbol{E})=\gamma\nabla\cdot\boldsymbol{E}=\frac{\gamma}{\varepsilon}\nabla\cdot\boldsymbol{D}=\frac{\gamma}{\varepsilon}\rho \tag{2-15}$$

即$\dfrac{\partial\rho}{\partial t}+\dfrac{\gamma}{\varepsilon}\rho=0$，此方程的解为 $\rho=\rho_0\mathrm{e}^{-t/\tau}$，因此，稳恒电场中的导体电荷衰减很快(按指数函数)。$\tau=\varepsilon/\gamma$ 为时间常数(常见导体的 τ 很小，通常是纳秒的数量级)，是导体电荷趋于稳定的速度。当经过很短的时间(一般取 5τ)，电荷分布不再发生变化时，导体内部电荷趋近于零，也就是说导体内部不再有电荷聚集。因此，稳恒电场中的导体电荷只能分布在导体表面。

2.4　焦耳定律的微分形式

在恒定电流场中，沿电流方向截取一段元电流管，如图 2-8 所示。该元电流管中的电流密度 $\boldsymbol{J}$ 可认为是均匀的，其两端面分别为两个等位面。在电场力作用下，$\mathrm{d}t$ 时间内有 $\mathrm{d}q$ 电荷自

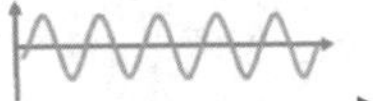

元电流管的左端面移至右端面，则电场力做的功为

电源电动势和局外场强

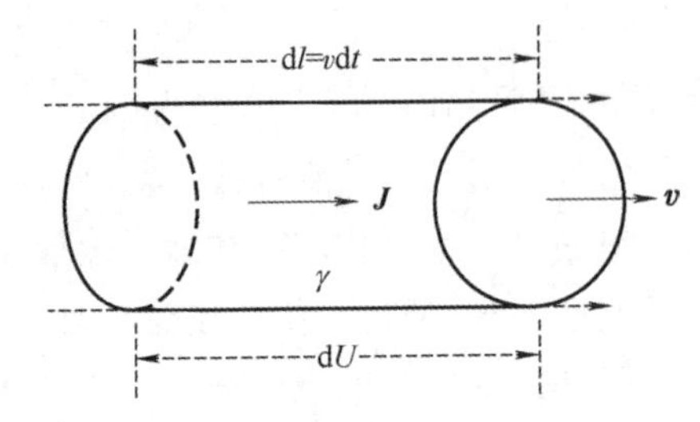

图 2-8 电功率的推导

$$dW = dU \cdot dq \tag{2-16}$$

于是外电源提供的电功率为

$$dP = \frac{dW}{dt} = dU \cdot \frac{dq}{dt} = dU \cdot dI = (\boldsymbol{E} \cdot d\boldsymbol{l})(\boldsymbol{J} \cdot d\boldsymbol{S}) = EJdV \tag{2-17}$$

故电功率体密度为

$$p = \frac{dP}{dV} = JE = \gamma E^2 \tag{2-18}$$

写成一般形式

$$p = \boldsymbol{J} \cdot \boldsymbol{E} \tag{2-19}$$

这就是焦耳定律的微分形式，p 为功率密度，单位是 W/m^3。

2.5 电源和局外场强

1. 电源和局外场强

焦耳定律说明，电荷在导体中运动时会遇到阻力，因此要维持稳恒电流，需要存在一个外来的非静电力（如化学势、洛伦兹力等）。非静电力对单位电荷的作用通常用等效的电场强度 $\boldsymbol{E}_e$（称为局外场强）来代替。此时，欧姆定律可写为

$$\boldsymbol{J} = \gamma(\boldsymbol{E} + \boldsymbol{E}_e) \tag{2-20}$$

设细导线 AB 的电阻、电压和电流分别为 R、U_{AB} 和 I，对导线从 A 到 B 进行积分，得到

$$\int_A^B \frac{\boldsymbol{J}}{\gamma} \cdot d\boldsymbol{l} = \int_A^B \boldsymbol{E} \cdot d\boldsymbol{l} + \int_A^B \boldsymbol{E}_e \cdot d\boldsymbol{l}$$

而 $\int_A^B \frac{\boldsymbol{J}}{\gamma} \cdot d\boldsymbol{l} = \int_A^B \frac{\boldsymbol{I}}{\gamma S} \cdot d\boldsymbol{l} = IR_{AB}$，$\int_A^B \boldsymbol{E} \cdot d\boldsymbol{l} = U_A - U_B = U_{AB}$，设

$$\varepsilon = \int_A^B \boldsymbol{E}_e \cdot d\boldsymbol{l} \tag{2-21}$$

ε 称为电动势，则式(2-21)变为

$$IR = U_{AB} + \varepsilon \tag{2-22}$$

这就是非均匀电路的欧姆定律。对于闭合电路 $U_{AB}=0$，故 $IR=\varepsilon$。

上述分析表明，只有电动势不为零时，闭合电路中才有稳恒电流存在。

提供局外场强的装置就是电源。它是一种将其他形式的能量（如机械能、热能或化学能

等）转化为电能的装置。电源电动势和局外场强的关系为

$$\varepsilon = \int_{+}^{-} \boldsymbol{E} \cdot \mathrm{d}\boldsymbol{l} \tag{2-23}$$

式中，积分路径“+”和“-”分别为电源的正负极。

局外场强作用于单位电荷 q 上的作用力称为局外力，记为

$$\boldsymbol{f}_{\mathrm{e}} = q\boldsymbol{E}_{\mathrm{e}} \tag{2-24}$$

$\boldsymbol{E}_{\mathrm{e}}$ 只存在于电源内部，方向与库仑场强 $\boldsymbol{E}$ 相反（见图 2-9），由电源的负极指向正极。局外力也只存在于电源的内部，由于局外力的存在，电源能使正电荷从电源的负极移向正极，保持正负两极间的电势差。

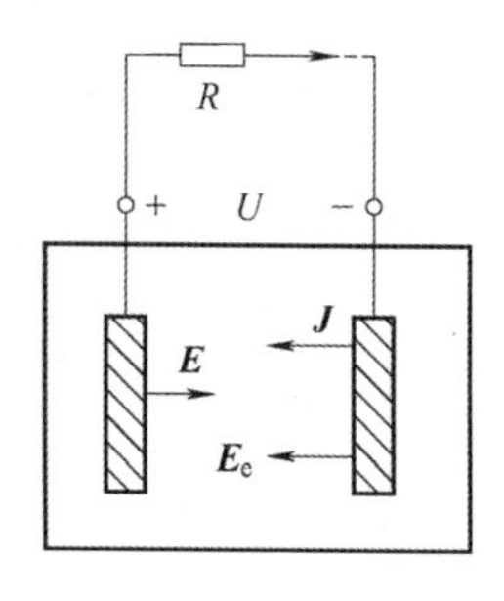

图 2-9　电源

恒定电场中，产生库仑场强的不是静止不动的电荷，而是处于动态平衡的运动电荷。

2. 恒定电场

恒定电流在导电媒质中运动时，在导电媒质中以及导电媒质外的电介质中都有电场存在。这两种电场都是恒定电场。

严格说来，因为导体中有电流流过，所以导体表面不是等位体，导体表面也不是等势面。但是，导体表面附近的电介质内的电场强度近似垂直于导体，即场强的切向分量远小于其法向分量，在工程实际中，可近似认为导体表面的边界条件和静电场一样。

恒定电场的基本方程

同时，导电媒质外的电介质（如空气）中的场是由导体上的电荷激发的，而电荷分布是恒定的，这类电场是保守场，可用电位来表示其特征，求解方法和静电场相同。

因此，本章着重研究电源外部的导电媒质中的恒定电场。

2.6　恒定电场的基本方程和分界面的衔接条件

2.6.1　恒定电场的基本方程

在电源内部，同时存在库仑场强 $\boldsymbol{E}$ 和局外场强 $\boldsymbol{E}_{\mathrm{e}}$，故电场强度在整个电路上（积分路线经过电源）的环路积分为

$$\oint_{l} (\boldsymbol{E} + \boldsymbol{E}_{\mathrm{e}}) \cdot \mathrm{d}\boldsymbol{l} = \oint_{l} \boldsymbol{E} \cdot \mathrm{d}\boldsymbol{l} + \oint_{l} \boldsymbol{E}_{\mathrm{e}} \cdot \mathrm{d}\boldsymbol{l} = 0 + \varepsilon = \varepsilon$$

在电源外，即积分路线不经过电源，故整个积分路线上只有库仑场强，因此

$$\oint_{l} \boldsymbol{E} \cdot \mathrm{d}\boldsymbol{l} = 0 \tag{2-25}$$

前面已经得到恒定电场中的电流连续性原理为

$$\oint_{S} \boldsymbol{J} \cdot \mathrm{d}\boldsymbol{S} = 0 \tag{2-26}$$

对应的微分表达式为

$$\nabla \times \boldsymbol{E}=0 \tag{2-27}$$

$$\nabla \cdot \boldsymbol{J}=0 \tag{2-28}$$

这就是恒定电场(电源外)的基本方程,说明恒定电场是无源无旋场,即电源外的恒定电场是保守场,且 $\boldsymbol{J}$ 线是无头无尾的闭合曲线,故恒定电流只能在闭合路径中流动。

上述四个表达式中有两个变量 $\boldsymbol{J}$ 和 $\boldsymbol{E}$,故需要补充媒质的构成方程,即欧姆定律的微分形式

$$\boldsymbol{J}=\gamma \boldsymbol{E} \tag{2-29}$$

2.6.2 分界面的衔接条件

在电源外部,恒定电场的方程和静电场方程类似,因此,采用和静电场类似的方程,可推导出其边界条件。

设分界面不存在局外场强,由 $\oint_l \boldsymbol{E} \cdot \mathrm{d}\boldsymbol{l}=0$,可得到 $\boldsymbol{E}$ 的切向分量连续,即

$$E_{1\mathrm{t}}=E_{2\mathrm{t}} \tag{2-30}$$

由电流连续性原理 $\oint_S \boldsymbol{J} \cdot \mathrm{d}\boldsymbol{S}=0$,可得到 $\boldsymbol{J}$ 的法向分量连续,即

$$J_{1\mathrm{n}}=J_{2\mathrm{n}} \tag{2-31}$$

式(2-31)可写为 $\gamma_1 E_{1\mathrm{n}}=\gamma_2 E_{2\mathrm{n}}$(参照图 2-10),即

$$\frac{\tan\alpha_1}{\tan\alpha_2}=\frac{\gamma_1}{\gamma_2} \tag{2-32}$$

这就是恒定电场的折射定律。

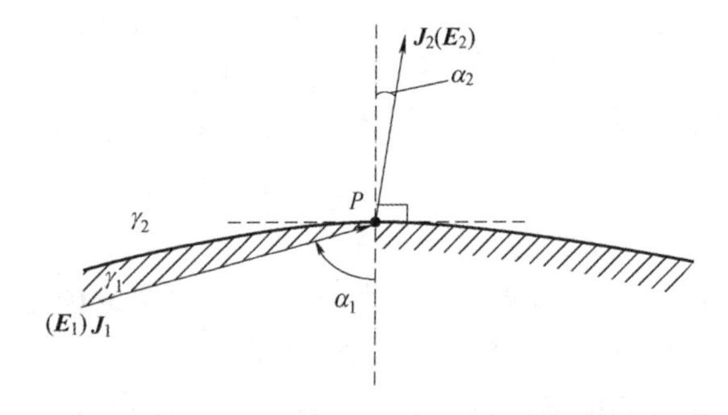

图 2-10 由良导体(γ_1)到不良导体(γ_2)的电流流向

2.6.3 特殊分界面的衔接条件

1. 良导体与不良导体分界面上的边界条件

如图 2-10 所示,设媒质 1 和媒质 2 分别为良导体和不良导体,电导率分别为 γ_1 和 γ_2,$\gamma_1 \gg \gamma_2$。由折射定律可知,只要 $\alpha_1 \neq 90°$,就有 $\alpha_2 \approx 0$。这表明,在良导体和不良导体的分界面处,电流线总是垂直于良导体表面($\alpha_2 \approx 0$)。换句话说,良导体内部的电压降可忽略不计,即良导体表面近似为等位面。

例如,钢($\gamma_1=5\times10^6\mathrm{S/m}$)和土壤($\gamma_2=10^{-2}\mathrm{S/m}$)的分界面,根据折射定律有 $\alpha_2=f'' \approx 0$,可以近似把钢表面看作等位面。

2. 导体与理想介质分界面上的边界条件

考虑被理想介质包围的载流导体表面,设媒质 2 是理想介质,根据 $\boldsymbol{J}_2=\gamma_2\boldsymbol{E}_2$,因为 $\gamma_2=0$,故 $\boldsymbol{J}_2=0$,即 $J_{2\mathrm{n}}=J_{1\mathrm{n}}=0$。而 $J_{1\mathrm{n}}=\gamma_1 E_{1\mathrm{n}}$,因此 $E_{1\mathrm{n}}=0$,$E_1=E_{1\mathrm{t}}=\dfrac{J_{1\mathrm{t}}}{\gamma_1}=\dfrac{J_1}{\gamma_1}$,说明理想导体侧的电流和电场强度都只有切向分量。因此,当恒定电流流过细导线时,无论导线如何弯曲,导线内的电流也会同样弯曲。

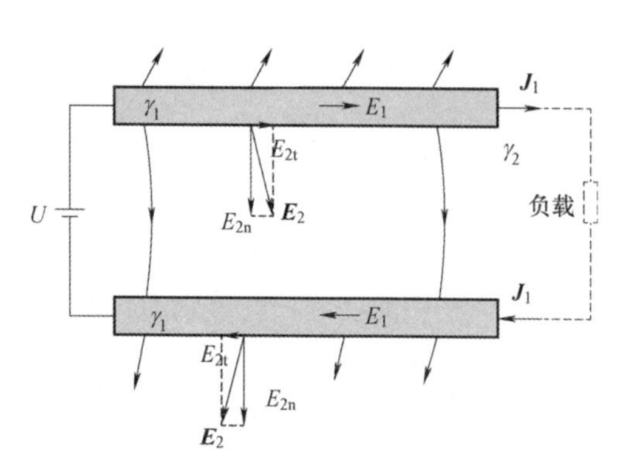

图 2-11　输电线电场

应指出的是，虽然 $E_{1n}=0$，但 $E_{2n}\neq 0$。其结果将使导体外表面处的电场强度 $\boldsymbol{E}_2$ 与导体表面不相垂直，如图 2-11 所示。然而，与 E_{2n} 相比，E_{2t} 是极其微小的，因此在研究导体外表面附近的电场时，可以忽略 E_{2t} 分量的影响，即近似为静电场中导体的边界条件。也就是说，当分析载有恒定电流的导体外部电场时，可以应用静电场分析方法，分析载有恒定电流的导体外部电场，如输电线附近电场。

实际上，恒定电场中分界面的法线方向同样满足静电场的分界面衔接条件，即 $D_{2n}-D_{1n}=\sigma$（σ 是导线表面的面电荷密度）。由于 $D_{1n}=0$，所以 $D_{2n}=\sigma=\varepsilon_2 E_{2n}$，即 $E_{2n}=\sigma/\varepsilon_2$。

3. 两种有损电介质分界面上的边界条件

如图 2-12 所示，在两种有损电介质的分界面上，有 $J_{1n}=J_{2n}$，即

$$\gamma_1 E_{1n}=\gamma_2 E_{2n} \tag{2-33}$$

及

$$\varepsilon_2 E_{2n}-\varepsilon_1 E_{1n}=\sigma \tag{2-34}$$

联立求解，得分界面上电荷面密度 σ 为

$$\sigma=\frac{\varepsilon_2\gamma_1-\varepsilon_1\gamma_2}{\gamma_1\gamma_2}J_{2n} \tag{2-35}$$

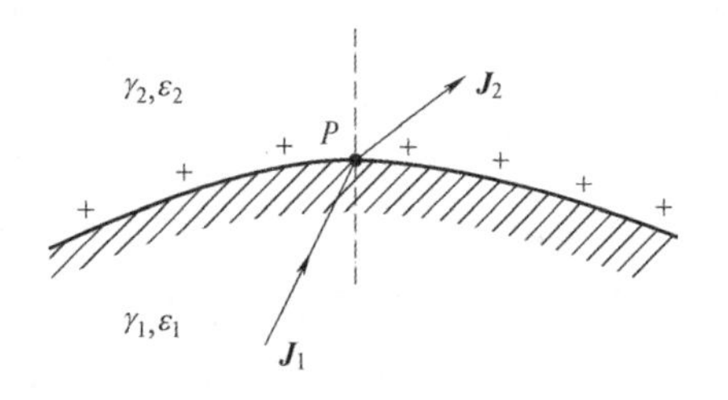

图 2-12　两种有损电介质的分界面

由此可见，两种有损电介质的分界面存在自由电荷，只有当两种媒质参数满足 $\varepsilon_2\gamma_1=\varepsilon_1\gamma_2$ 时，其分界上表面的面电荷才为零。

因此，对于大容量高压设备，如高压电容器、电缆等，由于绝缘介质的非理想，在不同介质分界面上有自由面电荷分布。因此当切断电源，需实施带电端工作接地时，应注意短电荷的消失需要时间！

例 2-1　设一平板电容器由两层非理想介质串联构成，如图 2-13 所示。其介电常数和电导率分别为 ε_1、γ_1 和 ε_2、γ_2，厚度分别为 d_1 和 d_2，外施恒定电压 U_0，忽略边缘效应。试求：(1) 两层非理想介质中的电场强度。(2) 单位体积中的电场能量密度及功率损耗密度。(3) 两层介质分界面上的自由电荷面密度。

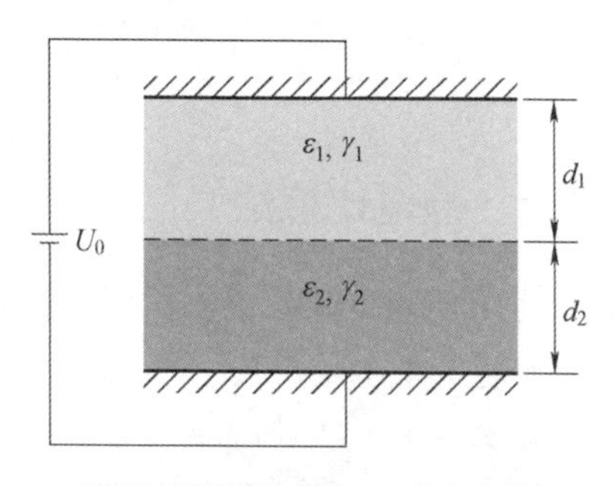

图 2-13　非理想介质的平板电容器中的恒定电流场

解：(1) 忽略边缘效应，可以认为电容器中电流线与两介质交界面相垂直，则

$$J_1=J_2 \text{ 或 } \gamma_1 E_1=\gamma_2 E_2$$

$$E_1 d_1+E_2 d_2=U_0$$

联立二式求解，得

$$E_1=\frac{\gamma_2 U_0}{\gamma_1 d_2+\gamma_2 d_1},\quad E_2=\frac{\gamma_1 U_0}{\gamma_1 d_2+\gamma_2 d_1}$$

(2) 两非理想介质中的电场能量密度分别为

$$w_1=\frac{1}{2}\varepsilon_1 E_1^2,\quad w_2=\frac{1}{2}\varepsilon_2 E_2^2$$

相应单位体积中的功率损耗分别为

$$p_1=\gamma_1 E_1^2,p_2=\gamma_2 E_2^2$$

(3) 分界面上的自由电荷面密度为

$$\sigma=\varepsilon_2 E_{2n}-\varepsilon_1 E_{1n}=\frac{\varepsilon_2\gamma_1-\varepsilon_1\gamma_2}{\gamma_1 d_2+\gamma_2 d_1}U_0$$

2.6.4 恒定电场的边值问题

在恒定电场的电源外,因为$\nabla\times\boldsymbol{E}=0$,因此和静电场一样,可以引入电位$\varphi$,令

$$\boldsymbol{E}=-\nabla\varphi \tag{2-36}$$

因此,$\nabla\cdot\boldsymbol{J}=\nabla\cdot(\gamma\boldsymbol{E})=\gamma\nabla\cdot\boldsymbol{E}+\boldsymbol{E}\cdot\nabla\gamma=0$,在均匀导电媒质中,$\nabla\gamma=0$,故$\gamma\nabla\cdot\boldsymbol{E}=\gamma\nabla\cdot(-\nabla\varphi)=0$,即

$$\nabla^2\varphi=0 \tag{2-37}$$

恒定电场与静电场的比拟

说明恒定电场的电位满足拉普拉斯方程。

和静电场类似,用同样方法可以得到恒定电场的电位边界条件为

$$\varphi_1=\varphi_2 \tag{2-38}$$

$$\gamma_1\frac{\partial\varphi_1}{\partial n}=\gamma_2\frac{\partial\varphi_2}{\partial n} \tag{2-39}$$

拉普拉斯方程和场域上给定的边界条件一起构成了恒定边值问题。和静电场类似,很多恒定电场的求解可以归结为求解给定边值条件的拉普拉斯方程。

2.7 恒定电场与静电场的比拟

2.7.1 静电比拟法

将均匀导电媒质中的恒定电场与无源区中均匀介质内的静电场相比较,可以看出,两者对应关系见表 2-1。

从表 2-1 可知,恒定电场(电源外)中的$\boldsymbol{J}$、$\boldsymbol{E}$、φ、γ、I、G和静电场($\rho=0$)中的$\boldsymbol{D}$、$\boldsymbol{E}$、φ、ε、q、C具有一一对应关系,且场的数学表达式具有完全相同的形式,只要两者对应的边界条件相同,则恒定电流场中的电位φ、电场强度$\boldsymbol{E}$和电流密度$\boldsymbol{J}$的分布分别与静电场中的电位φ、电场强度$\boldsymbol{E}$和电位移矢量$\boldsymbol{D}$的分布一致。如果场中两种媒质分区均匀,则恒定电场与静电场两者边界条件相似,且对应电导率与介电常数满足条件$\frac{\gamma_1}{\gamma_2}=\frac{\varepsilon_1}{\varepsilon_2}$时,两种场在分界面上的$\boldsymbol{J}$线与对

应的 $\boldsymbol{D}$ 线折射情况相同。根据以上相似原理，就可以把一种场的计算和实验结果推广应用于另一种场，这就是静电比拟法。

表 2-1 恒定电场（电源外）与静电场（无源区）的比较

	静电场（无源区）	恒定电场（电源外）
主要方程	$\nabla \cdot \boldsymbol{D}=0$ $\nabla \times \boldsymbol{E}=0$ $\boldsymbol{D}=\varepsilon \boldsymbol{E}$ $\boldsymbol{E}=-\nabla \varphi$ $\nabla^2 \varphi=0$	$\nabla \cdot \boldsymbol{J}=0$ $\nabla \times \boldsymbol{E}=0$ $\boldsymbol{J}=\gamma \boldsymbol{E}$ $\boldsymbol{E}=-\nabla \varphi$ $\nabla^2 \varphi=0$
边界条件	$E_{1t}=E_{2t}$ $D_{1n}=D_{2n}$ $\varphi_1=\varphi_2$	$E_{1t}=E_{2t}$ $J_{1n}=J_{2n}$ $\varphi_1=\varphi_2$
通量关系	$\oint_S \boldsymbol{D} \cdot \mathrm{d}\boldsymbol{S}=q$	$\oint_S \boldsymbol{J} \cdot \mathrm{d}\boldsymbol{S}=I$
电容与电导	$C=\dfrac{q}{U}$	$G=\dfrac{I}{U}$

根据静电比拟原理，可利用已经获得的静电场的结果直接求解恒定电流场；恒定电流场容易实现且便于测量，可用（边界条件相同）电流场来研究静电场特性。

2.7.2 静电比拟举例：镜像法

和静电场类似，将电极置于两种不同导电媒质中，可用镜像法计算电场的分布，如图 2-14 所示（图中“///”代表有效求解区域）。由静电比拟关系，可得镜像电流 I_1 和 I_2 为

$$\begin{cases} I'=\dfrac{\gamma_1-\gamma_2}{\gamma_1+\gamma_2}I \\ I''=\dfrac{2\gamma_2}{\gamma_1+\gamma_2}I \end{cases} \tag{2-40}$$

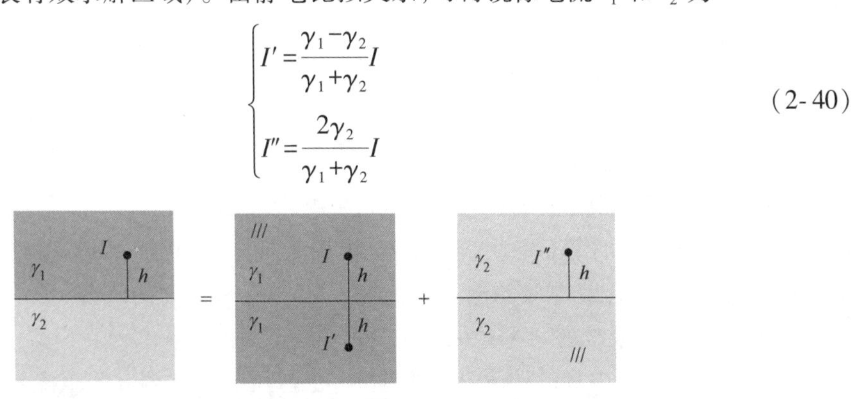

图 2-14 线电流对无限大导电媒质分界面的平面镜像

静电比拟方法在工程实际中应用广泛。例如，在实验研究中，由于电流场中的电流、电位分布易于测定，故可用相应的电流场模型来研究待求的静电场问题（静电场造型），此方法称为电流场模拟。电流场模拟有液体模拟（如需要了解高压电气设备附近的电场分布，以确保人员和设备安全，此时可将类似模型置于注有高电阻率的导电溶液中，测量恒定电流场的电位和电场强度，将结果比拟到静电场中，这种方法称为电解槽模拟）和固体模拟（铁板、导电纸模拟）。

静电比拟方法还推广到其他学科，采用电测方法求得非电量的相似解答。

*2.7.3 电力系统的静电模拟法

设输电系统中A、B、C三相线路距离地面的高度为h，如图2-15a所示，电流分别为I_A、I_B、I_C，其镜像电流分别为I'_A、I'_B、I'_C，如图2-15b所示。根据静电比拟法，电场可以通过图2-15c求得模拟电荷产生的场的叠加，其中q_1、q_2、q_3为I_A、I_B、I_C的等效线电荷；q'_1、q'_2、q'_3为q_1、q_2、q_3的镜像电荷。

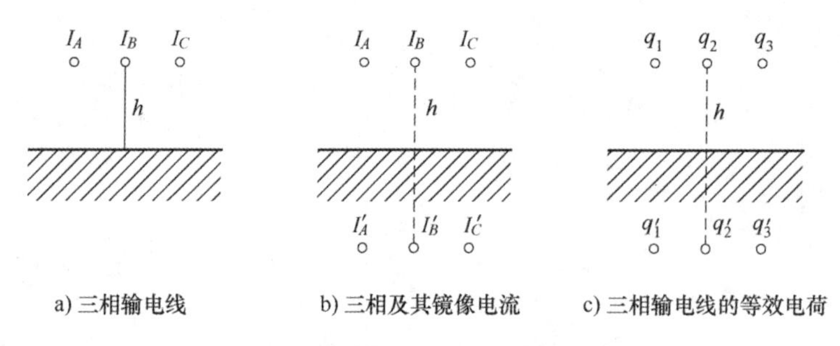

图2-15 输电系统的等效电荷原理

2.8 绝缘电阻

工程上常在导体间（如电容器两极板之间、同轴电缆内外导体间）填充电绝缘材料。虽然绝缘材料的电导率远小于金属材料的电导率，但毕竟不为零；同时，绝缘材料总有绝缘缺陷（在制造或运行时产生），如局部受潮、局部开裂、气隙和材料劣化变质等。因而当导体间存在电压时，必有微弱的泄漏电流存在。因此，绝缘电阻是电气设备和电气线路最基本的绝缘指标。

漏电导指的是泄漏电流与电压之比，即

$$G=\frac{I}{U} \tag{2-41}$$

其倒数称为绝缘电阻，常用绝缘电阻表来测量。

可以根据定义来计算（漏）电导。当电极形状规则或有某种对称关系时，可以采用恒定电场分析法：设流过导体或电极的电流为I，按$I\to \boldsymbol{J}\to \boldsymbol{E}\to U\to G$的步骤（常电流系统）求电导。也可设电极间的电压为$U$，按$U\to \boldsymbol{E}\to \boldsymbol{J}\to I\to G$（常电位系统）求电导。

当恒定电场和静电场的边界条件相同时，也可用静电比拟方法求电导，即

$$\frac{C}{G}=\frac{q/U}{I/U}=\frac{\int_S \boldsymbol{D}\cdot \mathrm{d}\boldsymbol{S}}{\int_S \boldsymbol{J}\cdot \mathrm{d}\boldsymbol{S}}=\frac{\int_S \varepsilon\boldsymbol{E}\cdot \mathrm{d}\boldsymbol{S}}{\int_S \gamma\boldsymbol{E}\cdot \mathrm{d}\boldsymbol{S}}=\frac{\varepsilon}{\gamma} \tag{2-42}$$

因此

$$\frac{C}{G}=\frac{\varepsilon}{\gamma} \tag{2-43}$$

可以利用电容的计算方法求电导或电阻，反之亦然。

例 2-2 如图 2-16 所示的同轴电缆，长度为 l，内导体外半径为 a，外导体内半径为 b，内外导体之间接有电压为 U 的直流电源。

（1）若内外导体之间的电介质电导率为零，介电常数为 ε，求电场强度 $\boldsymbol{E}$、电位移 $\boldsymbol{D}$ 和电容 C。

（2）若内外导体之间为非理想绝缘介质，电导率为 γ，介电常数为 ε，求电场强度 $\boldsymbol{E}$、电位移 $\boldsymbol{D}$、电流密度 $\boldsymbol{J}$ 和单位长度的漏电导 G。

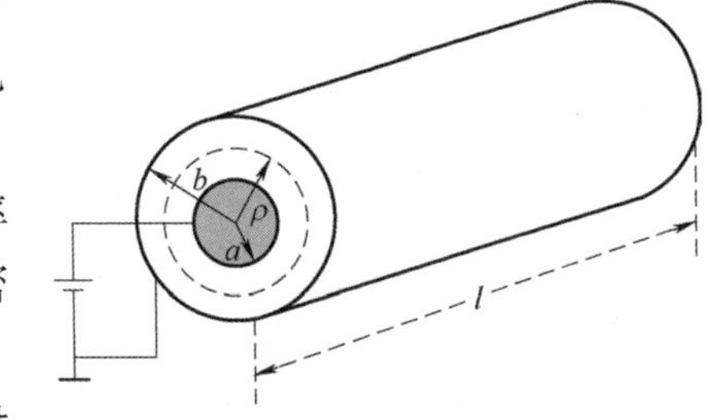

图 2-16 同轴电缆

解：（1）导体之间的电介质电导率为零，介质中没有电流，属于静电场范畴。设内导体的电量为 q，以同轴电缆为轴建立柱坐标系，则电介质中电场强度为

$$\boldsymbol{E}=\frac{q}{2\pi\varepsilon\rho l}\boldsymbol{e}_{\rho}$$

内外导体电压为

$$U=\int_{a}^{b}E\mathrm{d}\rho=\int_{a}^{b}\frac{q}{2\pi\varepsilon\rho l}\mathrm{d}\rho=\frac{q}{2\pi\varepsilon l}\ln\frac{b}{a}$$

联立以上两式，可求得

$$\boldsymbol{E}=\frac{U}{\rho\ln\frac{b}{a}}\boldsymbol{e}_{\rho},\boldsymbol{D}=\frac{\varepsilon U}{\rho\ln\frac{b}{a}}\boldsymbol{e}_{\rho}(a<\rho<b)$$

因此，电容为

$$C=\frac{q}{U}=\frac{2\pi\varepsilon l}{\ln\frac{b}{a}}$$

（2）导体间为非理想绝缘材料，有漏电流，属于恒定电场范畴。

解法一：恒定电场分析方法。

设内外导体间单位长度的泄漏电流为 I，则内外导体间的电流密度（注意：这里的泄漏电流密度和电场强度都只有径向分量，做半径为 ρ 的同轴单位圆柱面）为

$$\boldsymbol{J}=\frac{I}{2\pi\rho}\boldsymbol{e}_{\rho},\boldsymbol{E}=\frac{I}{2\pi\rho\gamma}\boldsymbol{e}_{\rho}$$

内外导体电压为

$$U=\int_{a}^{b}E\mathrm{d}\rho=\int_{a}^{b}\frac{J}{\gamma}\mathrm{d}\rho=\int_{a}^{b}\frac{I}{2\pi\gamma\rho}\mathrm{d}\rho=\frac{I}{2\pi\gamma}\ln\frac{b}{a}$$

联立以上两式，可求得

$$\boldsymbol{J}=\boldsymbol{e}_{\rho}\frac{\gamma U}{\rho}\ln\frac{a}{b}$$

故单位长度的漏电导为

$$G=\frac{I}{U}=\frac{2\pi\gamma}{\ln\frac{b}{a}}$$

解法二：静电比拟方法。

在同轴电缆分析中，已求得电场强度为

$$\boldsymbol{E}=\frac{U_0}{\rho\ln\dfrac{b}{a}}\boldsymbol{e}_\rho \qquad (a<\rho<b)$$

故泄漏电流密度为

$$\boldsymbol{J}_c=\gamma\boldsymbol{E}=\frac{\gamma U_0}{\rho}\ln\frac{a}{b}\boldsymbol{e}_\rho \qquad (a<\rho<b)$$

同理，单位长度的电导可以由单位长度电容求得，即电缆的单位长度绝缘电阻为

$$R=\frac{1}{G}=\frac{\varepsilon}{\gamma}\cdot\frac{1}{C}=\frac{1}{2\pi\gamma l}\ln\frac{b}{a}$$

所以单位长度漏电导为

$$G=\frac{1}{R}=\frac{2\pi\gamma}{\ln\dfrac{b}{a}}$$

例 2-3 厚度 d 的导电板由两半径为 r_1 和 r_2 的圆弧和夹角为 α 的两半径割出的一块扇形体组成，如图 2-17 所示，设导电板的电导率为 γ。求：（1）沿厚度方向的电阻。（2）两圆弧面之间的电阻。（3）沿 α 方向的两电极的电阻。

解：（1）设沿厚度方向的两电极的电压为 U_1，则有

$$E_1=\frac{U_1}{d},J_1=\gamma E_1=\frac{\gamma U_1}{d}$$

$$I_1=J_1S_1=\frac{\gamma U_1}{d}\cdot\frac{\alpha}{2}(r_2^2-r_1^2)$$

故得到沿厚度方向的电阻为

$$R_1=\frac{U_1}{I_1}=\frac{2d}{\alpha\gamma(r_2^2-r_1^2)}$$

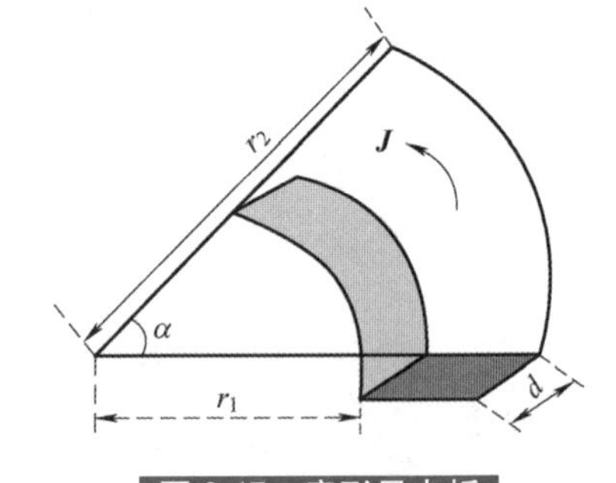

图 2-17 扇形导电板

（2）设内外两圆弧面电极之间的电流为 I_2，则

$$J_2=\frac{I_2}{S_2}=\frac{I_2}{\alpha rd} \qquad E_2=\frac{J_2}{\gamma}=\frac{I_2}{\gamma\alpha rd}$$

$$U_2=\int_{r_1}^{r_2}E_2\mathrm{d}r=\frac{I_2}{r\alpha d}\ln\frac{r_2}{r_1}$$

故两圆弧面之间的电阻为

$$R_2=\frac{U_2}{I_2}=\frac{1}{\gamma\alpha d}\ln\frac{r_2}{r_1}$$

（3）设沿 α 方向的两电极的电压为 U_3，则有 $U_3=\int_0^\alpha E_3 l\mathrm{d}\phi$，由于 E_3 与 ϕ 无关，所以得到

$$\boldsymbol{E}_3=\boldsymbol{e}_\phi\frac{U_3}{\alpha l} \qquad \boldsymbol{J}_3=\gamma\boldsymbol{E}_3=\boldsymbol{e}_\phi\frac{\gamma U_3}{\alpha l}$$

$$I_3=\int_{S_3}\boldsymbol{J}_3\cdot\boldsymbol{e}_\phi\mathrm{d}S=\int_{r_1}^{r_2}\frac{\gamma dU_3}{\alpha l}\mathrm{d}l=\frac{\gamma dU_3}{\alpha}\ln\frac{r_2}{r_1}$$

故沿 α 方向的电阻为

$$R_3=\frac{U_3}{I_3}=\frac{\alpha}{\gamma d\ln(r_2/r_1)}$$

2.9　接地电阻

2.9.1　接地电阻

为保障电气设备正常工作和人身安全，工程上常需要将电气设备的一部分与大地连接，称为接地。如工作接地、保护接地、防雷接地和屏蔽接地等。工作接地是指为了满足电力系统和电气设备的运行要求，将电力系统的某一点进行接地，如电力系统的中性点接地等。保护接地是为了保护工作人员或电气设备的安全，如电气设备的金属外壳接地等。防止雷击对人身和财产的伤害而进行的接地称为防雷接地。

接地通过接地装置实现，接地装置由接地体和接地线组成。与土壤直接接触的导体（金属体）称为接地体，连接电气设备和接地体的导线称为接地线。接地体有人工接地体和自然接地体，接地体形状有球形、棒形、柱形、网形及其组合，如图 2-18 所示。

a) 高压室接地电阻深(1m)

b) 屏蔽室接地电阻深(20m)

图 2-18　接地电阻示例

接地电阻是反映接地性能优劣的重要参数。接地电阻是电流由接地装置流入大地再流向另一接地体，或由接地体向无限远处扩散所遇到的电阻。它包括接地线和接地体本身的电阻、接地体与土壤之间的接触电阻以及两接地器之间或接地器与大地间的土壤电阻。前两部分电阻值比土壤电阻小得多，因此，接地电阻主要是指土壤电阻。接地电阻越小，说明设备和大地间的电气连接越好。

计算接地体的接地电阻是恒定电场计算的重要工作。由于金属的电导率远大于土壤的电导率，通常认为接地体流过土壤的电流近似垂直于接地体表面，故将接地体看成等位体；对于频率是 50Hz 的电力系统，可近似看成恒定电流场。

1. 深埋球形接地器的接地电阻

当接地体深埋在地下时，可不考虑地面的影响。接地体的扩散电流可近似看成以球心为中心均匀向外扩散，如图 2-19a 所示，设从接地体流入大地的扩散电流为 I，则距离接地体球心

r 处：$J=\dfrac{I}{4\pi r^2}$，$E=\dfrac{I}{4\pi\gamma r^2}$。

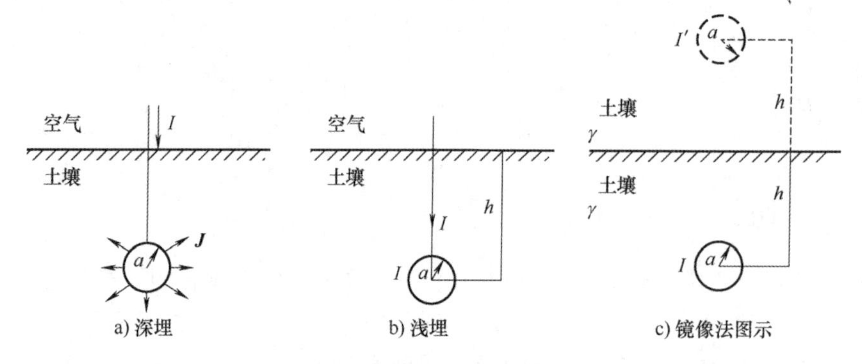

图 2-19　球形接地器

球面到无穷远处电压 $U=\int_a^\infty \dfrac{I}{4\pi\gamma r^2}\mathrm{d}r=\dfrac{I}{4\pi\gamma a}$，故接地电阻

$$R=\frac{U}{I}=\frac{1}{4\pi\gamma a} \tag{2-44}$$

因此，要减少接地电阻，可增大接地体的半径或在接地体附近掺入电导率高的媒质。

接地电阻也可用孤立导体球的电容通过静电比拟法求得：半径为 a 的孤立导体球与无限远处间的电容为 $C=4\pi\varepsilon a$，故深埋导体球的电阻 R 为 $R=\dfrac{\varepsilon}{C\gamma}=\dfrac{1}{4\pi\gamma a}$。

2. 浅埋球形接地器的接地电阻

当接地器改成浅埋时，必须考虑地面的影响，可采用镜像法计算。如图 2-19b 所示，距离地面为 h、半径为 a（设 $a\ll h$）的浅埋球形接地体，土壤的电导率为 γ。镜像电流为 $I'=\dfrac{\gamma-0}{\gamma+0}I=I$，以无穷远处为零电位点，电流 I 单独作用时，接地体球面上的电位为

$$\varphi^{(1)}=\int_a^\infty \frac{\boldsymbol{J}}{\gamma}\cdot \mathrm{d}\boldsymbol{r}=\int_a^\infty \frac{I}{4\pi\gamma r^2}\mathrm{d}r=\frac{I}{4\pi\gamma a} \tag{2-45}$$

镜像电流 I' 单独作用时，接地体球面上的电位为

$$\varphi^{(2)}=\int_{2h}^\infty \frac{I}{4\pi\gamma r^2}\mathrm{d}r=\frac{I}{8\pi\gamma h} \tag{2-46}$$

接地电阻为

$$R=\frac{U}{I}=\frac{\varphi^{(1)}+\varphi^{(2)}}{I}=\frac{1}{4\pi\gamma}\left(\frac{1}{a}+\frac{1}{2h}\right) \tag{2-47}$$

此接地电阻也可通过静电比拟方法求得。

3. 浅埋半球形接地器的接地电阻

对于浅埋（紧靠地面）的半球形接地器，如图 2-20a 所示，采用下列方法得到其接地电阻。

方法一：直接计算

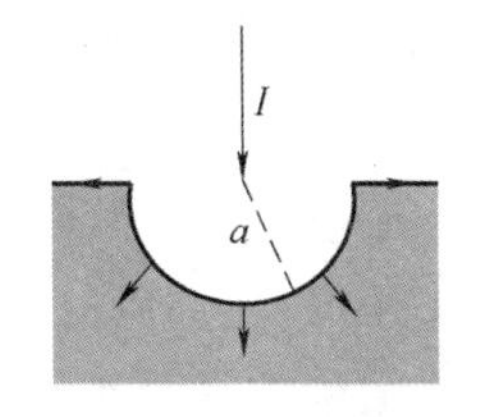

a) 电流密度的分布

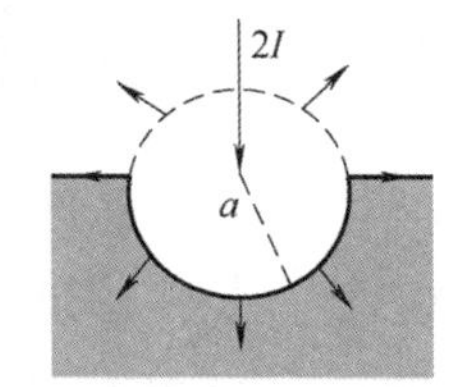

b) 镜像法图示

图 2-20　浅埋的半球形接地器

近似认为电流密度均匀分布，故 $J=\dfrac{I}{\frac{1}{2}\times 4\pi r^2}$，得到 $R=\dfrac{U}{I}=\dfrac{1}{I}\int_a^{\infty}\dfrac{I}{2\pi r^2\gamma}\mathrm{d}r=\dfrac{1}{2\pi\gamma a}$。

方法二：镜像法

浅埋的半球形接地器的镜像法如图 2-20b 所示，这等效于一个孤立球体，因为 $R_{球}=\dfrac{1}{4\pi\gamma a}=\dfrac{U}{2I}$，而 $R_{半球}=\dfrac{U}{I}=\dfrac{1}{2\pi\gamma a}$。或者根据孤立球的电容 $C=4\pi\varepsilon a$；得到 $R_{半球}=\dfrac{1}{2\pi\gamma a}$。

2.9.2　跨步电压

在电力系统接地体附近，当有电流流过大地时，因为有接地电阻的存在，所以大地表面存在电位分布。此时，人体跨步的两足之间的电压称为跨步电压。当跨步电压超过允许值时，将威胁人的生命。

对于如图 2-21 所示的半球形接地器，由镜像法可知，地面上任意点 P 的电位为

$$\varphi(\boldsymbol{r})=\int_P^{\infty}\boldsymbol{E}\cdot\mathrm{d}\boldsymbol{r}=\int_r^{\infty}\frac{I}{2\pi\gamma r^2}\mathrm{d}r=\frac{I}{2\pi\gamma r} \tag{2-48}$$

图 2-21 绘出了地面电位分布。设人的跨步距离为 b，在距半球中心距离 r 点的跨步电压为

$$U_{AB}=\int_A^B\boldsymbol{E}\cdot\mathrm{d}\boldsymbol{l}=\int_{r-b}^{r}\frac{I}{2\pi\gamma r^2}\mathrm{d}r=\frac{I}{2\pi\gamma}\left(\frac{1}{r-b}-\frac{1}{r}\right)\approx\frac{Ib}{2\pi\gamma r^2}$$

设 U_0 为人体安全的临界跨步电压（通常小于 50~70V），可以确定危险区半径 r_0 为

$$r_0=\sqrt{\frac{Ib}{2\pi\gamma U_0}} \tag{2-49}$$

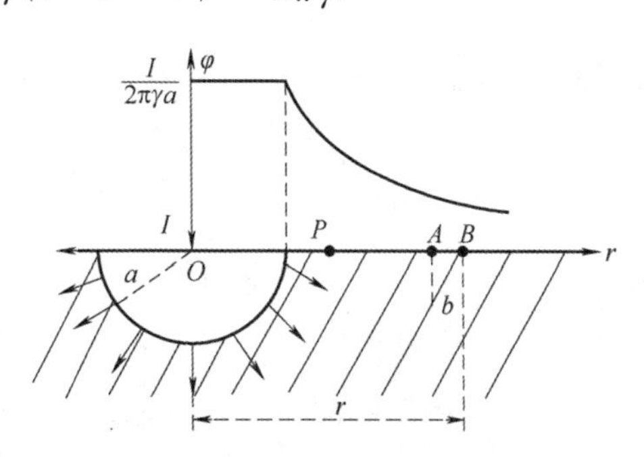

图 2-21　跨步电压与危险区的分析

工程实际中，为了减小危险区半径，可以采取的措施有：①改变接地器结构，以修正电位的变化率；②减小短路电流；③减小跨步距离 b。

实际危及生命的不是电压，而是流过人体的电流，工频电流超过 30mA 就有生命危险。通常在高压线周围均有危险区标志。若已面临危险区，不宜采取站立或下趴姿势，双脚应尽量并拢，并

压低自身高度，可单脚跳离或双腿并拢蛙跳。

*油层探测

电阻率是表征材料导电性能的重要参数，不同媒质的电阻率也不相同。通过测量材料的电阻率可以对不同的材料进行分类，例如，石油的电阻率很高，比周围的多孔砂岩的电阻率大，因此，通过测量油井壁周围媒质的电阻率，可以判断地质结构中是否有油层分布。其测量原理如图 2-22a 所示，设恒定电流 I 通过绝缘电缆从地面输送到电极 A，电流在地质结构中扩散至无穷远处，大地就是电流返回的电极，因此，通过电极 B 和电压表即可测量出周围媒质的电导率，根据不同位置的电导率分布曲线，即可判断地质结构中的油层分布情况。

某地的电阻率分布曲线如图 2-22b 所示，从图中可以看出，在井深 1.54km 位置，其电阻率最高，故可判断油层分布的深度为 1.54km。

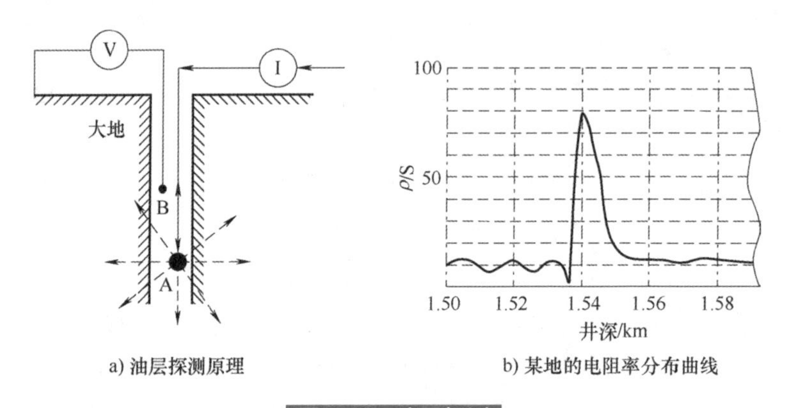

a) 油层探测原理　　b) 某地的电阻率分布曲线

图 2-22　油层探测

在地震前夕，地壳的电阻率会发生变化，因此，可以将此原理用于地震的粗略预测：将两个电极垂直或水平放入地中，通过测量两电极之间的电流和电位分布，即可判断电流流过该区域的地层变化状况。

2.10　习题与答案

2.10.1　习题

1. 直径为 2mm 的导线，当导线中通过电流 20A，且电流密度均匀，导体的电导率为 $\frac{1}{\pi}\times 10^8$S/m，求导线内部的电场强度。

2. 一个体密度为 $\rho=2.32\times10^{-7}\text{C/m}^3$ 的质子束，通过 1000V 的电压加速后形成等速的质子束，质子束内的电荷均匀分布，束直径为 2mm，束外没有电荷分布，试求电流密度和电流。

3. 一个半径为 a 的球体内均匀分布总电荷量为 Q 的电荷，球体以匀角速度 ω 绕一个直径旋转，求球内的电流密度。

4. 恒定电流通过无限大的非均匀电媒质时，试证：任意一点的电荷密度可以表示为 $\rho=$

$\boldsymbol{E}\cdot\left[\nabla\varepsilon-\left(\dfrac{\varepsilon}{\gamma}\right)\nabla\gamma\right]$。

5. 设直径为 2mm 的导线，每 100m 长的电阻为 1Ω，当导线中通过电流 20A 时，试求导线中的电场强度。如果导线中除有上述电流通过外，导线表面还均匀分布着面电荷密度为 $\sigma=5\times10^{-12}\text{C/m}^2$ 的电荷，导线周围的介质为空气，试求导线表面上电场强度的大小和方向。

6. 平行板电容器板间距离为 d，其中媒质的电导率为 γ，两板接有电流为 I 的电流源，测得媒质的功率损耗为 P。如将板间距离扩为 $2d$，其间仍充满电导率为 γ 的媒质，则此电容器的功率损耗是多少？

7. 考虑一块电导率不为零的电介质(γ,ε)，设其介质特性和导电特性都不均匀。证明当介质中有恒定电流 $\boldsymbol{J}$ 时，体积内将出现自由电荷，其体密度为 $\rho=\boldsymbol{J}\cdot\nabla(\varepsilon/\gamma)$。试问介质中有没有束缚体电荷 ρ_P？若有，则进一步求出 ρ_P。

8. 填充有两层介质的同轴电缆，内导体半径为 a，外导体内半径为 c，介质的分界面半径为 b。两层介质的介电常数分别为 ε_1 和 ε_2，电导率分别为 γ_1 和 γ_2。设内导体的电压为 U_0，外导体接地。求：

（1）两导体之间的电流密度和电场强度分布。

（2）介质分界面上的自由电荷面密度。

（3）同轴线单位长度的电容及漏电阻。

9. 半径为 R_1 和 R_2($R_1<R_2$)的两个同心的理想导体球面间充满了介电常数为 ε、电导率为 $\gamma=\gamma_0(1+K/r)$ 的导电媒质(K 为常数)。若内导体球面的电位为 U_0，外导体球面接地。试求：

（1）媒质中的电荷分布。

（2）两个理想导体球面间的电阻。

10. 设同轴线内导体半径为 a，外导体的内半径为 b，填充媒质的电导率为 γ。根据恒定电流场方程，计算单位长度内同轴线的漏电导。

11. 设双导线的半径为 a，轴线间距为 D，导线之间的媒质电导率为 γ，根据电流场方程，计算单位长度内双导线之间的漏电导。

12. 金属球形电极 A 和平板电极 B 的周围电介质为空气时，已知其电容为 C，当将该系统周围的空气全部换为电导率为 γ 的均匀导电媒质，且在两极间加直流电压 U 时，求电极间导电媒质损耗的功率是多少？

13. 电导率为 γ 的无界均匀电介质内，有两个半径分别为 R_1 和 R_2 的理想导体小球，两球之间的距离为 d($d\gg R_1,d\gg R_2$)，试求两小导体球面间的电阻。

14. 若两个半径为 a_1 及 a_2 的理想导体球埋入无限大的导电媒质中，媒质的介电常数为 ε，电导率为 γ，两个球心间距为 d，且 $d\gg a_1$，$d\gg a_2$，试求两导体球之间的电阻。

15. 已知半径为 25mm 的半球形导体球埋入地中，如图 2-23所示。若(砂土)土壤的电导率 $\gamma=10^{-6}\text{S/m}$，试求导体球的接地电阻(即导体球与无限远处之间的电阻)。

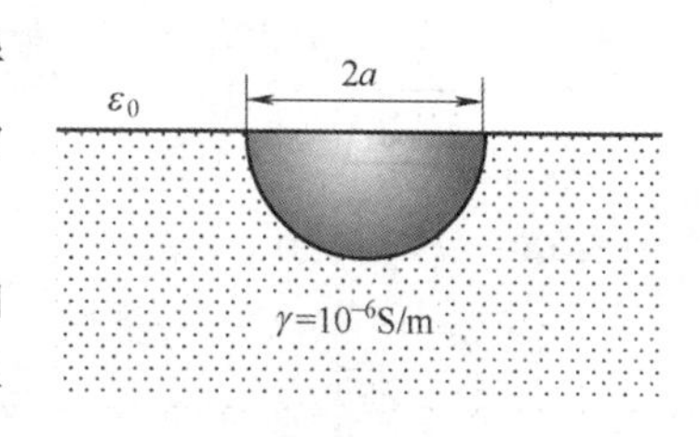

图 2-23　习题 15 图

16. 半轻为 a 的长直圆柱导体放在无限大导体平板上

方，圆柱轴线距平板的距离为 h，空间充满电导率为 γ 的不良导电媒质(见图 2-24)。若导体的电导率远远大于 γ，求圆柱和平板间单位长度的电阻。

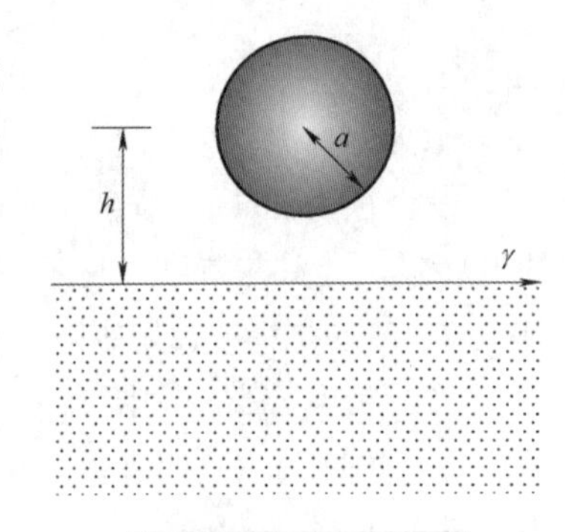

图 2-24 习题 16 图

17. 若两个同心的球形金属壳的半径为 r_1 及 $r_2(r_1<r_2)$，球壳之间填充媒质的电导率 $\gamma=\gamma_0\left(1+\dfrac{k}{r}\right)$，试求两球壳之间的电阻。

18. 已知截断的球形圆锥尺寸范围为 $r_1\leqslant r\leqslant r_2, 0\leqslant\theta\leqslant\theta_0$，电导率为 γ，试求 $r=r_1$ 及 $r=r_2$ 两个球形端面之间的电阻。

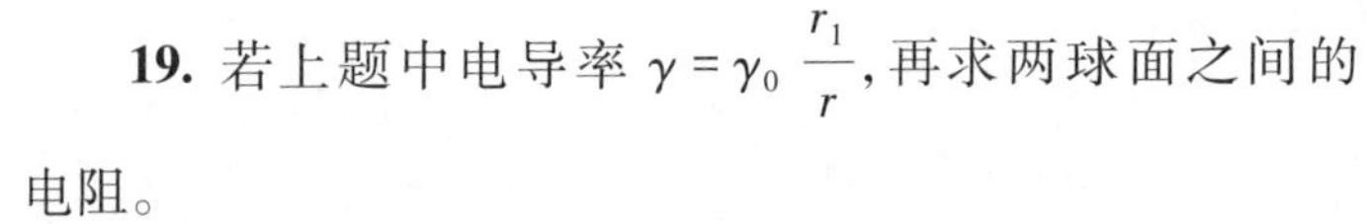

19. 若上题中电导率 $\gamma=\gamma_0\dfrac{r_1}{r}$，再求两球面之间的电阻。

20. 如图 2-25 所示，半球形接地体的位置靠近直而深的陡壁，接地体中心 O 到陡壁的距离 $h=10\text{m}$，球半径 $R_0=0.3\text{m}$，土壤的电导率 $\gamma=10^{-2}\text{S/m}$，通过电极的电流 $I=100\text{A}$。求在点 B 沿 0x 方向的跨步电压(设步长为 0.75m)，并计算接地电阻。

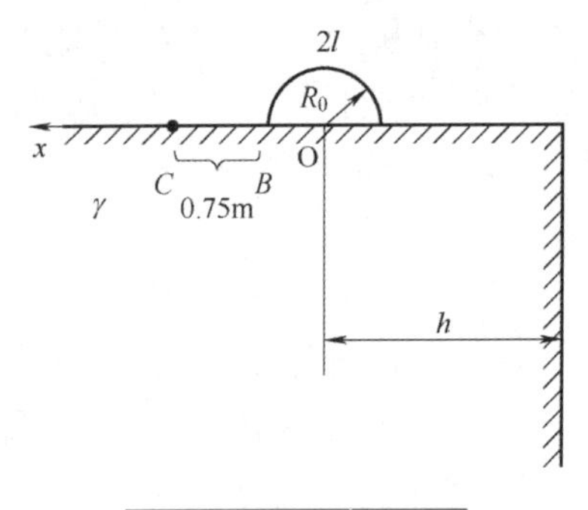

图 2-25 习题 20 图

2.10.2 答案

1. 0.2V/m.

2. 0.1A/m^2, $3.14\times10^{-7}\text{A}$.

3. $\boldsymbol{e}_\phi\dfrac{3Q\omega}{4\pi a^3}r\sin\theta$.

4. 略.

5. 0.2V/m; 0.599V/m，与表面夹角 19.5°.

6. $2P$.

7. 有，$-\boldsymbol{J}\cdot\nabla\left(\dfrac{\varepsilon-\varepsilon_0}{\gamma}\right)$.

8. (1) 电流密度和电场强度分别为：$\boldsymbol{J}=\boldsymbol{e}_r\dfrac{\gamma_1\gamma_2U_0}{r[\gamma_2\ln(b/a)+\gamma_1\ln(c/b)]}\ (a<r<c)$，$\boldsymbol{E}_1=\boldsymbol{e}_r\dfrac{\gamma_2U_0}{r[\gamma_2\ln(b/a)+\gamma_1\ln(c/b)]}\ (a<r<b)$，$\boldsymbol{E}_2=\boldsymbol{e}_r\dfrac{\gamma_1U_0}{r[\gamma_2\ln(b/a)+\gamma_1\ln(c/b)]}\ (b<r<c)$.

(2) $-\dfrac{(\varepsilon_1\gamma_2-\varepsilon_2\gamma_1)U_0}{b[\gamma_2\ln(b/a)+\gamma_1\ln(c/b)]}$.

(3) 电容为 $\dfrac{2\pi\varepsilon_1\varepsilon_2}{\varepsilon_2\ln(b/a)+\varepsilon_1\ln(c/b)}$；漏电阻为 $\dfrac{\gamma_2\ln(b/a)+\gamma_1\ln(c/b)}{2\pi\gamma_1\gamma_2}$.

9.（1）媒质中的电荷体密度为 $\rho=\dfrac{\varepsilon K^2 U_0}{\ln\left[\dfrac{R_2(R_1+K)}{R_1(R_2+K)}\right]}\dfrac{1}{(r+K)^2 r^2}$.

媒质内、外表面上的电荷面密度分别为 $\gamma_1=\dfrac{\varepsilon K U_0}{\ln\left[\dfrac{R_2(R_1+K)}{R_1(R_2+K)}\right]}\dfrac{1}{(R_1+K)R_1}$，$\gamma_2=-\dfrac{\varepsilon K U_0}{\ln\left[\dfrac{R_2(R_1+K)}{R_1(R_2+K)}\right]}\dfrac{1}{(R_2+K)R_2}$.

（2）$\dfrac{1}{4\pi\gamma_0 K}\ln\dfrac{R_2(R_1+K)}{R_1(R_2+K)}$.

10. $-\dfrac{2\pi\gamma}{\ln\left(\dfrac{a}{b}\right)}(\text{S/m})$.

11. $G=\dfrac{\pi\gamma}{\ln\left(\dfrac{D}{a}\right)}(\text{S/m})$.

12. $\dfrac{\gamma}{\varepsilon}CU^2$.

13. $\dfrac{1}{4\pi\gamma}\left(\dfrac{1}{R_1}+\dfrac{1}{R_2}-\dfrac{1}{d-R_1}-\dfrac{1}{d-R_2}\right)$.

14. $\dfrac{1}{4\pi\gamma}\left(\dfrac{1}{a_1}+\dfrac{1}{a_2}-\dfrac{2}{d}\right)$.

15. $6.36\times10^6\Omega$.

16. $R=\dfrac{\ln\dfrac{b+h-a}{b-h+a}}{2\pi\gamma}$，其中 $b=\sqrt{h^2-a^2}$.

17. $\dfrac{1}{4\pi\gamma_0 k}\ln\dfrac{r_2(r_1+k)}{r_1(r_2+k)}$.

18. $\dfrac{1}{2\pi\gamma(1-\cos\theta_0)}\left(\dfrac{1}{r_1}-\dfrac{1}{r_2}\right)$.

19. $\dfrac{1}{2\pi(1-\cos\theta_0)\gamma_0 r_1}\ln\dfrac{r_2}{r_1}$.

20. 3792V，53.87Ω.

第3章　恒定磁场

本章研究的对象是恒定电流产生的磁场——恒定磁场，主要研究恒定磁场的基本性质以及如何分析恒定磁场工程问题。磁场的表现为对运动的电荷有力的作用，因此本章先介绍安培力定律这一实验定律，再由电流回路之间的相互作用力引入磁感应强度的定义。

3.1　磁感应强度

3.1.1　安培力定律

磁场在生产和日常生活中应用广泛，如发电机、电动机、变压器、电磁轨道炮和磁流体船等都离不开磁场。

磁感应强度是描述磁场强弱的物理量，也是表征磁场特性的基本物理量。磁感应强度的表达式可由安培力定律导出，安培力定律是描述电流回路之间相互作用力的实验定律。安培力定律表明，如图3-1所示的真空中，载有电流 I' 的回路 l' 对放置于附近的另一载有电流 I 的回路 l 具有力的作用，回路 l 的受力为

图3-1　两电流回路

$$\boldsymbol{F}=\frac{\mu_0}{4\pi}\oint_l\oint_{l'}\frac{I\mathrm{d}\boldsymbol{l}\times(I'\mathrm{d}\boldsymbol{l}'\times\boldsymbol{e}_R)}{R^2} \tag{3-1}$$

式中，$\boldsymbol{e}_R$ 为元电流 $I'\mathrm{d}\boldsymbol{l}'$ 到元电流 $I\mathrm{d}\boldsymbol{l}$ 的单位方向矢量；R 为元电流 $I'\mathrm{d}\boldsymbol{l}'$ 到元电流 $I\mathrm{d}\boldsymbol{l}$ 的距离矢量；μ_0 为真空的磁导率，大小为 $4\pi\times10^{-7}$，单位为 H/m。

安培力定律给出了电流回路之间的相互作用力，该作用力是研究恒定磁场的基础。

3.1.2 毕奥-萨伐尔定律

磁感应强度

式(3-1)给出了两电流回路之间的相互作用力,这个作用力是通过磁场传递的。即回路l'的电流I'在空间产生磁场,而载有电流I的回路l受到该磁场的作用力。因此,式(3-1)可改写为

$$\boldsymbol{F}=\oint_{l} I\mathrm{d}\boldsymbol{l}\times\left(\frac{\mu_0}{4\pi}\oint_{l'}\frac{I'\mathrm{d}\boldsymbol{l}'\times\boldsymbol{e}_R}{R^2}\right) \tag{3-2}$$

式(3-2)括号里的这一部分与回路l'及其电流I'有关,还与元电流$I\mathrm{d}\boldsymbol{l}$的位置有关。将式(3-2)括号里的部分定义为回路$l'$的电流$I'$在元电流$I\mathrm{d}\boldsymbol{l}$处产生磁场的磁感应强度,以$\boldsymbol{B}$表示,则有

$$\boldsymbol{B}=\frac{\mu_0}{4\pi}\oint_{l'}\frac{I'\mathrm{d}\boldsymbol{l}'\times\boldsymbol{e}_R}{R^2} \tag{3-3}$$

式中,$\boldsymbol{e}_R$为元电流$I'\mathrm{d}\boldsymbol{l}'$到场点的单位方向矢量;$R$为元电流$I'\mathrm{d}\boldsymbol{l}'$到场点的距离矢量;磁感应强度$\boldsymbol{B}$又称为磁通密度,是表征磁场特性的基本场量,单位为T。

式(3-3)称为毕奥-萨伐尔定律。

式(3-3)为线电流产生的磁场的磁感应强度,对于面电流产生的磁场,其磁感应强度可由下式求得

$$\boldsymbol{B}=\frac{\mu_0}{4\pi}\int_{S'}\frac{\boldsymbol{K}'\mathrm{d}S'\times\boldsymbol{e}_R}{R^2} \tag{3-4}$$

式中,$\boldsymbol{e}_R$为元电流$\boldsymbol{K}'\mathrm{d}S'$到场点的单位方向矢量;$R$为元电流$\boldsymbol{K}'\mathrm{d}S'$到场点的距离矢量。

而体电流产生的磁场的磁感应强度可由下式求得

$$\boldsymbol{B}=\frac{\mu_0}{4\pi}\int_{V'}\frac{\boldsymbol{J}'\mathrm{d}V'\times\boldsymbol{e}_R}{R^2} \tag{3-5}$$

式中,$\boldsymbol{e}_R$为元电流$\boldsymbol{J}'\mathrm{d}V'$到场点的单位方向矢量;$R$为元电流$\boldsymbol{J}'\mathrm{d}V'$到场点的距离矢量。

由磁场的磁感应强度$\boldsymbol{B}$,根据下式可得到一组曲线描述磁场的分布

$$\boldsymbol{B}\times\mathrm{d}\boldsymbol{l}=0 \tag{3-6}$$

满足该微分方程的曲线称为磁感应强度线,简称$\boldsymbol{B}$线。磁感应强度线上每一点的切线方向与该点磁感应强度方向一致。在直角坐标系中,$\boldsymbol{B}$线满足的微分方程为

$$\frac{\mathrm{d}x}{B_x}=\frac{\mathrm{d}y}{B_y}=\frac{\mathrm{d}z}{B_z} \tag{3-7}$$

例3-1 已知真空中一无限长细导线通有电流I,求该导线周围的磁场(见图3-2)。

解:如图3-2所示,采用柱坐标系,并令z轴与细导线共线、电流方向为z轴正方向。因此,电流I在场点P处所产生的磁场为

$$\begin{aligned}\boldsymbol{B}&=\frac{\mu_0}{4\pi}\int_{-\infty}^{\infty}\frac{I\mathrm{d}z'\boldsymbol{e}_z\times\boldsymbol{e}_R}{R^2}\\&=\frac{\mu_0}{4\pi}\int_{-\infty}^{\infty}\frac{I\rho\mathrm{d}z'}{[\rho^2+(z-z')^2]^{3/2}}\boldsymbol{e}_\phi\end{aligned}$$

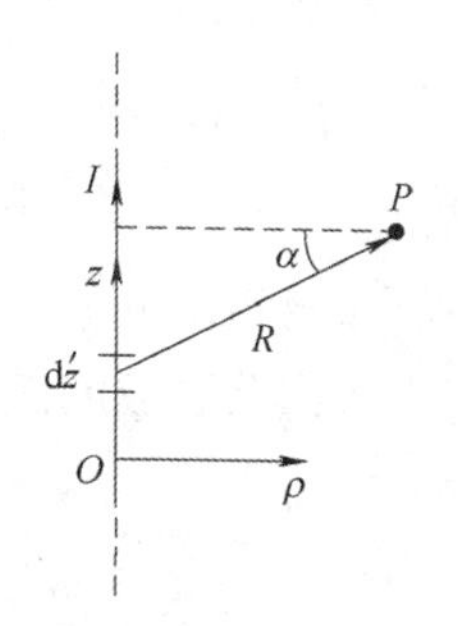

图3-2 无限长载流细导线

$$= -\frac{\mu_0 I}{4\pi\rho}\int_{\frac{\pi}{2}}^{-\frac{\pi}{2}}\cos\alpha \mathrm{d}\alpha \boldsymbol{e}_\phi = \frac{\mu_0 I}{2\pi\rho}\boldsymbol{e}_\phi$$

由该式可知，无限长线电流荷周围的磁场方向与电流方向满足右手法则，大小与电流大小成正比、与场点到线电流的距离成反比；磁感应强度线是以电流轴线为圆心且与电流轴线垂直的一族圆。

3.1.3 磁感应强度的通量和散度

磁感应强度穿过任一面 $\boldsymbol{S}$ 的通量称为磁通，记为 Φ，磁通可由下式求得

$$\Phi = \int_S \boldsymbol{B} \cdot \mathrm{d}\boldsymbol{S} \tag{3-8}$$

单位为 Wb。可以证明，对于任意闭合面，磁通恒等于零，即

$$\Phi = \int_S \boldsymbol{B} \cdot \mathrm{d}\boldsymbol{S} = 0 \tag{3-9}$$

式(3-9)称为积分形式的磁通连续性定理。根据该积分式，再由散度定理便可得到下式

$$\int_V \nabla \cdot \boldsymbol{B}\mathrm{d}V = 0 \tag{3-10}$$

由式(3-10)可知磁感应强度的散度等于零，即

$$\nabla \cdot \boldsymbol{B} = 0 \tag{3-11}$$

这表明恒定磁场是无散场，该式称为微分形式的磁通连续性定理。磁通连续性定理指出了恒定磁场的基本性质，可以用于判断一个场是否为恒定磁场。如果一个场满足磁通连续性定理，则该场可能为恒定磁场。

3.2 磁场中的物质

当磁场中存在物质时，磁场与物质之间将产生相互作用。物质被外加磁场磁化，产生附加磁场，从而改变原来的磁场。

3.2.1 磁偶极子和磁偶极矩

物质分子中的电子围绕原子核的旋转运动和电子的自旋运动，以及原子核本身的自旋运动产生的磁效应总和，可以用环形电流产生的磁场等效，如图 3-3 所示，这样的小载流回路称为磁偶极子。

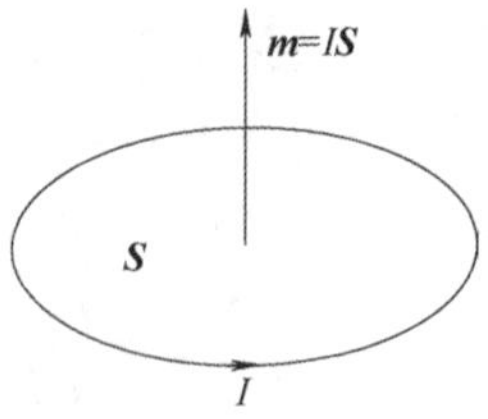

引入磁偶极矩来表征磁偶极子，记为 $\boldsymbol{m}$。如果磁偶极子的回路电流为 I，回路围成的面为 $\boldsymbol{S}$，其法向方向与回路电流 I 的绕行方向满足右手法则，那么

$$\boldsymbol{m} = I\boldsymbol{S} \tag{3-12}$$

图 3-3 磁偶极子

单位为 $\mathrm{A} \cdot \mathrm{m}^2$。

3.2.2　物质的磁化

一般情况下，分子的运动是杂乱无章的，如图3-4a所示，磁偶极子产生的磁效应相互抵消，物质对外不显磁性。当有外磁场作用时，磁偶极子在磁场中会受到力矩作用，从而形成有序排列，如图3-4b所示，磁偶极子产生的磁效应总和不为零，物质对外呈现磁性，称为磁化。

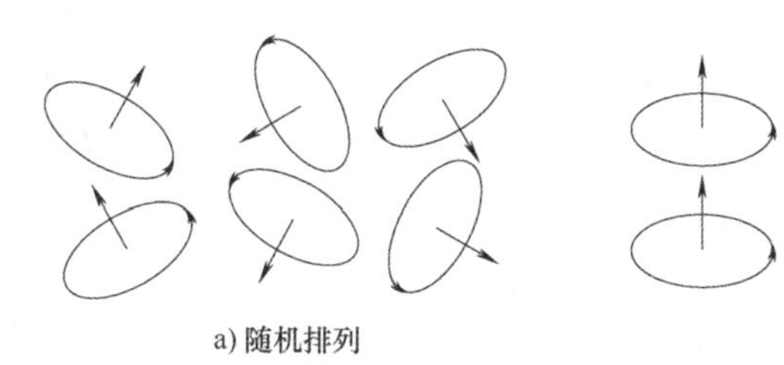

图3-4　磁偶极子的排列

根据媒质的磁化性能，可分为如下三种类型。

1）抗磁性媒质：在外磁场作用下，磁化产生的磁矩总和与外加磁场相反，导致合成磁场减弱，如银、铜、铋、锌、铅和汞等。

2）顺磁性媒质：在外磁场作用下，磁化产生的磁矩总和与外加磁场相同，使合成磁场增强，如铝、锡、镁、钨、铂和钯等。

3）铁磁性与亚铁磁性媒质：铁磁性媒质在外磁场作用下会发生显著的磁化现象，如铁、镍、钴等。铁磁性媒质还存在非线性、磁滞与剩磁现象。亚铁磁性媒质的磁化现象稍逊于铁磁媒质，且剩磁小，电导率低，如铁氧体等。

媒质在外磁场作用下发生磁化后，对外产生附加磁场，使媒质中的合成磁场可能减弱，也可能增强，这是与极化现象不同的。

对于各向同性均匀媒质，因为内部磁化电流相互抵消，所以磁化的结果是在表面形成磁化电流；对于非均匀媒质，在媒质内部还有磁化电流，如图3-5所示。

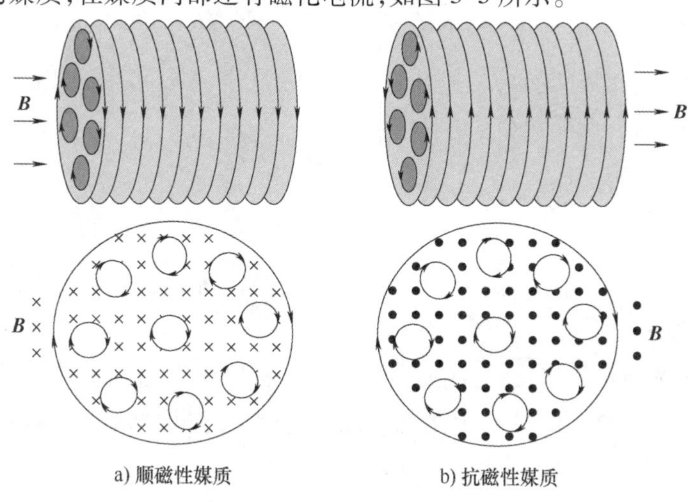

图3-5　媒质的磁化电流

为衡量物质磁化程度的强弱，定义物质单位体积内磁偶极矩的矢量和为磁化强度，记作 $\boldsymbol{M}$，单位为 A/m，其表达式为

$$\boldsymbol{M}=\lim_{\Delta V'\to 0}\frac{\sum \boldsymbol{m}}{\Delta V'} \tag{3-13}$$

式中，$\sum \boldsymbol{m}$ 为体积 $\Delta V'$ 中磁偶极矩的矢量和。

磁化强度表示物质内部分子中电子和原子核运动形成的磁偶极子在磁场力作用下趋于整齐排列的程度，是单位体积内磁偶极矩的统计平均值。媒质的磁化强度取决于外加磁场和物质本身的磁特性。

下面讨论磁化电流和磁化强度的关系。

如图 3-6 所示，物质内部某一面 $\boldsymbol{S}$，其边界线为 l。穿过该面的分子电流可分为两类：一类分子电流穿入、穿出 $\boldsymbol{S}$ 面各一次，对 $\boldsymbol{S}$ 面总电流的净贡献为零；另一类分子电流被面 $\boldsymbol{S}$ 的边界线 l 穿过，只穿入或穿出 $\boldsymbol{S}$ 面一次，对其总电流的净贡献不为零。因此，求穿过 $\boldsymbol{S}$ 面的磁化电流时，只需考虑后者。

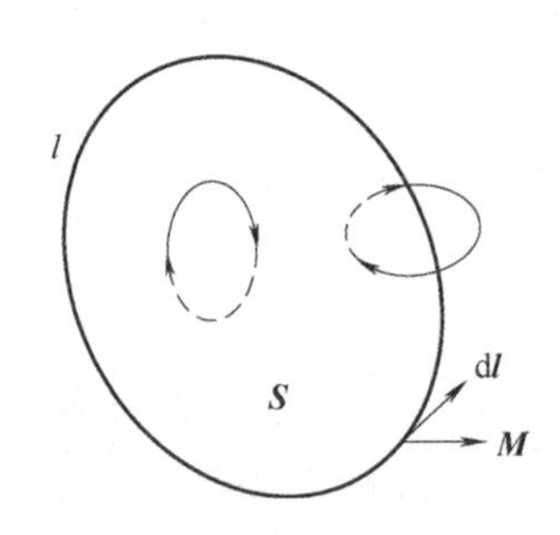

图 3-6 物质内部磁化电流

图 3-6 中，在 $\boldsymbol{S}$ 面边界线 l 上某点取元长度 $\mathrm{d}\boldsymbol{l}$，假设该点附近物质均匀磁化且磁化强度为 $\boldsymbol{M}$，单位体积内分子电流数量为 N，分子电流大小为 I，围成的面为 $\boldsymbol{a}$。则以 $\mathrm{d}\boldsymbol{l}$ 为轴、以 $\boldsymbol{a}$ 为底面的圆柱体内的分子电流均只穿过 $\boldsymbol{S}$ 面一次，而分子电流数量为 $N\boldsymbol{a}\cdot\mathrm{d}\boldsymbol{l}$，因此对 $\boldsymbol{S}$ 面贡献的磁化电流为

$$\mathrm{d}I_{\mathrm{m}}=IN\boldsymbol{a}\cdot\mathrm{d}\boldsymbol{l}=NI\boldsymbol{a}\cdot\mathrm{d}\boldsymbol{l} \tag{3-14}$$

沿着 $\boldsymbol{S}$ 面边界线 l 对式(3-14)积分便可得到穿过 $\boldsymbol{S}$ 面的总磁化电流 I_{m}。考虑到 $I\boldsymbol{a}$ 为分子电流的磁偶极矩，以及磁化强度的定义，则有

$$I_{\mathrm{m}}=\oint_l NI\boldsymbol{a}\cdot\mathrm{d}\boldsymbol{l}=\oint_l \boldsymbol{M}\cdot\mathrm{d}\boldsymbol{l} \tag{3-15}$$

再由斯托克斯定理便可得到

$$I_{\mathrm{m}}=\oint_l \boldsymbol{M}\cdot\mathrm{d}\boldsymbol{l}=\int_S \nabla\times\boldsymbol{M}\cdot\mathrm{d}\boldsymbol{S} \tag{3-16}$$

假设物质内部磁化电流面密度为 $\boldsymbol{J}_{\mathrm{m}}$，则流过面 $\boldsymbol{S}$ 的磁化电流 I_{m} 可由 $\boldsymbol{J}_{\mathrm{m}}$ 表示，因此有

$$I_{\mathrm{m}}=\int_S \boldsymbol{J}_{\mathrm{m}}\cdot\mathrm{d}\boldsymbol{S}=\int_S \nabla\times\boldsymbol{M}\cdot\mathrm{d}\boldsymbol{S} \tag{3-17}$$

显然

$$\boldsymbol{J}_{\mathrm{m}}=\nabla\times\boldsymbol{M} \tag{3-18}$$

式(3-18)给出了物质内部磁化电流的分布情况，即物质内部任一点磁化电流面密度等于该点磁化强度的旋度。

物质的表面可视为不同媒质的分界面，由于分界面两侧媒质磁化强度不同，因此在表面形成面磁化电流。面磁化电流的分布由磁化电流线密度描述，记作 $\boldsymbol{K}_{\mathrm{m}}$。当分界面一侧为真空时，物质表面任意位置的磁化电流线密度为

$$\boldsymbol{K}_{\mathrm{m}}=\boldsymbol{M}\times\boldsymbol{e}_{\mathrm{n}} \tag{3-19}$$

式中，$\boldsymbol{M}$ 为该点磁化强度；$\boldsymbol{e}_n$ 为该处表面法线方向单位矢量，方向由物质表面指向真空。

当分界面两侧物质磁化强度分别为 $\boldsymbol{M}_1$ 和 $\boldsymbol{M}_2$ 时，分界面任意位置磁化电流的线密度为

$$\boldsymbol{K}_m=(\boldsymbol{M}_1-\boldsymbol{M}_2)\times\boldsymbol{e}_n \tag{3-20}$$

式中，$\boldsymbol{e}_n$ 为该处分界面的法线方向单位矢量，方向由媒质 1 指向媒质 2。

3.3　安培环路定理

3.3.1　真空中的安培环路定理

安培环路定理

安培环路定理指出，真空中恒定磁场磁感应强度沿任意回路的环路积分等于真空的磁导率乘以该回路所包围的电流的代数和，即

$$\oint_l \boldsymbol{B}\cdot \mathrm{d}\boldsymbol{l}=\mu_0\sum I \tag{3-21}$$

式(3-21)等号右边，电流的正负号取决于电流的方向与积分回路绕行方向是否满足右手法则，如果满足，取正号；如果不满足，则取负号。

以真空中无限长线电流产生的磁场为例，对式(3-21)加以说明。取场中任一闭合回路 l 上某一线元 $\mathrm{d}\boldsymbol{l}$，该线元到线电流 I 的距离为 ρ，对线电流的夹角为 $\mathrm{d}\phi$，则有 $\boldsymbol{B}\cdot\mathrm{d}\boldsymbol{l}=\dfrac{\mu_0 I}{2\pi\rho}\rho\mathrm{d}\phi=\dfrac{\mu_0 I}{2\pi}\mathrm{d}\phi$。因此，当线电流 I 不穿过闭合回路 l 时，积分

$$\oint_l \boldsymbol{B}\cdot \mathrm{d}\boldsymbol{l}=\frac{\mu_0 I}{2\pi}\int_0^0 \mathrm{d}\phi=0 \tag{3-22}$$

当线电流 I 穿过闭合回路 l 时，积分

$$\oint_l \boldsymbol{B}\cdot \mathrm{d}\boldsymbol{l}=\frac{\mu_0 I}{2\pi}\int_0^{2\pi} \mathrm{d}\phi=\mu_0 I \tag{3-23}$$

因此，当穿过闭合回路 l 的电流不止一个时，$\oint_l \boldsymbol{B}\cdot \mathrm{d}\boldsymbol{l}=\mu_0\sum I$。

3.3.2　一般形式的安培环路定理

当磁场中存在物质时，物质在外磁场的作用下发生磁化，形成磁化电流。此时的磁场相当于传导电流及磁化电流在真空中产生的合成磁场。因此，磁感应强度沿任意回路的环路积分等于真空的磁导率乘以穿过该回路所限定面的传导电流与磁化电流的代数和，即

$$\oint_l \boldsymbol{B}\cdot \mathrm{d}\boldsymbol{l}=\mu_0\left(\sum I+\sum I_m\right) \tag{3-24}$$

将磁化电流表达式代入式(3-24)可得

$$\oint_l \boldsymbol{B}\cdot \mathrm{d}\boldsymbol{l}=\mu_0\left(\sum I+\int_S \boldsymbol{J}_m\cdot \mathrm{d}\boldsymbol{S}\right) \tag{3-25}$$

而磁化电流面密度等于磁化强度的旋度，因此由式(3-25)可得

$$\oint_l \boldsymbol{B} \cdot \mathrm{d}\boldsymbol{l} = \mu_0\left(\sum I + \int_S (\nabla \times \boldsymbol{M}) \cdot \mathrm{d}\boldsymbol{S}\right) \tag{3-26}$$

再根据斯托克斯定理可得

$$\oint_l \boldsymbol{B} \cdot \mathrm{d}\boldsymbol{l} = \mu_0\left(\sum I + \oint_l \boldsymbol{M} \cdot \mathrm{d}\boldsymbol{l}\right) \tag{3-27}$$

整理后可得

$$\oint_l \left(\frac{\boldsymbol{B}}{\mu_0} - \boldsymbol{M}\right) \cdot \mathrm{d}\boldsymbol{l} = \sum I \tag{3-28}$$

将等号左边括号内这一部分定义为磁场强度，记作 $\boldsymbol{H}$，即

$$\boldsymbol{H} = \frac{\boldsymbol{B}}{\mu_0} - \boldsymbol{M} \tag{3-29}$$

单位为 A/m，因此

$$\oint_l \boldsymbol{H} \cdot \mathrm{d}\boldsymbol{l} = \sum I \tag{3-30}$$

式(3-30)表明，磁场强度沿任意回路的环路积分等于穿过该回路所限定面的传导电流的代数和，与磁化电流无关，也就是与媒质分布无关，即对真空和媒质中的磁场都适用，因此称为一般形式的安培环路定理(积分形式)。

根据斯托克斯定理以及电流密度的定义，便可由积分形式的安培环路定理得到

$$\int_S (\nabla \times \boldsymbol{H}) \cdot \mathrm{d}\boldsymbol{S} = \int_S \boldsymbol{J} \cdot \mathrm{d}\boldsymbol{S} \tag{3-31}$$

式中，$\boldsymbol{S}$ 为 l 张成的任意面，因此有

$$\nabla \times \boldsymbol{H} = \boldsymbol{J} \tag{3-32}$$

这表明磁场强度的旋度等于该点传导电流的面密度，该式称为一般形式的安培环路定理(微分形式)。

引入磁场强度简化了磁场的计算，可根据 $\boldsymbol{B}$ 与 $\boldsymbol{H}$ 的关系，由 $\boldsymbol{H}$ 求得 $\boldsymbol{B}$，即由式(3-29)有

$$\boldsymbol{B} = \mu_0(\boldsymbol{H} + \boldsymbol{M}) \tag{3-33}$$

实际中，常常用磁化强度与磁场强度之间的关系来表征物质的磁特性。对于各向同性线性媒质，磁化强度正比于磁场强度，其比值称为媒质的磁化率，记作 χ_m，即

$$\boldsymbol{M} = \chi_\mathrm{m} \boldsymbol{H} \tag{3-34}$$

代入式(3-33)中可得

$$\boldsymbol{B} = \mu_0(1 + \chi_\mathrm{m})\boldsymbol{H} \tag{3-35}$$

由式(3-35)引入媒质的磁导率，记作 μ，令

$$\mu = \mu_0(1 + \chi_\mathrm{m}) \tag{3-36}$$

单位为 H/m，则有

$$\boldsymbol{B} = \mu \boldsymbol{H} \tag{3-37}$$

式(3-37)称为各向同性线性媒质的构成方程。

实际中常用到磁导率的相对值，称为相对磁导率，记作 μ_r。媒质的相对磁导率定义为媒质磁导率与真空磁导率的比值，因此有

$$\mu_r = \frac{\mu}{\mu_0} = 1 + \chi_m \tag{3-38}$$

安培环路定律应用

对于抗磁性媒质，$\chi_m<0$，μ_r 近似等于 1，且 $\mu_r<1$；对于顺磁性媒质，$\chi_m>0$，μ_r 近似等于 1，且 $\mu_r>1$；铁磁性媒质的磁化现象非常显著，其$\chi_m \gg 1$，$\mu_r \gg 1$。值得注意的是，近年来研发的新型高分子磁性材料(例如将磁粉混炼于塑料或橡胶中制成)，其相对磁导率可达到与介电常数同一数量级。无论抗磁性还是顺磁性媒质，其磁化现象均很微弱，因此，通常认为非铁磁媒质的$\mu_r=1$。

特别指出，铁磁媒质因其高磁导率的特性，在电磁装置中得到了极其广泛的应用，以满足工程上高磁场能量密度和高磁场强度的应用需求。同样，铁氧体因其电导率很低，高频电磁波可以进入其中，且具有高频下涡流损耗小等特性，从而在高频和微波器件中获得广泛的应用。

*媒质的磁性能分类及性质

与介质的电性能一样，媒质的磁性能也有均匀与非均匀、线性与非线性及各向同性与各向异性等特点。若媒质的磁导率不随空间变化，则称为均匀媒质；反之则称为非均匀媒质。对于均匀媒质，$\boldsymbol{J}_m = \nabla \times \boldsymbol{M} = \nabla \times (\chi_m \boldsymbol{H}) = \chi_m \nabla \times (\boldsymbol{H}) = 0$，在均匀媒质中的磁化电流密度为零。

若媒质的磁导率与外加磁场强度的大小无关，则称为线性媒质；反之则称为非线性媒质。若媒质的磁导率不但与外加磁场强度的大小无关，而且还与外加磁场强度的方向无关，则该媒质为各向同性线性媒质；反之则为各向异性线性媒质。

磁性能各向异性的线性媒质，其磁导率具有 9 个分量。在直角坐标系中，各向异性线性媒质的构成方程可表示为

$$\begin{cases} B_x = \mu_{11}H_x + \mu_{12}H_y + \mu_{13}H_z \\ B_y = \mu_{21}H_x + \mu_{22}H_y + \mu_{23}H_z \\ B_z = \mu_{31}H_x + \mu_{32}H_y + \mu_{33}H_z \end{cases}$$

用矩阵表示则有

$$\boldsymbol{B} = \begin{pmatrix} \mu_{11} & \mu_{12} & \mu_{13} \\ \mu_{21} & \mu_{22} & \mu_{23} \\ \mu_{31} & \mu_{32} & \mu_{33} \end{pmatrix} \boldsymbol{H}$$

例 3-2　已知长直同轴电缆内导体半径为 a_1、磁导率为 μ_1，内外导体间介质的磁导率为 μ_2，外导体内、外半径分别为 a_2、a_3，外导体磁导率为μ_3，如图 3-7 所示。设内外导体分别流过大小为 I、方向相反的电流，且电流均匀分布。求同轴电缆内导体内部、内外导体间、外导体内部和外导体外各区域的 $\boldsymbol{H}$、$\boldsymbol{B}$。

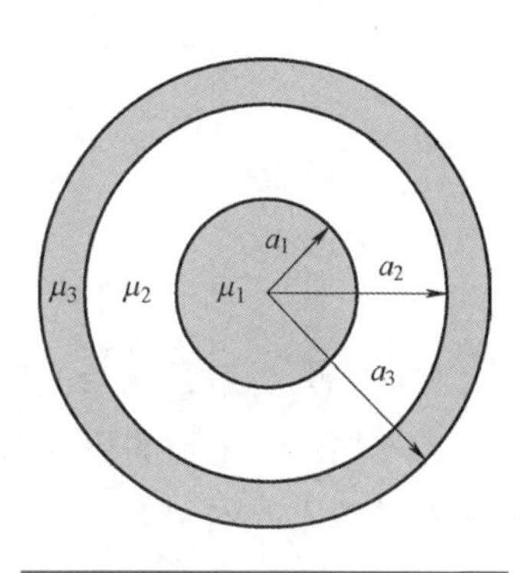

图 3-7　长直同轴电缆横截面

解：由对称性分析可知，长直同轴电缆附近磁场为以电缆轴线为轴心的轴对称平行平面场。因此采用柱坐标，并取同轴电缆轴线为 z 轴，内导体电流方向为 z 轴正方向。磁场只有 $\boldsymbol{e}_\phi$ 分量，大小只与场点到 z 轴的距离 ρ 有关。

(1) 在内导体内部，$a_1>\rho>0$。由于电流均匀分布，因此内

导体电流面密度 $\boldsymbol{J}=\dfrac{I}{\pi a_1^2}\boldsymbol{e}_z$。选取圆心在 z 轴上、半径为 ρ 且垂直于 z 轴的圆 l，则由安培环路定理有

$$\oint_l \boldsymbol{H}\cdot \mathrm{d}\boldsymbol{l}=\frac{\rho^2}{a_1^2}I$$

因此，$\boldsymbol{H}=\dfrac{\rho I}{2\pi a_1^2}\boldsymbol{e}_\varphi$、$\boldsymbol{B}=\dfrac{\mu_1\rho I}{2\pi a_1^2}\boldsymbol{e}_\phi$　$(a_1>\rho>0)$

(2) 内外导体间，$a_2>\rho>a_1$。同样由安培环路定理有

$$\oint_l \boldsymbol{H}\cdot \mathrm{d}\boldsymbol{l}=I$$

因此 $\boldsymbol{H}=\dfrac{I}{2\pi\rho}\boldsymbol{e}_\varphi$，$\boldsymbol{B}=\dfrac{\mu_2 I}{2\pi\rho}\boldsymbol{e}_\phi$　$(a_2>\rho>a_1)$

(3) 外导体内部，$a_3>\rho>a_2$。由于电流均匀分布，因此外导体电流面密度 $\boldsymbol{J}=\dfrac{I}{\pi(a_3^2-a_2^2)}\boldsymbol{e}_z$。对于圆心在 z 轴上、半径为 ρ 且垂直于 z 轴的圆 l，有

$$\oint_l \boldsymbol{H}\cdot \mathrm{d}\boldsymbol{l}=\frac{a_3^2-\rho^2}{a_3^2-a_2^2}I$$

由此可得 $\boldsymbol{H}=\dfrac{I(a_3^2-\rho^2)}{2\pi\rho(a_3^2-a_2^2)}\boldsymbol{e}_\varphi$，$\boldsymbol{B}=\dfrac{\mu_3 I(a_3^2-\rho^2)}{2\pi\rho(a_3^2-a_2^2)}\boldsymbol{e}_\phi$　$(a_3>\rho>a_2)$

(4) 外导体外，$\rho>a_3$。有 $\oint_l \boldsymbol{H}\cdot \mathrm{d}\boldsymbol{l}=I-I=0$，因此该区域的 $\boldsymbol{H}$ 和 $\boldsymbol{B}$ 均为零。

3.4　恒定磁场基本方程及分界面的衔接条件

3.4.1　恒定磁场的基本方程

磁通连续性定理和安培环路定理给出了恒定磁场的基本性质，即恒定磁场可由下面一组基本方程描述

$$\oint_S \boldsymbol{B}\cdot \mathrm{d}\boldsymbol{S}=0 \tag{3-39}$$

$$\oint_l \boldsymbol{H}\cdot \mathrm{d}\boldsymbol{l}=\sum I \tag{3-40}$$

$$\nabla\cdot\boldsymbol{B}=0 \tag{3-41}$$

$$\nabla\times\boldsymbol{H}=\boldsymbol{J} \tag{3-42}$$

式(3-39)、式(3-41)分别为磁通连续性定理的积分形式和微分形式，式(3-40)、式(3-42)分别为安培环路定理的积分形式和微分形式。对于各向同性线性媒质，磁场感应强度和磁场强度满足构成方程

$$\boldsymbol{B}=\mu\boldsymbol{H} \tag{3-43}$$

简言之，恒定磁场是有旋无散场。

3.4.2　恒定磁场分界面的衔接条件

由积分形式的恒定磁场基本方程可导出场量在分界面上的衔接条件。

根据积分形式的磁通连续性定理，考虑如图 3-8a 所示，贴着分界面做一小扁圆柱体。令圆柱体底面大小为 ΔS，分别位于分界面两侧且都平行于分界面，高度 $\Delta h \to 0$，则可由 $\oint_S \boldsymbol{B} \cdot \mathrm{d}\boldsymbol{S} = 0$ 得到

$$-B_{1\mathrm{n}}\Delta S + B_{2\mathrm{n}}\Delta S = 0 \tag{3-44}$$

式中，$B_{1\mathrm{n}}$ 和 $B_{2\mathrm{n}}$ 分别为分界面两侧场量 $\boldsymbol{B}_1$ 和 $\boldsymbol{B}_2$ 沿分界面法向的分量。

因此，由式(3-44)便可得 $\boldsymbol{B}$ 的衔接条件为

$$B_{1\mathrm{n}} = B_{2\mathrm{n}} \tag{3-45}$$

即 $\boldsymbol{B}$ 的法向分量连续。

根据积分形式的安培环路定理，考虑如图 3-8b 所示，贴着分界面做一狭小矩形环路 l。令矩形回路长边为 Δl_1，分别位于分界面两侧且平行于分界面，窄边为 Δl_2，垂直于分界面且趋向于零。如果分界面上传导电流线密度大小为 K、方向与回路 l 绕行方向满足右手法则，便可由 $\oint_l \boldsymbol{H} \cdot \mathrm{d}\boldsymbol{l} = \sum I$ 得到

$$H_{2\mathrm{t}}\Delta l_1 - H_{1\mathrm{t}}\Delta l_1 = K\Delta l_1 \tag{3-46}$$

式中，$H_{1\mathrm{t}}$ 和 $H_{2\mathrm{t}}$ 分别为分界面两侧场量 $\boldsymbol{H}_1$ 和 $\boldsymbol{H}_2$ 沿分界面切向的分量，因此可得 $\boldsymbol{H}$ 的衔接条件为

$$H_{2\mathrm{t}} - H_{1\mathrm{t}} = K \tag{3-47}$$

即 $\boldsymbol{H}$ 的切线分量不连续。

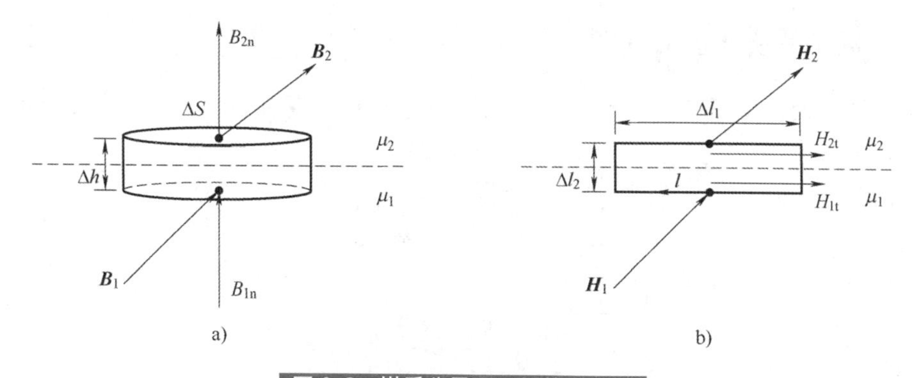

图 3-8　媒质分界面两侧的磁场量

式(3-45)和式(3-47)称为恒定磁场中分界面上的衔接条件，反映了从一种媒质过渡到另一种媒质时磁场的变化规律，相应的矢量形式为

$$\boldsymbol{e}_\mathrm{n} \cdot (\boldsymbol{B}_2 - \boldsymbol{B}_1) = 0 \tag{3-48}$$

$$\boldsymbol{e}_\mathrm{n} \times (\boldsymbol{H}_2 - \boldsymbol{H}_1) = \boldsymbol{K} \tag{3-49}$$

式中，$\boldsymbol{e}_\mathrm{n}$ 为分界面的法向单位矢量，方向由媒质 1 指向媒质 2；$\boldsymbol{K}$ 为分界面上传导电流线密度。

当不同媒质分界面无传导电流时，如图 3-9 所示。则由磁场强度的衔接条件可得 $H_{1\mathrm{t}}-$

$H_{2t}=0$,即 $H_{1t}=H_{2t}$,再由磁感应强度的衔接条件可得 $B_{1n}=B_{2n}$。由这两个式子可得

$$\begin{cases}H_1\sin\alpha_1=H_2\sin\alpha_2\\ \mu_1H_1\cos\alpha_1=\mu_2H_2\cos\alpha_2\end{cases} \tag{3-50}$$

将这两式相比可得

$$\frac{\tan\alpha_1}{\tan\alpha_2}=\frac{\mu_1}{\mu_2} \tag{3-51}$$

式(3-51)给出了分界面无传导电流时,两侧场量方向发生折射所满足的规律,称为折射定律。

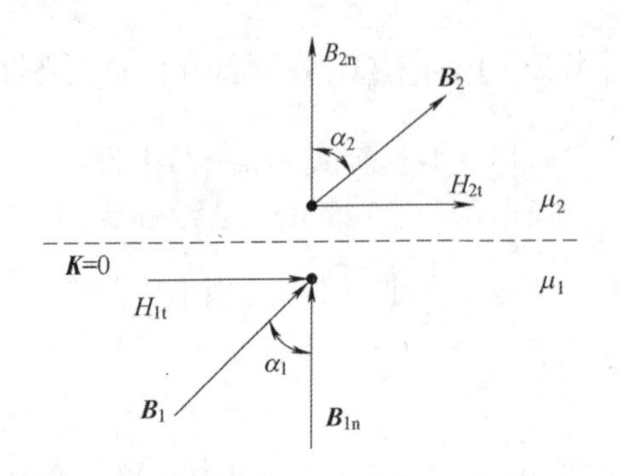

图 3-9 无传导电流分布的媒质分界面

3.4.3 特殊的恒定磁场分界面

工程中常常会遇到一类特殊的分界面,比如铁磁媒质和非铁磁媒质的分界面。假设图 3-9 中,磁导率为 μ_1 的媒质是铁磁媒质,磁导率为 μ_2 的媒质是非铁磁媒质。由于铁磁媒质的磁导率远大于非铁磁媒质的磁导率,因此根据折射定律可得 $\dfrac{\tan\alpha_1}{\tan\alpha_2}=\dfrac{\mu_1}{\mu_2}\approx\infty$。这表明,只要 $\alpha_1\neq 90°$,则有 $\alpha_2\approx 0°$。因而,对于铁磁性物质与非铁磁性物质分界面,可认为在非铁磁性物质一侧靠近分界面处的场线垂直于分界面。

3.5 恒定磁场中的位函数

恒定磁场的位函数有矢量磁位和标量磁位,下面分别进行讨论。

3.5.1 矢量磁位及其边值问题

恒定磁场是无源场,即 $\nabla\cdot\boldsymbol{B}=0$。根据矢量恒等式 $\nabla\cdot(\nabla\times\boldsymbol{A})=0$,可引入矢量 $\boldsymbol{A}$,满足

$$\nabla\times\boldsymbol{A}=\boldsymbol{B} \tag{3-52}$$

由亥姆霍兹定理可得磁感应强度为

$$\boldsymbol{B}(\boldsymbol{r})=-\nabla\varphi(\boldsymbol{r})+\nabla\times\boldsymbol{A}(\boldsymbol{r}) \tag{3-53}$$

其中

$$\varphi(\boldsymbol{r})=\frac{1}{4\pi}\int_{V'}\frac{\nabla'\cdot\boldsymbol{B}(\boldsymbol{r}')}{|\boldsymbol{r}-\boldsymbol{r}'|}\mathrm{d}V'=0 \tag{3-54}$$

$$\boldsymbol{A}(\boldsymbol{r})=\frac{1}{4\pi}\int_{V'}\frac{\nabla'\times\boldsymbol{B}(\boldsymbol{r}')}{|\boldsymbol{r}-\boldsymbol{r}'|}\mathrm{d}V'=\frac{\mu_0}{4\pi}\int_{V'}\frac{\boldsymbol{J}}{|\boldsymbol{r}-\boldsymbol{r}'|}\mathrm{d}V'=\frac{\mu_0}{4\pi}\int_{V'}\frac{\boldsymbol{J}}{\boldsymbol{R}}\mathrm{d}V' \tag{3-55}$$

式中,$\boldsymbol{A}$ 为矢量磁位,单位为 Wb/m。由亥姆霍兹定理可知,仅由 $\boldsymbol{B}=\nabla\times\boldsymbol{A}$ 定义的 $\boldsymbol{A}$ 不唯一,还必须同时规定 $\boldsymbol{A}$ 的散度。为简化分析,令

$$\nabla\cdot\boldsymbol{A}=0 \tag{3-56}$$

该式称为库仑规范。需要说明的是矢量磁位不能被测量,而是为简化计算引入的数学辅助矢量函数。

面电流与线电流引起的矢量磁位为

$$\boldsymbol{A}=\frac{\mu_0}{4\pi}\int_{S'}\frac{\boldsymbol{K}\mathrm{d}S'}{R} \tag{3-57}$$

$$\boldsymbol{A}=\frac{\mu_0}{4\pi}\int_{l'}\frac{I\mathrm{d}\boldsymbol{l}'}{R} \tag{3-58}$$

矢量磁位及其边值问题

从矢量磁位的表达式可知，每个元电流产生的矢量磁位与元电流有相同的方向。矢量磁位的方向仅取决于元电流的方向，这是引入矢量磁位计算磁场的优势。计算磁场时，可将直接求解磁感应强度转化成先求矢量磁位，再求其旋度得到磁感应强度。

例3-3 求磁偶极子 $\boldsymbol{m}=I\boldsymbol{S}$ 的远区矢量磁位及磁感应强度（见图3-10）。

解：如图3-10所示，以磁偶极子中心为坐标原点建立直角坐标系，磁偶极子所在平面与 xOy 平面重合。由对称性知，计算 zOx 平面上的磁场不失一般性。zOx 平面上 P 点坐标记为 $(x,0,z)$，磁偶极子上元电流 $I\mathrm{d}\boldsymbol{l}'$ 坐标记为 $(x',y',0)$，则有

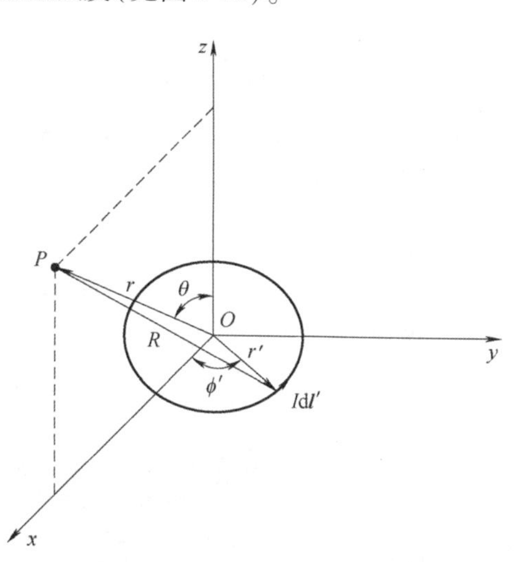

图3-10 磁偶极子

$$\mathrm{d}\boldsymbol{l}'=-r'\sin\phi'\mathrm{d}\phi'\boldsymbol{e}_x+r'\cos\phi'\mathrm{d}\phi'\boldsymbol{e}_y$$

$$R=\left[(x-x')^2+y'^2+z^2\right]^{\frac{1}{2}}=\left[r^2+r'^2-2rr'\sin\theta\cos\phi'\right]^{\frac{1}{2}}$$

因此，P 点矢量磁位为

$$\begin{aligned}\boldsymbol{A}&=\frac{\mu_0}{4\pi}\int_{l'}\frac{I\mathrm{d}\boldsymbol{l}'}{R}\\&=\frac{\mu_0 I}{4\pi}\int_{l'}\frac{-r'\cos\phi'\mathrm{d}\phi'\boldsymbol{e}_x+r'\sin\phi'\mathrm{d}\phi'\boldsymbol{e}_y}{\left[r^2+r'^2-2rr'\sin\theta\cos\phi'\right]^{\frac{1}{2}}}\\&=\frac{\mu_0 Ir'}{4\pi}\int_{l'}\frac{-\cos\phi'\mathrm{d}\phi'\boldsymbol{e}_x+\sin\phi'\mathrm{d}\phi'\boldsymbol{e}_y}{\left[r^2+r'^2-2rr'\sin\theta\cos\phi'\right]^{\frac{1}{2}}}\end{aligned}$$

对于远区，满足 $r\gg r'$，做如下近似

$$\frac{1}{\left[r^2+r'^2-2rr'\sin\theta\cos\phi'\right]^{\frac{1}{2}}}\approx\frac{1}{r-r'\sin\theta\cos\phi'}\approx\frac{1}{r}\left(1+\frac{r'}{r}\sin\theta\cos\phi'\right)$$

便可得到

$$\boldsymbol{A}=\frac{\mu_0 Ir'}{4\pi}\int_{l'}\frac{1}{r}\left(1+\frac{r'}{r}\sin\theta\cos\phi'\right)(-\cos\phi'\mathrm{d}\phi'\boldsymbol{e}_x+\sin\phi'\mathrm{d}\phi'\boldsymbol{e}_y)=\frac{\mu_0 I\pi r'^2\sin\theta}{4\pi r^2}\boldsymbol{e}_y=\frac{\mu_0 m\sin\theta}{4\pi r^2}\boldsymbol{e}_y$$

转换为球坐标，由对称性则有远区矢量磁位为

$$\boldsymbol{A}=\frac{\mu_0 m\sin\theta}{4\pi r^2}\boldsymbol{e}_\phi=\frac{\mu_0\boldsymbol{m}\times\boldsymbol{e}_r}{4\pi r^2}$$

磁感应强度为

$$\boldsymbol{B}=\nabla\times\boldsymbol{A}=\frac{\mu_0 m}{4\pi r^3}(2\cos\theta\boldsymbol{e}_r+\sin\theta\boldsymbol{e}_\theta)$$

从表达式可以看出，磁偶极子的远区磁场和电偶极子的远区电场的空间分布是相同的。

例 3-4 求长度为 l、电流为 I 的短载流导线远区磁感应强度（见图 3-11）。

解：如图 3-11 所示，以短载流导线中点为坐标原点建立直角坐标系，短载流导线位于 z 轴。则 P 点矢量磁位为

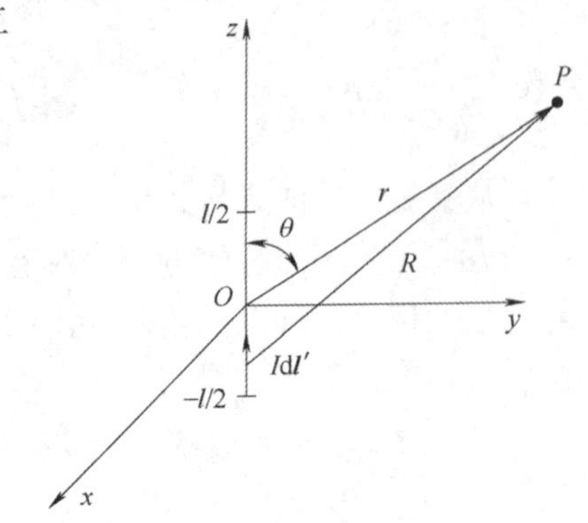

图 3-11 短载流导线

$$\boldsymbol{A}=\frac{\mu_0}{4\pi}\int_{-\frac{l}{2}}^{\frac{l}{2}}\frac{I\mathrm{d}\boldsymbol{l}'}{R}$$

对于远区，满足 $r\approx R$，因此有

$$\boldsymbol{A}\approx\frac{\mu_0}{4\pi}\int_{-\frac{l}{2}}^{\frac{l}{2}}\frac{I\mathrm{d}\boldsymbol{l}'}{r}=\frac{\mu_0 Il}{4\pi r}\boldsymbol{e}_z$$

改为球坐标系则有

$$\boldsymbol{A}=\frac{\mu_0 Il}{4\pi r}(\cos\theta\boldsymbol{e}_r-\sin\theta\boldsymbol{e}_\theta)$$

对矢量磁位求旋度便可得到短载流导线远区磁感应强度为

$$\boldsymbol{B}=\nabla\times\boldsymbol{A}=\frac{\mu_0 Il}{4\pi r^2}\sin\theta\boldsymbol{e}_\phi$$

由矢量磁位不仅可以求磁感应强度，还可以求磁通。将 $\boldsymbol{B}=\nabla\times\boldsymbol{A}$ 代入磁通的计算式中，再由斯托克斯定理便可得到

$$\int_S\boldsymbol{B}\cdot\mathrm{d}\boldsymbol{S}=\int_S(\nabla\times\boldsymbol{A})\cdot\mathrm{d}\boldsymbol{S}=\oint_l\boldsymbol{A}\cdot\mathrm{d}\boldsymbol{l}$$

该式表明穿过某截面 S 的磁通等于矢量磁位沿该截面周界 l 的环量。

***由矢量磁位推导磁化电流密度**

设被磁化媒质体积为 V'，则体积元 $\mathrm{d}V'$ 的磁矩产生的矢量磁位为

$$\mathrm{d}\boldsymbol{A}=\frac{\mu_0}{4\pi}\frac{\mathrm{d}\boldsymbol{m}\times\boldsymbol{e}_R}{R^2}=\frac{\mu_0}{4\pi}\frac{\boldsymbol{M}\times\boldsymbol{e}_R}{R^3}\mathrm{d}V'$$

有

$$\boldsymbol{A}(\boldsymbol{r})=\int_{V'}\frac{\mu_0}{4\pi}\frac{\boldsymbol{M}\times\boldsymbol{e}_R}{R^3}\mathrm{d}V'=\frac{\mu_0}{4\pi}\int_{V'}\boldsymbol{M}\times\left(\nabla'\frac{1}{R}\right)\mathrm{d}V'$$

根据矢量恒等式

$$\nabla'\times\left[\frac{\boldsymbol{M}(\boldsymbol{r}')}{R}\right]=\frac{1}{R}\nabla'\times\boldsymbol{M}(\boldsymbol{r}')-\boldsymbol{M}(\boldsymbol{r}')\times\left(\nabla'\frac{1}{R}\right)$$

代入可得

$$\begin{aligned}\boldsymbol{A}(\boldsymbol{r})&=\frac{\mu_0}{4\pi}\int_{V'}\frac{\nabla'\times\boldsymbol{M}(\boldsymbol{r}')}{R}\mathrm{d}V'-\frac{\mu_0}{4\pi}\int_{V'}\nabla'\times\left[\frac{\boldsymbol{M}(\boldsymbol{r}')}{R}\right]\mathrm{d}V'\\&=\frac{\mu_0}{4\pi}\int_{V'}\frac{\nabla'\times\boldsymbol{M}(\boldsymbol{r}')}{R}\mathrm{d}V'-\frac{\mu_0}{4\pi}\oint_{S'}\boldsymbol{e}_\mathrm{n}\times\left[\frac{\boldsymbol{M}(\boldsymbol{r}')}{R}\right]\mathrm{d}S'\\&=\frac{\mu_0}{4\pi}\int_{V'}\frac{\nabla'\times\boldsymbol{M}(\boldsymbol{r}')}{R}\mathrm{d}V'+\frac{\mu_0}{4\pi}\oint_{S'}\frac{\boldsymbol{M}(\boldsymbol{r}')\times\boldsymbol{e}_\mathrm{n}}{R}\mathrm{d}S'\end{aligned}$$

可以看出，磁化体电流密度和磁化面电流密度分别为 $\boldsymbol{J}_{\mathrm{m}}=\nabla\times\boldsymbol{M}$，$\boldsymbol{K}_{\mathrm{m}}=\boldsymbol{M}\times\boldsymbol{e}_{\mathrm{n}}$。

引入矢量磁位简化了磁场的计算，而矢量磁位的求解可归纳为相应边值问题的求解。

先讨论矢量磁位的微分方程，根据 $\nabla\times\boldsymbol{H}=\boldsymbol{J}$ 以及构成方程 $\boldsymbol{B}=\mu\boldsymbol{H}$，可得

$$\nabla\times\left(\frac{\boldsymbol{B}}{\mu}\right)=\boldsymbol{J} \tag{3-59}$$

代入 $\nabla\times\boldsymbol{A}=\boldsymbol{B}$ 可得

$$\frac{1}{\mu}\nabla\times\nabla\times\boldsymbol{A}=\boldsymbol{J} \tag{3-60}$$

再由矢量运算式 $\nabla\times\nabla\times\boldsymbol{A}=\nabla(\nabla\cdot\boldsymbol{A})-\nabla^2\boldsymbol{A}$，可得

$$\nabla(\nabla\cdot\boldsymbol{A})-\nabla^2\boldsymbol{A}=\mu\boldsymbol{J} \tag{3-61}$$

代入库仑规范 $\nabla\cdot\boldsymbol{A}=0$，可得矢量磁位满足的微分方程为

$$\nabla^2\boldsymbol{A}=-\mu\boldsymbol{J} \tag{3-62}$$

该式为矢量形式的泊松方程，对应三个标量形式的泊松方程。例如在直角坐标系中，分别为

$$\begin{cases}\nabla^2 A_x=-\mu J_x\\ \nabla^2 A_y=-\mu J_y\\ \nabla^2 A_z=-\mu J_z\end{cases} \tag{3-63}$$

除了微分方程，在不同媒质的分界面矢量磁位还应满足衔接条件。

假设图 3-12a 所示媒质分界面两侧矢量磁位分别为 $\boldsymbol{A}_1$ 和 $\boldsymbol{A}_2$。考虑贴着分界面做一狭小矩形环路 l，长边为 Δl_1，分别位于分界面两侧且平行于分界面；窄边为 Δl_2，垂直于分界面且趋向于零。则该回路 l 围成的面 $\boldsymbol{S}$ 的大小趋向于零，因此穿过面 $\boldsymbol{S}$ 的磁通等于零，即 $\int_S\boldsymbol{B}\cdot\mathrm{d}\boldsymbol{S}=0$。代入 $\nabla\times\boldsymbol{A}=\boldsymbol{B}$，便有 $\int_S(\nabla\times\boldsymbol{A})\cdot\mathrm{d}\boldsymbol{S}=0$。再由斯托克斯定理便有 $\oint_l\boldsymbol{A}\cdot\mathrm{d}\boldsymbol{l}=0$，即

$$A_{1\mathrm{t}}\Delta l_1-A_{2\mathrm{t}}\Delta l_1=0 \tag{3-64}$$

式中，$A_{1\mathrm{t}}$和 $A_{2\mathrm{t}}$分别为 $\boldsymbol{A}_1$ 和 $\boldsymbol{A}_2$ 沿分界面切向的分量。

由式(3-64)可知

$$A_{1\mathrm{t}}=A_{2\mathrm{t}} \tag{3-65}$$

即 $\boldsymbol{A}$ 的切向分量连续。

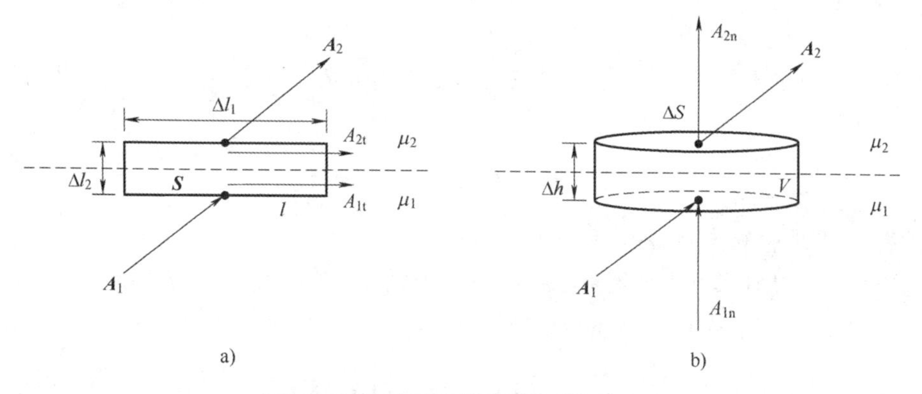

图 3-12　媒质分界面两侧的矢量磁位

接下来考虑如图 3-12b 所示贴着分界面做一小扁圆柱体，底面大小为 ΔS，分别位于分界面两侧且平行于分界面，高度 $\Delta h \to 0$，则该圆柱体的体积 $V \to 0$，因此有 $\int_V \nabla \cdot \boldsymbol{A} \mathrm{d}V = 0$。再根据散度定理便有 $\oint_S \boldsymbol{A} \cdot \mathrm{d}\boldsymbol{S} = 0$，即

$$-A_{1n}\Delta S + A_{2n}\Delta S = 0 \tag{3-66}$$

式中，A_{1n} 和 A_{2n} 分别为 $\boldsymbol{A}_1$ 和 $\boldsymbol{A}_2$ 沿分界面法向的分量。

由式(3-66)可知

$$A_{1n} = A_{2n} \tag{3-67}$$

即 $\boldsymbol{A}$ 的法向分量连续。

结合 $\boldsymbol{A}$ 的切向连续，有

$$\boldsymbol{A}_1 = \boldsymbol{A}_2 \tag{3-68}$$

即矢量磁位在媒质分界面两侧连续。根据磁场强度的衔接条件，可得

$$\boldsymbol{e}_n \times \left(\frac{\nabla \times \boldsymbol{A}_2}{\mu_2} - \frac{\nabla \times \boldsymbol{A}_1}{\mu_1} \right) = \boldsymbol{K} \tag{3-69}$$

式中，$\boldsymbol{e}_n$ 为分界面的法向单位矢量，方向由媒质 1 指向媒质 2；$\boldsymbol{K}$ 为分界面上传导电流线密度。

以上矢量磁位衔接条件和微分方程以及给定的场域边界条件一起构成了恒定磁场矢量磁位的边值问题。求解该边值问题，便可求得磁场的矢量磁位。

3.5.2 标量磁位及其边值问题

根据恒定磁场性质可知，在无传导电流区域，有

$$\nabla \times \boldsymbol{H} = 0 \tag{3-70}$$

即 $\boldsymbol{H}$ 的旋度等于零。因此，类似于静电场，可引入标量磁位函数 φ_m，即

$$\boldsymbol{H} = -\nabla \varphi_m \tag{3-71}$$

式中，φ_m 为恒定磁场的标量磁位，单位为 A。

需要特别注意的是，标量磁位只适用于无源(传导电流)区，且标量磁位与标量电位不同，它不具有任何物理意义。与矢量磁位一样，是为了计算方便而引入的辅助标量函数。

设 o 点为标量磁位参考点，即 $\varphi_{mo} = 0$，则任意点 P 的标量磁位为

$$\varphi_{mP} = \int_P^o \boldsymbol{H} \cdot \mathrm{d}\boldsymbol{l} \tag{3-72}$$

类比于静电场的电压定义，将场中两点间的磁位差定义为磁压，记作 U_m。如图 3-13 中点 P 和 Q 之间的磁压为

$$U_{mPQ} = \int_P^Q \boldsymbol{H} \cdot \mathrm{d}\boldsymbol{l} = \varphi_m(P) - \varphi_m(Q) \tag{3-73}$$

式中，$\boldsymbol{l}$ 为场点 P 到 Q 的积分路径。

可见，两点的磁压即为两点的标量磁位之差，当磁场中存在电流分布时，两点间的磁压不仅与这两点的位置有关，而且还与积分路径相关。

图 3-13 中，闭合路径 $PaQbP$，穿过回路电流 I，则由安培环路定理有 $\oint_{PaQbP} \boldsymbol{H} \cdot \mathrm{d}\boldsymbol{l} = I$，写成

P、Q 两点间磁压的形式为

$$\oint_{PaQ} \boldsymbol{H} \cdot \mathrm{d}\boldsymbol{l} = \oint_{PbQ} \boldsymbol{H} \cdot \mathrm{d}\boldsymbol{l} + I \tag{3-74}$$

标量磁位

而对于闭合回路 $PaQcP$，根据安培环路定理则有 $\oint_{PaQcP} \boldsymbol{H} \cdot \mathrm{d}\boldsymbol{l} = 2I$，写成 P、Q 两点间磁压的形式为

$$\oint_{PaQ} \boldsymbol{H} \cdot \mathrm{d}\boldsymbol{l} = \oint_{PcQ} \boldsymbol{H} \cdot \mathrm{d}\boldsymbol{l} + 2I \tag{3-75}$$

这说明两点之间的磁压随积分路径变化。因此，对于存在电流的区域，即使选定磁位参考点，磁位仍是多值函数。

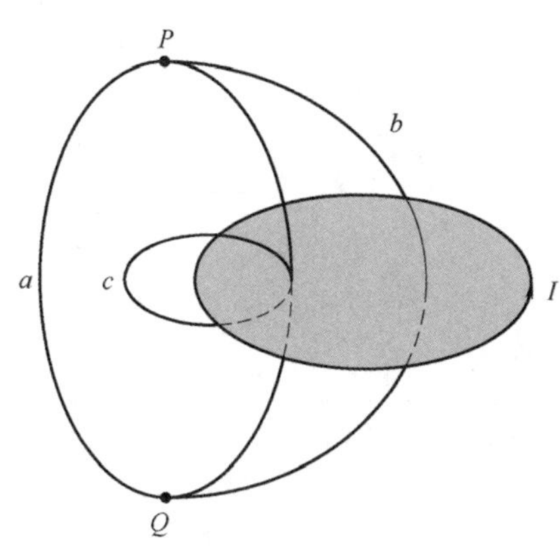

图 3-13　两点间磁压

为解决在电流区域中应用标量磁位的多值性问题，规定积分路径不穿过电流回路所限定的面（磁屏障面），以保证标量磁位为单值函数。

接下来讨论标量磁位的边值问题，先来看标量磁位的微分方程。根据 $\nabla \cdot \boldsymbol{B} = 0$ 以及构成方程 $\boldsymbol{B} = \mu\boldsymbol{H}$，有 $\nabla \cdot (\mu\boldsymbol{H}) = 0$。代入 $\boldsymbol{H} = -\nabla\varphi_{\mathrm{m}}$ 可得

$$-\nabla \cdot (\mu\nabla\varphi_{\mathrm{m}}) = 0 \tag{3-76}$$

再由矢量运算可得

$$-\nabla\varphi_{\mathrm{m}} \cdot \nabla\mu - \mu\nabla \cdot \nabla\varphi_{\mathrm{m}} = 0 \tag{3-77}$$

对于均匀媒质，磁导率的梯度等于零，即该式等号左边第一项等于零，可得到

$$\nabla^2\varphi_{\mathrm{m}} = 0 \tag{3-78}$$

这表明标量磁位满足拉普拉斯方程。

最后讨论标量磁位的衔接条件。标量磁位仅适合于无源区，此时 $\boldsymbol{B}$ 和 $\boldsymbol{H}$ 满足

$$B_{1\mathrm{n}} = B_{2\mathrm{n}}, H_{1\mathrm{t}} = H_{2\mathrm{t}} \tag{3-79}$$

由此便可推导出以下标量磁位的衔接条件

$$\begin{cases} \varphi_{\mathrm{m1}} = \varphi_{\mathrm{m2}} \\ \mu_1 \dfrac{\partial\varphi_{\mathrm{m1}}}{\partial n} = \mu_2 \dfrac{\partial\varphi_{\mathrm{m2}}}{\partial n} \end{cases} \tag{3-80}$$

式中，$\dfrac{\partial\varphi_{\mathrm{m1}}}{\partial n}$ 和 $\dfrac{\partial\varphi_{\mathrm{m2}}}{\partial n}$ 分别为分界面两侧电位的法向导数。

以上标量磁位的衔接条件和微分方程以及给定的场域边界条件一起构成了恒定磁场标量磁位的边值问题。求解该边值问题，便可求得磁场的标量磁位。

3.6　恒定磁场中的镜像法

恒定磁场的求解通常可归结为求解满足给定边界条件的泊松方程或拉普拉斯方程。根据磁场解答的唯一性，和静电场类似，可应用镜像法来求解恒定磁场。

如图 3-14a 所示两种磁导率不同的媒质，媒质 1 和 2 的磁导率分别为 μ_1 和 μ_2。与分界面平行的长直导线位于媒质 1 中，导线的电流为 I。

和静电场类似，可用镜像法求解两种媒质中的磁场。设媒质 1 充满整个空间，并在 I 的镜像位置放置镜像电流 I'，如图 3-14b 所示，则媒质 1 中的磁场由电流 I 和 I' 共同产生；设媒质 2 充满整个空间，在电流 I 所在位置设置镜像电流 I''，如图 3-14c 所示，则媒质 2 中的磁场由 I'' 产生。

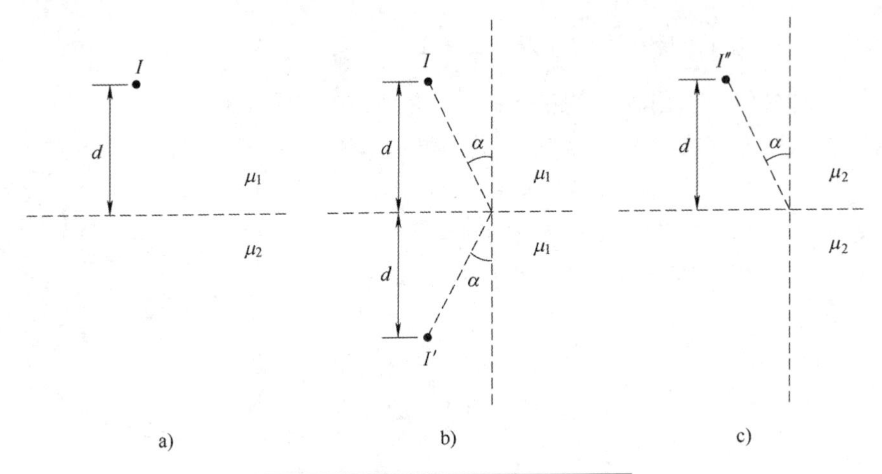

图 3-14　线电流与媒质平面的镜像

根据解的唯一性，只需满足同样的衔接条件，则可求得整个空间的磁场。

下面根据分界面的衔接条件确定 I' 和 I''。由衔接条件知，分界面两侧场量满足

$$\begin{cases} H_{1t}=H_{2t} \\ B_{1n}=B_{2n} \end{cases} \tag{3-81}$$

将分界面上任一点的场量表达式代入式(3-81)，可得

$$\begin{cases} \dfrac{I}{2\pi r}\cos\alpha-\dfrac{I'}{2\pi r}\cos\alpha=\dfrac{I''}{2\pi r}\cos\alpha \\ \dfrac{\mu_1 I}{2\pi r}\sin\alpha+\dfrac{\mu_1 I'}{2\pi r}\sin\alpha=\dfrac{\mu_2 I''}{2\pi r}\sin\alpha \end{cases} \tag{3-82}$$

即

$$\begin{cases} I-I'=I'' \\ \mu_1(I+I')=\mu_2 I'' \end{cases} \tag{3-83}$$

由此便可求得镜像电流 I' 和 I'' 的大小为

$$\begin{cases} I'=\dfrac{\mu_2-\mu_1}{\mu_2+\mu_1}I \\ I''=\dfrac{2\mu_1}{\mu_2+\mu_1}I \end{cases} \tag{3-84}$$

当图 3-14a 所示的两种媒质分别为铁磁媒质和非铁磁媒质时，由于铁磁媒质的磁导率远大于非铁磁媒质，需根据电流所处媒质不同分为两种情况：若电流处于铁磁媒质中，即 $\mu_1 \gg \mu_2$ 时，则有 $I'\approx -I$、$I''\approx 2I$，这表明非铁磁媒质中的磁场是场中不存在铁磁媒质时的两倍；若电流

处于非铁磁媒质中，即 $\mu_1 \ll \mu_2$ 时，则有 $I' \approx I$、$I'' \approx 0$，这时铁磁媒质中磁场强度近似为零，但磁感应强度不为零。

3.7　恒定磁场的工程应用：电感

电感器是工程中常用的电磁感应元件，电感是描述电感器电磁特性的参数，分为自感和互感。

3.7.1　自感和互感的概念

电感概念

1. 磁链

与电流交链的磁通量称为磁链，记作 Ψ，单位为 Wb。设线圈的磁通量为 Φ，对于单匝线圈，有 $\Psi=\Phi$；对于多匝（设为 N 匝）密绕线圈，则有 $\Psi=N\Phi$。

2. 电感

电感指的是磁链与产生磁链的电流的比值，用 L 表示，单位为 H，即

$$L=\frac{\Psi}{I} \tag{3-85}$$

电感又分为自感和互感，自感还有内自感和外自感之分。

自感指的是回路电流在自身回路产生的磁链与回路电流的比值，又称为自感系数。自感与回路的几何尺寸、形状及周围媒质有关。

当场中含有铁磁媒质时，电感是动态变化的，定义动态自感 L_d 为

$$L_d=\frac{d\Psi}{dI} \tag{3-86}$$

3. 内自感和外自感

自感定义式中的磁链必须是与整个电流交链的全部磁链，如图 3-15a 所示。但是，对于粗导体来说，如图 3-15b 所示，其磁链分为两部分：其中，在导体内部，仅与部分电流交链的磁链称为内磁链，记为 Ψ_i；在导体外部，与整个电流交链的磁链称为外磁链，记为 Ψ_o，因此，$\Psi=\Psi_i+\Psi_o$，故总自感为

$$L=L_i+L_o \tag{3-87}$$

式中，L_i 和 L_o 为内、外自感，分别是内、外磁链和回路电流的比值，即

$$L_i=\frac{\Psi_i}{I} \tag{3-88}$$

$$L_o=\frac{\Psi_o}{I} \tag{3-89}$$

4. 互感

互感，又称为互感系数，用 M 表示，单位为 H。

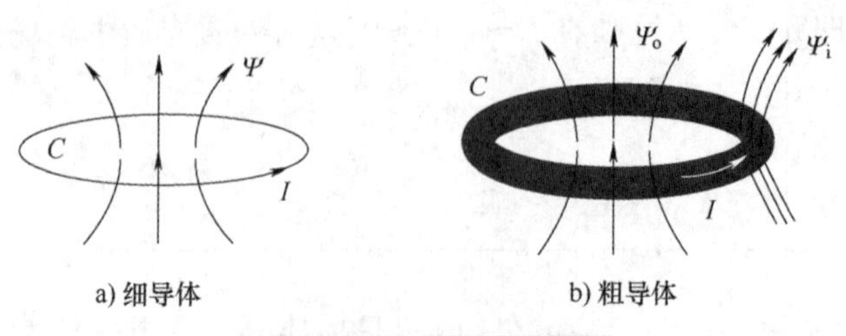

图 3-15　内磁链和外磁链

对于两个相邻的闭合回路 l_1 和 l_2，回路 l_1 对回路 l_2 的互感 M_{21} 等于回路 l_1 的电流 I_1 在回路 l_2 产生的磁链与回路电流 I_1 的比值，即

$$M_{21}=\frac{\Psi_{21}}{I_1} \tag{3-90}$$

而回路 l_2 对回路 l_1 的互感 M_{12} 等于回路 l_2 的电流 I_2 在回路 l_1 产生的磁链与回路电流 I_2 的比值，即

$$M_{12}=\frac{\Psi_{12}}{I_2} \tag{3-91}$$

可以证明，在线性均匀媒质中

$$M_{12}=M_{21} \tag{3-92}$$

互感与回路的几何尺寸、形状、相对位置及周围媒质有关。

3.7.2　自感和互感的计算

根据自感的定义，可按以下步骤求自感：先假设回路电流为 I，计算 I 产生的 $\boldsymbol{H}$，并由构成方程求得 $\boldsymbol{B}$，再由 $\boldsymbol{B}$ 求磁通，然后根据与回路交链的磁通求得磁链，最后由定义便可求得自感；由于 $\int_S \boldsymbol{B}\cdot \mathrm{d}\boldsymbol{S}=\oint_l \boldsymbol{A}\cdot \mathrm{d}\boldsymbol{l}$，因此也可由 I 求得 $\boldsymbol{A}$，通过 $\boldsymbol{A}$ 求磁通，再求磁链，最后求得自感。

例 3-5　求二线传输线单位长度的自感，已知传输线磁导率 μ、半径 R、轴间距 D 及周围媒质磁导率 μ_0（见图 3-16）。

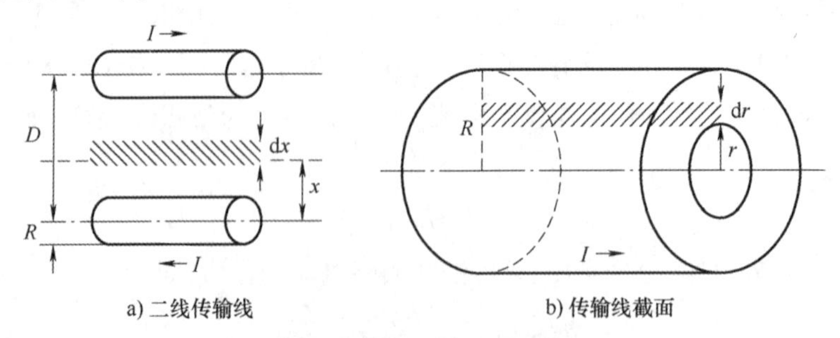

图 3-16　二线传输线自感

解：首先求单根导线的内自感。设导线载有电流 I，电流在横截面上均匀分布。则由安培环路定理可知，如图 3-16b 所示导线内距离轴心位置 r 处的 $\boldsymbol{H}$ 满足

$$\oint_l \boldsymbol{H}\cdot \mathrm{d}\boldsymbol{l}=\frac{r^2}{R^2}I$$

可求得

$$H=\frac{I}{2\pi R^2}r$$

再由构成方程和导线磁导率有

$$B=\frac{\mu I}{2\pi R^2}r$$

因此,导体内穿过沿轴向距离轴心 r 处长为单位长度、宽为 $\mathrm{d}r$ 的矩形面积的元磁通可由该式求得

$$\mathrm{d}\Phi_{\mathrm{i}}=\boldsymbol{B}\cdot\mathrm{d}\boldsymbol{S}=\frac{\mu I}{2\pi R^2}r\mathrm{d}r$$

由于该磁通只有交链部分电流,因此元磁链等于该磁通乘以其交链的部分电流与全部电流之比,即

$$\mathrm{d}\Psi_{\mathrm{i}}=\frac{r^2}{R^2}\mathrm{d}\Phi_{\mathrm{i}}=\frac{\mu I}{2\pi R^4}r^3\mathrm{d}r$$

由元磁链积分可得总的内磁链为

$$\Psi_{\mathrm{i}}=\int_0^R\mathrm{d}\Psi_{\mathrm{i}}=\frac{\mu I}{8\pi}$$

由定义可求得内自感为

$$L_{\mathrm{i}}=\frac{\Psi_{\mathrm{i}}}{I}=\frac{\mu}{8\pi}$$

接下来求外自感。设两根导线电流为 I,且电流集中分布在导线轴心。则如图 3-16a 所示两根导线间距离下导线 x 处的磁场强度为

$$H=\frac{I}{2\pi x}+\frac{I}{2\pi(D-x)}$$

因此有磁感应强度为

$$B=\frac{I\mu_0}{2\pi x}+\frac{I\mu_0}{2\pi(D-x)}$$

而穿过沿轴向距离轴心 x 处长为单位长度、宽为 $\mathrm{d}x$ 的矩形面积的元磁通可由下式求得

$$\mathrm{d}\Phi_{\mathrm{o}}=\boldsymbol{B}\cdot\mathrm{d}\boldsymbol{S}=B\mathrm{d}x$$

且元磁链等于元磁通,即

$$\mathrm{d}\Psi_{\mathrm{o}}=\mathrm{d}\Phi_{\mathrm{o}}$$

积分便可求得外磁链

$$\Psi_{\mathrm{o}}=\int_R^{D-R}\mathrm{d}\Psi_{\mathrm{o}}=\frac{\mu_0 I}{\pi}\ln\frac{D-R}{R}$$

再由定义可求得外自感

$$L_{\mathrm{o}}=\frac{\Psi_{\mathrm{o}}}{I}=\frac{\mu_0}{\pi}\ln\frac{D-R}{R}\approx\frac{\mu_0}{\pi}\ln\frac{D}{R}$$

最后总自感等于两根导线的内自感加导线间外自感,即

$$L=2L_i+L_o$$

接下来讨论互感的计算。根据互感的定义，可按以下步骤求两个线圈之间的互感：先假设回路1电流为I_1，计算I_1产生的$\boldsymbol{H}$，并由构成方程求得$\boldsymbol{B}$，再由$\boldsymbol{B}$求磁通，也可通过矢量磁位求磁通；再根据与回路2交链的磁通求得磁链，最后由定义便可求得两个线圈之间的互感。

例3-6 求二线传输线与同平面的矩形回路之间的互感，已知矩形回路宽为a、长为b，传输线轴间距为D，传输线与矩形回路长边平行且两者最近的距离为l，周围媒质磁导率为μ_0（见图3-17）。

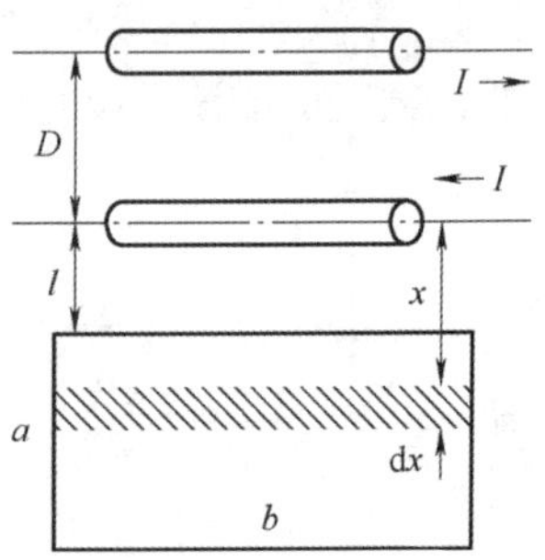

图3-17 二线传输线与同平面的矩形回路

解：设二线传输线载有电流I，则如图3-17所示矩形回路内距离下导线x处的磁感应强度为

$$B=\frac{I\mu_0}{2\pi x}-\frac{I\mu_0}{2\pi(x+D)}$$

因此，穿过图示长为b、宽为$\mathrm{d}x$的矩形面积的元磁链为

$$\mathrm{d}\Psi=\boldsymbol{B}\cdot\mathrm{d}\boldsymbol{S}=Bb\mathrm{d}x$$

积分便可求得互磁链

$$\Psi=\int_l^{l+a}\mathrm{d}\Psi=\frac{\mu_0 Ib}{2\pi}\ln\frac{(l+a)(l+D)}{l(l+a+D)}$$

最后由定义便可求得互感

$$M=\frac{\Psi}{I}=\frac{\mu_0 b}{2\pi}\ln\frac{(l+a)(l+D)}{l(l+a+D)}$$

3.8 恒定磁场的能量与力

3.8.1 恒定磁场的能量

恒定磁场是由恒定电流产生的磁场，因此恒定磁场的建立过程就是电流从无到有的过程。电流从零变化到某一恒定值的过程中，由于电流回路中存在感应电动势阻碍电流的增长，外加电源需克服感应电动势来维持电流增长。若该过程的辐射能量可忽略不计，则由能量守恒可知，外加电源因克服感应电动势输出的能量最终转化成磁场能量储存在磁场中。

以线性媒质中两电流回路组成的系统为例讨论恒定磁场的能量。设两刚性回路l_1和l_2（形状、相对位置都不变化）的电流分别为I_1和I_2，其焦耳热损耗可忽略不计。在整个磁场的建立过程中，其电流都由零开始缓慢增长。因为系统的总能量只与系统最后所处的状态有关，而与建立这个状态的方式无关，故假设变化过程为：

1）回路l_2的电流恒等于零，回路l_1的电流i_1从零增加到I_1，此过程必须有外加电源做功W_1。

2）回路l_1的电流恒等于I_1，回路l_2的电流i_2从零增加到I_2，外加电源做功W_2。

系统的磁场能量为$W_m=W_1+W_2$。

首先计算W_1：当回路l_1中的电流变化$\mathrm{d}i_1$时，周围空间的磁场也会发生变化，根据法拉第

电磁感应定律，两回路中的感应电动势分别为

$$\varepsilon_1=-\frac{d\Psi_{11}}{dt},\varepsilon_2=-\frac{d\Psi_{21}}{dt}$$

表达式中的负号代表感应电动势的方向是阻止电流增加的。因此要使回路 l_1 中的电流有变化，必须在回路 l_1 中外加电源 $-\varepsilon_1$；而要使回路 l_2 的电流恒等于零，则须在回路 l_2 中外加电源 $-\varepsilon_2$。在 dt 时间内，外加电源所做的功为

$$dW_1=-\varepsilon_1 i_1 dt+(-\varepsilon_2)i_2 dt=L_1 i_1 di_1$$

故回路 l_1 的电流从零增加到 I_1 的总功为

$$W_1=\int_{i_1=0}^{i_1=I_1}dW_1=\int_0^{I_1}L_1 i_1 di_1=\frac{1}{2}L_1 I_1^2$$

计算 W_2：类似地，当回路 l_2 中的电流变化 di_2 时，两回路中的感应电动势为

$$\varepsilon_1=-\frac{d\Psi_{12}}{dt},\varepsilon_2=-\frac{d\Psi_{22}}{dt}$$

在 dt 时间内，外加电源所做的功为

$$dW_2=-\varepsilon_1 i_1 dt+(-\varepsilon_2)i_2 dt=Mi_1 di_2+L_2 i_2 di_2$$

回路 l_2 中的电流从零增加到 I_2 的总功为

$$W_2=\int_{i_2=0}^{i_2=I_2}dW_2=\int_0^{I_2}(MI_1+L_2 i_2)di_2=MI_1I_2+\frac{1}{2}L_2I_2^2$$

故建立整个电流系统所需的功为

$$W_m=W_1+W_2=\frac{1}{2}L_1I_1^2+\frac{1}{2}L_2I_2^2+MI_1I_2=\frac{1}{2}I_1(L_1I_1+MI_2)+\frac{1}{2}I_2(L_2I_2+MI_1)=\frac{1}{2}I_1\Psi_1+\frac{1}{2}I_2\Psi_2$$

同理可导出，对于多个电流回路组成的系统，磁场能量可由该式求得

$$W_m=\frac{1}{2}\sum_{k=1}^{n}I_k\Psi_k \tag{3-93}$$

式中，I_k 为第 k 个回路的电流；Ψ_k 为第 k 个回路的磁链，且

$$\psi_k=L_kI_k+\sum_{\substack{l=1\\l\neq k}}^{n}M_{kl}I_l \tag{3-94}$$

式中，L_k 为第 k 个回路的自感；M_{kl} 为第 k 个回路和第 l 个回路之间的互感。

因此可得到如下用回路电流、自感和互感表示的磁场能量

$$W_m=\frac{1}{2}\sum_{k=1}^{n}L_kI_k^2+\frac{1}{2}\sum_{k=1}^{n}\sum_{\substack{l=1\\l\neq k}}^{n}M_{kl}I_kI_l \tag{3-95}$$

该式中的第一项只与回路各自的电流和自感有关，故称为自有能；而第二项与回路电流和回路间的互感有关，因此称为互有能。

为描述磁场能量在场中的分布，引入磁场能量密度，记作 w_m。根据式(3-93)所示磁场能量表达式，代入磁链计算式 $\Psi=\int_S \boldsymbol{B}\cdot d\boldsymbol{S}$ 可得

$$W_m = \frac{1}{2}\sum_{k=1}^{n} I_k \Psi_k = \frac{1}{2}\sum_{k=1}^{n} I_k \int_{S_k} \boldsymbol{B} \cdot \mathrm{d}\boldsymbol{S}_k \tag{3-96}$$

式中，$\boldsymbol{S}_k$ 为第 k 个电流回路围成的面；ψ_k 为第 k 个回路的磁链。

代入 $\nabla\times\boldsymbol{A}=\boldsymbol{B}$，再由斯托克斯定理，便有

$$W_m = = \frac{1}{2}\sum_{k=1}^{n} I_k \int_{S_k} (\nabla\times\boldsymbol{A}) \cdot \mathrm{d}\boldsymbol{S}_k = \frac{1}{2}\sum_{k=1}^{n} \oint_{l_k} \boldsymbol{A} \cdot I_k \mathrm{d}\boldsymbol{l}_k \tag{3-97}$$

若电流连续分布在体积 V 中，则由式(3-97)可得到体积分形式的磁场能量表达式为

$$W_m = \frac{1}{2}\int_V \boldsymbol{A} \cdot \boldsymbol{J} \mathrm{d}V \tag{3-98}$$

再由 $\nabla\times\boldsymbol{H}=\boldsymbol{J}$，以及矢量运算式 $\nabla\cdot(\boldsymbol{H}\times\boldsymbol{A})=\boldsymbol{A}\cdot\nabla\times\boldsymbol{H}-\boldsymbol{H}\cdot\nabla\times\boldsymbol{A}$ 便有

$$W_m = \frac{1}{2}\int_V \boldsymbol{A}\cdot(\nabla\times\boldsymbol{H})\mathrm{d}V = \frac{1}{2}\int_V \nabla\cdot(\boldsymbol{H}\times\boldsymbol{A})\mathrm{d}V + \frac{1}{2}\int_V \boldsymbol{H}\cdot\boldsymbol{B}\mathrm{d}V \tag{3-99}$$

对式(3-99)等号右边第一部分应用散度定理可得

$$W_m = \frac{1}{2}\oint_S (\boldsymbol{H}\times\boldsymbol{A})\cdot\mathrm{d}\boldsymbol{S} + \frac{1}{2}\int_V \boldsymbol{H}\cdot\boldsymbol{B}\mathrm{d}V \tag{3-100}$$

对于无穷大空间，式(3-100)中等号右边第一项结果为零。因此，由该式便可得到如下用 $\boldsymbol{H}$ 和 $\boldsymbol{B}$ 表示的磁场能量公式

$$W_m = \frac{1}{2}\int_V \boldsymbol{H}\cdot\boldsymbol{B}\mathrm{d}V \tag{3-101}$$

即磁场能量密度为

$$w_m = \frac{1}{2}\boldsymbol{H}\cdot\boldsymbol{B} \tag{3-102}$$

如果要求某一区域的磁场能量，只需在该区域范围内对磁场能量密度积分便可求得。

3.8.2 磁场力

磁场表现为对运动的电荷有作用力，这个作用力称为磁场力。磁场中运动电荷受到的磁场力 $\boldsymbol{F}$ 与电荷电量 q、运动速度$\boldsymbol{v}$ 以及所处位置的磁感应强度 $\boldsymbol{B}$ 有关，即

$$\boldsymbol{F}=q\boldsymbol{v}\times\boldsymbol{B} \tag{3-103}$$

由式(3-103)可知，磁场中的元电流段 $I\mathrm{d}\boldsymbol{l}$ 受到的磁场力为 $I\mathrm{d}\boldsymbol{l}\times\boldsymbol{B}$，因此磁场中线电流受到的磁场力为

$$\boldsymbol{F} = \int_l I\mathrm{d}\boldsymbol{l}\times\boldsymbol{B} \tag{3-104}$$

同样可知，面分布电流受到的磁场力为

$$\boldsymbol{F} = \int_S \boldsymbol{K}\mathrm{d}S\times\boldsymbol{B} \tag{3-105}$$

而体分布电流受到的磁场力为

$$\boldsymbol{F} = \int_V \boldsymbol{J}\mathrm{d}V\times\boldsymbol{B} \tag{3-106}$$

磁场力的应用很广泛，工程中很多仪表、装置就是利用载流导体或运动电荷在磁场中的受

力设计的。

例 3-7 若真空中相距 1m 的两无限长且圆截面可忽略的平行直导线通有大小相等的恒定电流，求电流多大时，两导线单位长度上受到的磁场力等于 2×10^{-7}N（见图 3-18）。

解：设两导线载有电流 I，如图 3-18 所示。则由 $\boldsymbol{F}=\int_l I\mathrm{d}\boldsymbol{l}\times\boldsymbol{B}$，可求得两导线单位长度上受到的磁场力的大小等于 $\dfrac{\mu_0 I^2}{2\pi D}$。因此，当导线单位长度上受到的磁场力等于 2×10^{-7}N 时，导线电流为

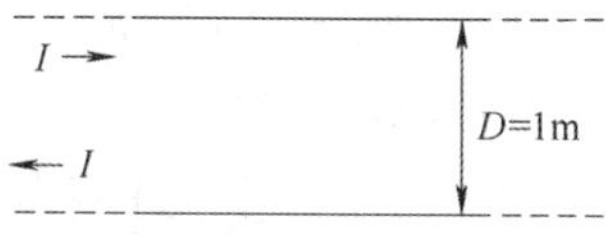

图 3-18 平行直导线

$$I=\sqrt{\frac{2\times10^{-7}\times2\pi D}{\mu_0}}=1\mathrm{A}$$

这正是国际单位制中 1A 电流的定义。实验室里做精确的 1A 测量时就是用天平，通过力学量的测量来确定电流的值。

*3.8.3 霍尔效应

霍尔效应是美国物理学家霍尔在研究金属的导电机制时发现的。当电流通过一个位于磁场中的导体或半导体时，由于载流子在磁场力的作用下发生偏转，因此在垂直于电流与磁感应线的方向上产生电势差，这一现象称为霍尔效应。

如图 3-19 所示，电流 I 流过位于磁场 B 中的导体块，电流 I 沿 y 轴负方向，磁场 B 的方向为 x 轴正方向，设电子的速度为 v，则电子受到的磁场力 $\boldsymbol{F}_\mathrm{m}=-evB\boldsymbol{e}_z$。在磁场力的作用下，电子将沿 z 轴负方向偏转，因此在导体底部出现累积的电子，而多余的正电荷则累积在导体顶部。这样，就在导体内部出现了沿 z 轴负方向的附加电场 E_H，导体顶部与底部之间产生了电势差。显然，由于附加电场的存在，电子受到的电场力 $\boldsymbol{F}_\mathrm{e}=eE_\mathrm{H}\boldsymbol{e}_z$。当电子受到的电场力大小与磁场力大小相等时，电子不再发生偏转，只沿 y 轴正方向运动。

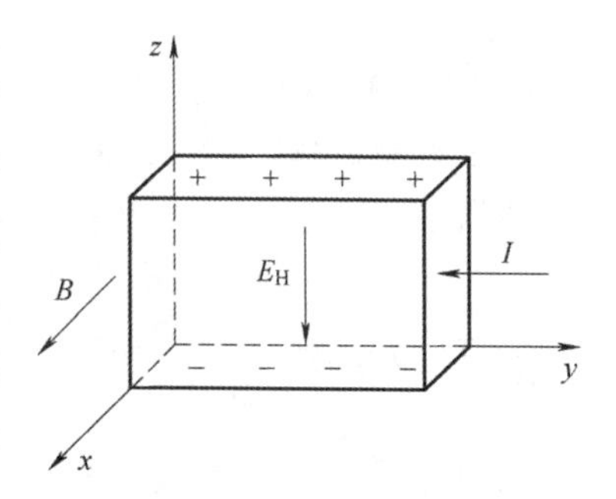

图 3-19 霍尔效应示意图

利用霍尔效应可以方便快捷地判断出一个半导体到底是 P 型半导体还是 N 型半导体。如果图 3-19 中的导体为半导体材料，由以上分析可知：当载流子为电子时，电子就会向图中的上方偏转，这样半导体材料顶部就会带上负电，底部由于缺少电子而带上正电；当载流子是空穴时，半导体材料顶部就会带上正电，底部带负电。半导体材料两端带上电荷后，只要鉴定出哪端电动势高，就可鉴别出是 N 型半导体还是 P 型半导体。

载流体在磁场中受到磁场力，如果发生位移，那么系统的功能平衡将发生变化。因此，可以用虚位移法，从力、做功和能量的角度分析磁场力。

先讨论恒定磁场的功能平衡方程。假设多个载流回路组成的系统中，某个回路在磁场作用下发生微小的位移 dg，而其他回路固定。那么在这个过程中外加电源提供的能量 dW 等于系统磁场能量的增量 dW_m 与磁场力做功 fdg 之和，即满足如下功能平衡方程

$$dW=dW_m+fdg \tag{3-107}$$

式中，f 为广义力，相应的位移 dg 也是广义位移，包括距离、角度、面积和体积等。

如果系统中各载流回路电流保持不变，则称为常电流系统；如果系统中各载流回路的磁链保持不变，则称为常磁链系统。下面对这两种情况分别进行讨论。

1. 常电流系统

由于常电流系统中各载流回路电流保持不变，因此外加电源需克服感应电动势做功，外加电源提供的能量为

$$dW=\sum_{k=1}^{n} I_k d\Psi_k \tag{3-108}$$

而磁场能量的增量为

$$dW_m=\frac{1}{2}\sum_{k=1}^{n} I_k d\Psi_k \tag{3-109}$$

即 $dW=2dW_m$，代入功能平衡方程有

$$fdg=dW_m\Big|_{I_k=\text{const}} \tag{3-110}$$

这表明常电流系统中，外加电源提供的能量一半作为磁场能量的增量，一半用于做功。磁场力做的功等于磁场能量的增量，因此有

$$f=\frac{\partial W_m}{\partial g}\Big|_{I_k=\text{const}} \tag{3-111}$$

2. 常磁链系统

由于常磁链系统中各载流回路的磁链不变化，不产生感应电动势，外加电源无须克服感应电动势做功。因此，外加电源提供的能量 $dW=0$，即

$$dW=\sum \varphi_k dq_k \tag{3-112}$$

由功能平衡方程有

$$0=dW_m+fdg \tag{3-113}$$

即

$$fdg=-dW_m\Big|_{\Psi_k=\text{const}} \tag{3-114}$$

这表明常磁链系统中，磁场力做功的能量来自于磁场储存的能量，即常磁链系统中磁场力为

$$f=-\frac{\partial W_m}{\partial g}\Big|_{\Psi_k=\text{const}} \tag{3-115}$$

常电流系统和常磁链系统两种假设求的是同一个力，因此有

$$f=\frac{\partial W_m}{\partial g}\Big|_{I_k=\text{const}}=-\frac{\partial W_m}{\partial g}\Big|_{\Psi_k=\text{const}} \tag{3-116}$$

例 3-8 电磁铁是一种靠通电产生磁力来带动铁件动作的装置，在工程上应用广泛。电磁铁主要由铁心、缠绕在铁心上的线圈及衔铁三部分组成，通常制成条形或蹄形状。图 3-20 为蹄形状电磁铁，假设线圈电流为 I，匝数为 N，铁心截面积为 S、与衔铁之间的气隙长为 d，试分析电磁铁的磁力。

解：分别用常磁链系统假设和常电流系统假设分析。

（1）常磁链系统

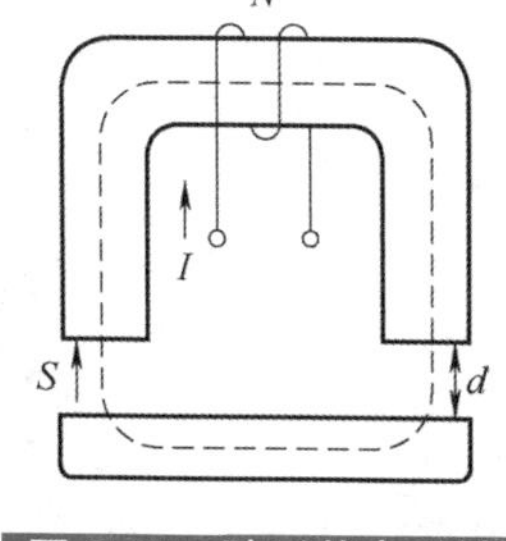

图3-20　蹄形状电磁铁

先用常磁链系统的假设分析。由于电磁铁磁导率远大于空气磁导率，因此系统磁场能量主要集中在两个气隙中。气隙中磁场近似为均匀分布，每个气隙的磁场能量为

$$W_{\mathrm{m}}=\frac{1}{2}\int_V \boldsymbol{H}\cdot\boldsymbol{B}\mathrm{d}V=\int_V\frac{B^2}{2\mu_0}\mathrm{d}V=\frac{B^2Sd}{2\mu_0}=\frac{\Phi^2d}{2\mu_0S}$$

由常磁链系统的磁场力公式可求得

$$f=-\frac{\partial W_{\mathrm{m}}}{\partial g}\bigg|_{\Psi_k=\mathrm{const}}=-\frac{\Phi^2}{2\mu_0S}$$

负号表示磁场力的作用是使 d 减小，即使气隙缩短，说明磁场力提供的是吸力，总的磁场力为 $2f$。

（2）常电流系统

再用常电流系统的假设分析。对图3-20虚线所示回路，由安培环路定理有

$$\oint_l \boldsymbol{H}\cdot\mathrm{d}\boldsymbol{l}=NI$$

由于铁心中的磁场强度远小于气隙中的磁场强度，因此由该式可求得气隙中的磁场强度为

$$H\approx\frac{NI}{2d}$$

从而可得每个气隙的磁场能量为

$$W_{\mathrm{m}}=\frac{1}{2}\int_V \boldsymbol{H}\cdot\boldsymbol{B}\mathrm{d}V=\frac{\mu_0N^2I^2S}{8d}$$

由常电流系统的磁场力公式可求得

$$f=\frac{\partial W_{\mathrm{m}}}{\partial g}\bigg|_{I_k=\mathrm{const}}=-\frac{\mu_0N^2I^2S}{8d^2}$$

总的磁场力为 $2f$。将磁场强度、构成方程以及磁通算式分别代入该式中，便可求得与常磁链假设一致的表达式。

磁场力还可用法拉第观点求得，法拉第观点提供了一个分析磁场力的简便方法，如图3-21所示。从法拉第观点看，磁场中的场线沿其轴向方向受到纵张力、垂直方向受到侧压力，而单位面积上张力和压力的量值都表示为

$$f=\frac{1}{2}\boldsymbol{B}\cdot\boldsymbol{H} \tag{3-117}$$

也就是说，场线沿轴向有收缩的趋势，而在垂直于轴向的方向上有扩张的趋势，收缩力和扩张力在单位面积上的量值都可由上式求得。

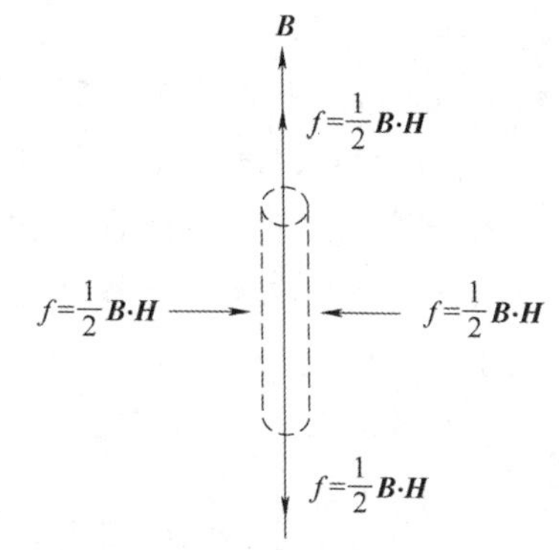

图3-21　磁场力的法拉第观点

例3-9　用法拉第观点分析电磁铁吸力（见图3-22）。

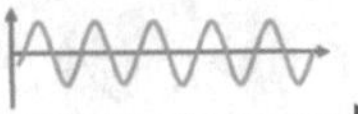

场与路

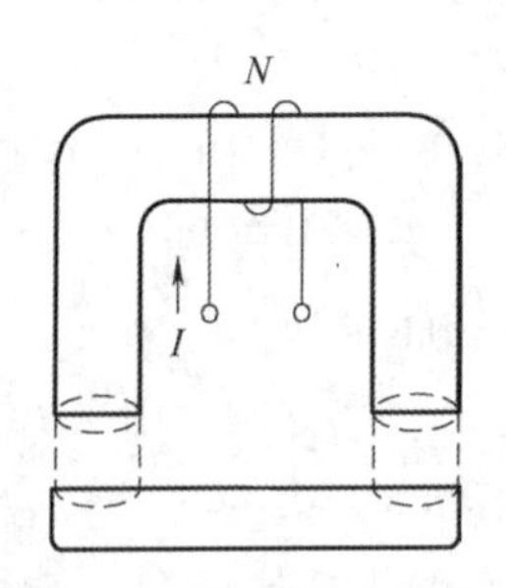

图 3-22 法拉第观点分析电磁铁吸力

解:根据法拉第观点,图 3-22 所示的气隙中的磁感应强度管沿轴向有收缩的趋势。因此磁场力表现为吸力,而且气隙截面单位面积上的力为

$$f=\frac{1}{2}\boldsymbol{B}\cdot\boldsymbol{H}=\frac{B^2}{2\mu_0}$$

若每个气隙截面积为 S,则两个气隙提供的总吸力为

$$F=2fS=\frac{B^2S}{\mu_0}$$

代入磁通 $\Phi=BS$,便可得到与虚位移法一致的结果。

3.9 磁路

工程中常常会遇到磁导率非常大的铁磁材料,对这类磁场问题可采用磁路的方法进行简化处理。

由恒定磁场的衔接条件可知,铁磁材料内 $\boldsymbol{B}$ 线几乎平行于非铁磁材料的分界面。即 $\boldsymbol{B}$ 线聚集于铁磁材料内部,铁磁材料内部的 $\boldsymbol{B}$ 远大于铁磁材料外的 $\boldsymbol{B}$;绝大部分磁通集中在铁磁材料内部,漏到铁磁材料外的磁通很少。如果铁磁材料制成闭合或基本闭合(包括气隙)的形状,其上绕有线圈,使磁通主要集中在铁磁材料内部,称磁通在铁磁材料内部的闭合路径为磁路。磁通在铁磁材料中形成闭合回路与电流在导体中流动非常相似,因此工程中仿照电路的分析方法进行磁路分析。

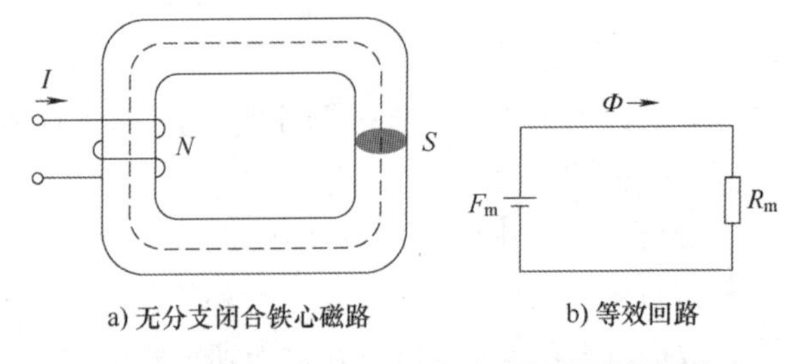

图 3-23 无分支闭合铁心磁路和等效回路

对于图 3-23a 所示无分支闭合铁心磁路,由安培环路定理有

$$\int_l \boldsymbol{H}\cdot \mathrm{d}\boldsymbol{l}=NI \tag{3-118}$$

式中,I 和 N 分别为线圈的电流和匝数。

根据磁路特点有

$$\oint_l \frac{B}{\mu}\mathrm{d}l = NI \tag{3-119}$$

代入磁通可得

$$\oint_l \frac{\Phi}{\mu S}\mathrm{d}l = NI \tag{3-120}$$

由于铁心各截面磁通相同，因此有

$$\Phi\oint_l \frac{1}{\mu S}\mathrm{d}l = NI \tag{3-121}$$

式中，S 为铁心横截面面积。

对比电阻的定义，将式(3-121)等号左边积分项定义为磁阻，并记作 R_{m}，即

$$R_{\mathrm{m}} = \oint_l \frac{1}{\mu S}\mathrm{d}l \tag{3-122}$$

将磁阻与磁通的乘积定义为磁压，并记作 U_{m}，即

$$U_{\mathrm{m}} = \Phi R_{\mathrm{m}} \tag{3-123}$$

类比电路的欧姆定律，式(3-121)等号右边定义为磁动势，并记作 F_{m}，即

$$F_{\mathrm{m}} = NI \tag{3-124}$$

则有

$$\Phi R_{\mathrm{m}} = F_{\mathrm{m}} \tag{3-125}$$

该式称为无分支闭合磁路的欧姆定律，对应等效回路如图 3-23b 所示。

对于图 3-24a 所示有分支闭合铁心，由磁路可得到图 3-24b 所示等效回路。如果忽略漏磁，那么在图 3-24a 所示铁心上分支处由磁通连续性定理可得到$-\Phi_1+\Phi_2+\Phi_3=0$。而由安培环路定理则有 $\Phi_1R_{\mathrm{m1}}+\Phi_2R_{\mathrm{m2}}=F_{\mathrm{m}}$。对任意复杂磁路，可推论得到如下关系式：

$$\begin{cases}\sum \Phi_i = 0\\ \sum \Phi_i R_{\mathrm{m}i} = \sum \boldsymbol{F}_{\mathrm{m}i}\end{cases} \tag{3-126}$$

这两个关系式分别对应电路中的基尔霍夫电流定律和基尔霍夫电压定律。第一个式子表明，磁路中任一分支处所连各支路的磁通代数和为零，称为磁路的基尔霍夫第一定律。第二个式子表明，磁路的任一闭合回路中磁压的代数和等于该闭合回路中磁动势的代数和，称为磁路的基尔霍夫第二定律。

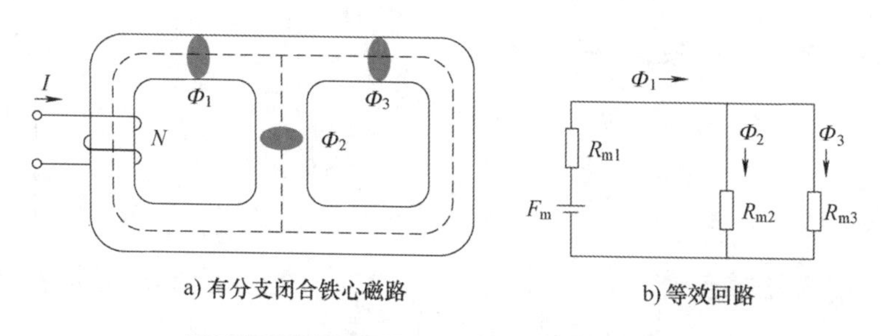

图 3-24　有分支闭合铁心磁路和等效回路

3.10 习题与答案

3.10.1 习题

1. 已知自由空间中 $x=0$ 平面上分布有面电流，电流线密度为 $K_0\boldsymbol{e}_y$，求该电流产生的磁场的磁感应强度。

2. 已知自由空间中一半径为 a 的细导线圆环载有电流 I，细导线圆环位于 $x=0$ 平面上且圆心与坐标原点重合，求 x 轴线上的磁感应强度。

3. 已知自由空间中一边长为 a 的正方形细导线回路载有电流 I，正方形细导线回路位于 $x=0$ 平面上且中心与坐标原点重合，求坐标原点处的磁感应强度。

4. 已知真空中一均匀磁化的圆柱形磁性材料底面半径为 a、高为 h，轴线与 z 轴重合，磁化强度为 $M_0\boldsymbol{e}_z$，求磁性材料各处的磁化电流。

5. 设空间中 $y<0$ 区域内，$\boldsymbol{H}_1=(12\boldsymbol{e}_x+10\boldsymbol{e}_y+12\boldsymbol{e}_z)$(A/m)，媒质磁导率为 $\mu_1=3\mu_0$。若 $y>0$ 区域内媒质磁导率为 $\mu_2=5\mu_0$，且 $y=0$ 平面无传导电流分布，求 $y>0$ 区域的 $\boldsymbol{H}_2$。

6. 已知两种不同媒质分界面上一点 P，在媒质 1(磁导率为 μ_1)一侧磁场强度大小为 H_1 且与分界面法向成 α_1 角，求媒质 2(磁导率为 μ_2)一侧磁场强度的大小和方向。

7. 真空中一半径为 a、轴线与 z 轴重合、磁导率为 μ_1 的无限长直圆柱导体，沿 z 轴正方向通有电流 I，电流均匀分布，求圆柱导体内外的矢量磁位和磁感应强度。

8. 已知自由空间中，细长直二线传输线位于无限大导磁薄平板附近，传输线半径为 a、间距为 $D(\gg a)$，传输线所在平面与导磁薄平板距离为 $h(\gg a)$，导磁薄平板磁导率为 $\mu_1(\gg\mu_0)$。求二线传输线单位长度的自感。

9. 如图 3-25 所示，已知自由空间中有两对平行且共面的传输线，传输线间距分别为 d_1 和 d_2，求两对传输线之间单位长度的互感。

10. 如图 3-26 所示，已知自由空间中一矩形细导线回路置于二线传输线附近，二线传输线所在平面与矩形细导线回路共面，求二线传输线与矩形细导线回路之间的互感。

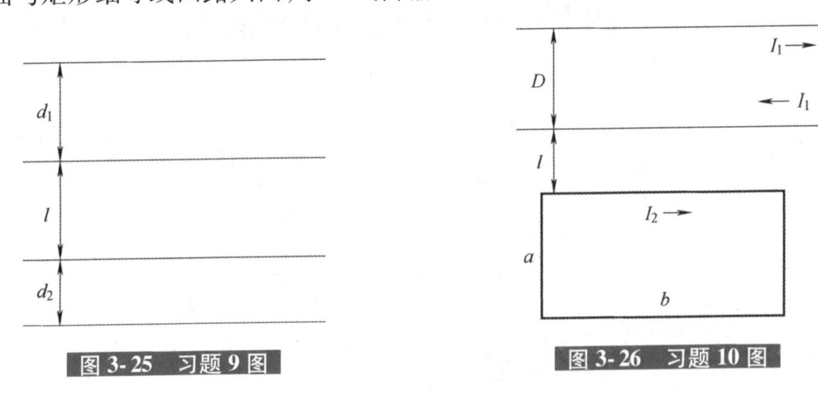

图 3-25 习题 9 图　　图 3-26 习题 10 图

11. 如图 3-27 所示，已知自由空间中一半径为 a 的细导线圆环置于无限长直细导线附近，细导线圆环与无限长直细导线共面，求细导线圆环与无限长直细导线之间的互感。

12. 如图 3-28 所示，无限长直细导线与边长为 a 的正方形细导线回路位于磁导率无穷大的导磁平板附近，且长直细导线与正方形细导线回路位于同一平面。求无限长直细导线与正方形细导线回路之间的互感。

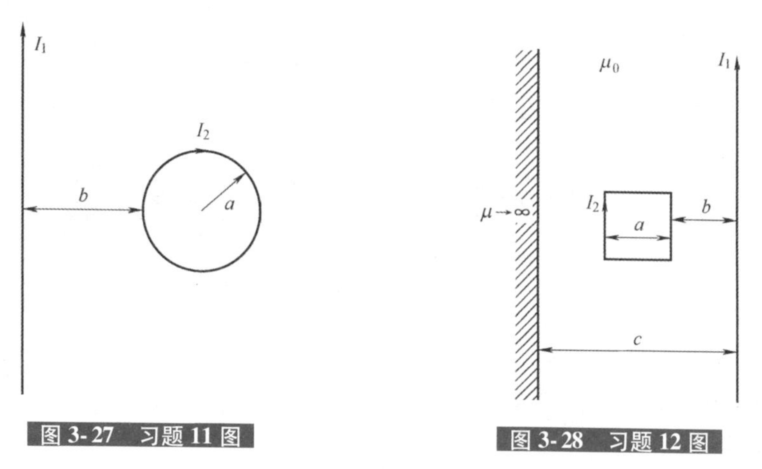

图 3-27　习题 11 图　　　图 3-28　习题 12 图

13. 已知自由空间中，一载有电流 I 的细长导线平行地位于相对磁导率为 9 的平板附近，导线到平板距离为 h，求该导线单位长度受到的磁场力。

14. 已知长直同轴电缆内导体半径为 a_1、磁导率为 μ_1，内外导体间介质的磁导率为 μ_2，外导体内、外半径分别为 a_2、a_3，外导体磁导率为 μ_3。假设同轴电缆载有电流 I，求同轴电缆单位长度自感及磁场能量。

15. 若习题 10 中二线传输线和正方形细导线回路分别通有如图 3-26 所示电流，试用虚位移法求正方形细导线回路受到的磁力。

16. 若习题 11 中长直细导线与细导线圆环分别载有如图 3-27 所示电流 I_1、I_2。试用虚位移法求细导线圆环受到的磁场力。

17. 若习题 12 中长直细导线与矩形细导线回路分别载有如图 3-28 所示电流 I_1、I_2。试用虚位移法求矩形细导线回路受到的磁场力。

18. 已知均匀磁场 $\boldsymbol{B}_1=B_0\boldsymbol{e}_x$，一边长为 a 的正方形细导线回路载有电流 I，回路法线方向与磁场夹角为 α，试用虚位移法求矩形细导线回路受到的磁场力。

19. 已知均匀磁场 $\boldsymbol{B}_1=B_0\boldsymbol{e}_x$，一半径为 a 的圆形细导线回路载有电流 I，回路法线方向与磁场夹角为 α，试用虚位移法求圆形细导线回路受到的磁场力。

20. 用法拉第观点分析，在磁导率分别为 μ_1、μ_2 的两种媒质分界面，磁场作用于分界面单位面积上的力等于多少？

3.10.2　答案

1. $x>0$：$-\dfrac{\mu_0K_0}{2}\boldsymbol{e}_z$；$x<0$：$\dfrac{\mu_0K_0}{2}\boldsymbol{e}_z$.

2. $\dfrac{\mu_0a^2I}{2(x^2+a^2)^{\frac{3}{2}}}\boldsymbol{e}_x$.

3. $\dfrac{4\mu_0 I}{\sqrt{2}\pi a}\boldsymbol{e}_x$.

4. 内部：$\nabla\times\boldsymbol{M}$；表面：$\boldsymbol{M}\times\boldsymbol{e}_\rho$.

5. $\boldsymbol{H}_2=(12\boldsymbol{e}_x+6\boldsymbol{e}_y+12\boldsymbol{e}_z)$ (A/m).

6. $H_2=H_1\sqrt{\sin^2\alpha_1+\dfrac{\mu_1^2}{\mu_2^2}\cos^2\alpha_1}$，$\alpha_2=\arctan\left(\dfrac{\mu_2}{\mu_1}\tan\alpha_1\right)$.

7. $0<\rho<a$：$\boldsymbol{A}=\dfrac{\mu_1 I}{4\pi a^2}(a^2-\rho^2)\boldsymbol{e}_z$，$\boldsymbol{B}=\dfrac{\mu_1 I\rho}{2\pi a^2}\boldsymbol{e}_\phi$；$\rho>a$：$\boldsymbol{A}=\dfrac{\mu_0 I}{2\pi}\ln\dfrac{a}{\rho}\boldsymbol{e}_z$，$\boldsymbol{B}=\dfrac{\mu_0 I}{2\pi\rho}\boldsymbol{e}_\phi$.

8. $\dfrac{\mu_0}{4\pi}+\dfrac{\mu_0}{\pi}\ln\dfrac{D-a}{a}+\dfrac{\mu_0}{2\pi}\ln\dfrac{D^2+4h^2}{4h^2}$.

9. $\dfrac{\mu_0}{2\pi}\ln\dfrac{(l+d_1)(l+d_2)}{l(l+d_1+d_2)}$.

10. $\dfrac{\mu_0 b}{2\pi}\ln\dfrac{(l+D)(l+a)}{l(l+D+a)}$.

11. $\mu_0(a+b-\sqrt{b^2+2ab})$.

12. $\dfrac{\mu_0 a}{2\pi}\ln\dfrac{(a+b)(2c-a-b)}{b(2c-b)}$.

13. $\dfrac{0.2\mu_0 I^2}{\pi h}$.

14. $L=\dfrac{\mu_1}{8\pi}+\dfrac{\mu_2}{2\pi}\ln\dfrac{a_2}{a_1}+\dfrac{\mu_3}{2\pi}\left[\left(\dfrac{a_3^2}{a_3^2-a_2^2}\right)^2\ln\dfrac{a_3}{a_2}-\dfrac{a_3^2}{a_3^2-a_2^2}+\dfrac{a_3^2+a_2^2}{4(a_3^2-a_2^2)}\right]$；

$W_m=\dfrac{\mu_1 I^2}{16\pi}+\dfrac{\mu_2 I^2}{4\pi}\ln\dfrac{a_2}{a_1}+\dfrac{\mu_3 I^2}{4\pi}\left[\left(\dfrac{a_3^2}{a_3^2-a_2^2}\right)^2\ln\dfrac{a_3}{a_2}-\dfrac{a_3^2}{a_3^2-a_2^2}+\dfrac{a_3^2+a_2^2}{4(a_3^2-a_2^2)}\right]$.

15. $-\dfrac{\mu_0 abI_1I_2}{2\pi}\left[\dfrac{D^2+2Dl+Da}{l(l+D)(l+a)(l+D+a)}\right]$.

16. $\mu_0 I_1I_2\left(1-\dfrac{a+b}{\sqrt{b^2+2ab}}\right)$.

17. $\dfrac{\mu_0 a^2 I_1I_2}{2\pi}\left[\dfrac{1}{b(a+b)}+\dfrac{1}{(2c-b)(2c-a-b)}\right]$.

18. $-a^2B_0I\sin\alpha$.

19. $-\pi a^2B_0I\sin\alpha$.

20. $\dfrac{\mu_2-\mu_1}{2\mu_1\mu_2}(B_{1n}^2+\mu_1\mu_2H_{1t}^2)$.

第 4 章　时变电磁场

在前面几章中,场源电荷和电流在空间的分布是不随时间变化的,故它们产生的场也是不随时间变化的。当电荷和电流的分布随时间变化(称为时变)时,所产生的电场、磁场也是随时间变化的。同时,电场和磁场相互为各自的“源”:时变电场在空间产生磁场,随时间变化的磁场也在空间产生电场,电场和磁场相互耦合构成了统一的电磁场。

本章在电磁感应定律和位移电流假设的基础上,讨论了各场量之间的关系,导出了麦克斯韦方程,给出了时变电磁场的边界条件,及电磁场的能量守恒定律和正弦场的性质,由麦克斯韦方程导出了波动方程;介绍了时变电磁场的动态矢量位和标量位的概念。

4.1　电磁感应定律和感应电场

4.1.1　法拉第电磁感应定律

1831 年法拉第发现,当与导体回路交链的磁通量发生变化时,回路中会产生感应电动势,大小等于磁通量的时间变化率的负值,这就是法拉第电磁感应定律。当线圈的匝数为 1 时,$\Psi=\Phi=\int_S \boldsymbol{B}\cdot \mathrm{d}\boldsymbol{S}$,则

$$\varepsilon=-\frac{\mathrm{d}\Psi}{\mathrm{d}t}=-\frac{\mathrm{d}}{\mathrm{d}t}\int_S \boldsymbol{B}\cdot \mathrm{d}\boldsymbol{S} \tag{4-1}$$

式中,负号表示回路中感应电动势的作用总是要阻止磁通量 Φ 的改变;ε 的方向和磁通量的方向满足右手螺旋定则。

电磁感应定律

如果 $\mathrm{d}B/\mathrm{d}t>0$,则感应电动势 ε 的方向如图 4-1 所示。值得注意的是,图 4-1 中的回路不一定要求是实际的闭合线圈。如果线圈有 N 匝,则感应电动势为 $\varepsilon=-\frac{\mathrm{d}}{\mathrm{d}t}N\int_S \boldsymbol{B}\cdot \mathrm{d}\boldsymbol{S}$。

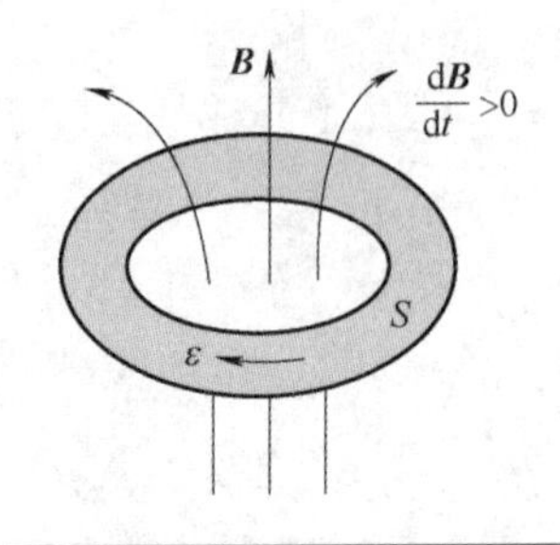

图 4-1 感应电动势的方向

由式(4-1)有

$$\varepsilon = -\frac{\partial}{\partial t}\int_S \boldsymbol{B}\cdot \mathrm{d}\boldsymbol{S} = -\int_S \frac{\partial \boldsymbol{B}}{\partial t}\cdot \mathrm{d}\boldsymbol{S} - \int_S \boldsymbol{B}\cdot \frac{\partial \boldsymbol{S}}{\partial t} \tag{4-2}$$

引起磁通变化的原因分为三种情况:回路不变、**B** 时变;回路变、**B** 不变;**B** 和回路都变。下面分别就这几种情况进行分析。

(1) 回路不变,磁场 **B** 时变

回路不变,指的是回路相对于磁场没有机械运动,这样的回路称为静止回路。当静止回路处于时变场中时,如果磁场 **B** 是时变的,则

$$\varepsilon = -\int_S \frac{\partial \boldsymbol{B}}{\partial t}\cdot \mathrm{d}\boldsymbol{S} \tag{4-3}$$

这是变压器的工作原理,此时的感应电动势 ε 称为变压器电动势。

*变压器是利用其一、二次绕组之间匝数的不同来改变电压比或电流比,实现电能或信号的传输与分配。其主要有降低交流电压、提升交流电压、信号耦合、变换阻抗和隔离等作用。

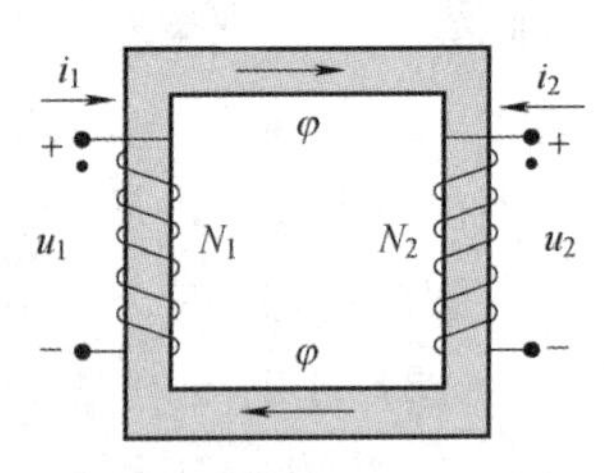

图 4-2 理想变压器

对于图 4-2 所示的理想变压器,一、二次线圈的匝数分别为 N_1 和 N_2,电压源 u_1 在一次回路中产生电流 i_1,i_1 在铁心中建立磁通 Φ,且 Φ 和 u_1 满足法拉第电磁感应定律,即 $u_1=-N_1\dfrac{\mathrm{d}\Phi}{\mathrm{d}t}$。忽略漏磁通,二次回路的电压 $u_2=-N_2\dfrac{\mathrm{d}\Phi}{\mathrm{d}t}$,故$\dfrac{u_1}{u_2}=\dfrac{N_1}{N_2}$。

(2) 磁场 **B** 不变,回路变

当导体在静态磁场运动时,磁场 **B** 不变,回路变,即导体做切割磁力线运动。如图 4-3 所示,设线圈的运动速度为$\boldsymbol{v}$,又因 $\varepsilon = \oint_l \boldsymbol{E}\cdot \mathrm{d}\boldsymbol{l}$, 而 $\boldsymbol{E}=\dfrac{\mathrm{d}\boldsymbol{F}}{\mathrm{d}q}=\boldsymbol{v}\times\boldsymbol{B}$ 则线圈的感应电动势表达式为

$$\varepsilon = \oint_l (\boldsymbol{v}\times\boldsymbol{B})\cdot \mathrm{d}\boldsymbol{l} \tag{4-4}$$

这种因为导体运动而产生的电动势称为动生电动势,这是发电机工作原理,又称为发电机电动势。这种情况在大学物理中已有详细分析,这里不再赘述。

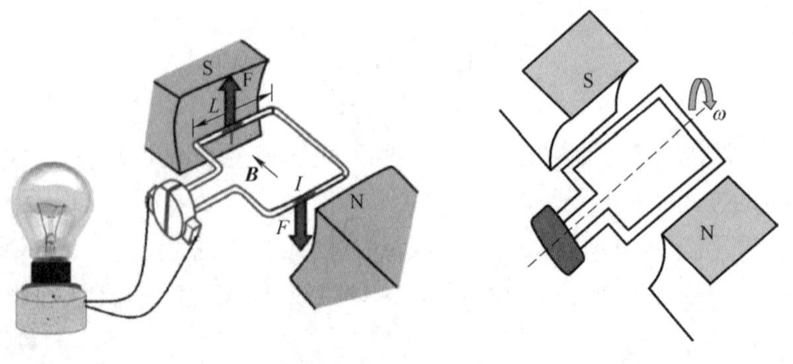

图 4-3 动生电动势

(3) 磁场 $\boldsymbol{B}$ 变,回路变

更一般的情况是,此时,磁场 $\boldsymbol{B}$ 和回路 S 同时变化,感应电动势等于变压器电动势和发电机电动势之和,即

$$\varepsilon = -\frac{\mathrm{d}\Phi}{\mathrm{d}t} = \oint_l (\boldsymbol{v} \times \boldsymbol{B}) \cdot \mathrm{d}\boldsymbol{l} - \int_S \frac{\partial \boldsymbol{B}}{\partial t} \cdot \mathrm{d}\boldsymbol{S} \tag{4-5}$$

实验表明,感应电动势与构成回路的材料性质无关(甚至可以是假想回路),只要与回路交链的磁通发生变化,回路中就有感应电动势。但是,电路中的感应电流需要根据闭合导体回路的电阻才能确定。对于给定的导体回路,感应电流正比于感应电动势。如果回路不闭合,等效电阻为无穷大,则没有感应电流。

* 4.1.2　电磁感应定律的应用

电磁感应定律在生产生活中应用广泛,如发电机、变压器等就是根据电磁感应定律发明的。

1. 线圈电感

假设某一匝数为 N 的电感线圈,如图 4-4 所示。当交变电流 i 流过线圈,线圈周围有随电流变化的磁场,线圈中将产生感应电动势为

$$\varepsilon_L = -\frac{\mathrm{d}\Psi}{\mathrm{d}t} = -\frac{\mathrm{d}\Psi}{\mathrm{d}i}\frac{\mathrm{d}i}{\mathrm{d}t} \tag{4-6}$$

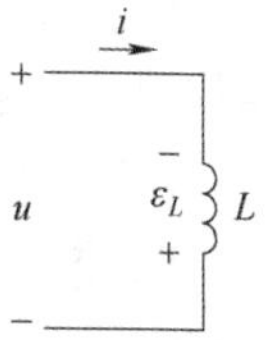

电感线圈的电感值定义为单位电流引起的磁链,即 $L = \dfrac{\mathrm{d}\Psi}{\mathrm{d}i}$,故

$$u = -\varepsilon_L = L\frac{\mathrm{d}i}{\mathrm{d}t} \tag{4-7}$$

i　+　−　u　ε_L　L　+　−

图 4-4　电感线圈模型

式(4-7)即为电感线圈满足关联参考方向的伏安关系式。由此可得

$$L = \frac{\mathrm{d}\Psi}{\mathrm{d}i} = N\frac{\mathrm{d}}{\mathrm{d}i}\left(\int_S \boldsymbol{B} \cdot \mathrm{d}\boldsymbol{S}\right) = N\frac{\mathrm{d}}{\mathrm{d}i}\left(\int_S \mu\boldsymbol{H} \cdot \mathrm{d}\boldsymbol{S}\right) \tag{4-8}$$

故电感线圈的电感值与匝数、尺寸及周围介质有关系。

2. 感应电动机

感应电动机被广泛用于洗衣机、吸尘器、风扇、空调器、泵和冰箱等,几乎所有的"旋转型家电产品"都有感应电动机。

感应电动机是利用电磁感应原理来工作的,主要包含定子和转子,其中定子的作用是产生旋转磁场:在三组互成 120°的绕组中通有三相对称电流,其产生的合成磁场是在空间不断旋转的"旋转磁场"。

感应电动机的转子通常是笼型的转子(它由铜条两端用铜连接起来,形似笼)。将这个转子放入旋转磁场中,笼型线圈产生感应电压,形成感应电流。感应电流和磁场相互作用产生转矩,使转子旋转起来。很明显,转子的转速和旋转磁场的转速并不相等,否则就不会有感应电压,二者之差称为转差率,它是感应电动机的一个重要参量。

3. 感应式传感器

感应式传感器将机械量转受为电感量,从而达到测量的目的。在一对磁极间平放一个线圈,当线圈和磁极间有相对运动时,在线圈中引起感应电动势,感应电动势的大小和运动的速度成比例。因此,利用这个原理可以测量转速,感应式传感器的原理如图 4-5 所示。将感应式传感器的输出电压进行积分和微分,可用来测量位移和加速度。

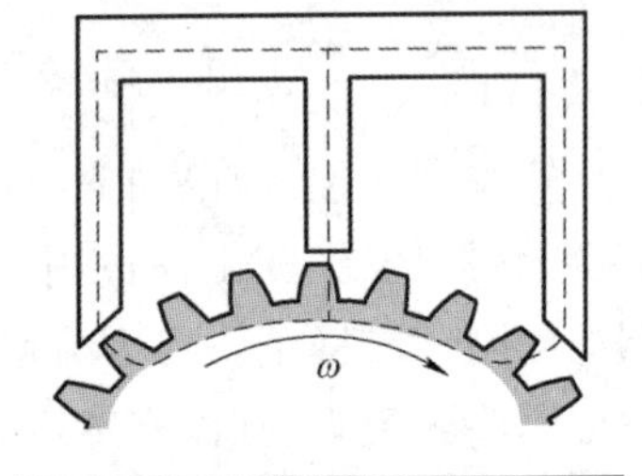

图 4-5 感应式传感器原理图

当建筑物遭受雷击时,雷电流将沿建筑物防雷装置(钢筋或其他金属结构)中各分支导体流入大地。沿导体流动的雷电流将在建筑物内部空间产生时变磁场,因此可能会在导体回路中感应出过电压和过电流,它们常会使得感应回路端接的电子设备受到损坏。同时,时变磁场还可能在建筑物之间的通信线路回路中感应出过电压和过电流,这是在防雷设计中需要考虑的因素。

4. 大电感电路的电流突变

对电感线圈而言,线圈中电流一般不能突变,否则将产生高压自感电动势,且在电路中可能损坏周围器件。大的感性负载在开关断开瞬间,可以看到开关有火花产生甚至可以听到响声,即线圈电流突然消失时产生的高压自感电动势并加在开关两端,致使空气被击穿放电。

如图 4-6 所示晶体管电路,当信号高电平时晶体管导通,集电极电流流过线圈 L_1 会存储磁场能量。由于线圈中电流不能突变,因此集电极电流波形要滞后基极电压波形,致使上升沿不陡峭。

当基极信号为低电平时晶体管截止,电感线圈会产生下自感电动势以维持其电流的连续。电流突变产生的高压加在晶体管的集电极上,有可能使晶体管瞬间击穿。为了让电感线圈的储能在晶体管截止时瞬间释放掉,工程上通常采用如图 4-6 所示的 VD_1 二极管实现续流,它提供了能量释放的通路,达到保护晶体管的目的。

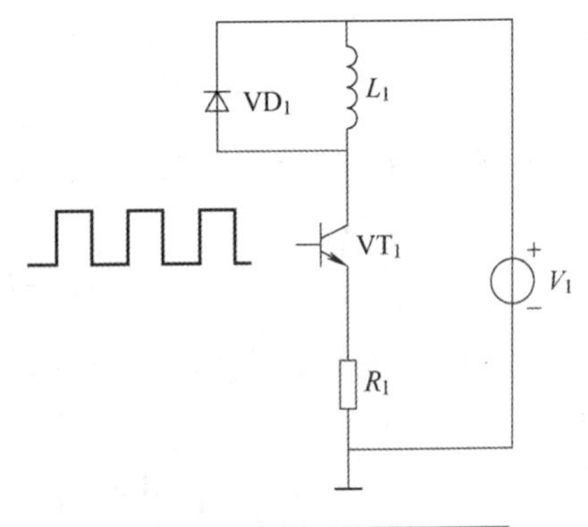

图 4-6 线圈和续流二极管

4.1.3 感应电场

法拉第电磁感应定律是针对一个回路而言的,说明了“磁生电”的现象,但未说明感应电动势的本质。

麦克斯韦假设变化的磁场在其周围激发着一种电场,这种电场称之为感应电场。同时,他还将法拉第电磁感应定律从导体推广至介质,即不论有无导体回路,时变磁场都会激励起感应电场。

当回路中的磁场随时间变化时,回路中存在感应电动势。从第 2 章可知,电动势是非保守电场的线积分,那么当回路中存在感应电动势时,说明回路周围一定存在非保守电场。和库仑电场 $\boldsymbol{E}_c$ 相区别,感应电场记为 $\boldsymbol{E}_i$。根据电动势的定义,有 $\varepsilon = \oint_l \boldsymbol{E}_i \cdot d\boldsymbol{l}$ 。同时,由电磁感应定律有 $\varepsilon = -\frac{d}{dt}\int_S \boldsymbol{B} \cdot d\boldsymbol{S}$,故

$$\oint_l \boldsymbol{E}_{\mathrm{i}} \cdot \mathrm{d}\boldsymbol{l} = -\frac{\mathrm{d}}{\mathrm{d}t}\int_S \boldsymbol{B} \cdot \mathrm{d}\boldsymbol{S} = \oint_l (\boldsymbol{v} \times \boldsymbol{B}) \cdot \mathrm{d}\boldsymbol{l} - \int_S \frac{\partial \boldsymbol{B}}{\partial t} \cdot \mathrm{d}\boldsymbol{S} \tag{4-9}$$

式(4-9)表明,感应电场的环量不为零,即感应电场是非保守场,或称为涡旋场。当回路固定时,式(4-9)简化为 $\oint_l \boldsymbol{E}_{\mathrm{i}} \cdot \mathrm{d}\boldsymbol{l} = -\int_S \frac{\partial \boldsymbol{B}}{\partial t} \cdot \mathrm{d}\boldsymbol{S}$ 。根据斯托克斯定理得

$$\nabla \times \boldsymbol{E}_{\mathrm{i}} = -\frac{\partial \boldsymbol{B}}{\partial t} \tag{4-10}$$

式(4-10)说明,感应电场是非保守场,电力线呈涡旋的闭合曲线,变化的磁场是产生 $\boldsymbol{E}_{\mathrm{i}}$ 的涡流源,故又称涡旋电场。且感应电场的方向和感应电动势的方向一致。如果$\partial \boldsymbol{B}/\partial t>0$,则 $\boldsymbol{E}_{\mathrm{i}}$ 的方向如图 4-7 所示。

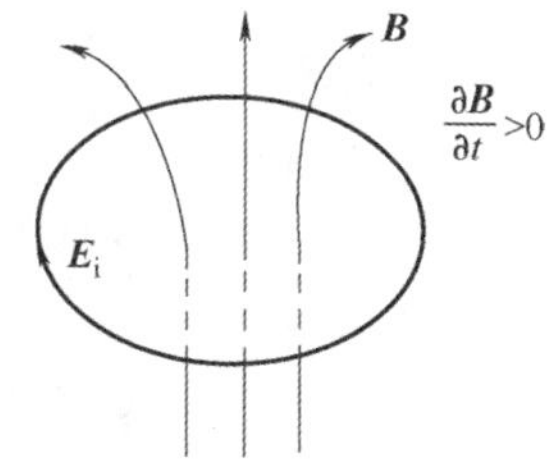

图 4-7　感应电场

麦克斯韦假设和法拉第电磁感应定律的区别在于,法拉第电磁感应定律是针对导体回路而言的,而麦克斯韦假设是无限制的,无论在真空还是其他媒质中,无论空间有无导体、有无回路,麦克斯韦假设都成立,且已经被实验证实。

因此,时变磁场在周围空间激励起感应电场,它不仅存在于导体内,也存在于变化磁场所在的场域空间内。若该电场中有闭合回路,则会在回路中引起感应电流。因此,感应电场就扩展到了整个场域空间。

一般情况下,空间同时存在库仑场 $\boldsymbol{E}_{\mathrm{c}}$ 和感应电场 $\boldsymbol{E}_{\mathrm{i}}$,总电场为 $\boldsymbol{E}=\boldsymbol{E}_{\mathrm{c}}+\boldsymbol{E}_{\mathrm{i}}$。而库仑电场是无旋场,故 $\nabla \times \boldsymbol{E}_{\mathrm{c}}=0$,因此,式(4-10)可写成

$$\nabla \times \boldsymbol{E} = -\frac{\partial \boldsymbol{B}}{\partial t} \tag{4-11}$$

对应的积分表达式为

$$\oint_l \boldsymbol{E} \cdot \mathrm{d}\boldsymbol{l} = -\int_S \frac{\partial \boldsymbol{B}}{\partial t} \cdot \mathrm{d}\boldsymbol{S} \tag{4-12}$$

式(4-11)和式(4-12)分别称为电磁感应定律的微分和积分形式,式中的积分路径可以是任意闭合路径,而不一定是导体回路。

*感应电场的应用:电磁成形

电磁成形是一种金属材料加工的高速成形技术,它是利用脉冲电磁力实现的。电磁成形在轻质合金加工领域具有巨大潜力,美国能源部、欧盟框架计划和中国国家重点基础研究发展计划等相继资助电磁成形技术,期望通过该技术实现轻质合金在航空航天、汽车工业等领域的广泛应用,提高高端成形加工技术水平。

电磁成形的工作原理为:用电容器对驱动线圈放电,产生脉冲强电流。金属工件位于驱动线圈附近,脉冲强电流产生的变化磁场在金属工件中产生感应涡流,如图 4-8a 所示。在线圈电流和工件涡流之间脉冲电磁力的驱动下,金属工件加速变形,最终实现成形加工。与传统机械加工相比,电磁成形的优势有:

1) 高应变率($10^3 \sim 10^5 s^{-1}$),可提高材料塑性变形能力,使材料成形极限提高 5~10 倍。

2) 非接触施力,工件表面质量高,且能减少变形过程中的应力集中。

根据加工对象不同,电磁成形可分为板件电磁成形和管件电磁成形。通常,板件电磁成形采用平板螺旋驱动线圈施加轴向电磁力;管件电磁成形采用螺线管驱动线圈施加径向电磁力,如图 4-8b 和图 4-8c 所示。

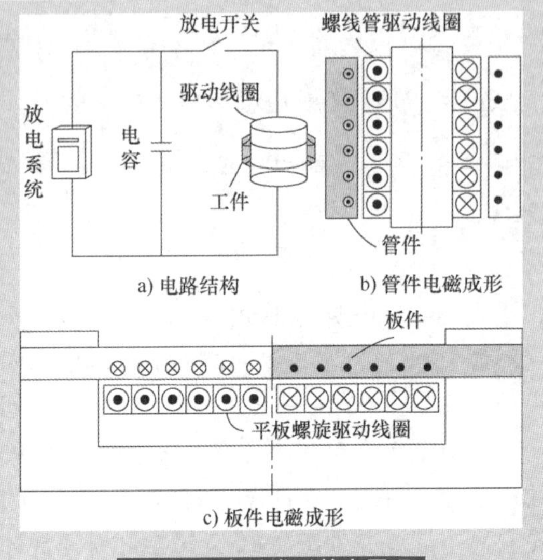

图 4-8 电磁成形基本原理

忽略渐近线的影响,平板螺旋驱动线圈和螺线管驱动线圈可分别等效为多个径向分布和轴向分布的闭合导电圆环。此时,驱动线圈和工件的几何结构及电流源都具有轴对称特征,可将电磁成形模型简化为二维轴对称模型。板件或管件内的感应涡流以环向分量为主,板件和管件的场源方程分别为

$$\nabla \times \boldsymbol{E}_{\phi} = -\frac{\partial \boldsymbol{B}_z}{\partial t} + \nabla \times (\boldsymbol{v}_z \times \boldsymbol{B}_r) \tag{4-13}$$

$$\nabla \times \boldsymbol{E}_{\phi} = -\frac{\partial \boldsymbol{B}_z}{\partial t} + \nabla \times (\boldsymbol{v}_r \times \boldsymbol{B}_z) \tag{4-14}$$

$$\boldsymbol{J}_{\phi} = \gamma \boldsymbol{E}_{\phi} \tag{4-15}$$

式中,$\boldsymbol{E}$ 为电场强度;$\boldsymbol{B}$ 为磁通密度;$\boldsymbol{v}$ 为工件速度;$\boldsymbol{J}$ 为感应电流密度;下标 r、ϕ 和 z 分别为矢量的径向分量、环向分量和轴向分量。

板件电磁成形过程中,工件速度以轴向分量为主;管件电磁成形过程中,工件速度以径向分量为主。

脉冲电磁力是工件变形的载荷,由工件处的感应涡流与磁通密度共同决定。板件以轴向电磁力为主,几乎不受径向电磁力作用;而管件则与之相反,以径向电磁力为主,具体如下

$$\boldsymbol{F}_z = \boldsymbol{J}_{\phi} \times \boldsymbol{B}_r \tag{4-16}$$

$$\boldsymbol{F}_r = \boldsymbol{J}_{\phi} \times \boldsymbol{B}_z \tag{4-17}$$

式中,$\boldsymbol{F}$ 为电磁力体密度。

径向电磁力与环向感应电流和轴向磁通密度有关,轴向电磁力与环向感应电流和径向磁通密度有关。

4.2 全电流定律:安培环路定理的修正

感应电场说明,变化的磁场产生电场。麦克斯韦坚信电场和磁场是密不可分的,并且具有对称性。为此,他提出了“位移电流”的假说,揭示了变化的电场产生磁场。

4.2.1 安培环路定理修正的依据

在时变场中，空间电荷分布 ρ 是时变的，即 $\frac{\partial \rho}{\partial t} \neq 0$，根据电荷守恒定律，在静止媒质中，有

$$\nabla \cdot \boldsymbol{J} + \frac{\partial \rho}{\partial t} = 0 \tag{4-18}$$

设传导电流为 $\boldsymbol{J}$，假设安培环路定理在时变场中仍成立，即 $\nabla \times \boldsymbol{H} = \boldsymbol{J}$，则

$$\nabla \cdot \nabla \times \boldsymbol{H} = \nabla \cdot \boldsymbol{J} \tag{4-19}$$

而根据矢量恒等式可得，$\nabla \cdot \nabla \times \boldsymbol{H} = 0$，所以

$$\nabla \cdot \boldsymbol{J} = 0 \tag{4-20}$$

很显然式(4-20)和电荷守恒定律矛盾，但电荷守恒定律是大量实验总结出的普遍规律，对静态场和时变场都应成立。而时变场中的传导电流不再保持连续，换句话说，在时变情况下，环路定理 $\nabla \times \boldsymbol{H} = \boldsymbol{J}$ 不再成立。因此，需要对安培环路定理进行修正。

下面通过一个实例来说明。如图 4-9 所示，电容器 C 通过外电路和时变电源 $u(t)$ 连接，对闭合面 S_1 和 S_2 应用安培环路定理，分别得到

$$\oint_l \boldsymbol{H} \cdot \mathrm{d}\boldsymbol{l} = \int_{S_1} \boldsymbol{J} \cdot \mathrm{d}\boldsymbol{S} = i \text{ 和} \oint_l \boldsymbol{H} \cdot \mathrm{d}\boldsymbol{l} = \int_{S_2} \boldsymbol{J} \cdot \mathrm{d}\boldsymbol{S} = 0$$

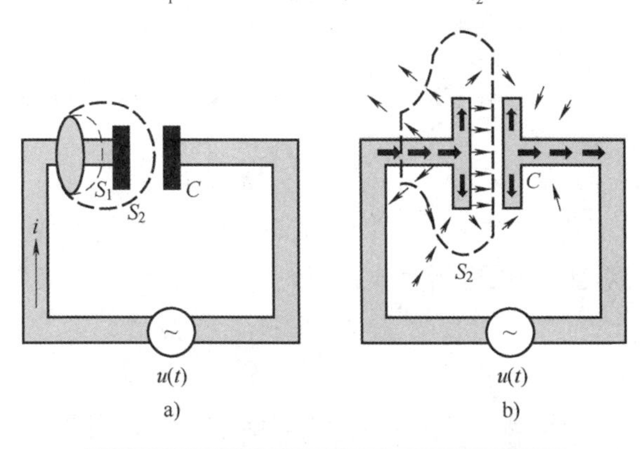

图 4-9 安培环路定理在时变场中的应用

很显然，上述结果矛盾。因此，安培环路定理在时变场中需要修正。

4.2.2 安培环路定理的修正

为了解决上述矛盾，麦克斯韦提出了“位移电流”的假设，即时变的电场会产生磁场。这个假设是麦克斯韦对电磁理论的最大贡献。

在时变情况下，高斯定理仍然成立，即 $\nabla \cdot \boldsymbol{D} = \rho$。由电荷守恒定律有

$$\nabla \cdot \boldsymbol{J} + \frac{\partial \rho}{\partial t} = 0 \tag{4-21}$$

故 $\nabla \cdot \boldsymbol{J} + \frac{\partial \rho}{\partial t} = \nabla \cdot \boldsymbol{J} + \frac{\partial}{\partial t}(\nabla \cdot \boldsymbol{D}) = 0$，即

$$\nabla \cdot \left(\boldsymbol{J}+\frac{\partial \boldsymbol{D}}{\partial t} \right) =0 \tag{4-22}$$

式中,矢量 $\boldsymbol{J}+\frac{\partial \boldsymbol{D}}{\partial t}$ 称为全电流密度,由于其散度恒为零,所以全电流线为闭合电流线。定义位移电流密度为

$$\boldsymbol{J}_{\mathrm{d}}=\frac{\partial \boldsymbol{D}}{\partial t} \tag{4-23}$$

空间任意点的位移电流密度等于该点的电位移矢量对时间的变化率(方向和电位移矢量相同)。通过曲面 S 的位移电流为 $I_{\mathrm{d}}=\int_S \boldsymbol{J}_{\mathrm{d}} \cdot \mathrm{d}\boldsymbol{S}$,说明存在变化电场的空间就存在位移电流,但它并不表示带电粒子的定向运动,位移电流的正确性已经被以后的电磁波实验所证实。位移电流和传导电流的比较见表 4-1。

表 4-1　位移电流和传导电流的比较

	传导电流	位移电流
不同	电荷的定向移动	不是真实电荷的空间运动,而是电场的变化
	产生焦耳热	真空中无热效应和化学效应
相同	传导电流和位移电流都能激发磁场	

由矢量恒等式 $\nabla \cdot \nabla \times \boldsymbol{H}=0$,综合式(4-22)得到时变场中的安培环路定律为

$$\nabla \times \boldsymbol{H}=\boldsymbol{J}+\frac{\partial \boldsymbol{D}}{\partial t} \tag{4-24}$$

式(4-24)称为全电流定律,这就是修正后的安培环路定律的微分形式。它表明产生磁场的源可以是电流,也可以是时变的电场。式(4-24)对应的积分表达式为

$$\oint_l \boldsymbol{H} \cdot \mathrm{d}\boldsymbol{l}=\int_S \left(\boldsymbol{J}+\frac{\partial \boldsymbol{D}}{\partial t} \right) \cdot \mathrm{d}\boldsymbol{S} \tag{4-25}$$

式(4-25)是全电流定律的积分形式,它揭示不仅传导电流激发磁场,变化的电场也可以激发磁场。它与变化的磁场激发电场形成自然界的一个对偶关系。麦克斯韦由此预言了电磁波的存在。

从前面的章节知道有时还需要考虑运流电流。运流电流是由电子、离子或其他带电粒子在真空或气体中的定向运动形成的。运流电流的电流密度不与电场强度成正比,且方向也可能不同于电场强度的方向。

将传导电流、运流电流和位移电流之和称为全电流。因此,设运流电流密度为 $\boldsymbol{J}_{\mathrm{v}}$,完整的全电流定理的微分形式为

$$\nabla \times \boldsymbol{H}=\boldsymbol{J}+\frac{\partial \boldsymbol{D}}{\partial t}+\boldsymbol{J}_{\mathrm{v}} \tag{4-26}$$

但运流电流和传导电流都是由电荷运动形成的,在空间同一点上,这两种电流不可能同时存在。因为传导电流和运流电流存在于不同的媒质中。对于最常见的固体导电媒质,没有运流电流,故式(4-26)只包含传导电流和位移电流。

当某回路只存在固体媒质时,式(4-26)简化为传导电流的代数和为零,这就是熟知的基尔霍夫电流定律。

位移电流的提出,是麦克斯韦对经典电磁理论的重大贡献。电和磁这种相互依存、相互制约及不可分割的密切关系,构成了统一电磁现象的两个方面。

在图 4-9 中,对 S_1 应用全电流定律有:$\oint_l \boldsymbol{H}\cdot \mathrm{d}\boldsymbol{l} = \int_{S_1}\left(\boldsymbol{J}+\frac{\partial \boldsymbol{D}}{\partial t}\right)\cdot \mathrm{d}\boldsymbol{S} = \int_{S_1}\boldsymbol{J}\cdot \mathrm{d}\boldsymbol{S} = i$。

对 S_2 应用全电流定律有:$\oint_l \boldsymbol{H}\cdot \mathrm{d}\boldsymbol{l} = \int_{S_2}\left(\boldsymbol{J}+\frac{\partial \boldsymbol{D}}{\partial t}\right)\cdot \mathrm{d}\boldsymbol{S} = \int_{S_2}\frac{\partial \boldsymbol{D}}{\partial t}\cdot \mathrm{d}\boldsymbol{S}$,而对 S_2 有 $D=\sigma$(σ 为面电荷密度)成立,故 $\oint_l \boldsymbol{H}\cdot \mathrm{d}\boldsymbol{l} = \int_{S_2}\frac{\partial \sigma}{\partial t}\cdot \mathrm{d}\boldsymbol{S} = \frac{\partial q}{\partial t} = i$。

因此,对于整个电路而言,电流在形式上是连续的。在电容器两极板间,位移电流取代了传导电流。传导电流与位移电流之和在整个电路中是连续的。

设图 4-9 中的电容为平行板电容器,极板面积为 S,相距为 d,介质的介电常数为 ε,极板间电压为 $u(t)$,设电容器和外电路构成闭合回路,则线路中的传导电流为 $i_C=C\frac{\mathrm{d}u}{\mathrm{d}t}$。

考虑到板间电场比外部泄漏电场大得多,可以忽略极板的边缘效应和感应电场,故板间电场为 $E=\frac{u}{d}$,电位移为 $D=\varepsilon E=\frac{\varepsilon u(t)}{d}$,因此位移电流密度为 $J_D=\frac{\partial D}{\partial t}=\frac{\varepsilon}{d}\left(\frac{\mathrm{d}u}{\mathrm{d}t}\right)$,总的位移电流为 $i_D=\int_S J_D \mathrm{d}S=\frac{\varepsilon S}{d}\left(\frac{\mathrm{d}u}{\mathrm{d}t}\right)=C\frac{\mathrm{d}u}{\mathrm{d}t}=i_C$。

因此,导线中的传导电流流入电容器极板,在极板间(无论是充电还是放电)形成时变电场,产生位移电流,且极板间的位移电流正好等于导线中的传导电流,因此电流是连续的。

例 4-1　铜的电导率为 $\gamma=5.8\times10^7\mathrm{S/m}$、相对介电常数 $\varepsilon_r=1$。设铜中的传导电流密度为 $\boldsymbol{J}=\boldsymbol{e}_x J_m\cos(\omega t)$,求位移电流密度。

解:存在时变电磁场时,传导电流密度 $\boldsymbol{J}=\boldsymbol{e}_x J_m\cos(\omega t)$,振幅值为 $J_m=\gamma E_m$。位移电流密度为 $\boldsymbol{J}_d=\frac{\partial \boldsymbol{D}}{\partial t}$,因为 $\boldsymbol{D}=\varepsilon_r\varepsilon_0\boldsymbol{E}=\varepsilon_r\varepsilon_0\boldsymbol{J}/\gamma$,代入已知条件,得到 $\boldsymbol{J}_d=-\boldsymbol{e}_x\omega\varepsilon_r\varepsilon_0 E_m\sin(\omega t)$,振幅值为 $J_{dm}=\omega\varepsilon_r\varepsilon_0 E_m$,且

$$\frac{J_{dm}}{J_m}=\frac{\omega\varepsilon_r\varepsilon_0 E_m}{\gamma E_m}=\frac{2\pi f\times1\times8.854\times10^{-12}E_m}{5.8\times10^7E_m}=9.58\times10^{-13}f$$

故在很宽的频率范围(30~300GHz)内,比值 J_{dm}/J_m 也是很小的,因此可忽略铜中的位移电流。这个结论对大部分金属都成立。

例 4-2　设平板电容器的极板面积为 S,板间介质充满电介质(ε,γ)。设电容的初始带电量为 Q,忽略边缘效应,试求电容器中的电流(包括传导电流和位移电流)。

解:忽略边缘效应,电场和传导电流方向均垂直于极板,由电流连续性条件知,极板间的电流和电场强度均匀。设电场和传导电流密度大小分别为 E 和 J,则有 $J=\gamma E$,$D=\varepsilon E$。

在极板上,由边界条件得面电荷密度为 $\sigma=D_n=D=\varepsilon E$,极板带电量为 $Q=\sigma S=\varepsilon SE$。

当存在漏电现象时，电极板上带电量发生变化，由电荷守恒定律有

$$\frac{\mathrm{d}Q}{\mathrm{d}t}=-JS=-\gamma ES=-\gamma S\frac{\sigma}{\varepsilon}=-\gamma S\frac{Q}{\varepsilon S}=-\gamma\frac{Q}{\varepsilon}$$

该方程的解为

$$Q=Q_0\mathrm{e}^{-\frac{\gamma}{\varepsilon}t}$$

$$J=-\frac{1}{S}\cdot\frac{\mathrm{d}Q}{\mathrm{d}t}=-\frac{1}{S}\frac{\mathrm{d}}{\mathrm{d}t}(Q_0\mathrm{e}^{-\frac{\gamma}{\varepsilon}t})=\frac{\gamma}{\varepsilon S}Q_0\mathrm{e}^{-\frac{\gamma}{\varepsilon}t}$$

位移电流为

$$J_D=\frac{\mathrm{d}D}{\mathrm{d}t}=\varepsilon\frac{\mathrm{d}E}{\mathrm{d}t}=-\frac{\gamma}{\varepsilon S}Q_0\mathrm{e}^{-\frac{\gamma}{\varepsilon}t}$$

可见全电流 $J+J_D=0$。

4.3 麦克斯韦方程

4.3.1 麦克斯韦方程

上节已经得到了电磁感应定律和全电流定律，综合前几章得到的结论，得到电磁现象基本规律的四个方程，即电磁场基本方程。其主要贡献者是麦克斯韦，因此，又称为麦克斯韦方程，其微分形式如下

全电流定律

$$\nabla\times\boldsymbol{H}=\boldsymbol{J}+\frac{\partial\boldsymbol{D}}{\partial t} \tag{4-27}$$

$$\nabla\times\boldsymbol{E}=-\frac{\partial\boldsymbol{B}}{\partial t} \tag{4-28}$$

$$\nabla\cdot\boldsymbol{B}=0 \tag{4-29}$$

$$\nabla\cdot\boldsymbol{D}=\rho \tag{4-30}$$

式(4-27)是全电流定律(麦克斯韦第一方程)，表明产生磁场的源可以是传导电流和变化的电场，且磁场的场线是闭合的。

式(4-28)是电磁感应定律(麦克斯韦第二方程)，说明变化的磁场能产生电场(感应电场)，和库仑电场不一样，感应电场的场线是闭合的，即变化的磁场以涡旋的形式产生感应电场。

式(4-29)是磁通连续性原理，表明磁场是无源场，磁力线总是闭合曲线(磁力线是闭合的，不会从一个点源发出，故磁荷或磁单极子不存在)。

式(4-30)即高斯定理说明电荷以发散的方式产生电场。

式(4-27)和式(4-30)表明，时变电场是有源有旋场，时变电荷和时变磁场都可以产生电场；式(4-28)和式(4-29)表明，时变磁场是无源有旋场，时变电流和时变电场都可以产生磁场。

上述方程有 5 个矢量($\boldsymbol{E}$、$\boldsymbol{D}$、$\boldsymbol{B}$、$\boldsymbol{H}$、$\boldsymbol{J}$)和 1 个标量 ρ，每个矢量一般有 3 个分量，故麦克斯韦方程组一共有 16 个标量，很明显方程的数目少于变量个数，且各矢量都和媒质的性质相关。

因此,还需要补充媒质的特性方程才能求解。对于各向同性的均匀媒质有

$$\boldsymbol{D}=\varepsilon\boldsymbol{E} \tag{4-31}$$

$$\boldsymbol{J}=\gamma\boldsymbol{E} \tag{4-32}$$

$$\boldsymbol{B}=\mu\boldsymbol{H} \tag{4-33}$$

式(4-31)~式(4-33)称为电磁场的构成方程或本构方程,ε、μ 和 γ 分别为媒质的介电常数、磁导率和电导率。

上述麦克斯韦方程组的积分形式为

$$\oint_l \boldsymbol{H}\cdot \mathrm{d}\boldsymbol{l}=\int_S\left(\boldsymbol{J}+\frac{\partial \boldsymbol{D}}{\partial t}\right)\cdot \mathrm{d}\boldsymbol{S} \tag{4-34}$$

$$\oint_l \boldsymbol{E}\cdot \mathrm{d}\boldsymbol{l}=-\int_S \frac{\partial \boldsymbol{B}}{\partial t}\cdot \mathrm{d}\boldsymbol{S} \tag{4-35}$$

$$\oint_S \boldsymbol{B}\cdot \mathrm{d}\boldsymbol{S}=0 \tag{4-36}$$

$$\oint_S \boldsymbol{D}\cdot \mathrm{d}\boldsymbol{S}=q \tag{4-37}$$

不难看出,时变场是静态场和恒定场的推广。不随时间变化的场称为静态场,此时$\frac{\partial}{\partial t}=0$,麦克斯韦方程组变为静电场和恒定场的方程,电场与磁场彼此独立。

麦克斯韦方程组的建立对近代电磁学的发展起到了巨大的推动作用,它的正确性在大量的科学实践中得到了证实,不仅完美地解释了电磁物理现象,还预言了电磁波的存在。在经典范围内,它是反映电磁场运动规律的基本定理,也是研究一切电磁问题的出发点和基础。

例 4-3　已知在无源的自由空间中,某电台辐射电磁场的电场分量为 $\boldsymbol{E}=\boldsymbol{e}_x E_0\cos(\omega t-\beta z)$,其中 E_0、ω、β 为常数,求空间任意一点的磁感应强度。

解:无源就是待求区域内没有场源(电流和电荷),即 $J=0,\rho=0$,故

$$-\frac{\partial \boldsymbol{B}}{\partial t}=\nabla\times\boldsymbol{E}=\begin{vmatrix}\boldsymbol{e}_x & \boldsymbol{e}_y & \boldsymbol{e}_z\\ \frac{\partial}{\partial x} & \frac{\partial}{\partial y} & \frac{\partial}{\partial z}\\ E_x & 0 & 0\end{vmatrix}=\boldsymbol{e}_y E_0\beta\sin(\omega t-\beta z)$$

得到 $\boldsymbol{B}=\boldsymbol{e}_y\frac{E_0\beta}{\omega}\cos(\omega t-\beta z)$,又因 $\boldsymbol{B}=\mu_0\boldsymbol{H}$,即 $\boldsymbol{H}=\boldsymbol{e}_y\frac{E_0\beta}{\mu_0\omega}\cos(\omega t-\beta z)$。

*4.3.2　麦克斯韦方程组的实践性、对称性和独立性

(1) 实践性

麦克斯韦方程组来源于实验定律:由库仑定律导出麦克斯韦方程的高斯定理,由毕奥-萨伐尔定律可以导出磁通连续性原理。但是,它又高于实践,是在实验基础上融入科学家智慧的结晶,如引入位移电流修正实验定律得到安培环路定律,就是很好的例证。

(2) 对称性

麦克斯韦方程表明,时变电磁场中,电场与磁场是不可分割的,时变电磁场是有源有旋场。

在无源空间,即使电荷密度和电流密度都为零,时变电场和时变磁场仍然可以相互转化、相互依赖,从而在空间形成不可分割的统一整体,并向前传播,这就是电磁波。

麦克斯韦方程显示了电与磁的对称性,但此对称性的发现却是从不对称性开始的。早在1820年丹麦学者奥斯特首先发现电流可以产生磁场,并创造了"Electromagnetics"一词。在1821—1831年法拉弟猜测磁铁可以产生电流,但多次失败;1831年他发现磁铁在线圈内移动时产生了电流,于是得到变化的磁场产生电场的结论。根据对称性,麦克斯韦发现电场变化也可以产生磁场。

(3) 制约性

在无源空间中,式(4-27)和式(4-28)的右边相差一个负号,正是这个负号使电场和磁场相互激励且相互制约:当磁场减小时,电场增大;当电场增大时,磁场增大,磁场增大反过来使电场减小。

(4) 独立性

麦克斯韦方程中四个方程并不是完全独立,例如,电流的连续性方程$\nabla\cdot\boldsymbol{J}=-\frac{\partial\rho}{\partial t}$和两个旋度方程(式(4-27)、式(4-28))就是一组独立方程;由两个旋度方程可以导出两个散度方程。

值得注意的是,非独立的散度方程不是多余的,因为根据亥姆霍兹定理,矢量场同时要由其旋度和散度才能唯一确定。

*散度方程的导出

对麦克斯韦第一方程取散度,得

$$\nabla\cdot(\nabla\times\boldsymbol{H})=\nabla\cdot\boldsymbol{J}+\frac{\partial}{\partial t}(\nabla\cdot\boldsymbol{D}) \tag{4-38}$$

由于$\nabla\cdot\nabla\times\boldsymbol{H}\equiv0$,并将电流的连续性方程代入上式,得

$$\frac{\partial}{\partial t}(\nabla\cdot\boldsymbol{D}-\rho)=0 \tag{4-39}$$

因为$\frac{\partial\boldsymbol{D}}{\partial t}\neq0$,$\frac{\partial\rho}{\partial t}\neq0$,故$\nabla\cdot\boldsymbol{D}-\rho=$常数。不失一般性,$t=0$时令,$\rho=0$,$\boldsymbol{D}=0$,故$\nabla\cdot\boldsymbol{D}-\rho=0$由此得到式$\nabla\cdot\boldsymbol{D}=\rho$。

同理,对麦克斯韦第二方程取散度,可得到$\nabla\cdot\boldsymbol{B}=0$。

*4.3.3 广义的麦克斯韦方程

严格说来,麦克斯韦方程组是不对称的。电荷和电流称为电型源,和电型源对比可以引入磁型源,即磁流和磁荷。磁流和磁荷的概念已经广泛应用在近代很多有关天线和微波理论的文献中。从物理上说,客观世界中是否存在类似于电荷并能产生磁场的磁荷粒子这一问题还没有解决。但是这里所说的磁流与磁荷是数学上的概念,并不考虑客观上是否存在。

设磁荷密度ρ^{m}和磁流密度$\boldsymbol{J}^{m}$满足磁流连续性原理,即$\nabla\cdot\boldsymbol{J}^{m}=-\frac{\partial\rho^{m}}{\partial t}$。此时,麦克斯韦方程组变成了严格对称的方程组

$$
\begin{cases}
\nabla \times \boldsymbol{H} = \boldsymbol{J} + \dfrac{\partial \boldsymbol{D}}{\partial t} \\
\nabla \times \boldsymbol{E} = -\boldsymbol{J}^{m} - \dfrac{\partial \boldsymbol{B}}{\partial t} \\
\nabla \cdot \boldsymbol{B} = \rho^{m} \\
\nabla \cdot \boldsymbol{D} = \rho
\end{cases}
\tag{4-40}
$$

电型源电流和电荷是自然界的实际场源，而迄今为止还未发现自然界中有磁荷和磁流。这里引入的磁荷和磁流是一种等效源。

4.4　时变电磁场的边界条件

实际电磁场问题都是在一定的物理空间内发生的，该空间中可能是由多种不同媒质组成的。分界面两侧介质的特性参数可能发生突变，在电磁场的作用下，场在分界面两侧也可能发生突变。

时变场边界条件的研究方法与静电场和恒定场相同，即把积分形式的场方程应用于边界面上的闭曲面或闭曲线就可推出时变场的边界条件。也就是说，边界条件就是麦克斯韦方程组的积分方程在边界面处的特殊形式。

4.4.1　两种媒质分界面的一般边界条件

在媒质界面上，由于媒质的性质有突变。麦克斯韦方程的微分形式不再成立，但积分形式仍然成立，从积分形式可以导出媒质界面上的场方程即边界条件。

考虑两种不同媒质，设第一、二种媒质的介电常数、磁导率和电导率分别为 ε_1、μ_1、γ_1，和 ε_2、μ_2、γ_2。$\boldsymbol{e}_n$ 为分界面上的单位法向矢量，由第一种媒质指向第二种媒质，如图 4-10 所示。

时变场中媒质分界面上衔接条件的推导方式与前三章类似，因此，这里不再详细推导，只归纳如下。设下标 n、t 分别代表法向和切向分量，下标 1、2 分别代表媒质 1 或 2，设 σ 为分界面上的自由电荷面密度，则电场的边界条件为

$$D_{2n} - D_{1n} = \sigma \tag{4-41}$$

$$E_{2t} = E_{1t} \tag{4-42}$$

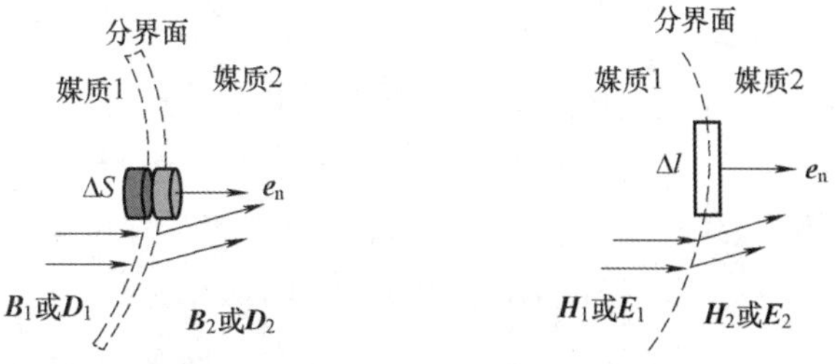

图 4-10　不同媒质分界面的衔接条件的推导图

设 K 为传导电流线密度，则磁场的边界条件为

$$B_{1n} = B_{2n} \tag{4-43}$$

$$H_{2t} - H_{1t} = K \tag{4-44}$$

说明 $\boldsymbol{E}$ 的切向分量和 $\boldsymbol{B}$ 的法向分量总是连续的；在有源区（存在传导电流或自由电荷的区域），$\boldsymbol{H}$ 的切向分量和 $\boldsymbol{D}$ 的法向分量是不连续的。同时还可以看出，电场满足的边界条件和静电场相同，磁场满足的边界条件和恒定磁场相同。

设$\boldsymbol{E}_1$、$\boldsymbol{E}_2$和分界面法线间的夹角为α_1、α_2，$\boldsymbol{H}_1$、$\boldsymbol{H}_2$和分界面法线间的夹角为β_1、β_2。从(4-41)~式(4-44)不难得到，无源区的折射定律为

$$\frac{\tan\alpha_1}{\tan\alpha_2}=\frac{\varepsilon_1}{\varepsilon_2} \tag{4-45}$$

$$\frac{\tan\beta_1}{\tan\beta_2}=\frac{\mu_1}{\mu_2} \tag{4-46}$$

由电荷守恒定律可知$\oint_S \boldsymbol{J}\cdot \mathrm{d}\boldsymbol{S}=-\frac{\partial q}{\partial t}$，不难推出$J_{2n}-J_{1n}=-\frac{\partial \sigma}{\partial t}$，即$J_{2n}-J_{1n}=\frac{\partial D_{1n}}{\partial t}-\frac{\partial D_{2n}}{\partial t}$，整理得到

$$J_{1n}+\frac{\partial D_{1n}}{\partial t}=J_{2n}+\frac{\partial D_{2n}}{\partial t} \tag{4-47}$$

这就是全电流定律：在导电媒质中，传导电流和位移电流的和是守恒的。

4.4.2 两理想介质(无损耗线性媒质)的分界面

无损耗线性媒质的电导率为零，即$\gamma=0$。在无损耗线性媒质的分界面上，一般不存在自由电荷和传导电流，即$\sigma=0$，$K=0$，故

$$H_{1t}=H_{2t},E_{1t}=E_{2t},B_{1n}=B_{2n},D_{1n}=D_{2n} \tag{4-48}$$

说明理想介质中不可能有传导电流。

4.4.3 理想介质和理想导体的分界面

理想导体的电导率很大($\gamma\to\infty$)，很多情况下可将现实生活中的良导体(银、铜、金和铝等)视为理想导体(或完纯导体)。理想介质就是不导电的物质，即它的电导率为零($\gamma=0$)，但理想介质是不存在的，它只是绝缘体的一种近似。

设图4-11所示媒质1为理想导体($\gamma_1\to\infty$)，右边媒质2为理想介质($\gamma_2\to 0$)。不难得到下面结论：

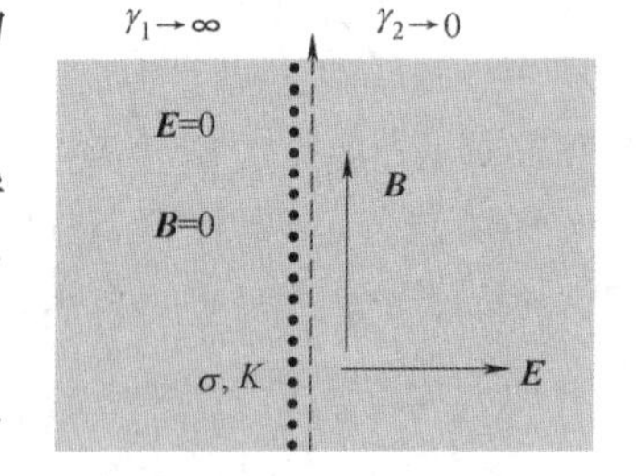

图 4-11 理想介质和理想导体的分界面

1) 在理想导体内部不可能存在时变电场。因为在理想导体内部，电流密度$\boldsymbol{J}$为有限值，而理想导体的电导率$\gamma_2\to\infty$，由$\boldsymbol{J}=\gamma\boldsymbol{E}$，必有导体内部的电场强度$\boldsymbol{E}=0$。

2) 在理想导体内部不可能存在时变磁场。在理想导体内部$\boldsymbol{E}=0$，由麦克斯韦方程有$\nabla\times\boldsymbol{E}=-\frac{\partial \boldsymbol{B}}{\partial t}=0$，故$\boldsymbol{B}=C$为常数。假设$C\neq0$，则$\boldsymbol{B}$由$0\to\boldsymbol{C}$建立的过程中必有$\frac{\partial \boldsymbol{B}}{\partial t}\neq0$，即$\boldsymbol{E}\neq0$。这和理想导体内部$\boldsymbol{E}=0$矛盾，因此$\boldsymbol{B}=\boldsymbol{C}=0$。故在理想导体内部既没有电场，也没有磁场。当电磁波入射到理想导体表面时，发生全反射。

3) 在理想导体内部不可能存在时变传导电流。在导体内部$\boldsymbol{E}=0$，故$\frac{\partial \boldsymbol{D}}{\partial t}=0$。设在理想导

体内部存在时变传导电流 $\boldsymbol{J}$，根据 $\nabla\times\boldsymbol{H}=\boldsymbol{J}+\dfrac{\partial\boldsymbol{D}}{\partial t}$，必有 $\boldsymbol{H}\neq 0$，因此，一定存在磁场，这与2）的结论矛盾。故在理想导体内部不可能存在时变传导电流。

4）理想导体表面外侧的电力线垂直于导体表面，磁力线沿着导体表面分布。如图4-11，不难得到 $E_{2t}=E_{1t}=0$，$B_{2n}=B_{1n}=0$，故理想导体表面的时变电场垂直于导体表面，而时变磁场和导体表面相切。

5）理想导体表面有感应的面电荷和面电流。如图4-11，$H_{2t}=K$，$D_{2n}=\sigma$，在理想导体表面有面电流和面电荷分布。

例4-4　设区域1（$z<0$，媒质参数为 $\varepsilon_{r1}=1$，$\mu_{r1}=1$，$\gamma_1=0$）的电场强度为 $\boldsymbol{E}_1=\boldsymbol{e}_x[60\cos(15\times10^8t-5z)+20\cos(15\times10^8t+5z)]$（V/m）；区域2（$z>0$，媒质参数为 $\varepsilon_{r2}=6$，$\mu_{r2}=20$，$\gamma_2=0$）的电场强度为 $\boldsymbol{E}_2=\boldsymbol{e}_x\boldsymbol{A}\times\cos(15\times10^8t-5z)$（V/m）。试求：

总结起来有，导体分界面上有 $H_{2t}=-K$，$B_{2n}=0$，$E_{2t}=0$，$D_{2n}=\sigma$

（1）常数 A。

（2）区域1的磁场强度 H_1 和区域2的磁场强度 H_2。

（3）证明在 $z=0$ 处 H_1 和 H_2 满足边界条件。

解：（1）在无耗媒质的分界面 $z=0$ 处，有

$$\boldsymbol{E}_1=\boldsymbol{e}_x[60\cos(15\times10^8t)+20\cos(15\times10^8t)]=\boldsymbol{e}_x80\cos(15\times10^8t)$$

$$\boldsymbol{E}_2=\boldsymbol{e}_x\boldsymbol{A}\cos(15\times10^8t)$$

由于 $\boldsymbol{E}_1$ 和 $\boldsymbol{E}_2$ 正好为切向电场，由边界条件有 $\boldsymbol{E}_1=\boldsymbol{E}_2$，得 $\boldsymbol{A}=80\text{V/m}$。

（2）根据麦克斯韦方程 $\nabla\times\boldsymbol{E}_1=-\mu_1\dfrac{\partial\boldsymbol{H}_1}{\partial t}$ 有

$$\frac{\partial\boldsymbol{H}_1}{\partial t}=-\frac{1}{\mu_1}\nabla\times\boldsymbol{E}_1=-\boldsymbol{e}_y\frac{1}{\mu_1}\frac{\partial E_1}{\partial z}$$

$$=\boldsymbol{e}_y\frac{1}{\mu_1}[300\sin(15\times10^8t-5z)-100\sin(15\times10^8t+5z)]$$

得 $\boldsymbol{H}_1=\boldsymbol{e}_y[0.159\cos(15\times10^8t-5z)-0.053\cos(15\times10^8t+5z)]$（A/m）

同理，可得 $\boldsymbol{H}_2=\boldsymbol{e}_y[0.1061\times\cos(15\times10^8t-50z)]$

（3）将 $z=0$ 代入得 $\boldsymbol{H}_1=\boldsymbol{e}_y[0.106\times\cos(15\times10^8t)]$，$\boldsymbol{H}_2=\boldsymbol{e}_y[0.106\times\cos(15\times10^8t)]$

这里的 H_1 和 H_2 是分界面上的切向分量，因为分界面上 $K=0$，$\boldsymbol{H}_1=\boldsymbol{H}_2$。

4.5　动态位

和恒定场一样，采用位函数来简化时变场问题的分析和计算。

4.5.1　动态位的引入

在时变场中，$\nabla\times\boldsymbol{E}=-\dfrac{\partial\boldsymbol{B}}{\partial t}$，且 $\boldsymbol{B}=\nabla\times\boldsymbol{A}$，故 $\nabla\times\boldsymbol{E}=-\dfrac{\partial}{\partial t}(\nabla\times\boldsymbol{A})$，可得

$$\nabla\times\left(\boldsymbol{E}+\frac{\partial \boldsymbol{A}}{\partial t}\right)=0 \tag{4-49}$$

设中间变量 $\boldsymbol{E}_1=\boldsymbol{E}+\frac{\partial \boldsymbol{A}}{\partial t}$,则 $\nabla\times\boldsymbol{E}_1=0$,因此,存在位函数 φ,$\boldsymbol{E}_1=-\nabla\varphi$,可得

$$\boldsymbol{E}+\frac{\partial \boldsymbol{A}}{\partial t}=-\nabla\varphi \text{ 或 } \boldsymbol{E}=-\nabla\varphi-\frac{\partial \boldsymbol{A}}{\partial t} \tag{4-50}$$

式中,矢量函数 $\boldsymbol{A}$(称为矢量位,简称矢位)和标量函数 φ(称为标量位,简称标位、标势)既是空间坐标的函数,也是时间的函数,称为动态位,矢位的单位为 Wb/m,标位的单位为 V。

值得注意的是,不要把标量位和电动势混为一谈。因为在时变场中,电场不再是保守场,标量位不再等于电场强度的线积分。

式(4-50)中的电场 $\boldsymbol{E}$ 是两个分量的叠加:$\boldsymbol{E}=-\nabla\varphi$ 是库仑场分量,也是有源分量;$\boldsymbol{E}=-\partial\boldsymbol{A}/\partial t$ 是感应电场分量,也是有旋分量。在静态情况下,$\frac{\partial \boldsymbol{A}}{\partial t}=0$,$\boldsymbol{E}=-\nabla\varphi$。

4.5.2 达朗贝尔方程及其特点

确定动态位 $\boldsymbol{A}$ 和 ϕ,首先需确定动态位和它们的源之间的关系。在各向同性、线性和均匀媒质中,由 $\nabla\times\boldsymbol{H}=\boldsymbol{J}+\frac{\partial \boldsymbol{D}}{\partial t}$ 和构成方程得到

$$\nabla\times\frac{1}{\mu}(\nabla\times\boldsymbol{A})=\boldsymbol{J}+\frac{\partial}{\partial t}\varepsilon\left(-\frac{\partial \boldsymbol{A}}{\partial t}-\nabla\varphi\right) \tag{4-51}$$

又因 $\nabla\cdot\boldsymbol{D}=\rho$,故 $\nabla\cdot\varepsilon\left(-\frac{\partial \boldsymbol{A}}{\partial t}-\nabla\varphi\right)=\rho$,整理后得

$$\nabla^2\boldsymbol{A}-\varepsilon\mu\frac{\partial^2\boldsymbol{A}}{\partial t^2}=-\mu\boldsymbol{J}+\nabla\left(\nabla\cdot\boldsymbol{A}+\mu\varepsilon\frac{\partial\varphi}{\partial t}\right) \tag{4-52}$$

$$\nabla^2\varphi+\frac{\partial}{\partial t}(\nabla\cdot\boldsymbol{A})=-\frac{\rho}{\varepsilon} \tag{4-53}$$

式(4-52)、式(4-53)都比较复杂,而且 $\boldsymbol{A}$ 和 φ 是交织在一起的,即矢位和标位的方程是相互耦合的,不便于分析和求解,需要加以简化。

1. 洛仑兹规范

根据亥姆霍兹定理知,要确定一个矢量场,需同时确定其散度和旋度。已知 $\boldsymbol{B}=\nabla\times\boldsymbol{A}$,如果 $\nabla\cdot\boldsymbol{A}$ 不确定,会出现 $\boldsymbol{A}$ 的多值性问题。因此,选择适当的值 $\nabla\cdot\boldsymbol{A}$,即选择 $\boldsymbol{A}$ 的规范,使式(4-52)、式(4-53)简化。

为了解决 $\boldsymbol{A}$ 的多值性问题,需给定 $\nabla\cdot\boldsymbol{A}$ 的值。在式(4-52)中,设

$$\nabla\cdot\boldsymbol{A}=-\mu\varepsilon\frac{\partial\varphi}{\partial t} \tag{4-54}$$

则式(4-52)、式(4-53)变为

$$\nabla^2\boldsymbol{A}-\mu\varepsilon\frac{\partial^2\boldsymbol{A}}{\partial t^2}=-\mu\boldsymbol{J} \tag{4-55}$$

$$\nabla^2\varphi-\mu\varepsilon\frac{\partial^2\varphi}{\partial t^2}=-\frac{\rho}{\varepsilon} \tag{4-56}$$

式(4-54)称为洛仑兹规范(条件),是电流连续性原理的体现,在恒定场中退化为库仑规范。洛仑兹规范确定了$\nabla\cdot\boldsymbol{A}$的值,与$\boldsymbol{B}=\nabla\times\boldsymbol{A}$共同唯一确定$\boldsymbol{A}$。简化了动态位与场源之间的关系,使$\boldsymbol{J}$单独决定$\boldsymbol{A}$,$\rho$决定$\varphi$,从而简化求解过程。

式(4-55)、式(4-56)称为动态位的达朗贝尔方程,是二阶非齐次微分方程。

在恒定场中,引入了库仑规范,即$\nabla\cdot\boldsymbol{A}=0$。在式(4-54)中,如果$\frac{\partial\varphi}{\partial t}=0$,则洛仑兹规范退化为库仑规范。因此,库仑规范是洛仑兹规范在恒定场中的表现。

这里也可以使用库仑规范,但这样得到的动态位方程仍比较复杂。

2. 达朗贝尔方程及其特点

式(4-55)、式(4-56)称为达朗贝尔方程,其特点为:

1) 独立性　式(4-55)、式(4-56)只单独含求解量$\boldsymbol{A}$或φ,且形式上对称,彼此相对独立。通过洛仑兹规范相联系,故达朗贝尔方程的独立是有条件的。

2) 场源关系　达朗贝尔方程反映了时变场的动态位和场源的关系:矢量位函数$\boldsymbol{A}$的源是传导电流,标量位函数φ的源是自由电荷。

3) 对偶性　式(4-55)、式(4-56)是对偶方程,$\boldsymbol{A}$和φ、$\boldsymbol{J}$和ρ、μ和$1/\varepsilon$是对偶量。

4) 场的求解　已知动态位$\boldsymbol{A}$或φ可以求解时变电磁场。例如,已知动态位$\boldsymbol{A}$,由洛仑兹条件可求得动态位φ;再由$\boldsymbol{B}=\nabla\times\boldsymbol{A}$和$\boldsymbol{E}=-\nabla\varphi-\frac{\partial\boldsymbol{A}}{\partial t}$可求得$\boldsymbol{B}$和$\boldsymbol{E}$。

5) 简化计算　直接由麦克斯韦方程求解电磁场,在三维空间中需要分别求解$\boldsymbol{A}$和φ对应的六个坐标分量。而式(4-55)、式(4-56)的位函数方程结构相同,在直角坐标系中,矢量位方程可以分解为三个结构相同的标量方程。因此,实际上等于求解一个标量方程。只要求得其中一个标量方程的解,即可类比求得$\boldsymbol{A}$和φ的解。由此可见,$\boldsymbol{A}$和φ简化了求解过程。

6) 静态场的位函数　若场不随时间变化,式(4-55)、式(4-56)蜕变为泊松方程

$$\begin{cases}\nabla^2\boldsymbol{A}=-\mu\boldsymbol{J}\\ \nabla^2\varphi=-\dfrac{\rho}{\varepsilon}\end{cases} \tag{4-57}$$

4.5.3　达朗贝尔方程解的形式

按照静态场求解的思路,从点源产生的场入手,以标量位为例,分析点场源在源区以外产生时变场的波动性以及其形式解;再对比静态场位函数的解,得出点场源产生动态位的解。然后推广到分布场源情况,得到达朗贝尔方程的解。下面首先分析达朗贝尔方程解的特点。

1. 达朗贝尔方程解的特点

在无源区($\boldsymbol{J}=0$,$\rho=0$),由式(4-55)、式(4-56)有

$$\nabla^2\boldsymbol{A}-\mu\varepsilon\frac{\partial^2\boldsymbol{A}}{\partial t^2}=0 \tag{4-58}$$

$$\nabla^2\varphi-\mu\varepsilon\frac{\partial^2\varphi}{\partial t^2}=0 \tag{4-59}$$

这正好是波动方程，达朗贝尔方程的解应具有波动性。

当场不随时间变化时，满足式(4-57)，正好是静态场中位函数的泊松方程（即泊松方程和波动方程均是达朗贝尔方程的特例）。可见，达朗贝尔方程的解既具有泊松方程解的形式，又具有波动特性。

2. 点源波动方程的形式解

设 $v=\frac{1}{\sqrt{\mu\varepsilon}}$，式(4-59)变为

$$\nabla^2\varphi-\frac{1}{v^2}\frac{\partial^2\varphi}{\partial t^2}=0 \tag{4-60}$$

无限大媒质空间中，设在整个空间中（除了点电荷 $q(t)$ 所在的点外）是无源的，$q(t)$ 激发的场具有球对称性。因此，以 $q(t)$ 所在点处为坐标原点，建立球坐标 (r,θ,φ)。任意点的标量位 φ 只与 r 和时间 t 有关，而和 (θ,φ) 无关，即 $\varphi=\varphi(r,t)$，式(4-60)在球坐标中展开为

$$\frac{\partial^2(r\varphi)}{\partial r^2}=\frac{1}{v^2}\frac{\partial^2(r\varphi)}{\partial t^2}\quad 0<r<\infty \tag{4-61}$$

这是 $(r\varphi)$ 的一维齐次波动方程，其通解为

$$\varphi=\frac{1}{r}f_1\left(t-\frac{r}{v}\right)+\frac{1}{r}f_2\left(t+\frac{r}{v}\right) \tag{4-62}$$

式中，f_1 和 f_2 为具有二阶连续偏导数的任意函数。

下面讨论 f_1 和 f_2 的物理含义。

先考虑函数 $f_1\left(t-\frac{r}{v}\right)$。设时间从 $t\to t+\Delta t$ 时，信号从 r 的位置传至 $r+\Delta r$，使 $f_1\left(t+\Delta t-\frac{r+v\Delta t}{v}\right)=f_1\left(t-\frac{r}{v}\right)$，则 $t+\Delta t-\frac{r+v\Delta t}{v}=t-\frac{r}{v}$，得到 $\Delta r=v\Delta t$，故 $v=\lim\limits_{\Delta t\to 0}\frac{\Delta r}{\Delta t}=\frac{\mathrm{d}r}{\mathrm{d}t}$。由此可见：

1）v 是速度，可见电磁波是以有限速度传播的。

2）在时间 Δt 内，$f_1\left(t-\frac{r}{v}\right)$ 前进了 Δr 的距离。也就是说，随时间的增加，使 $f_1\left(t-\frac{r}{v}\right)$ 保持定值的点将由近及远背离点场源传播，即以有限速度 v 向 r 增加的方向传播，称之为入射波或正向行波。

3）$f_1\left(t-\frac{r}{v}\right)$ 的物理意义是：空间的场量在某时刻 t 的值并不是取决于该时刻的激励源情况，而是取决于 $\left(t-\frac{r}{v}\right)$ 时刻的激励源情况。也就是说，激励源的作用要经过一段推迟时间 $\frac{r}{v}$ 才能到达，这个推迟时间就是电磁波的传播时间。这非常容易理解，因为某一时刻的电磁波需经过 r/v 时间的传播才能达到 r 点所在的位置，如图 4-12 所示。

同理，对于 $f_2\left(t+\frac{r}{v}\right)$，设时间从 $t\to t+\Delta t$ 时，信号从 $r\to r-\Delta r$，使 $f_2\left(t+\Delta t+\frac{r-v\Delta t}{v}\right)=f_2\left(t+\frac{r}{v}\right)$，

则 $t+\frac{r}{v}=t+\Delta t+\frac{r+v\Delta t}{v}$，得到 $\Delta r=-v\Delta t$。可见，在 Δt 时间内，$f_2\left(t+\frac{r}{v}\right)$ 的值不变，其位置前进了 $-\Delta r$ 的距离。说明它是以有限速度 v 向 r 减少的方向传播，称之为反射波或回波。

因此，不论是入射波还是反射波，均以速度 v 传播，这就是电磁波的波动性。

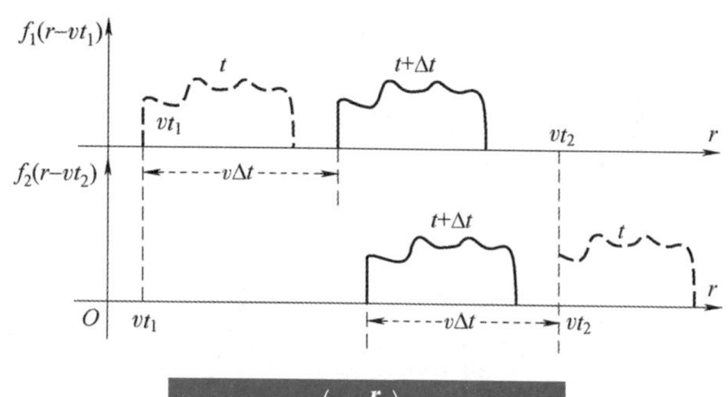

图 4-12　$f_1\left(t-\frac{r}{v}\right)$ 的物理意义

4.5.4　达朗贝尔方程的解

只有当电磁波在行进途中遇到障碍物或者媒质不连续时，才会出现反射波，因此，在无限大均匀媒质中没有反射波，即 $f_2\left(t+\frac{r}{v}\right)=0$。因此，只需要选择适当的函数 f_1，就能确定动态位函数。

本节对比静态场位函数的解答，先分析点源产生的场，得出点场源产生标量动态位，再将解推广到分布场源情况，得到达朗贝尔方程的解。

1. 点源情况下，达朗贝尔方程的形式解

根据前面的分析，在无限大媒质空间中，点电荷 $q(t)$ 位于坐标原点，其标量位形式为

$$\varphi=\frac{1}{r}f_1\left(t-\frac{r}{v}\right) \tag{4-63}$$

在静电场中，位于坐标原点的点电荷（无限大均匀媒质，参考点在无限远处）的电位为

$$Q(r)=\frac{q}{4\pi\varepsilon r} \tag{4-64}$$

对比式（4-63）、式（4-64）可知，$f_1\left(t-\frac{r}{v}\right)$ 应有如下形式

$$f_1\left(t-\frac{r}{v}\right)=\frac{1}{4\pi\varepsilon}q\left(t-\frac{r}{v}\right) \tag{4-65}$$

故

$$\varphi(r,t)=\frac{1}{4\pi\varepsilon r}q\left(t-\frac{r}{v}\right) \tag{4-66}$$

这就是时变场中位于原点的点场源产生的动态标量位的解。

2. 达朗贝尔方程的解

在无限大各向同性线性均匀媒质（介电常数为 ε）空间中，设体密度为 $\rho(\boldsymbol{r}',t)$ 的电荷分布于体积 V' 中，观察点 P 的位置矢量为 $\boldsymbol{r}$，$\boldsymbol{r}'$ 为单位体积源的位置矢量，$R=|\boldsymbol{r}'-\boldsymbol{r}|$，如图 4-13 所示。在体积 V' 中取单元体积 $\mathrm{d}V'$，对应的元电荷为 $\mathrm{d}q=\rho(\boldsymbol{r}',t)\mathrm{d}V'$。不在原点的点源的 $\mathrm{d}q$ 在 P 点产生的动态标量位 $\mathrm{d}\varphi(\boldsymbol{r},t)=\frac{\rho(\boldsymbol{r}',t-R/v)}{4\pi\varepsilon R}\mathrm{d}V'$，故

$$\varphi(\boldsymbol{r},t)=\frac{1}{4\pi\varepsilon}\int_{V'}\frac{\rho(\boldsymbol{r}',t-R/v)}{R}\mathrm{d}V' \tag{4-67}$$

同理，对于传导电流引起的矢量位 $\boldsymbol{A}$，按对偶量置换的方法，$\boldsymbol{A}$ 的表达式为

$$\boldsymbol{A}(\boldsymbol{r},t)=\frac{\mu}{4\pi}\int_{V'}\frac{\boldsymbol{J}(\boldsymbol{r}',t-R/v)}{R}\mathrm{d}V' \tag{4-68}$$

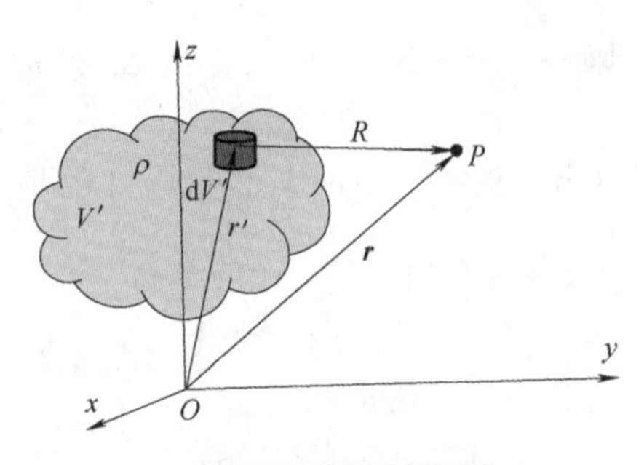

图 4-13 体分布电荷

式(4-67)和式(4-68)即为达朗贝尔方程的解，是动态位的积分解。由此可以看出：

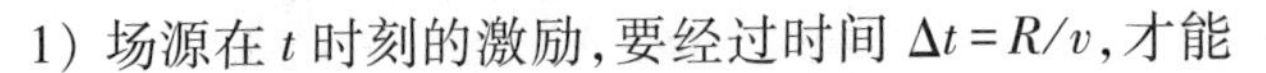

1) 场源在 t 时刻的激励，要经过时间 $\Delta t=R/v$，才能到达距源区 R 远处的观察点，引起动态位的响应。换句话说，“源”的物理作用不能瞬时地到达观察点，而是有一定的推迟，这段推迟的时间就是传递电磁作用所需要的时间。因此，将 $\boldsymbol{A}$ 和 φ 称为推迟位(滞后位)。

2) 达朗贝尔方程解的波动性，说明电磁波是以有限速度逐点传输的。

3) 当场源不随时间变化时，$\boldsymbol{A}$ 和 φ 蜕变为恒定场的位函数，静态场和时变场的位函数对比见表 4-2。

表 4-2 静态场和时变场的位函数对比(当场源位于原点时，$\boldsymbol{R}=\boldsymbol{r}$)

场源	恒定场	时变场
电荷分布 ρ	$\phi=\frac{1}{4\pi\varepsilon}\int_{V'}\frac{\rho(\boldsymbol{r}')}{R}\mathrm{d}V'$	$\phi(\boldsymbol{r},t)=\frac{1}{4\pi\varepsilon}\int_{V'}\frac{\rho(\boldsymbol{r}',t-R/v)}{R}\mathrm{d}V'$
传导电流 $\boldsymbol{J}$	$\boldsymbol{A}(\boldsymbol{r},t)=\frac{\mu}{4\pi}\int_{V'}\frac{\boldsymbol{J}(\boldsymbol{r}')}{R}\mathrm{d}V'$	$\boldsymbol{A}(\boldsymbol{r},t)=\frac{\mu}{4\pi}\int_{V'}\frac{\boldsymbol{J}(\boldsymbol{r}',t-R/v)}{R}\mathrm{d}V'$
结论	位函数的形式一样，在时变场中有滞后效应，而静态场的解和时间无关。当 $r\ll\lambda$ 时，传播时间很少，推迟效应可忽略，时变场简化为静态场	

4) 因为空间场量不是取决于同一时刻的源特性，即使源消失，只要前一时刻的源存在，那么它们原来产生的空间场量仍然存在，这就表明源已将电磁能量释放到空间，空间电磁能量可以脱离源单独存在，这种现象称为电磁辐射。显然只有时变电磁场才具有这种辐射特性。

4.6 时变电磁场的坡印亭定理

与恒定场一样，时变电磁场也具有能量，且遵循最普遍法则——能量转化和守恒定律。本节根据麦克斯韦方程组详细讨论了电磁场的能量和能量守恒，分析了电磁场的能量转化(坡印亭定理)和电磁能量流动(坡印亭矢量)情况。

4.6.1 时变场的坡印亭定理

在时变场中，电、磁能量相互依存。电磁场能量按照一定方式分布于电场和磁场内，并且随着电磁场的运动而在空间中传播。在恒定场中，我们已经推出电场的能量密度 w_e 和磁场的

能量密度w_m 表达式在时变场中仍然成立，且 $w_e=\frac{1}{2}\boldsymbol{E}\cdot\boldsymbol{D}, w_m=\frac{1}{2}\boldsymbol{B}\cdot\boldsymbol{H}$。

1. 坡印亭定理的推导

假定电磁场在有损的导电性媒质（电导率 γ）中运动，电场 $\boldsymbol{E}$ 引起的电流为 $\boldsymbol{J}=\gamma\boldsymbol{E}$，同时伴随着能量损失（转化为焦耳热）。根据焦耳定律，功率损耗为

$$\int_V \boldsymbol{E}\cdot\boldsymbol{J}\mathrm{d}V \tag{4-69}$$

根据能量守恒，此时体积 V 内的电磁能量必须有相应减少，或者有外加电源来补充能量。下面推导其表达式。

根据麦克斯韦方程 $\nabla\times\boldsymbol{H}=\boldsymbol{J}+\frac{\partial\boldsymbol{D}}{\partial t}$，有 $\boldsymbol{J}=\nabla\times\boldsymbol{H}-\frac{\partial\boldsymbol{D}}{\partial t}$，

由恒等式 $\nabla\cdot(\boldsymbol{E}\times\boldsymbol{H})=(\nabla\times\boldsymbol{E})\cdot\boldsymbol{H}-\boldsymbol{E}\cdot\nabla\times\boldsymbol{H}$，得

$$\boldsymbol{E}\cdot\boldsymbol{J}=-\boldsymbol{E}\cdot\frac{\partial\boldsymbol{D}}{\partial t}-\boldsymbol{H}\cdot\frac{\partial\boldsymbol{B}}{\partial t}-\nabla\cdot(\boldsymbol{E}\times\boldsymbol{H}) \tag{4-70}$$

在线性和各向同性的媒质中，当参数都不随时间变化时，得到

$$\boldsymbol{H}\cdot\frac{\partial\boldsymbol{B}}{\partial t}=\frac{1}{2}\boldsymbol{H}\cdot\frac{\partial\boldsymbol{B}}{\partial t}+\frac{1}{2}\boldsymbol{B}\cdot\frac{\partial\boldsymbol{H}}{\partial t}=\frac{1}{2}(\boldsymbol{H}\times\boldsymbol{B}) \tag{4-71}$$

同理

$$\boldsymbol{E}\cdot\frac{\partial\boldsymbol{D}}{\partial t}=\frac{\partial w_e}{\partial t} \tag{4-72}$$

将上两式代入(4-70)，得

$$-\nabla\cdot(\boldsymbol{E}\times\boldsymbol{H})=\boldsymbol{E}\cdot\boldsymbol{J}+\frac{\partial w}{\partial t} \tag{4-73}$$

这就是坡印亭定理的微分形式。

对上式两端进行积分（设任意曲面 S 包围的体积为 V）有

$$\int_V \boldsymbol{E}\cdot\boldsymbol{J}\mathrm{d}V=-\frac{\partial}{\partial t}\int_V[w_e+w_m]\mathrm{d}V-\int_V\nabla\cdot(\boldsymbol{E}\times\boldsymbol{H})]\mathrm{d}V \tag{4-74}$$

根据散度定理，设体积 V 对应的曲面面积为 A，得到

$$\int_V \boldsymbol{E}\cdot\boldsymbol{J}\mathrm{d}V=-\frac{\partial}{\partial t}\int_V[w_e+w_m]\mathrm{d}V-\oint_A(\boldsymbol{E}\times\boldsymbol{H})\cdot\mathrm{d}\boldsymbol{A} \tag{4-75}$$

设 $w=w_e+w_m, W=\int_V w\mathrm{d}V=\int_V(w_e+w_m)\mathrm{d}V$，得

$$-\oint_A(\boldsymbol{E}\times\boldsymbol{H})\cdot\mathrm{d}\boldsymbol{A}=\int_V\boldsymbol{J}\cdot\boldsymbol{E}\mathrm{d}V+\frac{\partial W}{\partial t} \tag{4-76}$$

若体积内含有电源 $\boldsymbol{E}_e$，得

$$\oint_A(\boldsymbol{E}\times\boldsymbol{H})\cdot\mathrm{d}\boldsymbol{A}=\int_V\boldsymbol{E}_e\cdot\boldsymbol{J}\mathrm{d}V-\int_V\frac{J^2}{\gamma}\mathrm{d}V-\frac{\partial W}{\partial t} \tag{4-77}$$

这就是坡印亭定理的积分形式。

2. 坡印亭定理的物理含义

先看式(4-77)右边各项的物理含义。

$\int_V \boldsymbol{E}_e \cdot \boldsymbol{J}\mathrm{d}V$ 是体积 V 内的电源 $\boldsymbol{E}_e$ 提供的总能量。由第2章可知，焦耳定律 $p=\boldsymbol{J}\cdot\boldsymbol{E}=J^2/\gamma$ 描述的是场中各点的热损耗功率，故 $\int_V \frac{J^2}{\gamma}\mathrm{d}V$ 代表体积 V 内的总热损耗功率，即单位时间内，体积 V 中的发热量。$\frac{\partial W}{\partial t}$ 为体积 V 内电磁场能量的增加率。因此，左边代表通过曲面 S 流出体积 V 的电磁功率。

综上所述，坡印亭定理的物理意义为：体积 V 内电源提供的功率，减去电阻消耗的热功率，减去电磁能量的增加率，等于穿出闭合面 A 的电磁功率，如图4-14所示。也就是说，在体积 V 内，电源输出的电磁功率一部分用于增加 V 内的电磁功率；一部分用于发热损耗，剩余的通过闭合面 A 流到体积 V 之外。

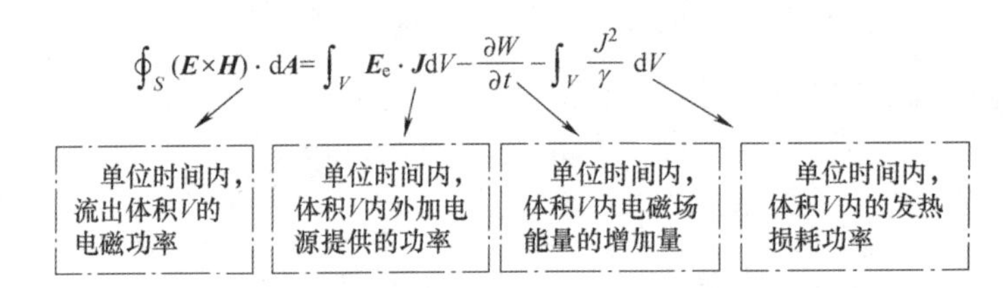

图4-14 坡印亭定理及其物理含义

坡印亭定理是电磁场的能量转化与守恒表达式，也是宏观电磁现象的普适定理。在恒定场中，$\partial W/\partial t=0$，故能量守恒定律为

$$\oint_S (\boldsymbol{E}\times\boldsymbol{H})\cdot \mathrm{d}\boldsymbol{A}=\int_V \boldsymbol{E}_e\cdot\boldsymbol{J}\mathrm{d}V-\int_V \frac{J^2}{\gamma}\mathrm{d}V \tag{4-78}$$

上式称为恒定场中的坡印亭定理。说明在恒定场中，在有源区，电源提供的功率一部分用于内部的功率损耗，一部分通过闭合面 S 流出。

坡印亭定理从理论上揭示了电磁场的物质属性。电磁场是物质的一种特殊形式，其能量以场的形式分布于整个场域空间内。

*苏联学者曾提出问题：对于静电场 $\boldsymbol{E}$ 和静磁场 $\boldsymbol{H}$ 共存的空间，并不存在电磁波，但坡印亭矢量 $\boldsymbol{E}\times\boldsymbol{H}\neq 0$，式(4-77)不成立，因为对于理想介质，右边=0，因此，坡印亭定理不适用于静电场，请思考这种说法对不对？为什么？

4.6.2 坡印亭矢量

在坡印亭定理中，令

$$\boldsymbol{S}=\boldsymbol{E}\times\boldsymbol{H} \tag{4-79}$$

式中，$\boldsymbol{S}$ 为坡印亭矢量，单位为 $\mathrm{W/m^2}$，表示流过与电磁波传播方向相垂直单位面积上的电磁功率，亦称为功率流密度或能流密度矢量，是描述时变电磁场电磁能量传输的重要物理量。

坡印亭矢量既是空间坐标的函数，又是时间的函数，它给出了在某时刻空间任意一点的电磁功率的面密度矢量。其大小等于通过垂直于能量传输方向的单位面积的电磁功率，方向代表波传播的方向，也是电磁能量传输的方向，且与该点的电场强度 $\boldsymbol{E}$ 和磁场强度 $\boldsymbol{H}$ 相垂直，三者构成右手螺旋关系，如图4-15所示。

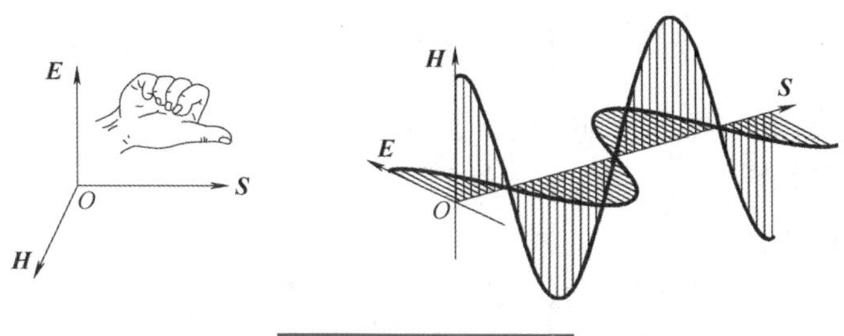

图4-15 坡印亭矢量

值得注意的是，存在电场和磁场的区域，不一定有电磁能量的流动。例如磁铁与静电荷产生的磁、电场就不构成能量的流动。

4.6.3 坡印亭矢量的应用实例

实例1：有损导线

例4-5 一段长度为 L、半径为 a、电导率为 γ 且载有直流电流 I 的导线，试求其表面处的坡印亭矢量，并验证坡印亭定理。

解：如图4-16，建立柱坐标，导线的轴线与 z 轴重合，直流电流将均匀分布在导线的横截面上，导线柱表面处电场只有 z 分量，有 $\boldsymbol{J}=\boldsymbol{e}_z\dfrac{I}{\pi a^2}$，$\boldsymbol{E}=\dfrac{\boldsymbol{J}}{\gamma}=\boldsymbol{e}_z E_z=\boldsymbol{e}_z\dfrac{I}{\pi a^2\gamma}$，所以 $E_z=\dfrac{I}{\pi a^2\gamma}=IR$。由安培环路定理，求得导线表面的磁场强度为 $\boldsymbol{H}=H_\phi\boldsymbol{e}_\phi=\dfrac{I}{2\pi a}\boldsymbol{e}_\phi$。

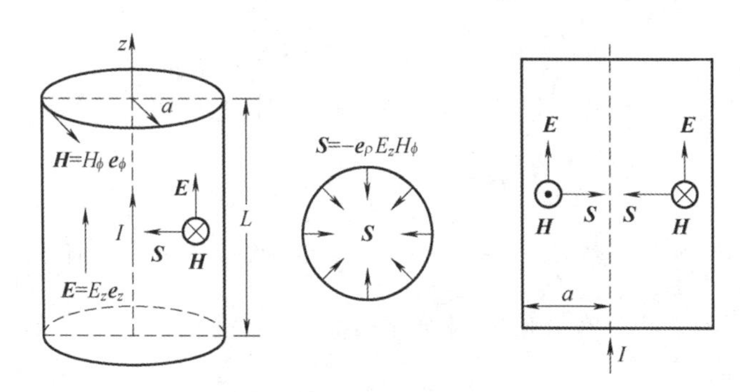

图4-16 导线的坡印亭矢量

因此，导线表面的坡印亭矢量 $\boldsymbol{S}=\boldsymbol{E}\times\boldsymbol{H}$ 方向处处指向导线的轴心，且

$$\boldsymbol{S}=\boldsymbol{E}\times\boldsymbol{H}=\frac{I^2}{2\pi^2\gamma a^3}(-\boldsymbol{e}_\rho) \tag{4-80}$$

这里的"负号"表示能量沿径向流向导体内，这部分能量全部转化为导线的热损耗。将坡印亭矢量沿导线段表面积 A 进行积分，有

$$P=-\int_A \boldsymbol{S}\cdot \mathrm{d}\boldsymbol{A}=\frac{I^2 l}{\pi\gamma a^2}=I^2 R \tag{4-81}$$

导体内的热损耗功率为

$$\int_V \gamma E^2 \mathrm{d}V=\int_V \frac{J^2}{\gamma}\mathrm{d}V$$

上述分析说明,进入导线柱内的电磁能量刚好等于导线的焦耳热损耗,即流入导线的电场能量功率全部被导体所吸收,并转化为导体的发热损耗,证明了坡印亭定理在恒定场中成立。

实例 2:无损同轴电缆

例 4-6 同轴电缆如图 4-17 所示,直流电压源 U 经电缆向负载电阻 R 供电。设该电缆内导体半径为 a,外导体的半径为 b。设同轴电缆为理想导体,试用坡印亭矢量分析其能量的传输过程。

解:因为同轴电缆是理想导体,而理想导体内部电磁场为零,故内导体之内的电磁场为零,电场和磁场只存在于内外导体间的介质中。下面分析内外导体间的介质内的电磁场。设电缆的内导体电位为 U,外导体电位为零,电流 $I=U/R$ 在内导体中沿 z 轴方向流动,如图 4-17 所示。

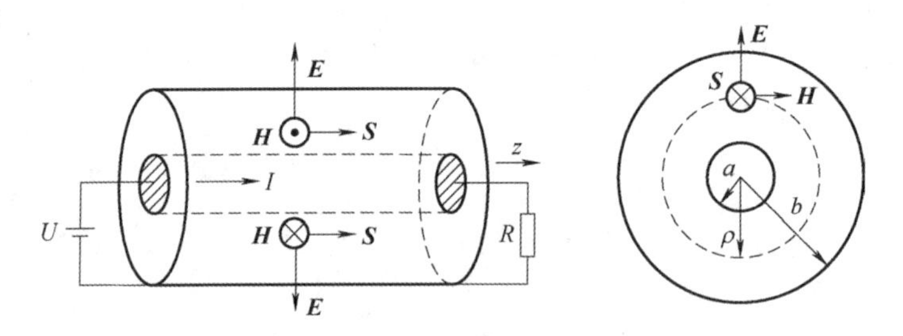

图 4-17 理想同轴电缆的能流

由对称性得到场与 ϕ 无关,采用柱坐标系,令 z 轴为导体轴线。由于场恒定,故位移电流为零,在内外导体间取半径为 ρ 的圆环,由安培环路定理有 $H_\phi\times 2\pi\rho=I$,即

$$\boldsymbol{H}=\frac{I}{2\pi\rho}\boldsymbol{e}_\phi \qquad a<\rho<b \tag{4-82}$$

由于导体内部电场为零,且在分界面上的切向电场连续,因此,导体外轴向电场为零,即电场只有 $\boldsymbol{e}_\rho$ 分量。设导体表面单位长度的面电荷为 σ,由高斯定律有 $2\pi\rho D_\rho=\sigma$,故 $E_\rho=\dfrac{D_\rho}{\varepsilon}=\dfrac{\sigma}{2\pi\varepsilon\rho}$,因此两导体间的电压为

$$U=\int_a^b E_\rho \mathrm{d}\rho=\frac{\sigma}{2\pi\varepsilon}\ln\frac{b}{a},\sigma=\frac{2\pi\varepsilon U}{\ln\dfrac{b}{a}} \tag{4-83}$$

故

$$\boldsymbol{E}=\frac{U}{\rho\ln(b/a)}\boldsymbol{e}_\rho \tag{4-84}$$

因此,内外导体之间任意横截面上的坡印亭矢量为

$$\boldsymbol{S}=\boldsymbol{E}\times\boldsymbol{H}=\frac{U}{\rho\ln(b/a)}\cdot\frac{I}{2\pi\rho}\boldsymbol{e}_z(a\leqslant\rho\leqslant b) \tag{4-85}$$

坡印亭矢量沿 z 方向,说明能量由电源向负载流动。流过内外导体间介质(设截面积为 A)的功率为

$$P=-\int_A\boldsymbol{S}\cdot\mathrm{d}\boldsymbol{A}=\int_a^b\frac{UI}{2\pi\rho^2\ln(b/a)}2\pi\rho\mathrm{d}\rho=UI \tag{4-86}$$

因此,当同轴电缆无损耗时,电源提供的能量全部传输到负载,传输的功率等于电压和电流的乘积,这是大家熟知的结果。

值得注意的是,坡印亭矢量表明能量的传播发生在导体之间的介质内部,而不是导体内部。由于理想导体内部的电磁场为零,本身并不储存或传输能量,换句话说,导体的作用仅在于建立空间电磁场,并引导电磁能流定向传输(从电源定向引导电磁能量输入负载)。这一结论对其他形状的导体也成立。

*能量传输速度

在恒定电流或低频交流电的情况下,场量往往是通过电流、电压及负载的阻抗等参数表现给人造成假象,即能量是通过电荷的漂移来实现能量传输的。

对于一般的金属导体,常温下导体中自由电荷的平均漂移速度约为 10^{-5}m/s 的数量级,电荷由电源端到负载端所需时间约为 $10^5L/(\mathrm{m/s})$(设 L 为电荷由电源端到负载端的距离)。

实际上,负载得到能量供应所需要的时间仅为 $t=L/v$,v 和光速具有相同数量级。因此,场的实际传输时间是电荷运动时间的亿万倍!

实例 3:有损同轴电缆

对于实际的同轴电缆,如图 4-18 所示,导体的电导率为 γ,此时导体电阻不能忽略,结果会怎样呢?

1)在内导体的内部,设电流均匀分布,则此区域只有沿 z 方向的电场 $\boldsymbol{E}_\mathrm{i}$ 为

$$\boldsymbol{E}_\mathrm{i}=\frac{\boldsymbol{J}}{\gamma}=\boldsymbol{e}_z\frac{I}{\pi a^2\gamma} \tag{4-87}$$

2)根据边界条件:在内导体表面上电场的切向分量连续。在内外导体间的介质中,电场有径向分量 $\boldsymbol{E}_\rho$ 和 z 方向的分量 $\boldsymbol{E}_z$ 设内导体表面外侧的电场为 $\boldsymbol{E}\big|_{\rho=a}$,则 $\boldsymbol{E}_i\big|_{\rho=a}=\boldsymbol{E}_z\big|_{\rho=a}$,而

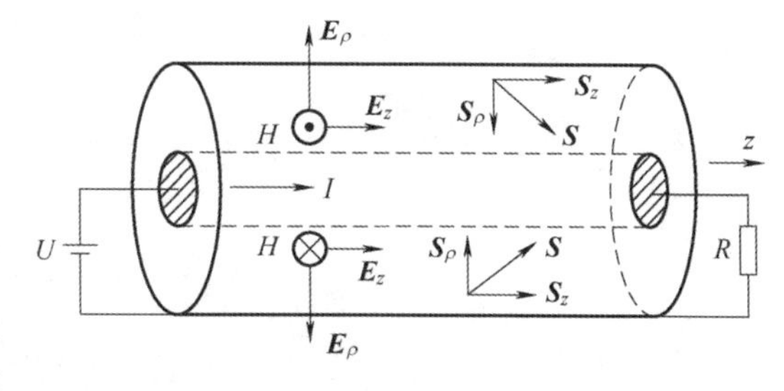

图 4-18 非理想同轴线的能流

$$\boldsymbol{E}\big|_{\rho=a}=\boldsymbol{E}_\rho+\boldsymbol{E}_z=\boldsymbol{e}_\rho\frac{U}{a\ln(b/a)}+\boldsymbol{e}_z\frac{I}{\pi a^2\gamma} \tag{4-88}$$

内导体表面外侧的磁场为 $\boldsymbol{H}\big|_{\rho=a}=\boldsymbol{e}_\phi\dfrac{I}{2\pi a}$,故内导体表面外侧的坡印亭矢量为

$$\boldsymbol{S}\big|_{\rho=a}=(\boldsymbol{E}\times\boldsymbol{H})\big|_{\rho=a}=-\boldsymbol{e}_\rho\frac{I^2}{2\pi^2a^3\gamma}+\boldsymbol{e}_z\frac{UI}{2\pi a^2\ln(b/a)} \tag{4-89}$$

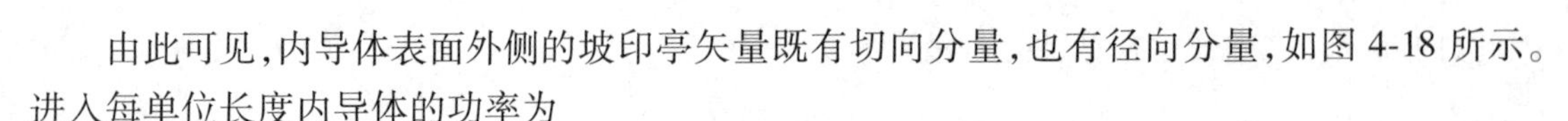

由此可见,内导体表面外侧的坡印亭矢量既有切向分量,也有径向分量,如图 4-18 所示。进入每单位长度内导体的功率为

$$P=\int_S \boldsymbol{S}\bigg|_{\rho=a}\cdot(-\boldsymbol{e}_\rho)\mathrm{d}S=\int_0^1 \frac{I^2}{2\pi^2 a^3\gamma}2\pi a\mathrm{d}z=\frac{I^2}{\pi a^2\gamma}=RI^2 \tag{4-90}$$

式中,$R=\dfrac{1}{\pi a^2\gamma}$为单位长度内导体的电阻。

由此可见,进入内导体中功率等于这段导体的焦耳损耗功率。

理想导体情况下只有径向分量(法向分量)坡印亭矢量。而在非理想导体情况下,坡印亭矢量既有法向分量,也有切向分量。导体仅起着定向引导电磁能流的作用;在传输的过程中,一部分能量进入导线内部;一部分能量传递到负载。进入导体中的功率全部被导体所吸收,成为导体的焦耳热损耗功率。

*实例 4:交流电路的平板传输线系统

考虑图 4-19 所示的正弦交流的平板传输线系统。设每块平板由理想导体构成,其宽度为 h,上下两板间的距离为 d。设电源电压和电流分别为

$$u(t)=\sqrt{2}U\sin\omega t,\ i(t)=\sqrt{2}I\sin(\omega t-\phi)$$

式中,ϕ 为电压和电流之间的相位差,ω 为角频率。

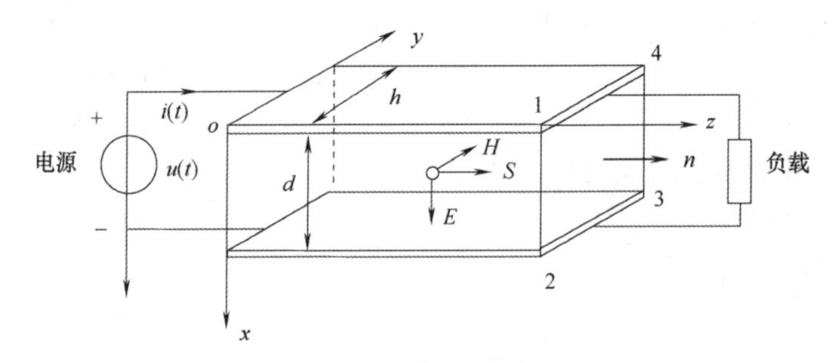

图 4-19 交流电路的平板传输线系统

忽略平板形传输线电场和磁场的边缘效应,建立如图所示的坐标系,两平板间的电场和磁场分别为

$$\boldsymbol{E}(t)=\boldsymbol{e}_x\frac{u(t)}{d},\ \boldsymbol{H}(t)=e_y\frac{i(t)}{h}$$

平行板传输线之外的区域的磁场强度为零,故能量流动集中于两板间。两板间的坡印亭矢量为

$$\boldsymbol{S}(t)=\boldsymbol{E}(t)\times\boldsymbol{H}(t)=\boldsymbol{e}_z\frac{UI}{hd}\cos\phi-\boldsymbol{e}_z\frac{UI}{hd}\cos(2\omega t-\phi)$$

坡印亭矢量的方向为+z,这表明能量从电源向负载传递。选定由顶点 1234 确定的平面 A(设 A 的方向为 z 方向),将坡印亭矢量在 A 上进行积分,得到穿出 A 的总功率为

$$\int_A \boldsymbol{S}(t)\cdot\mathrm{d}\boldsymbol{A}=\int_A \boldsymbol{S}(t)\cdot\boldsymbol{e}_z\mathrm{d}A=UI\cos\phi-\int_A UI\cos(2\omega t-\phi)\mathrm{d}A$$

可知,穿出面积 A 的总功率分为两部分,其中 $\int_A UI\cos(2\omega t-\phi)\mathrm{d}A$ 是随时间变化的功率,

这部分能量在电源和负载之间振荡,对应“电路理论”中的无功功率;$UI\cos\phi$ 对应有功功率,这部分能量总是从电源向负载传递,且不随时间变化。

*实例 5:场的互有能

设电磁场的能量和能流不是场的线性函数,则不满足叠加原理。例如在各向同性非色散媒质(介电常数和传播速度均与频率无关)中同时存在两电场 $\boldsymbol{E}_1$ 和 $\boldsymbol{E}_2$,合成电场的能量密度为

$$w_e = \frac{1}{2}\varepsilon(\boldsymbol{E}_1+\boldsymbol{E}_2)(\boldsymbol{E}_1+\boldsymbol{E}_2) = \frac{1}{2}\varepsilon E_1^2+\frac{1}{2}\varepsilon E_2^2+\varepsilon \boldsymbol{E}_1 \cdot \boldsymbol{E}_2 \tag{4-91}$$

式(4-91)的前两项为两个电场系统的自能量密度,交叉项则代表互能量密度。

4.6.4 时变场的唯一性定理

时变场中,解的唯一性定理为由曲面 $S+S_0$ 所围成的闭合区域 V 内:

1) $\boldsymbol{H}$ 在 $t=t_0$ 时刻,V 内的电场 $\boldsymbol{E}$ 和磁场 $\boldsymbol{H}$ 初始值已知。

2) $t \geqslant t_0$ 时,$S+S_0$ 边界上电场或磁场切向分量(部分区域的电场切向分量或其余区域的部分磁场切向分量)已知,则任意时刻在此区域上存在唯一的电磁场解。

证明:反证法。

设有两组解 $\boldsymbol{E}_1$、$\boldsymbol{H}_1$ 和 $\boldsymbol{E}_2$、$\boldsymbol{H}_2$,在闭合区域内同时满足条件 1)和 2),但 $t>0$ 时,两者在区域内不相等。设 $\boldsymbol{E}=\boldsymbol{E}_2-\boldsymbol{E}_1$,$\boldsymbol{H}=\boldsymbol{H}_2-\boldsymbol{H}_1$,因为给定了初值,故 $\boldsymbol{E}\big|_{t=0} = \boldsymbol{E}_2\big|_{t=0} - \boldsymbol{E}_1\big|_{t=0} = 0$,$\boldsymbol{H}\big|_{t=0} = \boldsymbol{H}_2\big|_{t=0} - \boldsymbol{H}_1\big|_{t=0} = 0$。

由于两组解都满足麦克斯韦方程组,根据麦克斯韦方程组的线性性质,$t>0$ 时,这两组解的差也是场的解。根据坡印亭定理应有

$$-\oint_{S+S_0}(\boldsymbol{E}\times\boldsymbol{H})\cdot \mathrm{d}\boldsymbol{A} = \int_V \boldsymbol{J}\cdot\boldsymbol{E}\mathrm{d}V + \frac{\partial}{\partial t}\int_V\left[\frac{1}{2}\varepsilon E^2 + \frac{1}{2}\mu H^2\right] \tag{4-92}$$

因为 $\boldsymbol{E}$ 或 $\boldsymbol{H}$ 在边界上的切向分量为零,所以 $\boldsymbol{E}\times\boldsymbol{H}$ 在 $S+S_0$ 边界上的法向量为零,即

$$\oint_{S+S_0}(\boldsymbol{E}\times\boldsymbol{H})\cdot \mathrm{d}\boldsymbol{A} = 0 \tag{4-93}$$

故

$$\frac{\partial}{\partial t}\int_V\left[\frac{1}{2}\varepsilon E^2 + \frac{1}{2}\mu H^2\right] = -\int_V \boldsymbol{J}\cdot\boldsymbol{E}\mathrm{d}V \tag{4-94}$$

式(4-94)的右端项总是等于或小于零,而左边代表能量的积分在 $t>0$ 时已为零,所以式(4-94)要成立的条件是两边都为零,即 $\boldsymbol{E}$、$\boldsymbol{H}$ 恒为零,即不可能有两组不同的解,因此定理可证。

4.7 正弦电磁场

如果场源以一定的角频率随时间呈时谐(正弦或余弦)变化,则所产生的电磁场也以同样的角频率随时间呈时谐变化。这种以一定角频率做时谐变化的电磁场,称为时谐电磁场或正弦电磁场。

研究时谐电磁场具有重要意义：一方面，在工程上，应用最多的就是时谐电磁场，广播、电视和通信载波等都是时谐电磁场；另一方面，在一定的条件下，任意时变场可通过傅里叶分析方法展开为不同频率的时谐场叠加。因此，研究时谐电磁场是研究其他时变场的重要基础。

和电路中的相量法一样，采用复数来研究正弦电磁场能简化运算。因为在线性媒质中，麦克斯韦方程是线性微分方程，如果正弦波波源的频率已知，在稳态情况下，场点的电场 $\boldsymbol{E}$ 和磁场 $\boldsymbol{H}$ 是同频率的正弦量。故借助复数可将线性微分方程化为代数方程求解，从而简化计算。下面先看正弦电磁场的复数表示。

4.7.1 正弦电磁场的复数表示

在正弦稳态电路中，采用相量（幅值相量和有效值相量）表示正弦量的三要素：振幅或有效值、频率和相位。下面以有效值相量为例来说明：例如，电流 $i(t)=\sqrt{2}I\cos(\omega t+\phi)$ 对应的电流有效值相量为 $\dot{I}=I\mathrm{e}^{\mathrm{j}\phi}$，即 $i(t)=\mathrm{Re}[\sqrt{2}\dot{I}\mathrm{e}^{\mathrm{j}\omega t}]$，式中，$I$、$\omega$ 和 ϕ 分别为电流的有效值、频率和相位。因此，电流的微分运算$\dfrac{\mathrm{d}i(t)}{\mathrm{d}t}$简化为代数乘法运算得 $\mathrm{j}\omega\dot{\boldsymbol{I}}=\mathrm{j}\omega\boldsymbol{I}\mathrm{e}^{\mathrm{j}\phi}$。

正弦电磁场也是用振幅、频率和相位来表示的。由于麦克斯韦方程是线性微分方程，对于给定频率的源函数（按正弦规律变化），稳态时的 $\boldsymbol{E}$ 和 $\boldsymbol{H}$ 是相同频率的正弦函数。因此场的频率和“源”的频率一样，只需振幅和相位表示就够了。和电路相量法不同的是，$\boldsymbol{E}$ 和 $\boldsymbol{H}$ 的振幅是矢量，是时间和空间坐标的函数。

以电场强度为例，在直角坐标系下，瞬时表示式可写为

$$\boldsymbol{E}(\boldsymbol{r},t)=\sqrt{2}\boldsymbol{E}(\boldsymbol{r})\cos(\omega t+\phi)=\mathrm{Re}[\sqrt{2}\boldsymbol{E}(\boldsymbol{r})\mathrm{e}^{\mathrm{j}(\omega t+\phi)}]=\mathrm{Re}[\sqrt{2}\dot{\boldsymbol{E}}(\boldsymbol{r})\mathrm{e}^{\mathrm{j}\omega t}] \tag{4-95}$$

则对应的有效值相量 $\dot{\boldsymbol{E}}$ 和幅值相量 $\dot{\boldsymbol{E}}_{\mathrm{m}}$ 为

$$\dot{\boldsymbol{E}}=\boldsymbol{E}(\boldsymbol{r})\mathrm{e}^{\mathrm{j}\phi},\dot{\boldsymbol{E}}_{\mathrm{m}}=\sqrt{2}\boldsymbol{E}(\boldsymbol{r})\mathrm{e}^{\mathrm{j}\phi} \tag{4-96}$$

式中，$\boldsymbol{r}$ 为位置矢量；ω 和 ϕ 为角频率和初相位。

直角坐标下，电场的完整形式为

$$\boldsymbol{E}=\sqrt{2}[\boldsymbol{e}_xE_x\cos(\omega t+\phi_x)+\boldsymbol{e}_yE_y\cos(\omega t+\phi_y)+\boldsymbol{e}_zE_z\cos(\omega t+\phi_z)] \tag{4-97}$$

式中，E_x、E_y、E_z 及 ϕ_x、ϕ_y、ϕ_z 分别为电场强度 3 个分量的有效值和初相位。

电场强度可写成 $\boldsymbol{E}=\boldsymbol{e}_xE_x+\boldsymbol{e}_yE_y+\boldsymbol{e}_zE_z$，其中

$$E_x=\sqrt{2}E_x\cos(\omega t+\phi_x) \tag{4-98}$$

$$E_y=\sqrt{2}E_y\cos(\omega t+\phi_y) \tag{4-99}$$

$$E_z=\sqrt{2}E_z\cos(\omega t+\phi_z) \tag{4-100}$$

很明显，每个分量都是简单的正弦表达式，容易得到其有效值相量分别为

$$\dot{E}_x=E_x\mathrm{e}^{\mathrm{j}\phi_x} \tag{4-101}$$

$$\dot{E}_y=E_y\mathrm{e}^{\mathrm{j}\phi_y} \tag{4-102}$$

$$\dot{E}_z=E_z\mathrm{e}^{\mathrm{j}\phi_z} \tag{4-103}$$

故源电场强度可写为

$$\dot{\boldsymbol{E}}(\boldsymbol{r})=\boldsymbol{e}_x\dot{E}_x+\boldsymbol{e}_y\dot{E}_y+\boldsymbol{e}_z\dot{E}_z \tag{4-104}$$

这就是电场强度的复数表示式（复矢量），它和其瞬时形式之间的关系为 $\boldsymbol{E}(\boldsymbol{r},t)=\mathrm{Re}[\sqrt{2}\dot{\boldsymbol{E}}(\boldsymbol{r})\mathrm{e}^{\mathrm{j}\omega t}]$。很明显，$\dot{\boldsymbol{E}}(\boldsymbol{r})$ 不再是时间的函数。

当然，也可用幅值相量表示，如果不作说明，本书默认的是幅值相量。

引入复矢量之后，正弦电磁场场强矢量的微积分运算可以用对应的复矢量的代数乘除运算来代替。设 $\boldsymbol{E}(\boldsymbol{r},t)$ 的相量形式为 $\dot{\boldsymbol{E}}(\boldsymbol{r})=\boldsymbol{E}(\boldsymbol{r})\mathrm{e}^{\mathrm{j}\phi}$，则

$$\frac{\partial \boldsymbol{E}(\boldsymbol{r},t)}{\partial t}=\mathrm{Re}[\mathrm{j}\omega\dot{\boldsymbol{E}}(\boldsymbol{r})]=\mathrm{Re}[\mathrm{j}\omega\boldsymbol{E}(\boldsymbol{r})\mathrm{e}^{\mathrm{j}\phi}] \tag{4-105}$$

例 4-7　将下列场矢量的瞬时值形式写为复数形式：

（1）$\boldsymbol{E}=\boldsymbol{e}_y E_{ym}\cos(\omega t-\beta x+\alpha)+\boldsymbol{e}_z E_{zm}\sin(\omega t-\beta x+\alpha)$。

（2）$\boldsymbol{H}(x,z,t)=\boldsymbol{e}_x H_0 k\left(\dfrac{a}{\pi}\right)\sin\left(\dfrac{\pi x}{a}\right)\sin(kz-\omega t)+\boldsymbol{e}_z H_0\cos\left(\dfrac{\pi x}{a}\right)\cos(kz-\omega t)$。

解：（1）先将电场强度的表达式统一成余弦表达式，即

$$\boldsymbol{E}=\boldsymbol{e}_y E_{ym}\cos(\omega t-\beta x+\alpha)+\boldsymbol{e}_z E_{zm}\cos\left(\omega t-\beta x+\alpha-\frac{\pi}{2}\right)$$

采用幅值相量表示比较简单，$\dot{\boldsymbol{E}}_{\mathrm{m}}(\boldsymbol{r})=\boldsymbol{e}_y E_{ym}\mathrm{e}^{-\mathrm{j}(\beta x-\alpha)}+\boldsymbol{e}_z E_{zm}\mathrm{e}^{-\mathrm{j}\left(\beta x-\alpha+\frac{\pi}{2}\right)}$，即

$$\dot{\boldsymbol{E}}_{\mathrm{m}}(\boldsymbol{r})=\boldsymbol{e}_y E_{ym}\mathrm{e}^{-\mathrm{j}(\beta x-\alpha)}-\boldsymbol{e}_z \mathrm{j}E_{zm}\mathrm{e}^{-\mathrm{j}(\beta x-\alpha)}$$

（2）因为 $\cos(kz-\omega t)=\cos(\omega t-kz)$，故

$$\sin(kz-\omega t)=\cos\left(kz-\omega t-\frac{\pi}{2}\right)=\cos\left(\omega t-kz+\frac{\pi}{2}\right)$$

故 $\boldsymbol{H}(x,z,t)=\boldsymbol{e}_x H_0 k\left(\dfrac{a}{\pi}\right)\sin\left(\dfrac{\pi x}{a}\right)\cos\left(\omega t-kz+\dfrac{\pi}{2}\right)+\boldsymbol{e}_z H_0\cos\left(\dfrac{\pi x}{a}\right)\cos(\omega t-kz)$

$$\dot{\boldsymbol{H}}_{\mathrm{m}}(x,z)=\boldsymbol{e}_x H_0 k\left(\frac{a}{\pi}\right)\sin\left(\frac{\pi x}{a}\right)\mathrm{e}^{-\mathrm{j}kz+\mathrm{j}\pi/2}+\boldsymbol{e}_z H_0\cos\left(\frac{\pi x}{a}\right)\mathrm{e}^{-\mathrm{j}kz}$$

例 4-8　将下列场矢量的有效值复数形式写为瞬时值形式：

$$\dot{H}_x=\mathrm{j}H_0\sin\theta\cos(\beta x\cos\theta)\mathrm{e}^{-\mathrm{j}\beta z\sin\theta}$$

解：因为题目中给出的是有效值复数形式，故

$$H_x=\sqrt{2}H_0\sin\theta\cos(\beta x\cos\theta)\cos\left(\omega t-\beta z\sin\theta+\frac{\pi}{2}\right)$$

即

$$H_x=-\sqrt{2}H_0\sin\theta\cos(\beta x\cos\theta)\sin(\omega t-\beta z\sin\theta)$$

4.7.2　麦克斯韦方程的复数表示

麦克斯韦方程组的复数形式很简单，这里以下式为例说明。

$$\nabla\times\boldsymbol{E}=-\frac{\partial\boldsymbol{B}}{\partial t} \tag{4-106}$$

式（4-106）可以写为 $\nabla\times[\mathrm{Re}(\dot{\boldsymbol{E}}\mathrm{e}^{\mathrm{j}\omega t})]=-\dfrac{\partial}{\partial t}\mathrm{Re}(\dot{\boldsymbol{B}}\mathrm{e}^{\mathrm{j}\omega t})$，将 $\nabla\times$、$\partial/\partial t$ 与 Re 交换次序，即

$$\mathrm{Re}[\nabla\times(\dot{\boldsymbol{E}}\mathrm{e}^{\mathrm{j}\omega t})]=-\mathrm{Re}\left[\frac{\partial}{\partial t}(\dot{\boldsymbol{B}}\mathrm{e}^{\mathrm{j}\omega t})\right]=-\mathrm{Re}[\mathrm{j}\omega\dot{\boldsymbol{B}}\mathrm{e}^{\mathrm{j}\omega t}] \tag{4-107}$$

式(4-107)对任意 t 均成立,故

$$\nabla\times\dot{\boldsymbol{E}}=-\mathrm{j}\omega\dot{\boldsymbol{B}} \tag{4-108}$$

在复数运算中,对实部和虚部进行复数的微分和积分运算,并不改变其实部和虚部的性质。因此,从形式上讲,只要将麦克斯韦瞬时方程(以及边界条件)中的各个量分别写成对应的复矢量,将$\partial/\partial t$ 用 $\mathrm{j}\omega$ 替代,就可得到复矢量的麦克斯韦方程组(也称频域形式、复数形式),见表 4-3。

表 4-3 麦克斯韦方程的瞬时形式和复数形式表示

方程		瞬时形式	复数形式
麦克斯韦方程	微分形式	$\nabla\times\boldsymbol{H}=\boldsymbol{J}+\frac{\partial\boldsymbol{D}}{\partial t}$ $\nabla\times\boldsymbol{E}=-\frac{\partial\boldsymbol{B}}{\partial t}$ $\nabla\cdot\boldsymbol{B}=0$ $\nabla\cdot\boldsymbol{D}=\rho$	$\nabla\times\dot{\boldsymbol{H}}=\dot{\boldsymbol{J}}+\mathrm{j}\omega\dot{\boldsymbol{D}}$ $\nabla\times\dot{\boldsymbol{E}}=-\mathrm{j}\omega\dot{\boldsymbol{B}}$ $\nabla\cdot\dot{\boldsymbol{B}}=0$ $\nabla\cdot\dot{\boldsymbol{D}}=\dot{\rho}$
	积分形式	$\oint_l\boldsymbol{H}\cdot\mathrm{d}\boldsymbol{l}=\int_S\left(\boldsymbol{J}+\frac{\partial\boldsymbol{D}}{\partial t}\right)\cdot\mathrm{d}\boldsymbol{S}$ $\oint_l\boldsymbol{E}\cdot\mathrm{d}\boldsymbol{l}=-\int_S\frac{\partial\boldsymbol{B}}{\partial t}\cdot\mathrm{d}\boldsymbol{S}$ $\oint_S\boldsymbol{B}\cdot\mathrm{d}\boldsymbol{S}=0$ $\oint_S\boldsymbol{D}\cdot\mathrm{d}\boldsymbol{S}=q$	$\oint_l\dot{\boldsymbol{H}}\cdot\mathrm{d}\boldsymbol{l}=\int_S(\dot{\boldsymbol{J}}+\mathrm{j}\omega\dot{\boldsymbol{D}})\cdot\mathrm{d}\boldsymbol{S}$ $\oint_l\dot{\boldsymbol{E}}\cdot\mathrm{d}\boldsymbol{l}=-\int_S\mathrm{j}\omega\dot{\boldsymbol{B}}\cdot\mathrm{d}\boldsymbol{S}$ $\oint_S\dot{\boldsymbol{B}}\cdot\mathrm{d}\boldsymbol{S}=0$ $\oint_S\dot{\boldsymbol{D}}\cdot\mathrm{d}\boldsymbol{S}=\dot{q}$
构成方程		$\boldsymbol{B}=\mu\boldsymbol{H},\boldsymbol{J}=\gamma\boldsymbol{E},\boldsymbol{D}=\varepsilon\boldsymbol{E}$	$\dot{\boldsymbol{B}}=\mu\dot{\boldsymbol{H}},\dot{\boldsymbol{J}}=\gamma\dot{\boldsymbol{E}},\dot{\boldsymbol{D}}=\varepsilon\dot{\boldsymbol{E}}$
位函数		$\boldsymbol{B}=\nabla\times\boldsymbol{A}$ $\boldsymbol{E}=-\frac{\partial\boldsymbol{A}}{\partial t}-\nabla\varphi$ $\nabla\cdot\boldsymbol{A}=-\mu\varepsilon\frac{\partial\varphi}{\partial t}$	$\dot{\boldsymbol{B}}=\nabla\times\dot{\boldsymbol{A}}$ $\dot{\boldsymbol{E}}=-\mathrm{j}\omega\dot{A}-\nabla\dot{\varphi}$ $\nabla\cdot\dot{\boldsymbol{A}}=-\mathrm{j}\omega\mu\varepsilon\dot{\varphi}$
达朗贝尔方程		$\nabla^2\boldsymbol{A}-\mu\varepsilon\frac{\partial^2\boldsymbol{A}}{\partial t^2}=-\mu\boldsymbol{J}$ $\nabla^2\phi-\mu\varepsilon\frac{\partial^2\phi}{\partial t^2}=-\frac{\rho}{\varepsilon}$	$\nabla^2\dot{\boldsymbol{A}}+\mu\varepsilon\omega^2\dot{\boldsymbol{A}}=-\mu\dot{\boldsymbol{J}}$ $\nabla^2\dot{\phi}+\mu\varepsilon\omega^2\dot{\phi}=-\frac{\dot{\rho}}{\varepsilon}$

显然,采用麦克斯韦方程组的复数形式后,不再含有场量对时间 t 的偏导数,从而简化时谐场的分析。

从表 4-3 可看出,省略复数形式上的点,也不会引起误解,因此,经常将复数形式上的点省略。

4.7.3 复介电常数和复磁导率

媒质的宏观参数为介电常数、磁导率和电导率，实际上介质都是有损耗的。在时谐场中，电媒质的损耗只有在低频时可以忽略，但在高频时不能忽略。在静态场中，这些参数都是实常数。

考虑时谐电磁场中的导电媒质，设介电常数和电导率分别为 ε 和 γ，由麦克斯韦方程和媒质的构成方程有 $\nabla\times\dot{\boldsymbol{H}}=\dot{\boldsymbol{J}}+\mathrm{j}\omega\dot{\boldsymbol{D}}=\gamma\dot{\boldsymbol{E}}+\mathrm{j}\omega\varepsilon\dot{\boldsymbol{E}}$，即

$$\nabla\times\dot{\boldsymbol{H}}=\mathrm{j}\omega\left(\varepsilon-\mathrm{j}\frac{\gamma}{\omega}\right)\dot{\boldsymbol{E}}=\mathrm{j}\omega\varepsilon_{\mathrm{c}}\dot{\boldsymbol{E}} \tag{4-109}$$

其中

$$\varepsilon_{\mathrm{c}}=\varepsilon-\mathrm{j}\frac{\gamma}{\omega} \tag{4-110}$$

称为导电媒质的等效介电常数，也称为复介电常数或等效介电常数。它可以将导电媒质等效为电介质，从而可以采用电介质的分析方法来分析导电媒质。同时，即使介质不导电，也有能量损耗，且与频率有关。这时同样可用复介电常数表示这种介质损耗，即 $\varepsilon_{\mathrm{c}}=\varepsilon'-\mathrm{j}\varepsilon''$，虚部表示有能量损耗。

同理，对于有损磁介质，可定义如下复磁导率

$$\mu_{\mathrm{c}}=\mu'-\mathrm{j}\mu'' \tag{4-111}$$

式中，ε'、ε''、μ'和μ''通常为频率的函数，ε''和μ''表示介质的电极化损耗和磁介质的磁化损耗。

引入复介电常数和复磁导率后，有损媒质和理想媒质的麦克斯韦方程组在形式上就完全相同了。

为了表征媒质中损耗的特性，通常采用损耗角的正切（工程上记作 $\tan\delta$）大小反映媒质在某频率上的损耗大小。对于电介质，$\tan\delta_{\varepsilon}=\dfrac{\varepsilon''}{\varepsilon'}$；对于磁介质，$\tan\delta_{\mu}=\dfrac{\mu''}{\mu'}$；对于导电媒质而言，损耗角的正切为

$$\tan\delta_{\gamma}=\frac{\gamma}{\omega\varepsilon} \tag{4-112}$$

导电媒质的 $\tan\delta_{\gamma}$ 就是传导电流和位移电流的比值。显然，$\tan\delta_{\gamma}$ 愈小，媒质的绝缘特性愈好。工程上，根据 $\tan\delta_{\gamma}$ 的大小来区分媒质，称 $\tan\delta_{\gamma}\ll1$ 的媒质为低损耗介质，即弱导电媒质和良绝缘体。反之，$\tan\delta_{\gamma}\gg1$ 的媒质称为良导体。

媒质的损耗角正切不仅取决于媒质的电磁参数，还取决于频率大小，故同种媒质在不同频率时的导电性不一样。

例如，蒸馏水的参数为 $\mu_{\mathrm{r}}=1$，$\varepsilon_{\mathrm{r}}=50$，$\gamma=20\mathrm{S/m}$，考虑电磁波的频率为 $f_1=30\mathrm{kHz}$，$f_2=15\mathrm{GHz}$。

当 $f_1=30\mathrm{kHz}$，$\dfrac{\omega\varepsilon}{\gamma}=4.17\times10^{-6}\ll1$，可视作良导体；

当 $f_2=15\mathrm{GHz}$，$\dfrac{\omega\varepsilon}{\gamma}=2.08$，不能视作良导体，是有损介质。

再如，海水和干土在不同角频率下的 $\tan\delta_{\gamma}$ 值见表 4-4。不难看出，海水在不同频率下的

导电性是不一样的，当频率为 10kHz 和 1MHz 时，是良导体；当频率为 100MHz 时，是损耗媒质；当频率为 10GHz 和 1000GHz 时，海水是良介质。因此，媒质是良导体还是弱导体，与电磁波的频率有关，是相对的概念。

表 4-4　海水和干土在不同角频率下的 $\tan\delta_\gamma$ 值

材料	γ/(S/m)	ε	频率/Hz				
			1	10^3	10^6	10^9	10^{12}
海水	3.3	7.2×10^{-10}	7.3×10^8	7.3×10^5	7.3×10^2	7.3×10^{-1}	7.3×10^{-4}
干土	1.5×10^{-7}	4.8×10^{-12}	5.0×10^3	5.0×10^0	5.0×10^{-3}	5.0×10^{-6}	5.0×10^{-9}

对于绝缘的材料而言，介质损耗越小越好，例如一些高压设备和航空航天材料。可通过测量 $\tan\delta_\gamma$ 来检验电气设备的绝缘缺陷，如绝缘受潮、老化等。当需要通过高频加热进行干燥、模塑或焊接时，介质损耗越大越好。例如高频电缆使用非极性的 PE 聚乙烯，而不用极性的 PVC 聚氯乙烯。

4.7.4　坡印亭定理的复数形式

1. 坡印亭矢量的复数形式

时谐场的场矢量随时间按正弦规律变化，瞬时能流密度将随时间以固定周期变化，下面讨论其复数形式。

在正弦电磁场中，设电、磁场的瞬时表达为

$$\boldsymbol{E}(\boldsymbol{r},t)=\sqrt{2}\boldsymbol{E}(\boldsymbol{r})\cos(\omega t+\phi_{\mathrm{E}}) \tag{4-113}$$

$$\boldsymbol{H}(\boldsymbol{r},t)=\sqrt{2}\boldsymbol{H}(\boldsymbol{r})\cos(\omega t+\phi_{\mathrm{H}}) \tag{4-114}$$

坡印亭矢量的瞬时形式为

$$\boldsymbol{S}(\boldsymbol{r},t)=\boldsymbol{E}(\boldsymbol{r},t)\times\boldsymbol{H}(\boldsymbol{r},t)=(\boldsymbol{E}\times\boldsymbol{H})[\cos(\phi_{\mathrm{E}}-\phi_{\mathrm{H}})+\cos(2\omega t+\phi_{\mathrm{E}}+\phi_{\mathrm{H}})] \tag{4-115}$$

因此，S 在一个周期内的平均值为

$$\boldsymbol{S}_{\mathrm{av}}=\frac{1}{T}\int_0^T\boldsymbol{S}(\boldsymbol{r},t)\mathrm{d}t=(\boldsymbol{E}\times\boldsymbol{H})\cos(\phi_{\mathrm{E}}-\phi_{\mathrm{H}}) \tag{4-116}$$

$\boldsymbol{S}_{\mathrm{av}}$ 称为平均能流密度（平均坡印亭）矢量。$\boldsymbol{E}$ 和 $\boldsymbol{H}$ 的复数形式为 $\dot{\boldsymbol{E}}=\boldsymbol{E}(\boldsymbol{r})\mathrm{e}^{\mathrm{j}\phi_{\mathrm{E}}}$、$\dot{\boldsymbol{H}}=\boldsymbol{H}(\boldsymbol{r})\mathrm{e}^{\mathrm{j}\phi_H}$，故 $\dot{\boldsymbol{E}}\times\dot{\boldsymbol{H}}^*=\boldsymbol{E}(\boldsymbol{r})\mathrm{e}^{\mathrm{j}\phi_E}\times\boldsymbol{H}(\boldsymbol{r})\mathrm{e}^{-\mathrm{j}\phi_H}=(\boldsymbol{E}\times\boldsymbol{H})\mathrm{e}^{\mathrm{j}(\phi_{\mathrm{E}}-\phi_H)}$。因此

$$\boldsymbol{S}_{\mathrm{av}}=\mathrm{Re}[\dot{\boldsymbol{E}}\times\dot{\boldsymbol{H}}^*] \tag{4-117}$$

定义复坡印亭矢量为

$$\tilde{\boldsymbol{S}}=\dot{\boldsymbol{E}}\times\dot{\boldsymbol{H}}^* \tag{4-118}$$

坡印亭矢量的复数形式与时间 t 无关，实部为坡印亭矢量平均值，是平均功率流密度，也称有功功率密度，虚部为无功功率密度，表示电磁能量的交换。

式(4-118)中的电场强度和磁场强度不是幅值相量，而是有效值相量，$\boldsymbol{H}^*$ 为 $\boldsymbol{H}$ 的共轭复数。复坡印亭矢量和电路的复功率定义的思路是一样的，见表 4-5。

表 4-5　复坡印亭矢量和复功率的对比

	时域变量	瞬时功率(密度)	频域变量	复功率(密度)		
				定义式	实部	虚部
交流电路	电压 u 电流 i	$p=ui$	$\dot{U},\dot{I}$	$\tilde{S}=\dot{U}\dot{I}^*$	有功功率	无功功率
时谐场	电场 $\boldsymbol{E}$ 磁场 $\boldsymbol{H}$	$\boldsymbol{S}=\boldsymbol{E}\times\boldsymbol{H}$	$\dot{\boldsymbol{E}},\dot{\boldsymbol{H}}$	$\tilde{\boldsymbol{S}}=\dot{\boldsymbol{E}}\times\dot{\boldsymbol{H}}^*$	有功功率密度	无功功率密度

$\boldsymbol{S}(\boldsymbol{r},t)$是能流密度的瞬时值,也是时间的函数,而 $\boldsymbol{S}_{av}$ 和时间无关,反映的是能流密度在一个时间周期内的平均值。对于时谐场,采用式(4-116)和式(4-117)都可以计算 $\boldsymbol{S}_{av}$。式(4-116)具有普遍意义,不仅适用于正弦电磁场,也适用于其他时变电磁场;而式(4-117)只适用于时谐电磁场,详见表 4-6。

表 4-6　坡印亭矢量

矢量	$\boldsymbol{S}(\boldsymbol{r},t)$	$\boldsymbol{S}_{av}(\boldsymbol{r})$	$\tilde{\boldsymbol{S}}$
含义	瞬时值,是时间的函数,也是能流密度的瞬时值	平均值,和时间无关,是能流密度在一个时间周期内的平均值	复数值,和时间无关
表达式	$\boldsymbol{S}=\boldsymbol{E}\times\boldsymbol{H}$	$\boldsymbol{S}_{av}(\boldsymbol{r})=\frac{1}{T}\int_0^T\boldsymbol{S}(\boldsymbol{r},t)\mathrm{d}t$ $\boldsymbol{S}_{av}=\mathrm{Re}[\dot{\boldsymbol{E}}\times\dot{\boldsymbol{H}}^*]$(有效值相量)	$\tilde{\boldsymbol{S}}=\dot{\boldsymbol{E}}\times\dot{\boldsymbol{H}}^*=\frac{1}{2}\dot{\boldsymbol{E}}_m\times\dot{\boldsymbol{H}}_m$
适用场合	不仅适用于正弦电磁场,也适用于其他时变电磁场	只适用于时谐电磁场 $\boldsymbol{S}(\boldsymbol{r},t)\neq\mathrm{Re}[\boldsymbol{S}_{av}(\boldsymbol{r})e^{j\omega t}]$	只适用于时谐电磁场

值得注意的是,复坡印亭矢量不是瞬时坡印亭矢量的复数形式,即 $\boldsymbol{S}(\boldsymbol{r},t)\neq\mathrm{Re}[\boldsymbol{S}_{av}(\boldsymbol{r})e^{j\omega t}]$。

2. 坡印亭定理的复数形式

对 $\tilde{\boldsymbol{S}}$取散度,展开为

$$\nabla\cdot\tilde{\boldsymbol{S}}=\nabla\cdot(\dot{\boldsymbol{E}}\times\dot{\boldsymbol{H}}^*)=\dot{\boldsymbol{H}}^*\cdot(\nabla\times\dot{\boldsymbol{E}})-\dot{\boldsymbol{E}}\cdot(\nabla\times\dot{\boldsymbol{H}}^*)=-j\omega\dot{\boldsymbol{B}}\cdot\dot{\boldsymbol{H}}^*-\dot{\boldsymbol{E}}\cdot(\dot{\boldsymbol{J}}^*-j\omega\dot{\boldsymbol{D}}^*)\tag{4-119}$$

对式(4-119)进行体积积分,并利用散度定理有

$$\oint_A(\dot{\boldsymbol{E}}\times\dot{\boldsymbol{H}}^*)\cdot\mathrm{d}\boldsymbol{A}=\int_V\dot{\boldsymbol{E}}_e\cdot\boldsymbol{J}^*\mathrm{d}V-\int_V\frac{J^2}{\gamma}\mathrm{d}V-j\omega\int_V(\mu H^2-\varepsilon E^2)\mathrm{d}V\tag{4-120}$$

这就是坡印亭定理的复数形式。

若体积 V 内无电源,闭合面 S 内吸收的功率为

$$-\oint_A(\dot{\boldsymbol{E}}\times\dot{\boldsymbol{H}}^*)\cdot\mathrm{d}\boldsymbol{A}=\int_V\frac{J^2}{\gamma}\mathrm{d}V+j\omega\int_V(\mu H^2-\varepsilon E^2)\mathrm{d}V=P+jQ\tag{4-121}$$

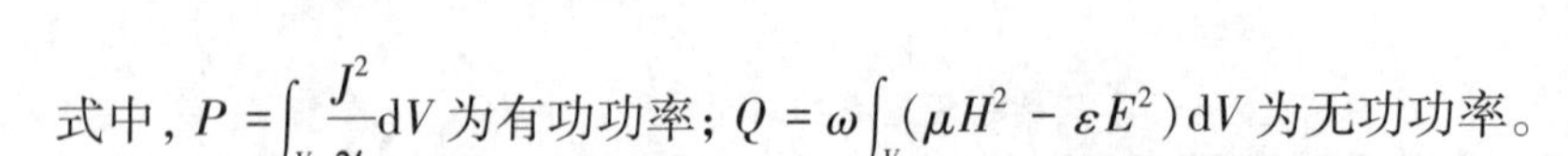

式中，$P=\int_V \frac{J^2}{\gamma}\mathrm{d}V$ 为有功功率；$Q=\omega\int_V(\mu H^2-\varepsilon E^2)\mathrm{d}V$ 为无功功率。

式(4-121)右端实部表示体积 V 内有损媒质吸收的有功功率 P(平均功率)，它不仅包含传导电流产生的欧姆损耗，还包含了媒质的极化和磁化损耗；右端虚部表示体积 V 内吸收的无功功率 Q，包含磁场(感性)无功功率和电场(容性)无功功率。

利用式(4-121)，可以求解电磁场问题的等效电路参数，因为

$$R=\frac{P}{I^2}=-\frac{1}{I^2}\mathrm{Re}\left[\oint_S(\dot{\boldsymbol{E}}\times\dot{\boldsymbol{H}}^*)\,\mathrm{d}\boldsymbol{S}\right] \tag{4-122}$$

$$X=\frac{Q}{I^2}=-\frac{1}{I^2}\mathrm{Im}\left[\oint_S(\dot{\boldsymbol{E}}\times\dot{\boldsymbol{H}}^*)\cdot\mathrm{d}\boldsymbol{S}\right] \tag{4-123}$$

例 4-9　已知无源($\rho=0, J=0$)的自由空间中，时变电磁场的电场幅值相量为 $\dot{\boldsymbol{E}}(z)=\boldsymbol{e}_y E_0\mathrm{e}^{-\mathrm{j}kz}$，式中，$k$、$E_0$ 为常数。求：

(1) 磁场强度复矢量。(2)坡印亭矢量的瞬时值。(3)平均坡印亭矢量。

解：(1) 由 $\nabla\times\dot{\boldsymbol{E}}=-\mathrm{j}\omega\mu_0\dot{\boldsymbol{H}}$ 得

$$\dot{\boldsymbol{H}}(z)=-\frac{1}{\mathrm{j}\omega\mu_0}\nabla\times\dot{\boldsymbol{E}}(z)=\frac{1}{\mathrm{j}\omega\mu_0}\frac{\partial}{\partial z}(E_0\mathrm{e}^{-\mathrm{j}kz})=-\boldsymbol{e}_x\frac{kE_0}{\omega\mu_0}\mathrm{e}^{-\mathrm{j}kz}$$

(2) 电场和磁场的瞬时值为

$$\boldsymbol{E}(z,t)=\mathrm{Re}[\dot{\boldsymbol{E}}(z)\mathrm{e}^{\mathrm{j}\omega t}]=\boldsymbol{e}_y E_0\cos(\omega t-kz)$$

$$\boldsymbol{H}(z,t)=\mathrm{Re}[\dot{\boldsymbol{H}}(z)\mathrm{e}^{\mathrm{j}\omega t}]=-\boldsymbol{e}_x\frac{kE_0}{\omega\mu_0}\cos(\omega t-kz)$$

所以，坡印亭矢量的瞬时值为

$$\boldsymbol{S}(z,t)=\boldsymbol{E}(z,t)\times\boldsymbol{H}(z,t)=\boldsymbol{e}_z\frac{kE_0^2}{\omega\mu_0}\cos^2(\omega t-kz)$$

(3) 平均坡印亭矢量为

$$\boldsymbol{S}_{\mathrm{av}}=\frac{1}{2}\mathrm{Re}[\dot{\boldsymbol{E}}(z)\times\dot{\boldsymbol{H}}^*(z)]=\mathrm{Re}\left[\boldsymbol{e}_y E_0\mathrm{e}^{-\mathrm{j}kz}\times\left(-\boldsymbol{e}_x\frac{kE_0}{\omega\mu_0}\mathrm{e}^{-\mathrm{j}kz}\right)^*\right]=\boldsymbol{e}_z\frac{kE_0^2}{2\omega\mu_0}$$

或直接积分，得 $\boldsymbol{S}_{\mathrm{av}}=\frac{1}{T}\int_0^T\boldsymbol{S}\mathrm{d}t=\frac{\omega}{2\pi}\int_0^{2\pi/\omega}\boldsymbol{S}\mathrm{d}t=\boldsymbol{e}_z\frac{k}{2\omega\mu_0}E_0^2$

4.7.5 达朗贝尔方程的复数形式

采用复矢量表示为 $\nabla^2\dot{\boldsymbol{A}}+\mu\varepsilon\omega^2\dot{\boldsymbol{A}}=-\mu\dot{\boldsymbol{J}}$，$\beta=\omega\sqrt{\mu\varepsilon}$，达朗贝尔方程变成

$$\nabla^2\dot{\boldsymbol{A}}+\beta^2\dot{\boldsymbol{A}}=-\mu\dot{\boldsymbol{J}} \tag{4-124}$$

$$\nabla^2\dot{\varphi}+\beta^2\dot{\varphi}=-\frac{\dot{\rho}}{\varepsilon} \tag{4-125}$$

前面已经得到达朗贝尔方程的积分解为

$$\boldsymbol{A}=\frac{\mu}{4\pi}\int_{V'}\frac{\boldsymbol{J}\left(t-\frac{R}{v}\right)}{R}\mathrm{d}V'$$

式中，R/v 为滞后时间（单位为 s），相当于滞后的相位为 $\omega R/v=\beta R$，因此 $\beta=\frac{\omega}{v}$。

对于时谐场的时间延迟 $t-\frac{R}{v}$，在频域可写为

$$\omega\left(t-\frac{R}{v}\right)=\omega t-\frac{\omega}{v}R=\omega t-\beta R \tag{4-126}$$

式中，$\beta=\frac{\omega}{v}=\frac{2\pi}{\lambda}$。

上式表明时域上的延迟等同于频域上相位的滞后，故动态位为

$$\dot{A}=\frac{\mu}{4\pi}\int_{V'}\frac{\dot{J}(r')\mathrm{e}^{-\mathrm{j}\beta R}}{R}\mathrm{d}V' \tag{4-127}$$

$$\dot{\varphi}=\frac{1}{4\pi\varepsilon}\int_{V'}\frac{\dot{\rho}(r')\mathrm{e}^{-\mathrm{j}\beta R}}{R}\mathrm{d}V' \tag{4-128}$$

式中，$\mathrm{e}^{-\mathrm{j}\beta R}$ 为动态位的滞后相位，故亦称滞后因子。

对于正弦电磁场，如果 $\beta R\ll 1$，$\mathrm{e}^{-\mathrm{j}\beta R}\approx 1$，推迟效应可以忽略不计。此时，标量位和矢量位的表达式和静态场的电位和磁矢位类似，场与源近似具有瞬时对应关系。因此，$\beta R\ll 1$ 或 $\gamma\ll\lambda$ 称为似稳条件，λ 为波长。

4.8　电磁辐射

前面已经提过，电磁波的场量不取决于同一时刻的源特性，即使在同一时刻源已消失，只要前一时刻的源还存在，它们原来产生的空间场强仍然存在。因此，电磁能量可以脱离场源以电磁波的形式在空间传播，这种现象称为电磁辐射。时变的电荷和电流是激发电磁波的波源。

辐射产生的条件为：

1）必须存在时变的波源，且时变源的频率应足够高，才有可能产生明显的辐射效应。

2）波源电路必须开放，源电路的结构方式对辐射强弱有极大的影响，封闭的电路结构（如谐振腔）是不会产生电磁辐射的。

天线就是能有效辐射电磁能量的装置。下面从 LC 电路可以简单形象地说明天线的形成。

4.8.1　天线的形成

从 LC 电路的振荡频率的表达式 $f=\frac{1}{2\pi\sqrt{LC}}$ 可知，要提高振荡频率 f 且形成开放电路，就必须降低电容值 C 和电感值 L。而平行板电容器的电容 C 和长直载流螺线管的电感值 L 分别为 $C=\frac{\varepsilon_0 S}{d}$ 和 $L=\mu_0 N^2 V$，因此，需增加电容器极板间距 d，缩小极板面积 S，减少线圈匝数 N，即可达到目的，如图 4-20 所示。

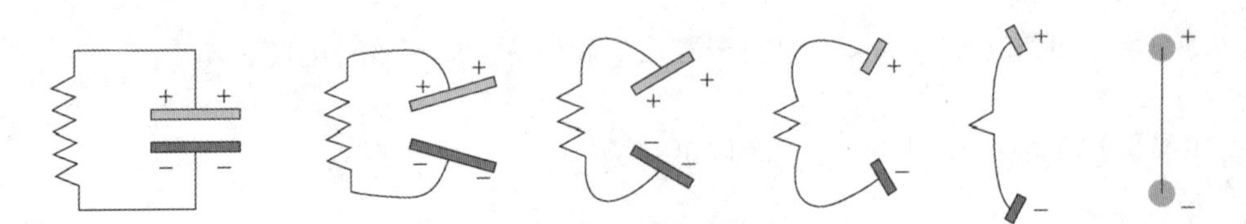

图 4-20　天线的形成

可见,开放的 LC 电路就是天线的雏形。导线辐射的能力与导线的长短和形状有关,当导线张开时,可以形成强辐射,如图 4-21 所示。当导线的长度远小于电磁波的波长时,辐射比较微弱;当导线的长度增大到可与波长相比拟时,导线上的电流就大大增加,即能形成较强的辐射。

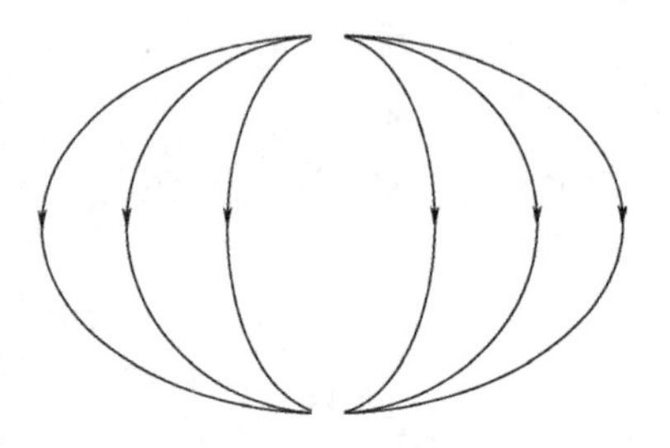

图 4-21　电磁波的辐射

4.8.2　单元偶极子天线的电磁辐射

单元偶极子天线是天线的基本单元,也是最简单的天线。不同幅度、相位和排列方式的电流元可以构成各种不同的天线。实际天线可看成由单元偶极子串联,天线所辐射的电磁场即所有偶极子天线所辐射的场的叠加。本节分析单元偶极子天线的辐射特性。

单元偶极子天线是一段载流细导线,又称电流元、元天线或电基本振子。如图 4-22 所示,设导线的直径 d 和长度 l、波长 λ 以及观察距离 r 满足 $d \ll l, l \ll \lambda$,故可忽略延迟效应,认为它所载电流是等幅同相的。

设单元偶极子位于自由空间中,令电流位于坐标原点,且沿 z 轴放置,电流 I 的方向为 z 方向,$i(t)=\sqrt{2}I\cos(\omega t+\phi)$,$\dot{I}=I\mathrm{e}^{\mathrm{j}\phi}=\mathrm{j}\omega\dot{q}$,电流在 P 点(离天线的距离矢量为 $\boldsymbol{r}$,$l \ll r$)产生的动态位 $\boldsymbol{A}$ 为(其球坐标分解见图 4-23)

$$\dot{\boldsymbol{A}}(\boldsymbol{r})=\frac{\mu_0}{4\pi}\int_l \frac{\mathrm{e}^{-\mathrm{j}\beta R}}{R}\dot{I}\mathrm{d}\boldsymbol{l} \qquad (\dot{\boldsymbol{J}}\mathrm{d}V=\dot{I}\mathrm{d}\boldsymbol{l}=\boldsymbol{e}_z\dot{I}\mathrm{d}z) \tag{4-129}$$

由于 $l \ll r$,可以认为 R 是常数,且 $R \approx r$,故

$$\dot{\boldsymbol{A}}(\boldsymbol{r})=\boldsymbol{e}_z\frac{\mu_0\dot{I}l}{4\pi r}\mathrm{e}^{-\mathrm{j}\beta r}=\boldsymbol{e}_z\dot{A}_z \tag{4-130}$$

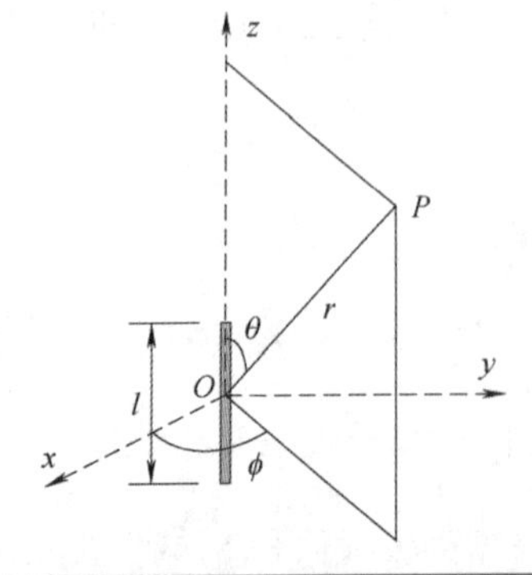

图 4-22　单元偶极子产生的场

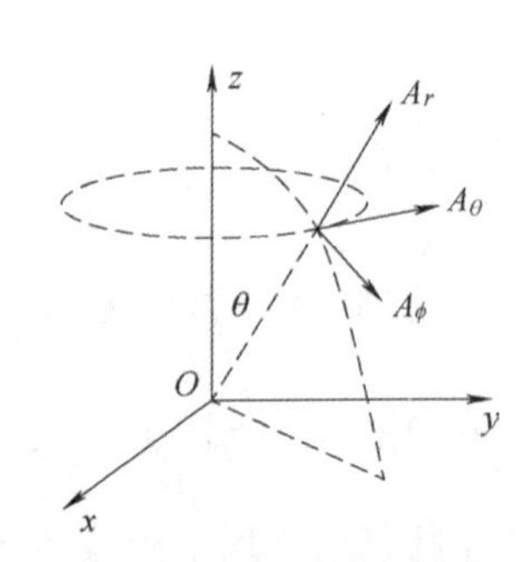

图 4-23　矢量位 A 的球坐标分解

在球坐标系中，$\dot{\boldsymbol{A}}$ 的3个分量为：$\dot{A}_r=\dot{A}_z\cos\theta$，$\dot{A}_\theta=-\dot{A}_z\sin\theta$，$\dot{A}_\phi=0$。

由 $\dot{\boldsymbol{B}}=\mu\dot{\boldsymbol{H}}=\nabla\times\dot{\boldsymbol{A}}$ 得到磁场强度为

$$\dot{\boldsymbol{H}}=\boldsymbol{e}_\phi\frac{\beta^2\dot{I}l\sin\theta}{4\pi}\left[\frac{\mathrm{j}}{\beta r}+\frac{1}{(\beta r)^2}\right]\mathrm{e}^{-\mathrm{j}\beta r} \tag{4-131}$$

进一步，由 $\dot{\boldsymbol{E}}=\frac{1}{\mathrm{j}\omega\varepsilon_0}\nabla\times\dot{\boldsymbol{H}}$ 得到

$$\dot{\boldsymbol{E}}=\boldsymbol{e}_r\frac{\beta\dot{I}l\cos\theta}{2\pi\omega\varepsilon_0}\frac{1}{r^2}\left(1-\frac{\mathrm{j}}{\beta r}\right)\mathrm{e}^{-\mathrm{j}\beta r}+\boldsymbol{e}_\theta\frac{\beta^2\dot{I}l\sin\theta}{4\pi\omega\varepsilon_0}\frac{1}{r}\left(\mathrm{j}+\frac{1}{\beta r}-\frac{\mathrm{j}}{\beta^2r^2}\right)\mathrm{e}^{-\mathrm{j}\beta r} \tag{4-132}$$

为了进一步分析场的特点，将电偶极子周围的空间划分为如下3个区域：

1. 近区场

距离 r 远小于波长（$r\ll\lambda$，即 $\beta r\ll1$）的区域称为近区，位于近区中的电磁场称为近区场。

因 $r\ll\lambda$，$\beta=\frac{2\pi}{\lambda}$，故 $\beta r\ll1$，$\mathrm{e}^{-\mathrm{j}\beta r}\approx1$，$1/(\beta r)$ 的低次项可忽略，可得到

$$\dot{\boldsymbol{E}}\approx-\mathrm{j}\frac{\dot{I}l\cos\theta}{2\pi\omega\varepsilon_0r^3}\boldsymbol{e}_r-\mathrm{j}\frac{\dot{I}l\sin\theta}{4\pi\omega\varepsilon_0r^3}\boldsymbol{e}_\theta \tag{4-133}$$

$$\boldsymbol{H}\approx\frac{\dot{I}l\sin\theta}{4\pi r^2}\boldsymbol{e}_\phi \tag{4-134}$$

利用电流与电荷的关系即 $\dot{I}=\mathrm{j}\omega\dot{q}$，电场强度又可写为

$$\dot{\boldsymbol{E}}=\frac{\dot{q}l\cos\theta}{2\pi\varepsilon_0r^3}\boldsymbol{e}_r+\frac{\dot{q}l\sin\theta}{4\pi\varepsilon_0r^3}\boldsymbol{e}_\theta \tag{4-135}$$

而在静电场中，电偶极子 $q\boldsymbol{l}$ 产生的场的表达式为

$$\boldsymbol{E}=\frac{ql\cos\theta}{2\pi\varepsilon_0r^3}\boldsymbol{e}_r+\frac{ql\sin\theta}{4\pi\varepsilon_0r^3}\boldsymbol{e}_\theta \tag{4-136}$$

在恒定场中，长度为 l 的恒定电流 I 产生的场的表达式为

$$\boldsymbol{H}=\frac{Il\sin\theta}{4\pi r^2}\boldsymbol{e}_\phi \tag{4-137}$$

比较式(4-134)~式(4-137)，可见近区场的特点为：

1）近区电场与静电场中电偶极子的电场相同；近区磁场与恒定电流产生的磁场相同，且场和源同相位，无滞后现象，所以近区场称为似稳场或准静态场。

2）近区场的大小随距离的增大而迅速减小，电场与 $\frac{1}{r^3}$ 成正比，磁场与 $\frac{1}{r^2}$ 成正比。

3）电场和磁场存在 $\pi/2$ 的相位差，故平均坡印亭矢量为零，说明能量仅在场与源之间不断交换，近区场的能量被束缚在源的周围，没有辐射。因此近区场又称为束缚场。

事实上，近场也有平均功率在传输，正是这部分功率提供了向外空间传送的辐射功率，只是相对于存储在近场的功率而言，其值可以忽略不计。

2. 远区场

$r\gg\lambda$ 的区域称为远区，位于远区中的电磁场称为远区场。因 $r\gg\lambda$，故 $\beta r\gg1$，$1/(\beta r)$ 的高

次项可忽略，得到

$$\dot{\boldsymbol{E}}=\mathrm{j}\,\frac{\beta^2\dot{I}l}{4\pi\omega\varepsilon_0 r}\sin\theta\mathrm{e}^{-\mathrm{j}\beta r}\boldsymbol{e}_\theta \tag{4-138}$$

$$\dot{\boldsymbol{H}}=\mathrm{j}\,\frac{\beta\dot{I}l}{4\pi r}\sin\theta\mathrm{e}^{-\mathrm{j}\beta r}\boldsymbol{e}_\phi \tag{4-139}$$

式(4-138)、式(4-139)表明，远区场具有以下特点：

1）远区的电场强度和磁场强度在空间上相互垂直，且满足右手螺旋关系。

2）电场强度和磁场强度的相位相同，振幅均和 r 成反比。

定义 $\dot{E}_\theta$ 和 $\dot{H}_\phi$ 的振幅之比为媒质的特性阻抗（波阻抗），即

$$Z=\frac{\dot{E}_\theta}{\dot{H}_\phi}=\frac{k}{\omega\varepsilon}=\sqrt{\frac{\mu}{\varepsilon}} \tag{4-140}$$

可见，媒质的特性阻抗只与媒质的参数 ε 和 μ 有关，故又称为媒质的本征阻抗。自由空间的波阻抗为 $Z_0=\sqrt{\dfrac{\mu_0}{\varepsilon_0}}=120\pi=377\Omega$。

3）远区场不仅与 r 有关，还与同一球面上的 θ 和 ϕ 角度有关，即具有方向性。辐射场的电场强度随 θ 和 ϕ 角度变化的函数 $f(\theta,\phi)$ 称为天线的方向图因子。根据 $f(\theta,\phi)$ 画出的图形被称为该天线的方向图，它描述场强的空间分布情况。

因为 z 方向的单位偶极子具有轴对称性，场和 ϕ 无关，即它的方向图因子为

$$f(\theta,\phi)=\sin\theta \tag{4-141}$$

当 $\theta=0$ 时，即在 z 轴方向上辐射为零；当 $\theta=90°$时，也就是在垂直 z 轴的方向上辐射最强。

4）远区场的平均功率流密度为 $\boldsymbol{S}_{\mathrm{av}}=\mathrm{Re}[\dot{\boldsymbol{E}}\times\dot{\boldsymbol{H}}^*]=\mathrm{Re}[\boldsymbol{e}_\theta E_\theta\times\boldsymbol{e}_\phi H_\phi^*]$，得

$$\boldsymbol{S}_{\mathrm{av}}=Z\left(\frac{Il}{2\lambda r}\sin\theta\right)^2\boldsymbol{e}_{\mathrm{r}} \tag{4-142}$$

因此，说明远区有电磁能量不断向外辐射，所以远区场又称为辐射场。

选一个包围电偶极子的半径为 r 的球面，可求得向外辐射的总功率 P 为

$$P=\oint_S\boldsymbol{S}_{\mathrm{av}}\cdot\mathrm{d}\boldsymbol{S}=\frac{2\pi}{3}Z\left(\frac{Il}{\lambda}\right)^2 \tag{4-143}$$

式中，I 为电流强度的有效值，可见总辐射功率与半径 r 无关。

为了衡量天线的辐射能力，定义辐射电阻 R_{r}，将式(4-143)写成 $P=I^2R_{\mathrm{r}}$，即

$$R_{\mathrm{r}}=\frac{P}{I^2}=\frac{2\pi}{3}Z\left(\frac{l}{\lambda}\right)^2 \tag{4-144}$$

辐射电阻表示天线的辐射能力，R_{r} 越大代表天线的辐射功率越强。从式(4-144)可以看出，辐射电阻与 l/λ 有关，当波源频率较高（即 λ 较小）时，长度较短的天线即可发送一定量的辐射功率；而当波源频率较低时，则需使用长天线。

严格说来，远区场中也有部分电磁能量的交换。因为这部分场强振幅至少与 r^2 成反比，而构成能量辐射部分的场强振幅与距离 r 成反比，因此，远区中能量的交换部分所占的比重很小。相反，近区中能量的辐射可忽略不计。

3. 过渡区

近区和远区中间的区域称为过渡区。在此区域中，源直接产生的静态场和电磁场相互激发产生的场并存。故电源提供能量的一部分存储在空间中，还有一部分以电磁波形式辐射出去，这一区域称为感应区、过渡区或谐振区。

4.9　习题与答案

4.9.1　习题

1. 一根半径为 a 的长圆柱形介质棒放入均匀磁场 $\boldsymbol{B}=\boldsymbol{e}_z B_0$ 中与 z 轴平行。设棒以角速度 ω 绕轴做等速旋转，求介质内的极化强度、体积内和表面上单位长度的极化电荷。

2. 由两个大平行平板组成电极，极间介质为空气，两极之间电压恒定。当两极板以恒定速度 v 沿极板所在平面的法线方向相互靠近时，求极板间的位移电流密度。

3. 海水的电导率为 4S/m，相对介电常数为 81，把海水放置于频率为 1MHz 的正弦电场中，求位移电流与传导电流的比值。

4. 设真空中的磁感应强度为 $\boldsymbol{B}(t)=10^{-3}\sin(6\pi\times10^8 t-kz)\boldsymbol{e}_y$，试求空间位移电流密度的瞬时值。

5. 若平板电容器中填充两层媒质，第一层媒质厚度为 d_1，第二层媒质厚度为 d_2，极板面积为 S，电容器的外加电压 $V=V_0\sin\omega t$，试求两种媒质参数分别为下列两种情况时电容器中的电场强度、损耗功率及储能：

（1）$\varepsilon_{r1}=4, \mu_1=\mu_0, \gamma_1=1\text{S/m}; \varepsilon_{r2}=2, \mu_2=\mu_0, \gamma_2=2\text{S/m}$。

（2）$\varepsilon_{r1}=1, \mu_1=\mu_0, \gamma_1=0; \varepsilon_{r2}=2, \mu_2=\mu_0, \gamma_2=2\text{S/m}$。

6. 如图 4-24 所示，同轴电缆的内导体半径 $a=1\text{mm}$，外导体内半径 $b=4\text{mm}$。内、外导体间为空气介质，电场强度为 $\boldsymbol{E}=\dfrac{100}{r}\cos(10^8 t-0.5z)\boldsymbol{e}_r$(V/m)。求

（1）磁场强度 $\boldsymbol{H}$ 的表达式。

（2）内导体表面的电流密度。

（3）计算 $0\leqslant Z\leqslant 1\text{m}$ 中的位移电流。

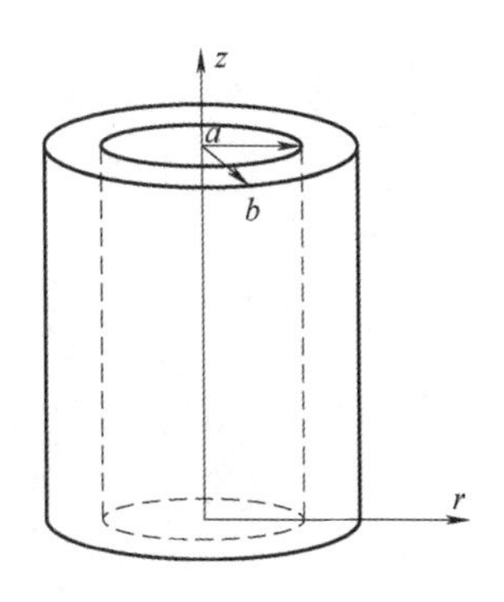

图 4-24　习题 6 图

7. 半径为 a、长度为 L 的实心金属材料，载有均匀分布沿 z 方向流动的恒定电流 I。试证明：流入金属导体的总功率为 I^2R，这里 R 为金属导体的电阻。

8. 写出存在电荷 ρ 和电流密度 $\boldsymbol{J}$ 的无耗媒质中的 $\boldsymbol{E}$ 和 $\boldsymbol{H}$ 的达朗贝尔方程的瞬时值形式。

9. 在应用电磁位时，如果不采用洛仑兹规范条件，而是采用库仑规范条件，即令 $\nabla\cdot\boldsymbol{A}=0$，导出 $\boldsymbol{A}$ 和 φ 所满足的微分方程。

10. 已知真空中电磁场的电场强度和磁场强度矢量分别为

$$E(z,t)=e_x E_0\cos(\omega t-kz),H(z,t)=e_y H_0\cos(\omega t-kz)$$

其中 E_0、H_0 和 k 为常数。求：

（1）电磁场能流密度。

（2）S 和 S_{av}。

11. 设电场强度和磁场强度分别为 $E=E_0\cos(\omega t+\phi_E)$，$H=H_0\cos(\omega t+\phi_H)$。证明其坡印亭矢量的平均值为 $S_{av}=\frac{1}{2}E_0\times H_0\cos(\phi_E-\phi_H)$。

12. 理想同轴电缆如图 4-25 所示，直流电压源 U_0 经电缆向负载电阻 R 供电。设该电缆内导体半径为 a，外导体的内、外半径分别为 b 和 c。试用坡印亭矢量分析其能量的传输过程。

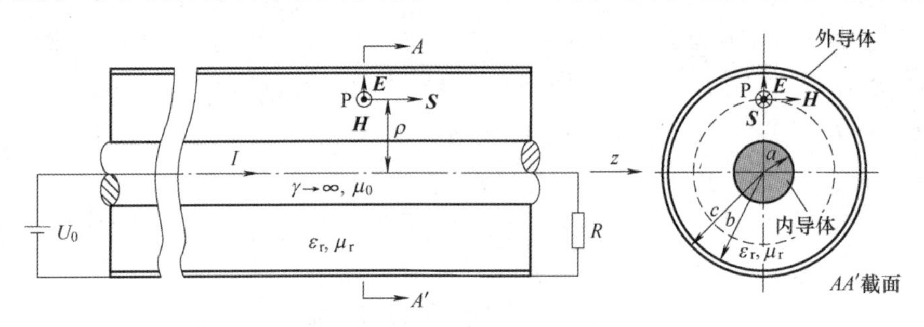

图 4-25　习题 12 图

13. 将下面用复数形式表示的场矢量变换为瞬时值，或做相反的变换。

（1）$\dot{E}=e_x E_0$。

（2）$\dot{E}=\mathrm{j}\dot{E}_0 e^{-\mathrm{j}kz}e_x$。

（3）$E=E_0\cos(\omega t-kz)e_x+2E_0\sin(\omega t-kz)e_y$。

（4）$E=e_z E_0\sin(k_x x)\sin(k_y y)e^{-\mathrm{j}k_z z}$。

（5）$E=\mathrm{j}2E_0\sin\theta\cos(k_x\cdot\cos\theta)e^{-\mathrm{j}k_z\sin\theta}e_x$。

14. 已知正弦电磁场的电场瞬时值为 $E(z,t)=E_1(z,t)+E_2(z,t)$，其中

$$\begin{cases}E_1(z,t)=0.03\sin(10^8\pi t-kz)e_x \quad (\mathrm{V/m})\\ E_2(z,t)=0.04\cos(10^8\pi t-kz-\pi/3)e_x \quad (\mathrm{V/m})\end{cases}$$

试求：（1）电场的复矢量。

（2）磁场的复矢量和瞬时值。

15. 已知某真空区域中时变电磁场的时变磁场瞬时值为

$$H(y,t)=\sqrt{2}\cos 20x\sin(\omega t-k_y y)e_x$$

试求：电场强度的复数形式、能量密度及能流密度矢量的平均值。

16. 在平行板电容器两极板间施加工频交流电压 $u=\sqrt{2}U\cos 314t$。设极板间距为 d，求极板间任一点的坡印亭矢量及电容器的有功功率和无功功率。

17. 已知某电磁波的复数形式为 $\dot{E}=\mathrm{j}E_0\sin kz e_x$，$\dot{H}=e_y\sqrt{\frac{\varepsilon_0}{\mu_0}}E_0\cos kz$，其中 $k=\frac{2\pi}{\lambda}$，求：

（1）$z=0,\frac{\lambda}{8},\frac{\lambda}{4}$处的瞬时坡印亭矢量。

（2）上述各点的平均坡印亭矢量。

18. 在自由空间中传播的均匀平面波的磁场强度为 $\boldsymbol{H}=100\mathrm{e}^{-\mathrm{j}\left(12.56y-\frac{\pi}{4}\right)}\boldsymbol{e}_x$。试求：

（1）电场强度的时域表达式。

（2）坡印亭矢量的平均值。

4.9.2　答案

1. $\boldsymbol{e}_r(\varepsilon-\varepsilon_0)r\omega B_0$；电荷分别为：$-2\pi a^2(\varepsilon-\varepsilon_0)\omega B_0$，$2\pi a^2(\varepsilon-\varepsilon_0)\omega B_0$.

2. $\varepsilon_0 U\left[\frac{v}{(x_0-vt)^2}\right]\boldsymbol{e}_x$.

3. 1.125×10^{-3}.

4. $\frac{10^4}{2}\sin(6\pi\times10^8 t-kz)\boldsymbol{e}_x(\mathrm{A/m^2})$.

5. （1）：$E_1=\frac{\gamma_2 V_0\sin\omega t}{\gamma_2 d_1+\gamma_1 d_2}$，$E_2=\frac{\gamma_1 V_0\sin\omega t}{\gamma_2 d_1+\gamma_1 d_2}$；$P=\gamma_1 E_1^2+\gamma_2 E_2^2=\frac{\gamma_1\gamma_2 V_0^2\sin^2\omega t}{\gamma_2 d_1+\gamma_1 d_2}(\gamma_1+\gamma_2)$；$W=\frac{S}{2}\left(\varepsilon_1 d_1\frac{\gamma_2^2 V_0^2\sin^2\omega t}{(\gamma_2 d_1+\gamma_1 d_2)^2}+\varepsilon_2 d_2\frac{\gamma_1^2 V_0^2\sin^2\omega t}{(\gamma_2 d_1+\gamma_1 d_2)^2}\right)$.

（2）：$E_2=0$；损耗功率为零；系统能量仅储藏在媒质 1 中，即 $W=W_1=\frac{\varepsilon_1 S}{2d_1}V_0^2\sin^2\omega t$.

6. （1）$\boldsymbol{H}(r,z,t)=\frac{0.398}{r}\cos(10^8 t-0.5z)\boldsymbol{e}_r(\mathrm{A/m})$.

（2）$\boldsymbol{J}_s=397.9\cos(10^8 t-\frac{1}{3})\boldsymbol{e}_z(\mathrm{A/m^2})$.

（3）$i_{\mathrm{d}}=\int_S\boldsymbol{J}_{\mathrm{d}}\cdot\mathrm{d}\boldsymbol{S}=\int_0^1\boldsymbol{J}_{\mathrm{d}}\cdot\boldsymbol{e}_r 2\pi r\mathrm{d}z=-0.55\sin(10^8 t-0.25)\mathrm{A}$.

7. 略.

8. $\nabla^2\boldsymbol{H}-\varepsilon\mu\frac{\partial^2\boldsymbol{H}}{\partial t^2}=-\nabla\times\boldsymbol{J}$，$\nabla^2\boldsymbol{E}-\varepsilon\mu\frac{\partial^2\boldsymbol{E}}{\partial t^2}=\mu\frac{\partial\boldsymbol{J}}{\partial t}+\frac{1}{\varepsilon}\nabla\rho$.

9. $\nabla^2\boldsymbol{A}-\mu\varepsilon\frac{\partial^2\boldsymbol{A}^2}{\partial t^2}=-\mu\boldsymbol{J}+\varepsilon\mu\nabla\frac{\partial\varphi}{\partial t}$，$\nabla^2\varphi=-\frac{\rho}{\varepsilon}$.

10. （1）$\frac{1}{2}[\varepsilon_0 E_0^2\cos^2(\omega t-kz)+\mu_0 H_0^2\cos^2(\omega t-kz)]$.

（2）$\boldsymbol{e}_z E_0 H_0\cos^2(\omega t-kz)$；$\frac{1}{2}E_0 H_0\boldsymbol{e}_z$.

11. 略.

12. 坡印亭矢量为 $\boldsymbol{S}=\boldsymbol{E}\times\boldsymbol{H}=\frac{U_0^2}{2\pi R\ln\frac{b}{a}}\cdot\frac{1}{\rho^2}\boldsymbol{e}_z(a\leqslant\rho\leqslant b)$；功率为$\frac{U_0^2}{R}$.

13. (1) $\boldsymbol{e}_x E_0\cos(\omega t)$.(2) $\boldsymbol{e}_x E_0\cos\left(\omega t-kz+\dfrac{\pi}{2}\right)$.(3) $(\boldsymbol{e}_x-2\mathrm{j}\boldsymbol{e}_y)E_0\mathrm{e}^{-\mathrm{j}kz}$.(4) $\boldsymbol{e}_z E_0\sin(k_x x)\sin(k_y y)\cos(\omega t-k_z z)$.(5) $-2E_0\sin\theta\cos(k_x\cos\theta)\sin(\omega t-k_z\sin\theta)\boldsymbol{e}_x$.

14. (1) $0.01\boldsymbol{e}_x[3\mathrm{e}^{-\mathrm{j}\pi/2}+4\mathrm{e}^{-\mathrm{j}\pi/3}]\mathrm{e}^{-\mathrm{j}kz}$(V/m).(2) $\boldsymbol{e}_y k[7.6\times10^{-5}\mathrm{e}^{-\mathrm{j}\pi/2}+1.01\times10^{-4}\mathrm{e}^{-\mathrm{j}\pi/3}]\mathrm{e}^{-\mathrm{j}kz}$(A/m), $\boldsymbol{H}(z,t)=\boldsymbol{e}_y k[7.6\times10^{-5}\sin(10^8\pi t-kz)+1.01\times10^{-4}\cos(10^8\pi t-kz-\pi/3)]$.

15. $120\pi\cos20x\mathrm{e}^{-\mathrm{j}k_y y}\boldsymbol{e}_z$; $4\pi\times10^{-7}\cos^2 20x\,\mathrm{J/m^3}$, $120\pi\cos^2 20x\boldsymbol{e}_y$.

16. $P=\dfrac{rS^2}{d}U^2$, $Q=-\dfrac{\varepsilon S}{d}U^2$.

17. (1) $z=0$: $\boldsymbol{S}=0$, $z=\lambda/8$: $\boldsymbol{S}=-\dfrac{1}{4}\sqrt{\dfrac{\varepsilon_0}{\mu_0}}E_0^2\sin2\omega t\boldsymbol{e}_z$, $z=\lambda/4$: $\boldsymbol{S}=0$.(2) 0.

18. (1) 600MHz, 0.5m.(2) $53.3\cos\left(\omega t-12.56y+\dfrac{p}{4}\right)\boldsymbol{e}_z$(mV/m).(3) $3.77\boldsymbol{e}_y$(μW/m^2).

第 5 章　准静态电磁场

随时间变化足够缓慢的电磁场,叫做似稳场,又叫准静场,这是整个电路的基础。事实上,对很多实际工程问题,尽管电磁场是时变的,但由于其满足“似稳”条件,所以这些问题可以在似稳近似下求解,从而大大简化计算。

首先介绍准静态电磁场的条件及其基本方程。在导出扩散方程的基础上,介绍电准静态场的典型应用(包括导体中的电荷驰豫和分界面上的电荷积累)和磁准静态场的典型现象(包括趋肤效应、涡流及其损耗、电路定律和电磁屏蔽),讨论交流电路的电阻和内电感。

5.1　电准静态场和磁准静态场

时变场是动态电磁场。对很多工程实际问题,尽管电磁场随时间变化,但由于其变化过程足够缓慢,在不影响工程计算精度的前提下,可以忽略$\partial \boldsymbol{B}/\partial t$ 或$\partial \boldsymbol{D}/\partial t$ 的影响。这种情况下,在每一时刻,源和场之间的关系类似于静态场中源和场之间的关系,这样的电磁场称为准静态电磁场。准静态电磁场又分为电准静态电磁场和磁准静态电磁场。

5.1.1　电准静态场

如果感应电场 $\boldsymbol{E}_i$ 远小于库仑电场 $\boldsymbol{E}_c$,即 $\boldsymbol{E}_i \ll \boldsymbol{E}_c$;或者 $\boldsymbol{E}_i$ 相对于 $\boldsymbol{E}_c$ 可能不小,但其旋度 $\nabla \times \boldsymbol{E}_i$ 很小,$\partial \boldsymbol{B}/\partial t$ 的作用可以忽略。此时,电磁场满足

$$\nabla \times \boldsymbol{E} = \nabla \times (\boldsymbol{E}_c + \boldsymbol{E}_i) \approx \nabla \times \boldsymbol{E}_c = 0 \tag{5-1}$$

$$\nabla \cdot \boldsymbol{D} = \rho \tag{5-2}$$

可见,电场的有源无旋性与静电场相同,称为电准静态(Electr ic Quasi-Static,EQS)场。电准静态场与静电场类似,可以定义时变电位函数 φ,满足 $\boldsymbol{E} = -\nabla\varphi$。在洛仑兹条件 $\nabla \cdot \boldsymbol{A} = -\mu\varepsilon \dfrac{\partial \varphi}{\partial t}$下,位函数满足

$$\nabla^2 \boldsymbol{A} = -\mu \boldsymbol{J} \text{ 和 } \nabla^2 \varphi = -\frac{\rho}{\varepsilon} \tag{5-3}$$

EQS 场的电场与静电场满足相同的微分方程，在任意时刻 t，两种电场分布一致，解题方法相同。值得注意的是，电准静态场的磁场是时变的，其方程为

$$\nabla \times \boldsymbol{H} = \boldsymbol{J} + \frac{\partial \boldsymbol{D}}{\partial t} \tag{5-4}$$

$$\nabla \cdot \boldsymbol{B} = 0 \tag{5-5}$$

因此，可以采用静电场的方法求解 EQS 的电场，再通过 $\nabla \times \boldsymbol{H} = \gamma \boldsymbol{E} + \frac{\partial \boldsymbol{D}}{\partial t}$ 求解磁场。同静电场相比，其磁场方程发生了变化，考虑了位移电流引起的磁场，它们实质的不同在于：电场和磁场都是时间的函数。

电力系统和电气装置中的高压电场，感应电场相对于高电压产生的库仑电场很小，可忽略不计，属于电准静态场问题。低频电工电子设备中，感应电场的旋度很小，也可按电准静态场考虑。

例 5-1 图 5-1 所示圆形平板电容器外接工频电源 $u(t) = U_{\mathrm{m}} \cos \omega t$，边缘效应可忽略。极板间距离为 d，极板间介质的参数为 ε、μ_0。求：

（1）介质中的时变电场强度。

（2）介质中的时变磁场强度。

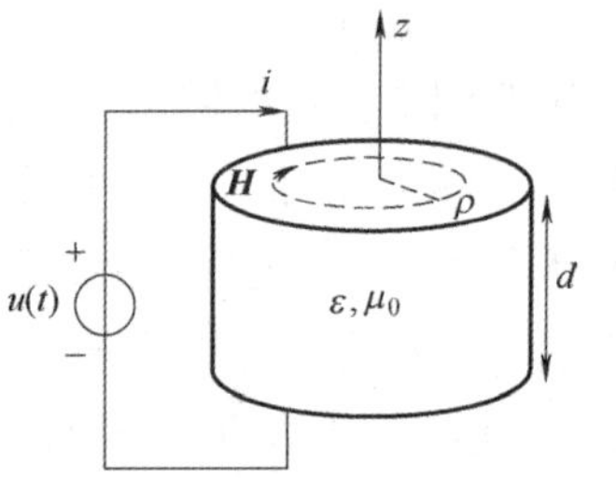

图 5-1 工频激励下的平板电容器

解：电压 $u(t)$ 随时间变化缓慢，近似为电准静态场，建立圆柱坐标，z 轴和电容器的轴线重合，忽略边缘效应有：

（1）按照静电场方法求得介质中的电场强度

$$\boldsymbol{E}(t) = \boldsymbol{e}_z \frac{u(t)}{d} = -\boldsymbol{e}_z \frac{U_{\mathrm{m}}}{d} \cos \omega t$$

（2）介质中无传导电流，仅有位移电流，位移电流密度为

$$\frac{\partial \boldsymbol{D}}{\partial t} = \varepsilon \frac{\partial \boldsymbol{E}}{\partial t} = \varepsilon \frac{\partial}{\partial t}(\boldsymbol{e}_z E_{\mathrm{m}} \cos \omega t) = \boldsymbol{e}_z \frac{\omega \varepsilon}{d} U_{\mathrm{m}} \sin \omega t$$

由 $\oint_l \boldsymbol{H} \cdot \mathrm{d}\boldsymbol{l} = \int_S \frac{\partial \boldsymbol{D}}{\partial t} \cdot \mathrm{d}\boldsymbol{S}$ 得到

$$H \times 2\pi\rho = \pi\rho^2 \frac{\omega \varepsilon}{d} U_{\mathrm{m}} \sin \omega t, \text{故 } \boldsymbol{H}(t) = \frac{\rho \omega \varepsilon}{2d} U_{\mathrm{m}} \boldsymbol{e}_\theta \sin \omega t$$

*讨论：若考虑时变磁场产生的感应电场，设电容器填充 $\varepsilon_{\mathrm{r}} = 5.4$ 的云母介质，$d = 0.5\mathrm{cm}$，外施电压 $u(t) = 110\sqrt{2} \cos 314t\mathrm{V}$，则有 $\boldsymbol{E} = -3.11 \times 10^4 \cos 314t \boldsymbol{e}_z (\mathrm{V/m})$，$\boldsymbol{H} = 2.34 \times 10^{-4} \rho \sin 314t \boldsymbol{e}_\theta (\mathrm{A/m})$。若考虑时变磁场产生的感应电场，则有

$$\nabla \times \boldsymbol{E}_{\mathrm{i}} = -\frac{\partial \boldsymbol{B}}{\partial t} = -\mu_0 \frac{\partial \boldsymbol{H}}{\partial t}$$

将旋度的计算式展开，得

$$-\frac{\partial \boldsymbol{E}_{\mathrm{i}}}{\partial \rho} = -314 \times 2.3 \times 10^{-4} \mu_0 \rho \cos 314t \boldsymbol{e}_z$$

解得 $\boldsymbol{E}_{\mathrm{i}}=4.54\times10^{-8}\rho^2\cos314t\boldsymbol{e}_z$ (V/m)

可见，在工频情况下，由时变磁场产生的感应电场远小于库仑电场。

* **EQS 场泊松方程的证明**

证明：在 EQS 场中，因 $\nabla\times\boldsymbol{E}\approx0$，可以定义时变电位函数 ϕ，即 $\boldsymbol{E}=-\nabla\varphi$，故

$$\nabla\cdot\boldsymbol{D}=\nabla\cdot\varepsilon(-\nabla\varphi)=\rho,\text{即}\nabla^2\varphi=-\frac{\rho}{\varepsilon}$$

同理，因 $\nabla\cdot\boldsymbol{B}=0,\boldsymbol{B}=\nabla\times\boldsymbol{A}$，且 $\nabla\times\boldsymbol{H}=\boldsymbol{J}+\frac{\partial\boldsymbol{D}}{\partial t}$，得到 $\nabla\times\nabla\times\boldsymbol{A}=\mu\boldsymbol{J}-\mu\varepsilon\frac{\partial(\nabla\varphi)}{\partial t}$。取 $\nabla\cdot\boldsymbol{A}=-\mu\varepsilon\frac{\partial\varphi}{\partial t}$（洛仑兹规范），得 $\nabla^2\boldsymbol{A}=-\mu\boldsymbol{J}$。

5.1.2　磁准静态场

1. 磁准静态场

时变磁场可由时变传导电流和位移电流产生。在缓慢变化的电磁场中，如果传导电流远大于位移电流，可忽略 $\partial\boldsymbol{D}/\partial t$ 的作用，此时，磁场满足

$$\nabla\times\boldsymbol{H}\approx\boldsymbol{J}\tag{5-6}$$

$$\nabla\cdot\boldsymbol{B}=0\tag{5-7}$$

磁场的有旋无源性与恒定磁场相同，称为磁准静态（Magnetic Quasi-Static，MQS）场。

MQS 场的磁场与恒定磁场满足相同的基本方程，在任意时刻 t，两种磁场分布一致，解题方法相同。与磁准静态场对应的时变电场方程为

$$\nabla\times\boldsymbol{E}=-\frac{\partial\boldsymbol{B}}{\partial t}\tag{5-8}$$

$$\nabla\cdot\boldsymbol{D}=\rho\tag{5-9}$$

因此，可以采用恒定磁场的方法求解 MQS 的磁场，由 $\nabla\times\boldsymbol{E}=-\frac{\partial\boldsymbol{B}}{\partial t}$ 求解电场。在库仑规范下，位函数满足矢量泊松方程

$$\nabla^2\boldsymbol{A}=-\mu\boldsymbol{J}\tag{5-10}$$

$$\nabla^2\varphi=-\rho/\varepsilon\tag{5-11}$$

2. 似稳条件

上述讨论忽略了位移电流，那么什么情况下可以忽略位移电流呢？

（1）导体（有损媒质）的似稳条件

当导体中的位移电流大小远小于传导电流时，即 $\left|\frac{\partial\boldsymbol{D}}{\partial t}\right|\ll|\boldsymbol{J}|$，在时谐场中，该式可进一步写成

$$\frac{\omega\varepsilon}{\gamma}\ll1\tag{5-12}$$

通常将满足式（5-12）的导体称为良导体。该式可以写成 $\omega\ll\gamma/\varepsilon=\omega_\gamma$，$\omega_\gamma$ 为导体的特征频率。良导体电导率的数量级为 $10^6\sim10^7$S/m，$\varepsilon\approx\varepsilon_0$，故 ω_γ 为 10^{18}rad/s 的数量级（例如金属铜的参数为 $\gamma\approx5.9\times10^7$S/m，$\varepsilon\approx\varepsilon_0$，特征频率为 $\omega_\gamma\approx6.7\times10^{18}$rad/s）。可见光的频率数量级

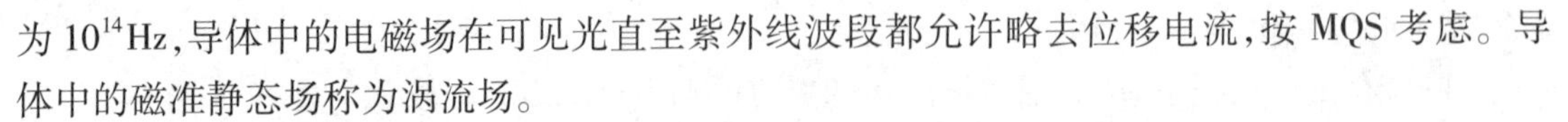

为 10^{14}Hz,导体中的电磁场在可见光直至紫外线波段都允许略去位移电流,按 MQS 考虑。导体中的磁准静态场称为涡流场。

(2) 理想介质的似稳条件

在理想介质中,位移电流是否可忽略由场点与源点间的距离所满足的条件决定。根据动态场的表达式,滞后效应可忽略的条件为

$$e^{-j\beta r} \approx 1 \tag{5-13}$$

即 $\beta r \ll 1$,因 $\beta = \dfrac{2\pi}{\lambda}$,故 $r \ll \lambda$,表明物理系统的尺寸(也称为线度)远小于波长 λ。例如,工频变压器的尺寸一般是 30cm 左右,显然满足此条件;3cm 波导的工作频率为 8.2G~12.4GHz,其物理尺寸和波长不满足式(5-12)故不满足准静态场的条件。如当交流电频率小于 1000Hz 时,电磁波长为 30km,即可满足上述条件。式(5-12)和式(5-13)称为 MQS 似稳条件。

在 EQS 和 MQS 场中,同时存在电场与磁场。但是,由位函数满足的泊松方程可知 EQS 和 MQS 没有波动性。EQS 和 MQS 的比较见表 5-1。

表 5-1　EQS 和 MQS 的比较

	条件	电场	磁场	规范条件	位函数
EQS	忽略 $\dfrac{\partial \boldsymbol{B}}{\partial t}$	$\nabla \times \boldsymbol{E}=0$ $\nabla \cdot \boldsymbol{D}=\rho$ 有源无旋场 同静电场	$\nabla \times \boldsymbol{H}=\boldsymbol{J}+\dfrac{\partial \boldsymbol{D}}{\partial t}$ $\nabla \cdot \boldsymbol{B}=0$	$\nabla \cdot \boldsymbol{A}=-\mu\varepsilon\dfrac{\partial \varphi}{\partial t}$ 洛伦兹规范	$\nabla^2 \boldsymbol{A}=-\mu \boldsymbol{J}$ $\nabla^2 \varphi=-\rho/\varepsilon$ 同时存在电场与磁场,两者相互依存,无波动性
MQS	忽略 $\dfrac{\partial \boldsymbol{D}}{\partial t}$	$\nabla \times \boldsymbol{E}=-\dfrac{\partial \boldsymbol{B}}{\partial t}$ $\nabla \cdot \boldsymbol{D}=\rho$	$\nabla \times \boldsymbol{H}=\boldsymbol{J}$ $\nabla \cdot \boldsymbol{B}=0$ 有旋无源场 同恒定磁场	$\nabla \cdot \boldsymbol{A}=0$ 库仑规范	

从表 5-1 中看到,EQS 和 MQS 场的位函数满足相同的微分方程,但为什么描述的是不同的场呢?这是因为:

1) 虽然矢量位 $\boldsymbol{A}$ 满足的方程一样,但是 $\nabla \cdot \boldsymbol{A}$ 不同。在 EQS 中,$\nabla \cdot \boldsymbol{A}=-\mu\varepsilon\dfrac{\partial \varphi}{\partial t}$(洛伦兹规范);而在 MQS 中,$\nabla \cdot \boldsymbol{A}=0$(库仑规范)。因此 $\boldsymbol{A}$ 不同,导致 $\boldsymbol{B}=\nabla \times \boldsymbol{A}$ 不同。

2) 虽然标量位的方程相同,但是对应的电场 $\boldsymbol{E}$ 不同。在 EQS 中,$\boldsymbol{E}=-\nabla\varphi$;在 MQS 中,$\boldsymbol{E}=-\nabla\varphi-\dfrac{\partial \boldsymbol{A}}{\partial t}$。

*5.1.3　准静态场应用举例

1. 电流变液

电流变液是一种智能材料,可以在固态和液态之间变化。它在通常条件下是一种悬浮液,在电场的作用下可发生液体到固体的转变:当外加电场强度远低于某个临界值时,电流变液呈液态;当电场强度远高于这个临界值时,它就变成固态;在电场强度的临界值附近,这种悬浮液

的黏滞性随电场强度的增加而变大，这时很难说它是呈液态还是呈固态。

将介电球体放置在盛有电流变液的器皿里，当外加电场时，在很短的时间内，悬浮液状态可以转变成固态，因为电流变液里不可避免地有少量自由电荷。如果直接外加直流电，自由电荷将在电场的作用下产生运动，电荷将附着在电极上，最终使电场的一部分或全部被屏蔽，从而降低效率。为了避免这种情况，常用的方法是施加低频交流电，使自由电荷在电极之间来回运动。

2. 光镊

光镊指的是用光来捕获介电微粒（通常为纳米级）的装置。通常用来挟持物体的镊子都是有形物体，通过镊子施加一定的力来钳住物体。捕获微小粒子的光镊是一个特别的光场，此光场与介电微粒相互作用，微粒受到光的作用力从而达到被钳的效果。

首先，利用激光形成一个空间非均匀的高频电磁场。因为光波波长为 300~700nm，对于纳米尺度的介电颗粒而言，此电磁场可以认为是似稳场。因此可以将此电磁场看作静电场，纳米颗粒受到的作用力即可按照静电场来计算，极大简化了计算，甚至使得解析计算（尽管是近似的）变成可能。因此，可以通过移动光束来实现迁移微粒的目的。

3. 亚波长金属结构的共振简化求解

考虑一个复杂的金属结构（如金属开口环或者金属小球等），在时变电磁波的作用下，金属结构的响应计算是非常复杂的。但是，当金属结构的尺寸远小于电磁波的波长时，可以忽略位移电流，将时变电磁波看作准静态场，并进行近似求解。此时的许多问题（如共振模式等）都可以严格求解。

5.2 从准静态场推导电路基本定律

电磁场问题遵循麦克斯韦方程组和边界条件，求解过程通常比较复杂且烦琐；集总参数电路理论研究电路中发生的电磁现象服从基尔霍夫定律。“路”是电“场”的特殊情况，电路理论中的基尔霍夫定律都可在电磁场理论的准静态条件下导出。

5.2.1 基尔霍夫电流定律

电路理论假定电场和磁场都是高度集中于电路元件内部的。在 MQS 中，因$\nabla\times\boldsymbol{H}=\boldsymbol{J}$，对此式两边取散度，得$\nabla\cdot\boldsymbol{J}=0$，在多根导线的节点处，如图 5-2 所示，设有 5 条关联支路，相应导线的截面积和电流分别为 S_k 和 $i_k(k=1,2,\cdots,5)$，当忽略位移电流的影响（MQS 场）时，对任意包围该节点的任意闭合面 S 有$\nabla\times\boldsymbol{H}=\boldsymbol{J}+\dfrac{\partial\boldsymbol{D}}{\partial t}\approx\boldsymbol{J}$，即

$$\oint_S\boldsymbol{J}\cdot\mathrm{d}\boldsymbol{S}=\sum_{k=1}^{5}\int_{S_k}\boldsymbol{J}_k\cdot\mathrm{d}\boldsymbol{S}_k=0\qquad(5\text{-}14)$$

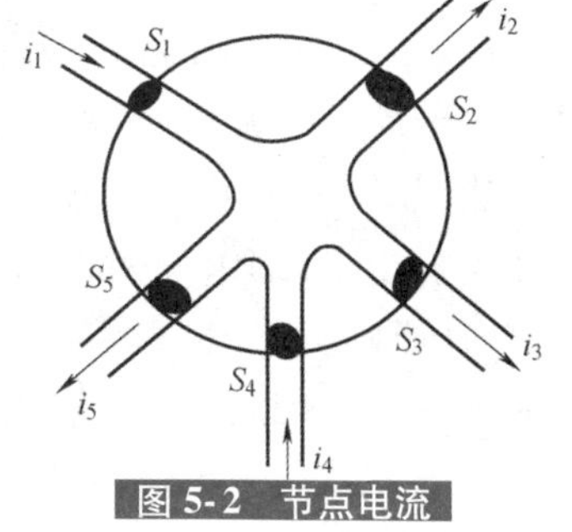

图 5-2 节点电流

即 $\sum_{k=1}^{5}i_k=0$，或 $i_1-i_2-i_3+i_4-i_5=0$，这就是集总电路的基尔霍夫电流定律。

5.2.2 基尔霍夫电压定律

与时变场完全类似,时变的磁通量在电感内、外均存在,但以内部为主。在集总电路中,集总元件之间的电磁场相互无影响,系统与外部无电子的变换,因此,在任意时刻,元件与外部无闭环交链的磁通变化率,即$\frac{\partial}{\partial t}\psi=0$。在准静态条件下,电感外部的时变磁通可以忽略不计,故$\nabla\times\boldsymbol{E}=0$,即$\oint_l \boldsymbol{E}\cdot \mathrm{d}\boldsymbol{l}=0$。因此,对任何闭合环路有

$$\sum_{k=1} u_k=0 \tag{5-15}$$

即电路中任何闭合环路的电压降为零,这就是集总电路的基尔霍夫电压定律。

上述分析说明电路理论是麦克斯韦方程的近似,当系统尺寸远小于波长时,推迟效应可以忽略,此时采用准静态场定律来研究。场的问题可用“路”的方法解决,准静态场方程是交流电路的场理论基础。

5.3 典型 EQS 问题的分析

本节以自由电荷的电荷驰豫为例,介绍电准静态场的分析方法。

电荷驰豫是指导体中的自由电荷体密度随时间衰减的过程。在电准静态场中,通过分析电荷弛豫过程可得到两个结论:①均匀导电媒质中不可能存在体电荷分布;②在分块均匀的媒质分界面上,将积累有面分布的自由电荷。

1. 均匀导电媒质中的电荷驰豫

设均匀导电媒质的电导率为γ,介电常数为ε。在 EQS 中,$\nabla\cdot\boldsymbol{J}=-\frac{\partial\rho}{\partial t}$,又$\nabla\cdot\boldsymbol{D}=\rho$,$\boldsymbol{J}=\gamma\frac{\boldsymbol{D}}{\varepsilon}$

故

$$\frac{\partial\rho}{\partial t}+\frac{\gamma}{\varepsilon}\rho=0 \tag{5-16}$$

这是一阶微分方程,其解为

$$\rho=\rho_0\mathrm{e}^{-t/\tau} \tag{5-17}$$

式中,ρ_0为$t=0$时的电荷体密度。

若导体中存在体分布的自由电荷,该自由电荷密度随时间按照指数规律衰减,衰减快慢取决于驰豫时间$\tau=\varepsilon/\gamma$(s)。γ越大,ε越小,衰减越快。如果某区域的电磁场变化时间$T\gg\tau$,则认为电磁场变化缓慢,该区域内无电荷积累,即$\rho=0$。

非理想媒质的电导率很小,弛豫时间较长,如聚苯乙烯($\varepsilon=2.55\varepsilon_0$,$\gamma=10^{-16}$S/m)的弛豫时间为$\tau=2.25\times10^3$s。而良导体电导率的数量级为$10^7$S/m,故驰豫时间远小于1s,电荷在良导体通电时随时间迅速衰减。例如,铜($\varepsilon=8.85\times10^{-12}$F/m,$\gamma=5.80\times10^7$S/m)的弛豫时间$\tau=1.52\times10^{-19}$s。因此,一般认为良导体内部$\rho=0$,即电荷只分布在导体表面。

2. 分块均匀导电媒质中的电荷弛豫

在分块均匀的媒质分界面上,如图 5-3 所示,设媒质 1 与媒质 2 的介电常数和电导率分别

为 ε_1、γ_1 和 ε_2、γ_2，在分界面上做高为 Δl、底面积为 ΔS 的小柱形闭合面。

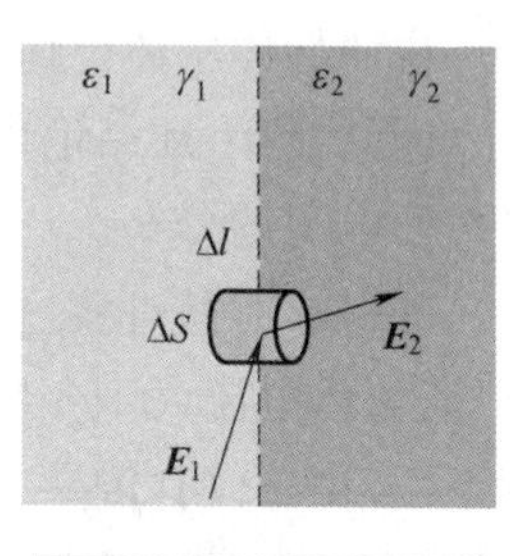

图 5-3　导体分界面

设媒质 1 与媒质 2 中的电流密度和电场强度分别为 $\boldsymbol{J}_1$、$\boldsymbol{E}_1$ 及 $\boldsymbol{J}_2$、$\boldsymbol{E}_2$，其切向和法向分量用 t 和 n 表示。根据 $\oint_S \boldsymbol{J}\cdot \mathrm{d}\boldsymbol{S}=-\partial q/\partial t$，有

$$-J_{1\mathrm{n}}\Delta S+J_{2\mathrm{n}}\Delta S=-\frac{\partial}{\partial t}\left[\sigma\Delta S+\frac{1}{2}\rho_1\Delta l\Delta S+\frac{1}{2}\rho_2\Delta l\Delta S\right] \quad (5\text{-}18)$$

当 $\Delta l\to 0$ 时，$J_{2\mathrm{n}}-J_{1\mathrm{n}}+\dfrac{\partial\sigma}{\partial t}=0$。

根据 $\boldsymbol{J}=\gamma\boldsymbol{E}$ 和 $D_{2\mathrm{n}}-D_{1\mathrm{n}}=\sigma$，得到

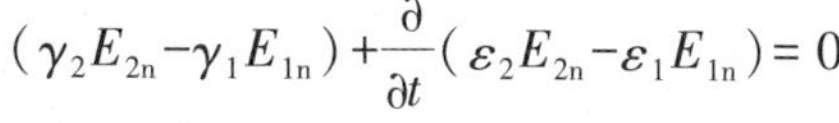

$$(\gamma_2 E_{2\mathrm{n}}-\gamma_1 E_{1\mathrm{n}})+\frac{\partial}{\partial t}(\varepsilon_2 E_{2\mathrm{n}}-\varepsilon_1 E_{1\mathrm{n}})=0$$

即

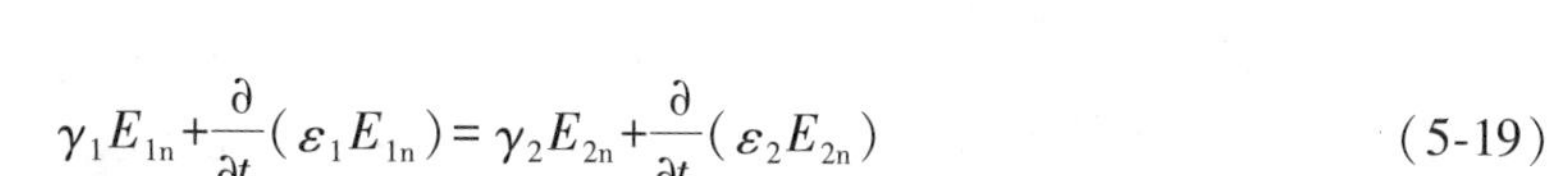

$$\gamma_1 E_{1\mathrm{n}}+\frac{\partial}{\partial t}(\varepsilon_1 E_{1\mathrm{n}})=\gamma_2 E_{2\mathrm{n}}+\frac{\partial}{\partial t}(\varepsilon_2 E_{2\mathrm{n}}) \quad (5\text{-}19)$$

式中，$\gamma_1 E_{1\mathrm{n}}$ 和 $\dfrac{\partial}{\partial t}(\varepsilon_1 E_{1\mathrm{n}})$ 分别为媒质 1 的传导电流和位移电流的法向分量。

式(5-19)说明：在时变电磁场中，位于导电媒质分界面上的全电流密度法向分量连续。

*无初始储能的双层有损介质的平板电容器，如图 5-4 所示。$t=0$ 时开关 S 闭合，与直流电压源 U 接通的过渡过程中，因为极板间是 EQS 场，故有 $aE_1+bE_2=U$，将式(5-19)代入可求得电荷面密度为

$$\sigma=\frac{\varepsilon_2\gamma_1-\varepsilon_1\gamma_2}{b\gamma_1+a\gamma_2}U(1-\mathrm{e}^{-t/\tau})$$

$$E_1=U\frac{\gamma_2}{b\gamma_1+a\gamma_2}+U\left[\frac{\varepsilon_2}{b\varepsilon_1+a\varepsilon_2}-\frac{\gamma_2}{b\gamma_1+a\gamma_2}\right]\mathrm{e}^{-t/\tau}$$

$$E_2=U\frac{\gamma_1}{b\gamma_1+a\gamma_2}+U\left[\frac{\varepsilon_1}{b\varepsilon_1+a\varepsilon_2}-\frac{\gamma_1}{b\gamma_1+a\gamma_2}\right]\mathrm{e}^{-t/\tau}$$

$t=0_+$ 时，极板上没有电荷，$\sigma=0$；随着时间的推移，面电荷 σ 越来越多；当 $t\to\infty$ 时，电荷达到稳态值。因此，自由电荷将逐渐积累在分界面上，面电荷的弛豫时间为 $\tau=\dfrac{b\varepsilon_1+a\varepsilon_2}{b\gamma_1+a\gamma_2}$（当 $\varepsilon_2\gamma_1=\varepsilon_1\gamma_2$ 时，$\sigma=0$）。

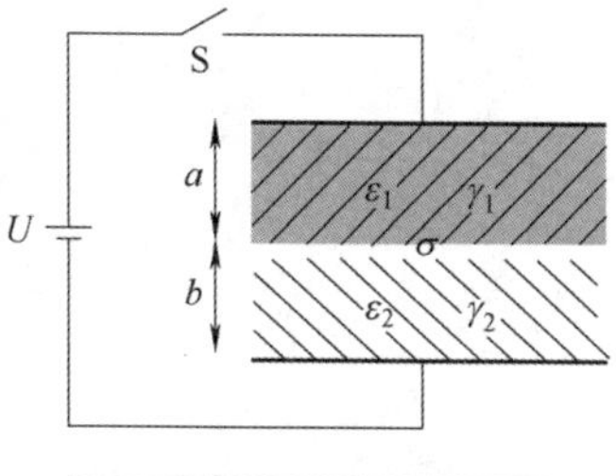

图 5-4　双层有损介质的平板电容器

在 EQS 场中，电位满足的方程为

$$\nabla^2\varphi=-\frac{\rho}{\varepsilon}=-\frac{1}{\varepsilon}\rho_0\mathrm{e}^{-\frac{t}{\tau}} \quad (5\text{-}20)$$

其特解之一为

$$\varphi(r,t)=\int_V\frac{\rho_0}{4\pi\varepsilon r}\mathrm{e}^{-\frac{t}{\tau}}\mathrm{d}V=\varphi_0(r)\mathrm{e}^{-\frac{t}{\tau}} \quad (5\text{-}21)$$

说明导体中体电荷ρ产生的电位很快衰减,衰减快慢决定于弛豫时间常数τ。

因此,将上述结论进行推广,当对多导体区域充电时,在不同导电媒质的分界面上会产生自由面电荷的分布。

进一步对其过渡过程进行分析,可得以下结论:对于多层有损介质,在低频交流电压作用下,若位移电流大于介质中的传导电流,则电场按介电常数分布,属静电场问题;在直流电压作用下,若稳态仅有传导电流,则电场按电导率分布,属恒定电流场问题。

*低频交流电感线圈中的电磁场

例 5-2 电感线圈置于时变场中,设线圈的内、外自感分别为L_i和L_o,电阻为R。两电压表 V1 和 V2 的接法如图 5-5 所示,试分析:V1 和 V2 的读数是否一样?

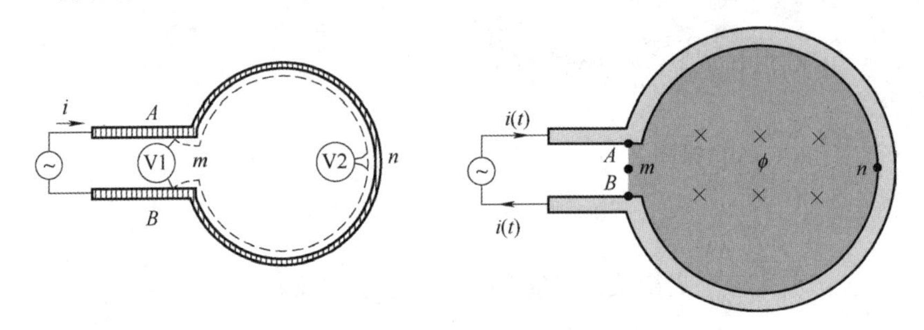

图 5-5 时变场中的电感线圈

解:先分析线圈的电场。在电感线圈导体中,和电流产生的电场相比,感应电场可忽略不计,故场满足 EQS 条件,$\nabla\times\boldsymbol{E}=0$。

再分析线圈的磁场。电感线圈中的磁场满足 MQS 条件,可忽略位移电流的影响,故$\nabla\times\boldsymbol{H}=\boldsymbol{J}$。

对整个线圈而言,感应电场的影响不能忽略不计,因此,对整个线圈$\nabla\times\boldsymbol{E}=-\dfrac{\partial\boldsymbol{B}}{\partial t}$,因此,电压(电位)和积分路径有关。

(1) 沿最短路径 AmB 进行积分有

$$u_1=u_{AmB}=\int_{AmB}\boldsymbol{E}\cdot\mathrm{d}\boldsymbol{l}=iR+L_i\frac{\mathrm{d}i}{\mathrm{d}t}+L_o\frac{\mathrm{d}i}{\mathrm{d}t}$$

(2) 根据电磁感应定律,沿紧靠内表面的 $AnBmA$ 进行积分,有

$$\oint_{AnBmA}\boldsymbol{E}\cdot\mathrm{d}\boldsymbol{l}=-\frac{\mathrm{d}\phi}{\mathrm{d}t}=-L_o\frac{\mathrm{d}i}{\mathrm{d}t}$$

而

$$\oint_{AnBmA}\boldsymbol{E}\cdot\mathrm{d}\boldsymbol{l}=\int_{AnB}\boldsymbol{E}\cdot\mathrm{d}\boldsymbol{l}-\int_{AmB}\boldsymbol{E}\cdot\mathrm{d}\boldsymbol{l}$$

故

$$u_2=\int_{AnB}\boldsymbol{E}\cdot\mathrm{d}\boldsymbol{l}=\int_{AmB}\boldsymbol{E}\cdot\mathrm{d}\boldsymbol{l}+\oint_{AnBmA}\boldsymbol{E}\cdot\mathrm{d}\boldsymbol{l}=iR+L_i\frac{\mathrm{d}i}{\mathrm{d}t}$$

因此,$u_{AmB}\neq u_{AnB}$,两个电压表的读数不一样。

在时变场中，两点间电压是多值的。换句话说，在讨论时变场的电压时，除了需指明起点和终点外，还需指明所取的积分路径。在测量时变场的电压时，需要正确配置电压表及其引线的空间位置。如本例中，伏特表 V1 和 V2 分别测的是 AmB 和 AnB 间的电压。需要特别注意的是，电压表 V2 及其引线应紧贴导线表面。因此，在时变场中，仪表的接线需特别谨慎。

5.4 趋肤效应

5.4.1 涡流场方程

涡流场方程（扩散方程）是研究准静态情况下趋肤效应、邻近效应和涡流问题的基础。因此，先推导涡流场方程。

在 MQS 中，由麦克斯韦方程有 $\nabla\times\boldsymbol{H}=\boldsymbol{J}+\dfrac{\partial\boldsymbol{D}}{\partial t}\approx\boldsymbol{J}$，对方程两边取旋度，得 $\nabla\times\nabla\times\boldsymbol{H}=\nabla(\nabla\cdot\boldsymbol{H})-\nabla^2\boldsymbol{H}=\nabla\times\boldsymbol{J}$，由于 $\boldsymbol{J}=\gamma\boldsymbol{E}$，将 $\nabla\times\boldsymbol{E}=-\dfrac{\partial\boldsymbol{B}}{\partial t}=-\dfrac{\partial(\mu\boldsymbol{H})}{\partial t}$ 代入得到

$$\nabla^2\boldsymbol{H}=\mu\gamma\frac{\partial\boldsymbol{H}}{\partial t}\tag{5-22}$$

同理，对 $\nabla\times\boldsymbol{E}=-\dfrac{\partial\boldsymbol{B}}{\partial t}$ 两边取旋度可得

$$\nabla^2\boldsymbol{E}=\mu\gamma\frac{\partial\boldsymbol{E}}{\partial t}\tag{5-23}$$

根据 $\boldsymbol{J}=\gamma\boldsymbol{E}$，得到

$$\nabla^2\boldsymbol{J}=\mu\gamma\frac{\partial\boldsymbol{J}}{\partial t}\tag{5-24}$$

式(5-22)~式(5-24)称为涡流场方程（扩散方程）。在时谐场中，设 $k^2=\mathrm{j}\omega\mu\gamma$ 有

$$\nabla^2\dot{\boldsymbol{H}}=k^2\dot{\boldsymbol{H}}\tag{5-25}$$

$$\nabla^2\dot{\boldsymbol{E}}=k^2\dot{\boldsymbol{E}}\tag{5-26}$$

$$\nabla^2\dot{\boldsymbol{J}}=k^2\dot{\boldsymbol{J}}\tag{5-27}$$

5.4.2 趋肤效应

设 $z>0$ 的半无限大空间导体通有 x 方向的正弦电流 $i(t)$，如图 5-6 所示。由扩散方程 $\nabla^2\dot{\boldsymbol{J}}=k^2\dot{\boldsymbol{J}}$，因为只有 x 方向的电流，故扩散方程简化为

$$\frac{\mathrm{d}^2\dot{J}_x}{\mathrm{d}z^2}=k^2\dot{J}_x\tag{5-28}$$

其通解为 $\dot{J}_x=C_1\mathrm{e}^{-kz}+C_2\mathrm{e}^{+kz}$，其中积分常数 C_1、C_2 由边界条件确定，且 $k=\sqrt{\mathrm{j}\omega\mu\gamma}=(1+\mathrm{j})\sqrt{\omega\mu\gamma/2}$。设 $k=\alpha+\mathrm{j}\beta$，当 $z\to\infty$ 时，J_x 为有限值，故 $C_2=0$，设导体表面的电流密度为 $\dot{J}_0$，则

$$\dot{J}_y=\dot{J}_0\mathrm{e}^{-kz}=\dot{J}_0\mathrm{e}^{-\alpha z}\mathrm{e}^{-\mathrm{j}\beta z}\tag{5-29}$$

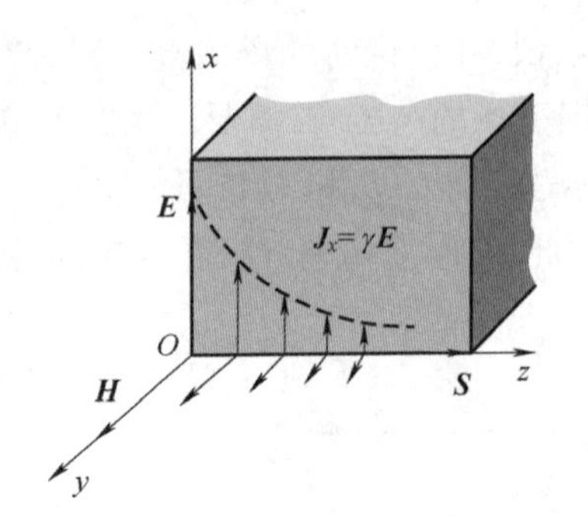

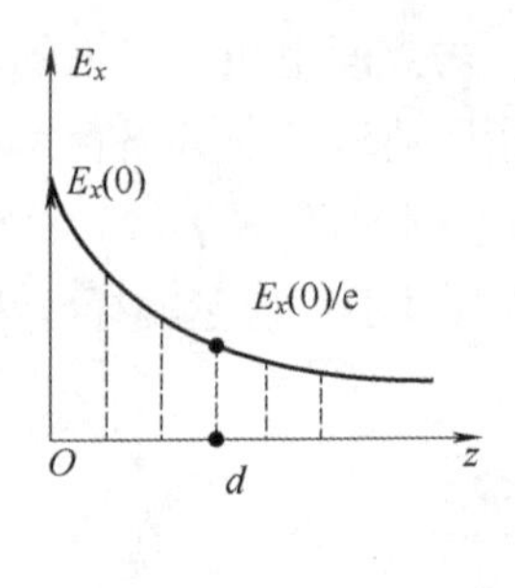

图 5-6 半无限大导体中的趋肤效应

由 $\dot{\boldsymbol{J}}=\gamma\dot{\boldsymbol{E}}$ 和 $\nabla\times\dot{\boldsymbol{E}}=-\mathrm{j}\omega\mu\dot{\boldsymbol{H}}$ 得到

$$\dot{E}_y=\frac{\dot{J}_y}{\gamma}=\frac{\dot{J}_0}{\gamma}\mathrm{e}^{-\alpha z}\mathrm{e}^{-\mathrm{j}\beta z}=\dot{E}_0\mathrm{e}^{-\alpha z}\mathrm{e}^{-\mathrm{j}\beta z} \tag{5-30}$$

$$\dot{H}_y(z)=-\mathrm{j}\frac{k\dot{J}_0}{\mu\omega}\mathrm{e}^{-\alpha z}\mathrm{e}^{-\mathrm{j}\beta z}=H_0\mathrm{e}^{-\alpha z}\mathrm{e}^{-\mathrm{j}\beta z} \tag{5-31}$$

从式(5-29)~(5-31)可看出,电流密度、电场强度和磁场强度的振幅都沿导体的纵深 z 按指数规律衰减,而且相位也随之改变。

在直流情况下,电流在导体内是均匀分布的。当交变电流流过导线时,靠近导体表面处电流密度越大,深入内部愈小。当电流频率较高时,电流几乎是在导线表面附近的一薄层中流动,这一现象称为趋肤效应,或集表效应。频率越高,趋肤深度越少,电流的分布越不均匀,铜的电流分布如图 5-7 所示。

a) 直流电流均匀分布

b) 交流电流分布不均匀

c) 高频电流只分布于导线表面

图 5-7 铜的电流分布(图中白色的部分代表没有电流)

工程上常用透入深度 d 表示场量在良导体中的衰减快慢,其大小等于场量振幅衰减到导体表面值的 1/e 或 36.8%所经过的距离,故 $\mathrm{e}^{-1}=\mathrm{e}^{-\alpha d}$,所以

$$d=1/\alpha=\sqrt{2/(\omega\mu\gamma)} \tag{5-32}$$

因此,透入深度与材料参数和频率有关。频率越高,导体导电性能越好,透入深度越小,趋肤效应越显著。如铜的电导率为 $\gamma=5.8\times10^7\mathrm{S/m}$,得到铜的透入深度为 $d\approx0.066/\sqrt{f}$。它在不同频率的穿透深度(20℃时)见表 5-2。

表 5-2 铜在不同频率的穿透深度(20℃时)

f/kHz	1	3	5	7	10	13	15	18	20	23
d/mm	2.089	1.206	0.9346	0.7899	0.6608	0.5796	0.5396	0.4926	0.4673	0.4358
f/kHz	25	30	35	40	45	50	60	70	80	100
d/mm	0.4180	0.3815	0.3532	0.3304	0.3115	0.2955	0.2697	0.2497	0.2336	0.2098

应当注意的是，在大于 d 的区域内，场量并非为零，而是继续衰减。经过 13.8d 距离场强衰减到只有表面值的 10^{-9}。

*5.4.3 趋肤效应的应用

在高频电路中，趋肤效应对工程实际的重要影响如下：

1）因为电流趋于表面流动，导电性能越好（电导率越大），工作频率越高，则趋肤深度越小，故可将导体表面镀银或镀金，以降低其电阻。

2）高频电路中采用空心铜线，一方面可以节省材料，降低成本；另一方面可以在空心处通水冷却。如高压架空电力线路通常使用钢芯线，因为钢的电阻率大，且架空线的中心电流密度很小，不影响其输电性能，同时还能增大抗拉强度。

3）用互相绝缘的多根细导线代替单根实芯线，因为高频电流只在铜线的表层流动，用多股相互绝缘的导线，表层数增加，总截面积增加，信号能量损耗减少，灵敏度提高。例如天线线圈往往不是单股导线，而是由多股相互绝缘的导线绞合而成的。

高频变压器单股导线的最大线径都是较小的，例如，当工作频率 $f=30\text{kHz}$ 时，高频变压器的最大线径为 0.76mm，所以选择 0.8mm 以上的导线就没有意义了。如果计算出的线径大于两倍的穿透深度，就需要采用多股线或利兹线。因为大直径的导线因交流电阻引起的交流损耗大，经常用截面积之和等于单导线的多根较细导线并联，即利兹线。

利兹线指的是由多根独立绝缘的导体绞合或编织而成的导线。一般用于 50kHz 以下的高频电感器、变压器、变频器、电动机、通信及 IT 设备、超声波设备、声呐设备和感应加热等应用场景。

在大功率短波发射机中，其振荡线圈可用空心紫铜管绕制，因为短波的频率最高可达十几兆赫兹，趋肤效应明显，为有效利用材料，节省成本，故振荡线圈不用实心铜线。值得注意的是，凡是大功率发射机或高频机器，不能接触振荡级的各元件，否则可能灼伤皮肤。

4）对传输大电流的导体，截面积通常较大，且在远离导体表面处，电流密度明显比表面小。因此，在大于 100kHz 以及大电流（15~20A）情况下，用铜箔代替利兹线，铜箔之间需相互绝缘。

传输交流大电流的导体，通常将导体截面制作成长方形，而不是圆形或正方形，且一般不能太厚。当导体为铜时，趋肤深度约 8mm，用于传输工频电流的铜排的厚度一般小于 12mm。

***单股线和多股线的交流电阻对比分析**

在要求导线的交流电阻很小的场合，通常使用多股纱包线代替单股线，下面对比分析单股线和多股纱包线的交流电阻。

设单股线和 N 多股线的截面积相同，单股线的半径为 A，分成 N 股后，每股的半径为 a，因面积相等，即 $\pi A^2=N\pi a^2$，即 $A=\sqrt{N}a$。

单股线的交流电阻为 $R_{单}=\dfrac{1}{2\pi A\gamma d}$，分成 N 股后，每股的交流电阻为

$$R_{每股}=\frac{1}{2\pi a\gamma d}=\frac{1}{2\pi\dfrac{A}{\sqrt{N}}\gamma d}$$

N 股线的交流电阻是 $R_{每股}$ 的并联,得

$$R_{多}=\frac{1}{N}R_{每股}=\frac{1}{N}\frac{1}{2\pi\frac{A}{\sqrt{N}}\gamma d}$$

故二者之比为 $\frac{R_{单}}{R_{多}}=\frac{1}{\sqrt{N}}$。

* 5.4.4 电磁屏蔽

在工程中,用于减弱空间某区域内(不包含场源)的电磁结构,称为电磁屏蔽。它是抑制电磁干扰的一种常用措施。电磁屏蔽类型的选择取决于被屏蔽场的性质、频率、距离和被保护空间对抗干扰的要求等因素。

电磁屏蔽按场的类型可分为电场屏蔽(包含静电屏蔽和交变电场屏蔽)、磁场屏蔽(包含静磁屏蔽和交变磁场屏蔽,静磁屏蔽也称恒定磁场屏蔽)以及电磁场屏蔽。

1. 静电屏蔽

静电屏蔽是屏蔽静电场或电准静态场(如变化缓慢的交变电场)。静电屏蔽很简单,只需要将待屏蔽物置于空腔屏蔽体(非磁性金属壳、金属板和金属网等)内,并将屏蔽体可靠接地即可。

例如,工频下,高压作业者身穿铜丝编织的高压服可接触万伏高压而不会触电,就是这个原因。电场屏蔽对屏蔽体的厚度无要求,但屏蔽体的形状对屏蔽效果有明显影响。

2. 低频磁场屏蔽

低频磁场屏蔽指的是对恒定磁场或变化缓慢(100kHz 以下)的交变磁场实施的屏蔽。其屏蔽原理是利用铁磁材料(如硅钢片、铁网和坡莫合金等)的高磁导率对磁场的磁力线进行聚集,使磁力线集中在屏蔽壳内,从而起到磁场屏蔽效果,如图 5-8 所示。

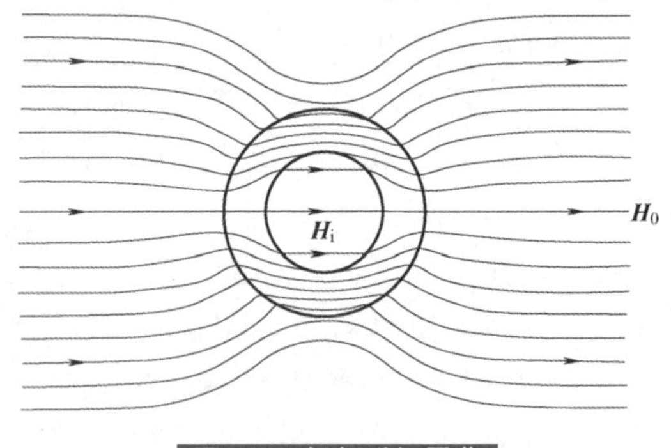

图 5-8 低频磁场屏蔽

为了获得更好的磁屏蔽效果,需要选用高磁导率材料,并要使屏蔽罩有足够的厚度,有时需用多层屏蔽。效果良好的铁磁屏蔽往往既昂贵又笨重。用铁磁材料做的屏蔽罩,在垂直磁力线方向不应开口或有缝隙。因为若缝隙垂直于磁力线,则会切断磁力线,使磁阻增大,屏蔽效果变差。同时,铁磁材料的屏蔽不能用于高频磁场屏蔽,因为高频时铁磁材料中的磁性损耗(包括磁滞损耗和涡流损耗)很大,磁导率明显下降。

即使封闭屏蔽层,内部磁场也不会完全屏蔽。因此,为了提高屏蔽效果,往往采用多层铁磁材料屏蔽(需要注意磁饱和和磁路的彼此绝缘),如手表机芯外装的铁质衬套就是为了防磁。

3. 高频电磁场屏蔽

如果要屏蔽的是高频电磁场,可以利用趋肤效应或者涡流的去磁效应来屏蔽外部磁场。

一般采用金属,如铜、铝和钢非铁磁材料做成屏蔽壳。例如示波器外面的铁壳就是屏蔽层。

为了得到有效的屏蔽作用,屏蔽罩的厚度需接近透入深度 d 的 3~6 倍,即

$$h = 2\pi d \tag{5-33}$$

如 $f = 1\text{MHz}$ 时,铜的透入深度为 0.066mm,故铜屏蔽罩的厚度约为 0.4mm。常用屏蔽效能来说明屏蔽效果,屏蔽效能定义(单位为 dB)为

$$S = 20\lg\frac{E_1}{E_0}\text{或 } S = 20\lg\frac{H_1}{H_0} \tag{5-34}$$

式中,E_0 和 H_0 为屏蔽前的电场和磁场;E_1 和 H_1 为屏蔽后的电场和磁场。

当屏蔽高频磁场时,在垂直于涡流的方向上不应有缝隙或开口,否则效果会变差;若必须有缝隙或开口,则缝隙或开口应 沿着涡流方向,且尺寸一般不要大于波长的 1/50~1/100。当金属屏蔽体接地时,可同时屏蔽电场和高频磁场。因此,工程实际中屏蔽体都接地。

在设计电磁屏蔽体的结构时,需要特别注意屏蔽体的材料、结构和尺寸。如结构不当,使被屏蔽的场的频率和屏蔽体的固有频率相等或接近时,可能会引起谐振现象,使屏蔽效能下降,甚至加强原电磁场。

5.5　涡流及涡流损耗

5.5.1　涡流

当载流导体自身载有电流时,由于受趋肤效应的影响,导体内部的电流会分布不均匀。但是,如果整块导体处在变化的外部磁场中,会发生什么现象呢?

1. 涡流

当导体位于交变磁场中时,在与磁场正交的曲面上会产生闭合的感应电流,称为涡流,这种感应电流自行闭合、呈旋涡状流动,因此称之为涡旋电流,简称涡流。

如图 5-9 所示,绝缘导线绕在金属块上,当导线内通以交变电流时,磁通量不断变化,在整块金属导体内会产生感应电动势,在导体内部会产生电流,这种电流随着导体的表面形状和磁通的分布不同而不同。

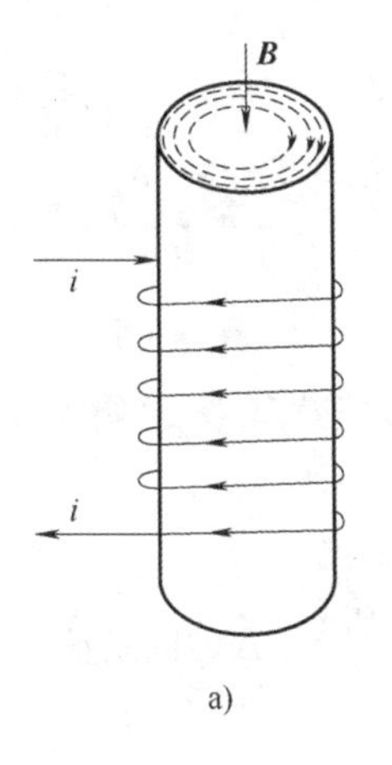

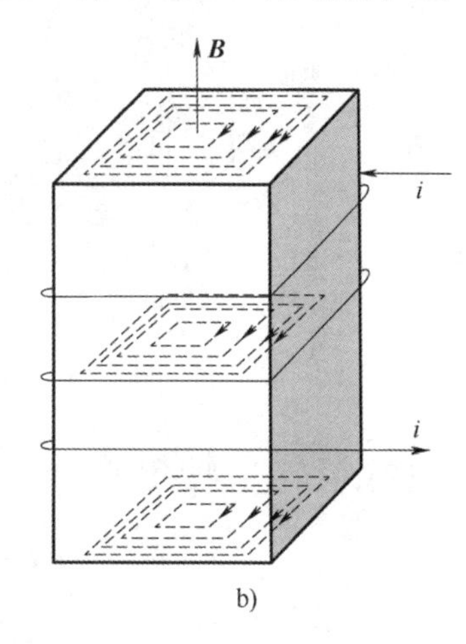

图 5-9　涡流

涡流同时具有热效应和去磁作用。一方面,涡流是自由电子的定向运动,有与传导电流相同的热效应。涡流的热效应产生于导体块内部,且无须和待加热体直接接触,即感应加热,这给很多行业应用提供了方便,如高频冶炼金属炉等都是利用涡流的热效应。另一

方面，涡流也产生磁场，使原磁场削弱，因此涡流又具有去磁效应。利用涡流磁场可以进行电磁阻尼和电磁驱动，电磁闸是涡流去磁效应的典型应用。发电机、变压器等的铁心和端盖都是由铁心构成的，在变化的磁场中，导体内部与磁场正交的区域都会产生闭合的感应电流。

对于整块金属导体来说，因为金属的电阻较小，所以涡电流常常较大，引起铁心发热，不仅损耗了大量能量，还可能烧坏设备，这是要特别注意的。因此，电动机、变压器的铁心通常用涂有绝缘漆的薄硅钢片叠压制成，而不用整块金属，其原因就是为了减少涡流。

2. 涡流场分布分析实例

下面以变压器铁心叠片（见图 5-10）为例，分析钢片中的涡流场分布。

图 5-10　变压器的铁心叠片

设硅钢片外磁场 $\boldsymbol{B}$ 沿 z 方向，如图 5-11 所示，设薄导电平板的宽度和厚度分别为 h 和 a。因 $l \gg a, h \gg a$，可近似认为 $\boldsymbol{E}$ 和 $\boldsymbol{H}$ 与 y 和 z 无关，仅是 x 的函数；因磁场 $\boldsymbol{B}$ 沿 z 方向，故板中涡流在 xOy 平面内（无 z 分量）。且 $h \gg a$，可忽略边缘效应，认为 $\boldsymbol{E}$ 和 $\boldsymbol{J}$ 仅有 y 分量 $\dot{E}_y$ 和 $\dot{J}_y$，因此，$\boldsymbol{H}$ 仅有 z 分量 $\dot{H}_z$。

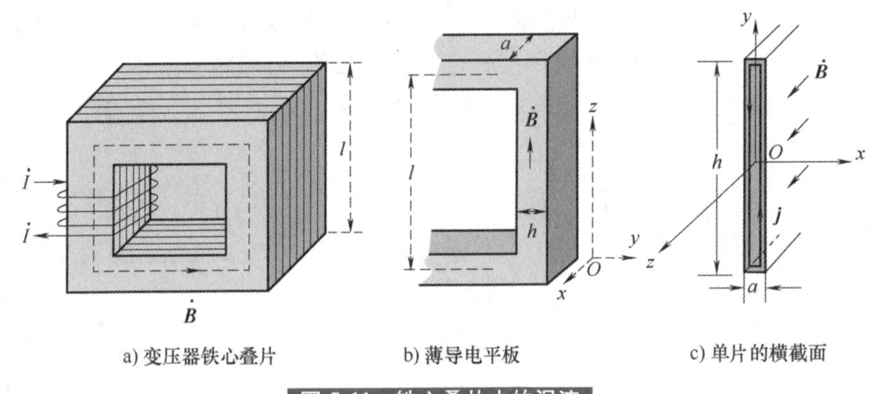

a) 变压器铁心叠片　　b) 薄导电平板　　c) 单片的横截面

图 5-11　铁心叠片中的涡流

此时，涡流方程简化为

$$\frac{\mathrm{d}^2\dot{H}_z}{\mathrm{d}x^2} = k^2\dot{H}_z = \mathrm{j}\omega\mu\gamma\dot{H}_z \tag{5-35}$$

其通解为 $\dot{H}_z = C_1\mathrm{e}^{-kx} + C_2\mathrm{e}^{+kx}$。由于磁场沿 x 方向分布对称 $\dot{H}_z\left(\frac{a}{2}\right) = \dot{H}_z\left(-\frac{a}{2}\right)$，解得积分常

数 $C_1=C_2=C/2$，因此 $\dot{H}_z=C\cdot \mathrm{ch}(kx)$。

设钢片中心 $x=0$ 处，$\dot{B}_z(0)=\dot{B}_0$，则 $C=\dot{B}_0/\mu$。因此

$$\dot{H}_z=\frac{\dot{B}_0}{\mu}\mathrm{ch}(kx) \tag{5-36}$$

利用 $\nabla\times\dot{\boldsymbol{H}}=\dot{\boldsymbol{J}}$ 和 $\dot{\boldsymbol{J}}=\gamma\dot{\boldsymbol{E}}$，可得

$$\dot{J}_y=-\frac{\dot{B}_0 k}{\mu}\mathrm{sh}(kx) \tag{5-37}$$

$$\dot{E}_y=-\frac{\dot{B}_0 k}{\mu\gamma}\mathrm{sh}(kx) \tag{5-38}$$

电流密度和磁感应强度的分布如图 5-12 所示，可以看出：

1）电流密度奇对称于 y 轴，表面密度最大，中心（$x=0$）处电流密度为零，这是趋肤效应的结果。

2）因为去磁效应，薄板中心处的磁场最小。

3. 涡流损耗

涡流在导体中引起的损耗，称为涡流损耗。在体积 V 内，损耗的平均功率为

$$P=\int_V\gamma\left|\dot{\boldsymbol{E}}\right|^2\mathrm{d}V \tag{5-39}$$

当频率较低时，钢片厚度与透入深度之比 a/d 较小，损耗的平均功率近似为

$$P=\frac{1}{12}\gamma\omega^2a^2B_{\mathrm{zav}}^2V \tag{5-40}$$

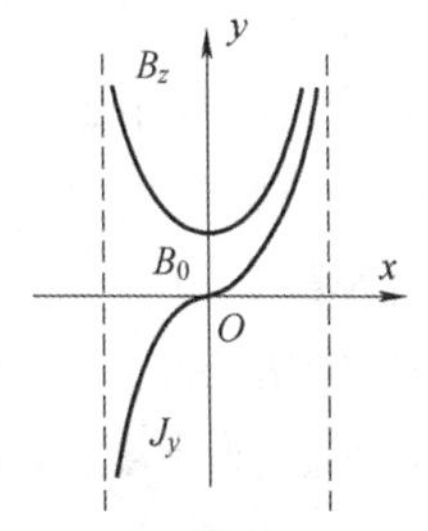

图 5-12　B_z、J_y 的模值分布曲线

式中，B_{zav} 为在薄钢片截面上 $\left[-\frac{a}{2},\frac{a}{2}\right]$ 有效值的平均值；V 为薄钢片的体积。

可见，涡流损耗与 ω^2 成正比，和 γ 及 a^2 成正比。为了减少涡流损耗，可以减少电导率（采用硅钢）和钢片厚度（采用叠片）。

当频率高达一定程度时，损耗的平均功率的表达式变成

$$P=\frac{1}{2}\sqrt{\frac{\gamma\omega^3}{2\mu}}B_{\mathrm{zav}}^2V \tag{5-41}$$

为了减少涡流损耗，可以提高磁导率、减少电导率，此时不再适宜采用薄板，而应该采用需要使用粉末磁性材料压制的磁心。

值得指出的是，对于低频情况，涡流的去磁效应和趋肤效应虽不明显，但涡流损耗较大；对于高频情况，由于磁导率随频率的增加而减少，故 B_{zav} 减小。且因涡流的去磁效应，中间磁场减弱，涡流分布趋于表面，导致涡流所经路径的交流电阻增大（相当于 γ 减小），因而涡流损耗比低频时有所减少。

对于电工硅钢片来说，一般 $\mu=1000\mu_0$，$\gamma=10^7\mathrm{S/m}$，厚度 $a=0.5\mathrm{mm}$。当工作频率为 50Hz 时，透入深度为 $d=0.71\mathrm{mm}$，$a/d=0.7$，趋肤效应不明显，可以认为 B 在横截面上还是均匀分布的。但当工作频率为 $f=2\mathrm{kHz}$，$a/d=4.4$，趋肤效应十分明显，因此不再采用厚度为 0.5mm 的

钢片，而要用更薄的钢片。如果工作频率更高，则需要使用粉末磁性材料压制的磁心。

*5.5.2 涡流的工程应用

涡流在生活和生产中有很多应用，如机场和车站等地方的安检门及探测器、电磁炉、高频感应炉、高频焊接机、探雷器和金属管道无损检测器等。

1. 感应加热

利用涡流的热效应可以进行感应加热，如图 5-13 所示。高频磁场在导体内引起感应涡流，频率越高，涡流流过的导体表层厚度越小，从而使能量集中在一定的导体厚度内。此能量是由被加热物体材料在电磁场作用下直接发出的，避免了热传导过程中的损失，提高了加热效率。同时，如果把能量集中在局部范围内，可进行选择性加热，且可以通过电气参数进行精确的工艺控制。

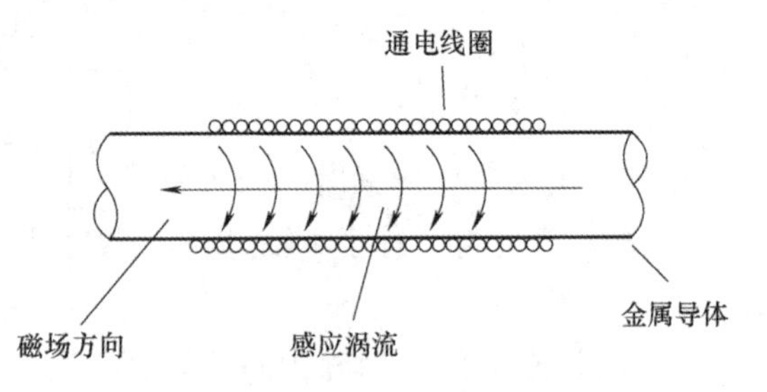

图 5-13 感应加热示意图

2. 涡流无损检测

无损检测是在不破坏被测试件时对材料或产品的性能进行检查和评估。

金属管道裂纹无损检测系统如图 5-14a 所示。在被测管道上绕有 N 匝线圈，该线圈的输入阻抗由两部分组成，其虚部与线圈电感相关，实部则与管道的涡流损耗有关。当线圈通有交变电流时，管道上将产生环向涡流，如果管道有如图 5-14b 所示的纵向裂纹，那么，流经裂纹的涡流将被隔断，使得被测管道段的涡流损耗减少，而涡流损耗正比于线圈的输入电阻，因此，可以通过检测线圈输入阻抗的实部来判断裂纹的位置。但是，这种检测线圈不能检测图 5-14c 所示的环向裂纹，也不能检测透入深度小的管道深处的裂纹。

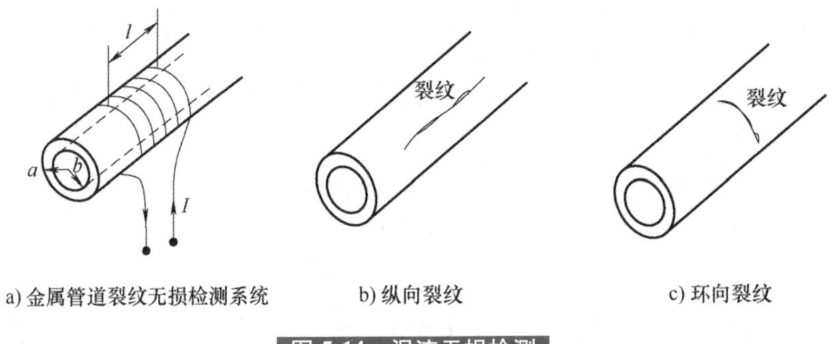

a) 金属管道裂纹无损检测系统　b) 纵向裂纹　c) 环向裂纹

图 5-14 涡流无损检测

5.6 邻近效应

当载流导体处于自身电流产生的电磁场中时，电流分布不均匀，存在趋肤效应。当邻近的导体通有交变电流时，导体不仅与自身电流产生的电磁场相关，还与邻近导体电流产生的电磁场相关，使导体中的实际电流分布向截面中接近相邻导线的一侧（内侧）集中，这就是邻近效应。

例如二线传输线，邻近效应使导线内侧的电流密度增大，如图 5-15 所示。频率越高，导体靠得越近，由于趋肤效应和邻近效应共存，故导体的电流分布更不均匀。

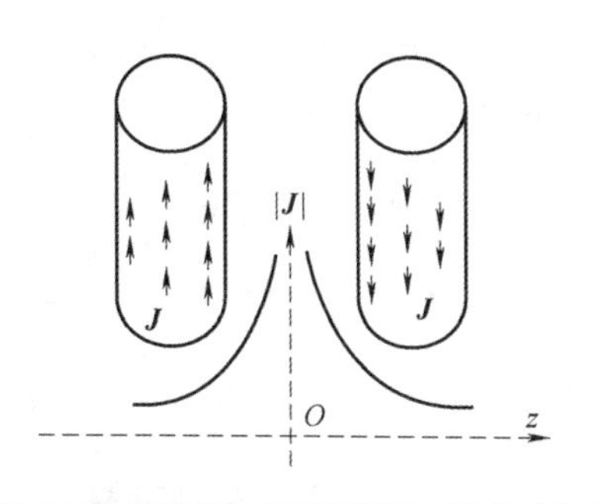

图 5-15　两邻近导线的电流密度分布

单汇流排和一对汇流排如图 5-16 所示，$a \leqslant b \leqslant l$，电导率和磁导率分别为 γ 和 μ_0，扩散方程简化为

$$\frac{\mathrm{d}^2 \dot{H}_x}{\mathrm{d}z^2} = k^2 \dot{H}_x \tag{5-42}$$

其通解为 $\dot{H}_x = C_1 \mathrm{e}^{-kz} + C_2 \mathrm{e}^{kz}$，因为 $a \leqslant b \leqslant l$，有近似边界条件为 $\dot{H}_x\left(\frac{d}{2}\right) = \frac{\dot{I}}{b}$，外侧的磁场为 $\dot{H}_x\left(\frac{d}{2}+a\right) = 0$，代入通解，求得

$$\dot{H}_x = -\frac{\dot{I}}{b\mathrm{sh}(ka)}\mathrm{sh}k\left(\frac{d}{2}+a-z\right) \tag{5-43}$$

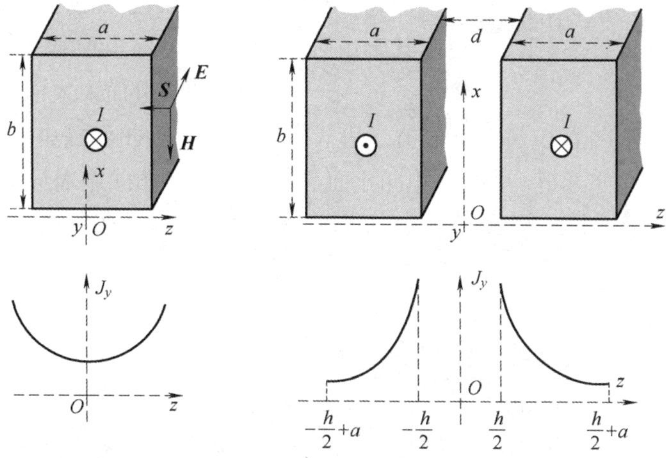

a) 单汇流排的电流分布　　b) 一对汇流排的电流分布

图 5-16　单汇流排和一对汇流排的电流分布

利用 $\nabla \times \dot{\boldsymbol{H}} = \dot{\boldsymbol{J}}$ 可得

$$\dot{J}_y = -\frac{\dot{I}k}{b\mathrm{sh}(ka)}\mathrm{ch}\ k\left(\frac{d}{2}+a-z\right) \quad x \in \left(\frac{d}{2}, \frac{d}{2}+a\right) \tag{5-44}$$

由图 5-16 可见，靠近汇流排相对的内侧面，电流密度最大，呈现较强的邻近效应。因此，在布置印制电路板导线时，流过高频电流的导线和回流导线上下层最好，平行靠近放置在同一层最差。

5.7　导体的交流阻抗

在直流电路中，电流均匀分布于整个截面。而在交流电路特别是高频电路中，由于趋肤效应和去磁效应的影响，电流集中于导体表面，导体的实际载流面积减少，因而导线的交流电阻比低频或直流电阻大得多。

前面已讲过，流入导体的复功率为 $-\oint_S(\dot{\boldsymbol{E}}\times\dot{\boldsymbol{H}}^*)\cdot \mathrm{d}\boldsymbol{S}$，因此，等效高频阻抗为

$$Z=R+\mathrm{j}X=\frac{-1}{I^2}\oint_S(\dot{\boldsymbol{E}}\times\dot{\boldsymbol{H}}^*)\cdot \mathrm{d}\boldsymbol{S} \tag{5-45}$$

例 5-3 计算圆柱导体的交流参数(见图 5-17，设半径为 a，透入深度为 d，$d\ll a$)。

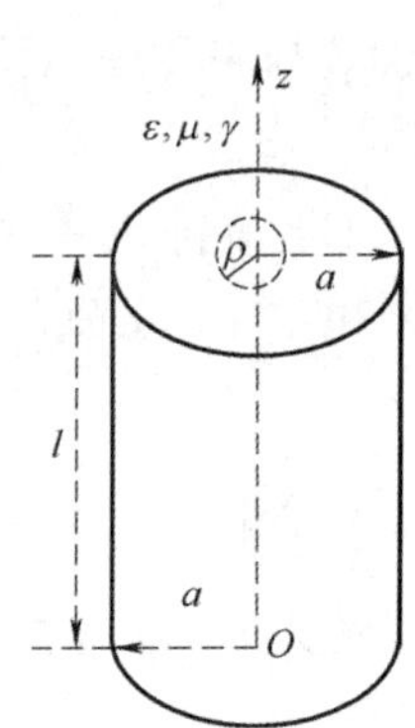

图 5-17 圆柱导体

交流阻抗的求解思路是：在 MQS 场中，根据 $\oint_L\dot{\boldsymbol{H}}\cdot \mathrm{d}\boldsymbol{l}=\dot{I}$ 可求得磁

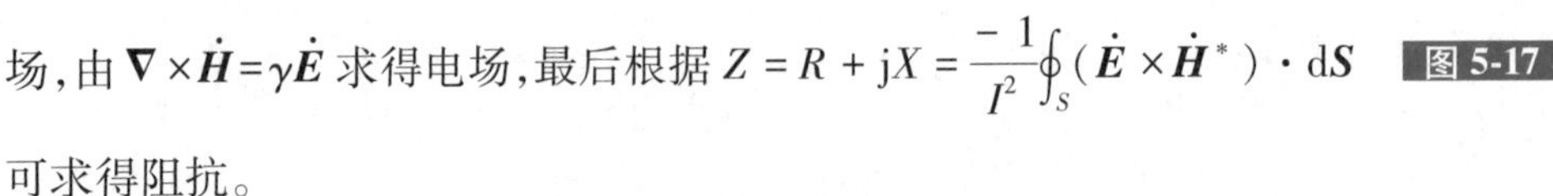
场，由 $\nabla\times\dot{\boldsymbol{H}}=\gamma\dot{\boldsymbol{E}}$ 求得电场，最后根据 $Z=R+\mathrm{j}X=\frac{-1}{I^2}\oint_S(\dot{\boldsymbol{E}}\times\dot{\boldsymbol{H}}^*)\cdot \mathrm{d}\boldsymbol{S}$ 可求得阻抗。

解：因为趋肤效应，电流不均匀分布，且透入深度 $d\ll a$，故 $\rho\approx a$，因此电流的分布规律与 $\boldsymbol{J}$ 相同设 $\dot{I}=I_0\mathrm{e}^{-k(a-\rho)}$，由安培环路定律，得

$$\dot{\boldsymbol{H}}=\frac{\dot{I}}{2\pi\rho}\boldsymbol{e}_\rho=\frac{I_0}{2\pi\rho}\mathrm{e}^{-k(a-\rho)}\boldsymbol{e}_\rho$$

$$\nabla\times\dot{\boldsymbol{H}}=\gamma\dot{E}_z\boldsymbol{e}_z$$

$$\dot{E}_z=\frac{1}{\gamma}\left[\frac{1}{\rho}\frac{\partial}{\partial\rho}(\rho\dot{H}_\varphi)\right]=\frac{k}{\gamma}\dot{H}_\varphi=\frac{I_0k}{2\pi\gamma\rho}\mathrm{e}^{-k(a-\rho)}=\sqrt{\frac{\omega\mu}{2\gamma}}(1+\mathrm{j})\dot{H}_\varphi$$

故

$$Z=-\frac{1}{I_0^{\,2}}\oint_S(\dot{\boldsymbol{E}}\times\dot{\boldsymbol{H}}^*)\cdot \mathrm{d}\boldsymbol{S}\quad 求得$$

$$Z=\sqrt{\frac{\omega\mu}{2\gamma}}\frac{l}{2\pi a}(1+\mathrm{j})$$

因此

$$R=X=\frac{l}{2\pi a}\sqrt{\frac{\omega\mu}{2\gamma}},L=\frac{l}{2\pi a}\sqrt{\frac{\mu}{2\omega\gamma}}$$

从上式可以看出：

1）交流电阻 R 随频率的增加而增大，自感 L 随频率的增加而减小。

2）交流电阻大于直流电阻 R_0，这是因为 $R_0=\frac{l}{\pi a^2\gamma}$

$$R=\frac{l}{\pi a^2\gamma}\frac{a}{2}\sqrt{\frac{\omega\mu\gamma}{2}}=R_0\frac{a}{2d} \tag{5-46}$$

因为 $d\ll a$，故 $R>R_0$，这是趋肤效应的结果。

3）交流电感小于恒流电感 L_0，这是因为 $L_0=\frac{\mu l}{8\pi}$

$$L=\frac{\mu l}{8\pi}\times\frac{2}{a}\times\sqrt{\frac{2}{\omega\mu\gamma}}=L_0\frac{2d}{a} \tag{5-47}$$

因为 $d \ll a$，故 $L<L_0$，这是去磁效应的结果。

对于良导体来说，其透入深度 d 很小，故交流阻抗又称为表面阻抗。

为了减少电阻，工程上通常用多股漆包线或辫线，相互绝缘的细导线编织成束。在无线电技术中通常用它绕制高 Q 值电感。

*5.8　计及温度效应的导线电阻的工程计算

在工程实践中，常用导线有圆导线和扁导线（或印刷电路板）。在直流电路中，电流在截面积上均匀分布，即在均匀的横截面上，电流密度是均匀的。但是，在交流电流中，因为趋肤效应的影响，均匀的横截面上的电流密度不再均匀。随着电流频率的增大，越靠近导线表面处，电流密度越大，因此，导线的电阻包括直流电阻和交流电阻。

5.8.1　导线的直流电阻

当不考虑温度因素时，导线的直流电阻只和导体的电阻率 ρ、长度 L 和截面积 S 有关，且 $R_{dc}=\rho\dfrac{L}{S}$。但是，导体的电阻和温度是息息相关的，设导线的自身温度为 T，则直流电阻的表达式修正为

$$R_{dc}=\rho[1+k_T(T-20℃)]\frac{L}{S}$$

其中，k_T 为导体材料电阻率随温度的变化系数；T 为导线的温度（℃）。

1. 圆导线的直流电阻

设圆导线的直径为 D，则其截面积 $S=\pi\left(\dfrac{D}{2}\right)^2$，故圆导线的直流电阻为

$$R_{dc}=\rho[1+k_T(T-20℃)]\frac{L}{S}=\rho[1+k_T(T-20℃)]\frac{L}{\pi\left(\frac{D}{2}\right)^2}$$

如对铜而言，$k_T=0.00393/℃$，$\rho=1.749\times10^{-8}\Omega\cdot m$。则对于直径 $D=1.2mm$，长度 $L=10m$ 的圆导线，在温度 $T=20℃$ 和 $T=100℃$ 时的直流电阻分别为

$$R_{dc}=\rho[1+k_T(T-20℃)]\frac{L}{S}=1.749\times10^{-8}\times[1+0.00393(20-20)]\frac{10}{\pi\times\left(\frac{D}{2}\right)^2}\Omega=0.1547\Omega$$

$$R_{dc}=\rho[1+k_T(T-20℃)]\frac{L}{S}=1.749\times10^{-8}\times[1+0.00393(100-20)]\frac{10}{\pi\times\left(\frac{D}{2}\right)^2}\Omega=0.2034\Omega$$

2. 扁导线的直流电阻

扁导线的截面一般情况下可以看成为一个窄边高度为 a，宽边长度为 b 的长方形，面积

$S=ab$,故圆导线的直流电阻为

$$R_{\mathrm{dc}}=\rho[1+k_T(T-20℃)]\frac{L}{S}=\rho[1+k_T(T-20℃)]\frac{L}{ab}$$

对长度为 $L=10\mathrm{m}$ 的扁铜导线(窄边高度为 $a=2\mathrm{mm}$,宽边长度为 $b=4\mathrm{mm}$),在温度 $T=20℃$ 和 $T=100℃$ 时的直流电阻分别为

$$R_{\mathrm{dc}}=\rho[1+k_T(T-20℃)]\frac{L}{S}=1.749\times10^{-8}\times[1+0.00393(20-20)]\frac{10}{ab}\Omega=0.1547\Omega$$

$$R_{\mathrm{dc}}=\rho[1+k_T(T-20℃)]\frac{L}{S}=1.749\times10^{-8}\times[1+0.00393(100-20)]\frac{10}{ab}\Omega=0.287\Omega$$

5.8.2 导线的交流电阻

1. 圆导线的交流电阻

交流电流流过导体时,电流方向是交替变化的,电流在导体中所产生的交变磁场对电荷的推斥作用力,迫使电流电荷向导体的表面集中,使导体的实际有效载流面积减小,故交流电阻会增大。

交流电流特别是高频电流所引起电流趋肤效应,其电流集中在沿表面向内的一个圆环形区,环形的外沿是导线的外周,环形的宽度为趋肤效应的深度(注意,当趋肤深度大于导线半径时,计算无意义)。圆环形的面积为

$$S_{有效}=\pi\left(\frac{D}{2}\right)^2-\pi\left(\frac{D}{2}-d\right)^2$$

即

$$S_{有效}=\pi d(D-d)$$

一般情况下,认为电流在此由趋肤效应形成的环形内是基本均匀分布的,则导线的电阻为:

$$R_{\mathrm{ac}}=\rho[1+k_T(T-20℃)]\frac{L}{S_{有效}}$$

直径 $D=1.2\mathrm{mm}$,长度 $L=10\mathrm{m}$ 的圆导线,在温度 $T=20℃$ 和 $T=100℃$ 时的直流电阻分别为

$$R_{\mathrm{ac}}=\rho[1+k_T(T-20℃)]\frac{L}{S_{有效}}=0.2084\Omega$$

$$R_{\mathrm{ac}}=\rho[1+k_T(T-20℃)]\frac{L}{S_{有效}}=0.2739\Omega$$

2. 扁导线的交流电阻

由于电流的趋肤效应,扁形导线上的交流电流集中在导线外周向内的一个方形框(窄边高度为 a,宽边长度为 b)的面积内,框的宽度等于电流趋肤效应的深度 d,如图 5-18a 所示。当 $d<\frac{a}{2}$时,方形框的有效面积为

$$S_{有效}=2d(a+b-2d)$$

设电流在由趋肤效应形成的框形面积内是基本均匀分布的,则导线的电阻为

$$R_{ac}=\rho[1+k_T(T-20℃)]\frac{L}{S_{有效}}=\rho[1+k_T(T-20℃)]\frac{L}{2d(a+b-2d)}$$

例如，对窄边高 $a=2\text{mm}$，宽边长 $b=4\text{mm}$，长度 $L=10\text{m}$ 的扁铜线，在温度 $T=20℃$ 和 $T=100℃$ 时的直流电阻分别为

$$R_{ac}=\rho[1+k_T(T-20℃)]\frac{L}{S_{有效}}=0.0547\Omega$$

$$R_{ac}=\rho[1+k_T(T-20℃)]\frac{L}{S_{有效}}=0.0712\Omega$$

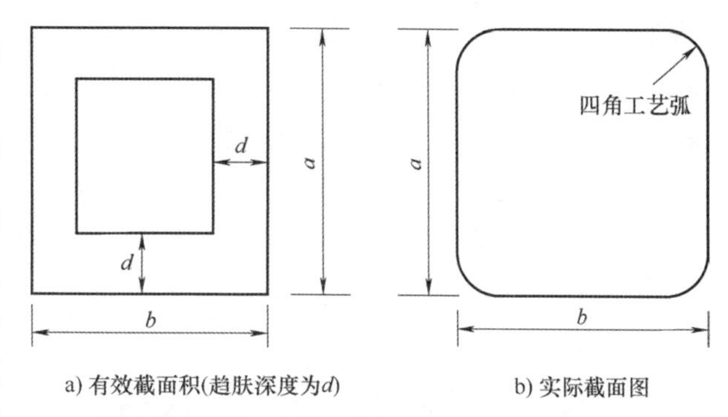

图 5-18　扁导线的有效截面积和实际截面图

注：在上面的分析中，把扁形导线的截面看成是长方形。但是，由于生产工艺的原因，实际上扁线的长方形截面的四角并不是直角，而是由拉拔线模具形成的很小的圆角，因此，扁线的实际截面如图 5-18b 所示，扁线截面四角产生的工艺弧，会使按窄边和宽边计算的扁线面积偏大。由于工艺弧很小，且随扁线的尺寸不同发生变化。

一般情况下，实际尺寸和标称规格尺寸面积的差别小于 0.7%，在工程设计中这个误差是可以接受的。

5.9　习题与答案

5.9.1　习题

1. 一圆柱形电容器，内导体半径为 a，外导体内半径为 b，长为 l。设外加电压为 $U_0\sin\omega t$，试计算电容器极板间的总位移电流，证明它等于电容器的传导电流。

2. 求如图 5-19 所示缓变场中电容器的等效电路模型。

3. 应用 MQS 的概念分析轴向磁场向薄壁导体筒内的扩散过程（见图 5-20）。

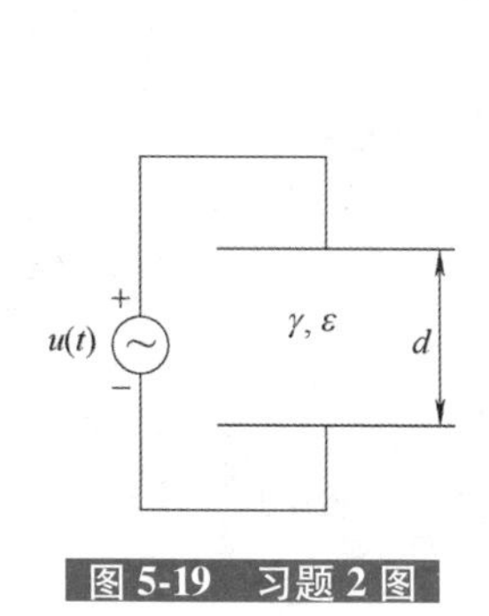

图 5-19　习题 2 图

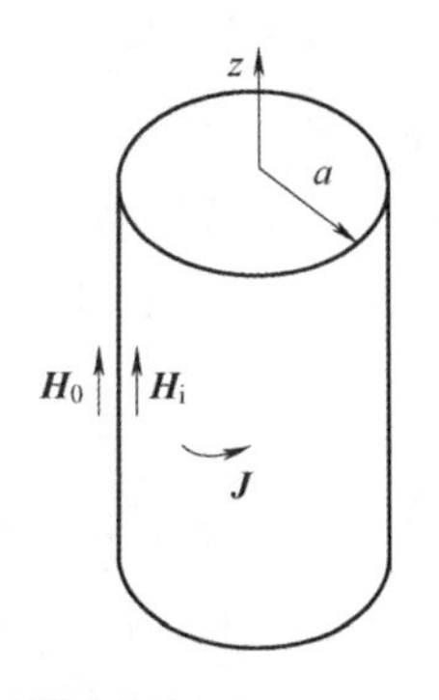

图 5-20　习题 3 图

4. 内外导体半径分别为 a 和 b 的同轴圆柱形电容器，其长度为 $l(l\gg a,l\gg b)$，充填有电介质(μ,ε)。若内外导体间加一正弦电压 $u=U_0\sin\omega t$，且假定频率不高，则可认为电容器内的电场分布与恒定情况相同。试求：

（1）电容器中的电场强度 E。

（2）证明通过半径为ρ 的圆柱面的位移电流总值等于电容器引线中的传导电流（见图 5-21）。

5. 细长空心螺线管半径为 a，单位长度 N 匝，媒质参数分别为 $\gamma=0$、μ_0、ε_0（见图 5-22）。设线圈中的电流为 $i(t)=I_0\mathrm{e}^{-t/\tau}$，线圈电流缓慢变化，求螺线管内媒质中的：

（1）磁场强度 $\boldsymbol{H}(t)$。

（2）电场强度 $\boldsymbol{E}(t)$。

（3）坡印亭矢量 $\boldsymbol{S}(t)$。

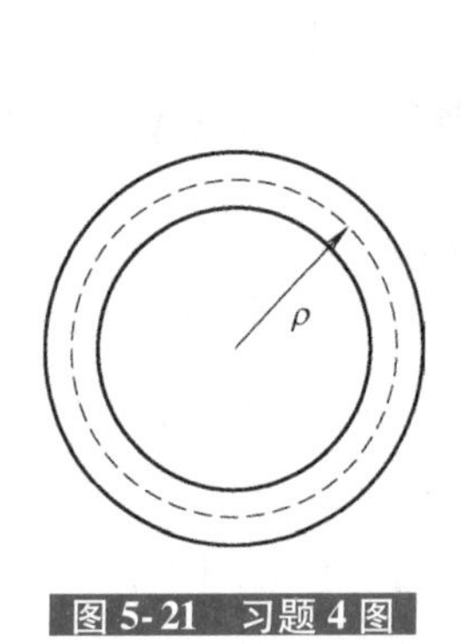

图 5-21　习题 4 图

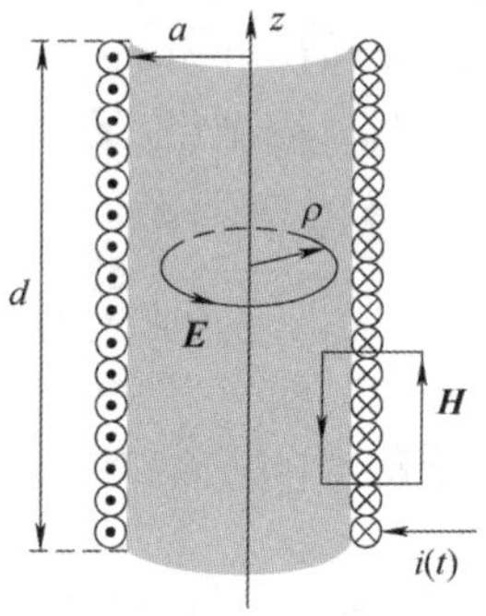

图 5-22　习题 5 图

6. 写出磁准静态场所满足的电磁场方程组微分形式，并且由此推导出磁场 H 所满足的扩散方程。已知矢量恒等式：$\nabla\times\nabla\times\boldsymbol{F}=\nabla(\nabla\cdot\boldsymbol{F})-\nabla^2\boldsymbol{F}$。

7. 一无限大金属平板，其上方的半无限空间内充满了均匀的不良导体(ε,γ)。在 $t=0$ 瞬时，在该导体中已形成了一球形自由电荷云，球内电荷密度为 ρ_0（见图 5-23）。问电荷驰豫过程中电位如何分布？

8. 研究准静态场问题。试求：

（1）写出电准静态场微分形式的基本方程组。

（2）写出洛伦兹条件的表达式。

（3）已知矢量恒等式 $\nabla\times(\nabla\times\boldsymbol{A})=\nabla(\nabla\cdot\boldsymbol{A})-\nabla^2\boldsymbol{A}$，证明：在电准静态场中，矢量位 $\boldsymbol{A}$ 和标量位 φ 均满足泊松方程，即 $\nabla^2\boldsymbol{A}=-\mu_0\boldsymbol{J}$，$\nabla^2\varphi=-\dfrac{\rho}{\varepsilon_0}$。

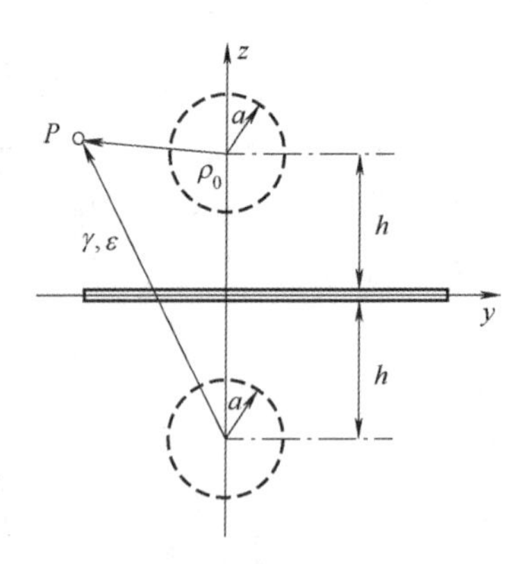

图 5-23　习题 7 图

9. 分析双层有损介质平板电容器接至直流电压源的过渡过程（见图 5-24）。

10. 今测得在 13.56MHz 的电磁波照射下，脂肪的相对介电常数 $\varepsilon_r=20$，电阻率 $\rho=34.4\Omega\cdot\mathrm{m}$，试计算其透入深度。

11. 半径为 $D=1\mathrm{cm}$ 的铜导线（$\gamma=5.80\times10^7\mathrm{S/m}$），计算：

（1）通过频率分别为 1kHz 和 100kHz 的正弦交流电，其直流电阻和交流电阻之比。

（2）进一步求频率分别为 50Hz 和 5MHz 时的单位长度的交流电阻。

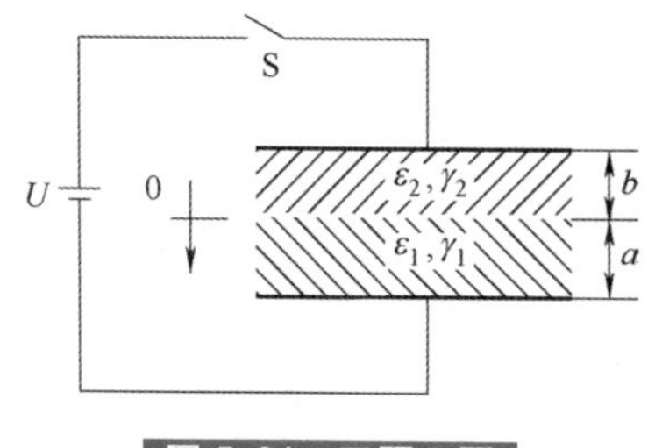

图 5-24　习题 9 图

12. 一块金属在均匀恒定磁场中平移，金属中是否会有涡流？若金属块在均匀恒定磁场中旋转，金属中是否会有涡流？

13. 当有 $f_1=4\times10^3$Hz 和 $f_2=4\times10^5$Hz 两种频率的信号，同时通过厚度为 1mm 的铜板时，试问在铜板的另一侧能接收到哪些频率的信号？

14. 有损介质组成的平行板电容器，如图 5-25 所示，分析两层介质中的电场强度。忽略感应电场，板间电压分四种情况：

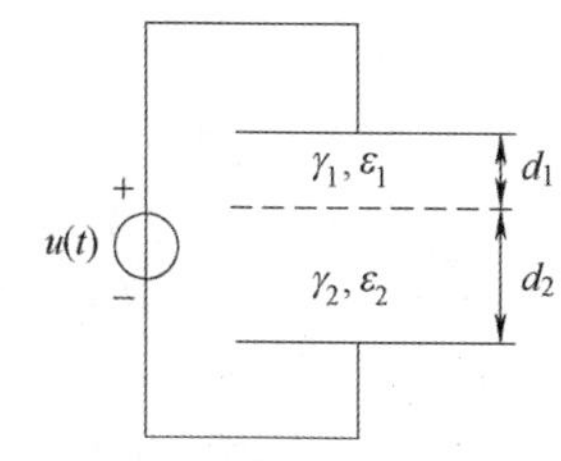

图 5-25　习题 14 图

（1）直流电压，稳态。

（2）交流电压，稳态，角频率 $\omega\ll\dfrac{\gamma_1}{\varepsilon_1},\omega\ll\dfrac{\gamma_2}{\varepsilon_2}$。

（3）交流电压，稳态，角频率 $\omega\gg\dfrac{\gamma_1}{\varepsilon_1},\omega\gg\dfrac{\gamma_2}{\varepsilon_2}$。

（4）交流电压，稳态，角频率$\dfrac{\gamma_1}{\varepsilon_1}\ll\omega\ll\dfrac{\gamma_2}{\varepsilon_2}$。

15. 很多情况下，最大干扰磁场的频率是工频，如果用铝板和铁板作为屏蔽板，$\lambda_{铝}=35.7\times10^6$m，$\lambda_{铜}=2000\times8.3\times10^6$m，将板中的磁场从表面处的 $H=12$A/m 衰减到 0.01A/m，请问：铝板和铁板作为屏蔽板的厚度各为多少？

16. 同轴电缆内外导体均为铜质，$\gamma=5.80\times10^7$S/m，内外导体的半径分布为 $r_1=0.4$cm 和 $r_2=1.5$cm，外导体的厚度远大于透入深度 d 电源频率为 1MHz，求单位长度的内外导体的电阻和电感。

5.9.2　答案

1. $i_C=C\dfrac{\mathrm{d}U}{\mathrm{d}t}=C\omega U_0\cos\omega t.$

2.

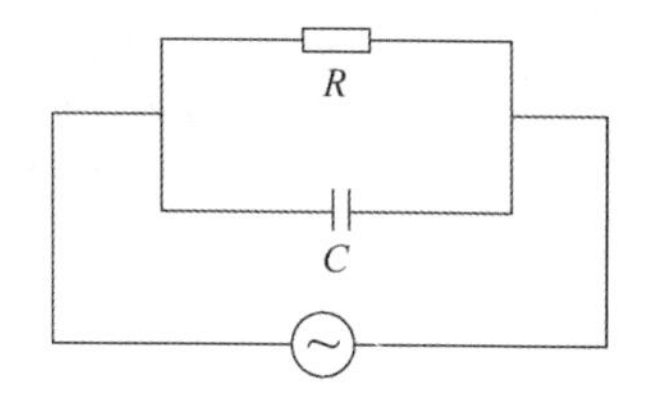

3. 略

4. （1）$E=\dfrac{U_0\sin\omega t}{\rho\ln(b/a)}e_\rho$.（2）$i=C\omega U_0\cos\omega t.$

5. （1）$\dot{\boldsymbol{H}}=\dfrac{\dot{I}N}{d}\boldsymbol{e}_z$.（2）$\boldsymbol{E}=\dfrac{\gamma}{2}N\mu_0I_0\mathrm{e}^{-t/\tau}\boldsymbol{e}_\theta$.（3）$\boldsymbol{S}=\dfrac{\gamma}{2}\mu_0N^2I_0^2\mathrm{e}^{-2t/\tau}\boldsymbol{e}_r$.

6. 略.

7. $\varphi=\varphi'+\varphi''$,其中 $\varphi''=-\dfrac{a^3}{3\varepsilon r_-}\rho_0 e^{-t/\tau_e}$, $\begin{cases}\varphi'=\dfrac{3a^2-r_+^2}{6\varepsilon}\rho_0 e^{-t/\tau_e} & 0\leqslant r_+\leqslant a\\ \varphi'=\dfrac{a^3}{3\varepsilon r_+}\rho_0 e^{-t/\tau_e} & a\leqslant r_+\leqslant\infty\end{cases}$

8. ~9. 略.

10. $d=0.802\text{m}$.

11. (1) $f=1\text{kHz}$ 时,$R_{dc}/R_{ac}=2.78$; $f=100\text{kHz}$ 时,$R_{dc}/R_{ac}=25.25$.

(2) $f=50\text{Hz}$ 时,$R_{ac}=0.295\times10^{-5}\Omega/\text{m}$;$f=5\text{MHz}$ 时,$R_{ac}=9.4\times10^{-3}\Omega/\text{m}$.

12. 平移时没有,旋转时有.

13. 只有频率为 f_1 的信号可以通过,即在另外侧只能接收到第一种信号.

14. (1) $E_1=\dfrac{\gamma_2 U}{\gamma_1 d_2+\gamma_2 d_1}$, $E_2=\dfrac{\gamma_1 U}{\gamma_1 d_2+\gamma_2 d_1}$. (2) $E_1=\dfrac{\gamma_2 U}{\gamma_1 d_2+\gamma_2 d_1}$, $E_2=\dfrac{\gamma_1 U}{\gamma_1 d_2+\gamma_2 d_1}$. (3) $E_1=\dfrac{\varepsilon_2 U}{\varepsilon_1 d_2+\varepsilon_2 d_1}$, $E_2=\dfrac{\varepsilon_1 U}{\varepsilon_1 d_2+\varepsilon_2 d_1}$. (4) $E_1=\dfrac{\gamma_2\dot{U}}{\gamma_2 d_1+j\omega\varepsilon_1 d_2}$, $E_2=\dfrac{j\omega\varepsilon_1\dot{U}}{\gamma_2 d_1+j\omega\varepsilon_1 d_2}$.

15. $h_{铝}=8.45\text{cm}$, $h_{铜}=3.92\text{mm}$.

16. $R_{内导体}=0.38\Omega$, $R_{外导体}=2.77\times10^{-3}\Omega$; $L_{内导体}=6\times10^{-8}\text{H}$, $L_{外导体}=2.77\times10^{-9}\text{H}$.

第 6 章　无界媒质中的均匀平面波

电磁波在现代电子技术中应用范围很广，如通信、广播、导航、雷达等都离不开电磁波的传播。时变电磁场的电场和磁场相互激发、相互依存，可以摆脱源的束缚并向外传播形成电磁波。时变电磁场以电磁波的形式存在于时间和空间相统一的物理世界。

本章将从麦克斯韦方程组出发，通过波动方程的求解，依次分析均匀平面波在无限大理想介质、导电媒质中的传播特性和参数。本章所涉及的媒质如无特殊说明均属均匀、线性和各向同性的非时变媒质，电磁波均随时间按余弦规律变化。

6.1　电磁波的波动方程

我们已经知道，电磁波脱离场源后能继续存在，并向前传播。求解波动方程的解，并分析解的特点，就能得到电磁波的传播在空间的传播规律。因此，波动方程是研究电磁波问题的基础。下面推导电磁波的波动方程。

在无源空间($\rho=0, J=0$)的线性各向同性媒质中，由麦克斯韦方程组有

$$\nabla\times\boldsymbol{H}=\frac{\partial\boldsymbol{D}}{\partial t}\tag{6-1}$$

对式(6-1)两边同时取旋度，将本构关系 $\boldsymbol{D}=\varepsilon\boldsymbol{E}$ 代入有

$$\nabla\times\nabla\times\boldsymbol{H}=\varepsilon\frac{\partial}{\partial t}(\nabla\times\boldsymbol{E})\tag{6-2}$$

运用矢量恒等式 $\nabla\times\nabla\times\boldsymbol{H}=\nabla(\nabla\cdot\boldsymbol{H})-\nabla^2\boldsymbol{H}$ 以及 $\boldsymbol{B}=\mu\boldsymbol{H}$，得到

$$\nabla^2\boldsymbol{H}-\mu\varepsilon\frac{\partial^2\boldsymbol{H}}{\partial t^2}-\mu\gamma\frac{\partial\boldsymbol{H}}{\partial t}=0\tag{6-3}$$

同理，对 $\nabla\times\boldsymbol{E}=-\frac{\partial\boldsymbol{B}}{\partial t}$ 两边同时取旋度，代入本构关系后得到

$$\nabla^2\boldsymbol{E}-\mu\varepsilon\frac{\partial^2\boldsymbol{E}}{\partial t^2}-\mu\gamma\frac{\partial\boldsymbol{E}}{\partial t}=0\tag{6-4}$$

这就是电磁波在有损媒质(无源区)中的波动方程,这两个方程具有相同的形式。如果是时谐电磁场,用场量复矢量表示,并引入 $\varepsilon_c=\varepsilon\left(1-\mathrm{j}\dfrac{\gamma}{\omega_c}\right)$,及 $k_c^2=\omega^2\mu\varepsilon_c$,则上述方程写成

$$\nabla^2\dot{\boldsymbol{E}}+k_c^2\dot{\boldsymbol{E}}=0 \tag{6-5}$$

$$\nabla^2\dot{\boldsymbol{H}}+k_c^2\dot{\boldsymbol{H}}=0 \tag{6-6}$$

如果媒质是理想介质,因为理想介质的电导率 $\gamma=0$,故方程变为

$$\nabla^2\boldsymbol{E}-\mu\varepsilon\frac{\partial^2\boldsymbol{E}}{\partial t^2}=0 \tag{6-7}$$

$$\nabla^2\boldsymbol{H}-\mu\varepsilon\frac{\partial^2\boldsymbol{H}}{\partial t^2}=0 \tag{6-8}$$

如果是正弦时谐电磁场,用场量复矢量表示,设 $k=\omega\sqrt{\mu\varepsilon}$,则上述方程写成

$$\nabla^2\dot{\boldsymbol{E}}+k^2\dot{\boldsymbol{E}}=0 \tag{6-9}$$

$$\nabla^2\dot{\boldsymbol{H}}+k^2\dot{\boldsymbol{H}}=0 \tag{6-10}$$

6.2 均匀平面波

6.2.1 均匀平面波的概念

1. 平面波

电磁波中,最简单、最基本的是均匀平面电磁波。为了方便理解,先引入一个很重要的物理量——等相位面。

等相位面,顾名思义是指相位相等的点所构成的面,即在同一时刻,电磁场量相位相同的点所构成的面称为等相位面,也叫波阵面。电磁波阵面既可以是球面,也可以是圆柱面或其他形状的曲面。等相位面是球面的电磁波称为球面波(如电偶极子的辐射波),等相位面是圆柱面的电磁波称为柱面波。

图 6-1 中,波的传播方向是 z 方向,图中的等相位面是平面,这样的电磁波称为平面波,即等相位面是平面的电磁波叫平面波。例如,由 $\boldsymbol{E}=\sqrt{2}\boldsymbol{e}_x E_m\cos(\omega t-\beta z)$ 描述的电磁波的等相位面为 $\omega t-\beta z=$常数,即 $z=$常数,等相位面为垂直于 z 轴的平面,故它为平面波。

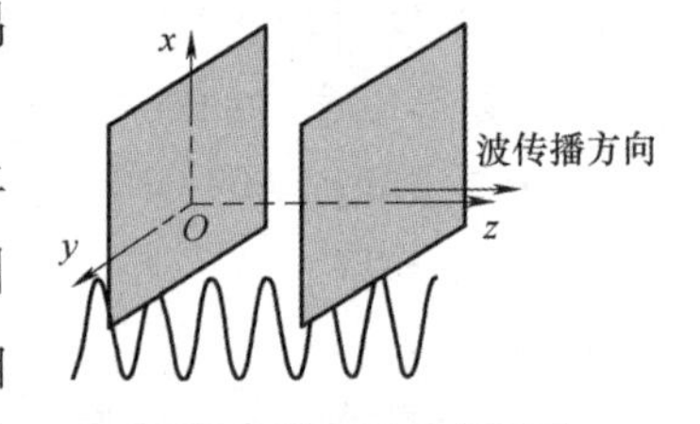

图 6-1 平面电磁波

2. 均匀平面波

在平面电磁波中,有这样一类特殊的波:在任意时刻,等相位面上的场量 $\boldsymbol{E}$ 和 $\boldsymbol{H}$ 是均匀分布的,这样的平面波称为均匀平面波。因为 $\boldsymbol{E}$ 和 $\boldsymbol{H}$ 是矢量,所以"均匀"包含大小和方向,即场量的幅度和方向都相等。也就是说,波阵面上各点 $\boldsymbol{E}$ 和 $\boldsymbol{H}$ 除了随时间变化外,只与波传播方向的坐标(如 z 坐标)有关,而与其他坐标(如 x、y 坐标)无关,即 $\boldsymbol{E}=\boldsymbol{E}(z,t)$,$\boldsymbol{H}=\boldsymbol{H}(z,t)$。

在任意时刻,等相位面上的电场沿 x 方向,且方向处处相同,幅度处处相等,所以等相位面的电场场线是均匀的;同理,等相位面上的磁场方向都沿 y 方向,幅度也相等,如图 6-2 所示的

电磁波是均匀平面波。

在实际应用中，理想的均匀平面波并不存在，因为与传播方向垂直的无限大等相位平面上场量的均匀分布将导致能量的无限大，这显然是不合理的（因为只有无限大的源才能激励出这种波）。而实际波源的尺寸总是有限的。但是如果场点离波源足够远，空间曲面的小面积可以看成平面，在这小范围内的波可近似为平面波，如距离发射天线足够远的无线电磁波可近似看成均匀平面波。实际存在的各种复杂电磁波（如柱面波、球面波等）可分解为许多均匀平面波的叠加。

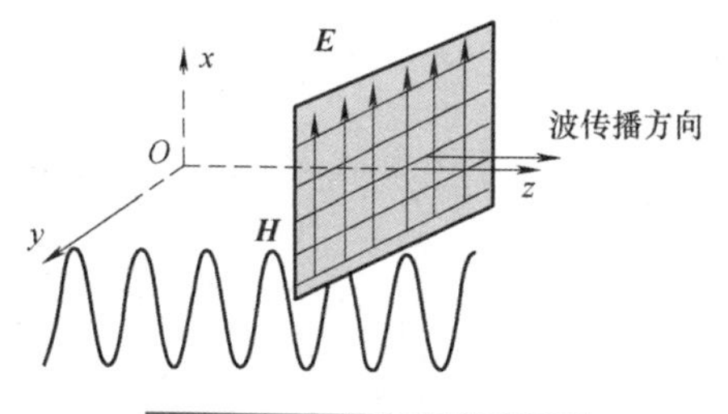

图 6-2　均匀平面电磁波

6.2.2　均匀平面波的方程及解

一般来说，电磁波的 $\boldsymbol{E}$ 和 $\boldsymbol{H}$ 同时是空间坐标 (x,y,z) 和时间 t 的函数。设均匀平面波的传播方向为 z 方向，等相位面（平行于 xOy 平面）上的 $\boldsymbol{E}$ 和 $\boldsymbol{H}$ 处处相等，即 $\boldsymbol{E}$ 和 $\boldsymbol{H}$ 只沿传播方向变化，而与 x 和 y 无关，即

$$\boldsymbol{E}(x,y,z,t)=\boldsymbol{E}(z,t),\boldsymbol{H}(x,y,z,t)=\boldsymbol{H}(z,t) \tag{6-11}$$

此时的波动方程变成关于传输方向 z 的一维方程

$$\frac{\partial^2\boldsymbol{E}}{\partial z^2}-\mu\gamma\frac{\partial\boldsymbol{E}}{\partial t}-\mu\varepsilon\frac{\partial^2\boldsymbol{E}}{\partial t^2}=0 \tag{6-12}$$

$$\frac{\partial^2\boldsymbol{H}}{\partial z^2}-\mu\gamma\frac{\partial\boldsymbol{H}}{\partial t}-\mu\varepsilon\frac{\partial^2\boldsymbol{H}}{\partial t^2}=0 \tag{6-13}$$

因为均匀平面波与 x 和 y 无关，因此

$$\frac{\partial\boldsymbol{E}}{\partial x}=0,\frac{\partial\boldsymbol{E}}{\partial y}=0 \tag{6-14}$$

$$\frac{\partial\boldsymbol{H}}{\partial x}=0,\frac{\partial\boldsymbol{H}}{\partial y}=0 \tag{6-15}$$

由 $\nabla\times\boldsymbol{E}=-\dfrac{\partial(\mu\boldsymbol{H})}{\partial t}$，得

$$\begin{vmatrix}\boldsymbol{e}_x & \boldsymbol{e}_y & \boldsymbol{e}_z\\ \dfrac{\partial}{\partial x} & \dfrac{\partial}{\partial y} & \dfrac{\partial}{\partial z}\\ E_x & E_y & E_z\end{vmatrix}=-\mu\frac{\partial}{\partial t}(\boldsymbol{e}_xH_x+\boldsymbol{e}_yH_y+\boldsymbol{e}_zH_z) \tag{6-16}$$

将各分量展开，注意到场量对 x 和 y 的导数为零，得

$$\mu\frac{\partial H_x}{\partial t}=\frac{\partial \boldsymbol{E}_y}{\partial z} \tag{6-17}$$

$$\mu\frac{\partial H_y}{\partial t}=-\frac{\partial E_x}{\partial z} \tag{6-18}$$

$$\mu\frac{\partial H_z}{\partial t}=0 \tag{6-19}$$

同理,将$\nabla\times\boldsymbol{H}=\gamma\boldsymbol{E}+\frac{\partial(\varepsilon\boldsymbol{E})}{\partial t}$展开后得到

$$\gamma E_x+\varepsilon\frac{\partial E_x}{\partial t}=-\frac{\partial H_y}{\partial z} \tag{6-20}$$

$$\gamma E_y+\varepsilon\frac{\partial E_y}{\partial t}=-\frac{\partial H_x}{\partial z} \tag{6-21}$$

$$\gamma E_z+\varepsilon\frac{\partial E_z}{\partial t}=0 \tag{6-22}$$

由式(6-19)可见,H_z 均不随时间发生变化,即 H_z = 常量。而在时变情况下,常量没有意义,因此,可取 $H_z=0$。

从式(6-22)可知,$E_z=E_{z0}\mathrm{e}^{-\frac{\gamma}{\varepsilon}t}$,一般情况下,$\gamma\gg\varepsilon$,因此 E_z 很快衰减,通常认为 $E_z\approx0$,因此

$$E_z=0,H_z=0 \tag{6-23}$$

因此,均匀电磁波的 $\boldsymbol{E}$、$\boldsymbol{H}$ 和传播方向相互垂直,这样的电磁波称为横电磁波(或 TEM 波)。其中,E_x、H_y 和 z 轴正方向相互垂直且满足右手螺旋,是一组平面波,E_y、H_x 是另一组独立的平面波。考虑一般性,我们只讨论第一组,设 $\boldsymbol{E}=\boldsymbol{e}_xE_x$,$\boldsymbol{H}=\boldsymbol{e}_yH_y$,此时电磁波的方程简化为

$$\frac{\partial^2E_x}{\partial z^2}-\mu\gamma\frac{\partial E_x}{\partial t}-\mu\varepsilon\frac{\partial^2E_x}{\partial t^2}=0 \tag{6-24}$$

$$\frac{\partial^2H_y}{\partial z^2}-\mu\gamma\frac{\partial H_y}{\partial t}-\mu\varepsilon\frac{\partial^2H_y}{\partial t^2}=0 \tag{6-25}$$

在理想介质中,均匀平面波的方程可写为

$$\frac{\partial^2E_x}{\partial z^2}-\mu\varepsilon\frac{\partial^2E_x}{\partial t^2}=0 \tag{6-26}$$

$$\frac{\partial^2H_y}{\partial z^2}-\mu\varepsilon\frac{\partial^2H_y}{\partial t^2}=0 \tag{6-27}$$

不难看出,E_x 和 H_y 的方程是对称的。式(6-26)的一般解为

$$E_x=f_1\left(t-\frac{z}{v}\right)+f_2\left(t+\frac{z}{v}\right) \tag{6-28}$$

式中,$v=\frac{1}{\sqrt{\mu\varepsilon}}$为电磁波的波速。

式(6-27)的形式解和式(6-26)的解相似,但是,E_x 和 H_y 是相关的,由式(6-18)得到

$$\frac{\partial H_y}{\partial t}=-\frac{1}{\mu}\frac{\partial \boldsymbol{E}_x}{\partial z}=\frac{1}{\mu}\frac{\mathrm{d}}{\mathrm{d}z}\left[f_1\left(t-\frac{z}{v}\right)+f_2\left(t+\frac{z}{v}\right)\right] \tag{6-29}$$

对式(6-29)积分,并略去积分常数,有

$$H_y=\sqrt{\frac{\varepsilon}{u}}\left[f_1\left(t-\frac{z}{v}\right)-f_2\left(t+\frac{z}{v}\right)\right] \tag{6-30}$$

式中，f_1 和 f_2 为由波源的激励方式、初始条件和边界条件确定的函数。

进一步将电场和磁场再分解为向 +z 方向和向 −z 方向的两组波的叠加，其中，$E_{x1}=f_1\left(t-\frac{z}{v}\right)$ 和 $H_{y1}=\sqrt{\frac{\varepsilon}{u}}f_1\left(t-\frac{z}{v}\right)$ 是一组向 +z 方向传播的电磁波，为入射波；$E_{x2}=f_2\left(t+\frac{z}{v}\right)$ 和 $H_{y2}=-f_2\left(t+\frac{z}{v}\right)$ 是一组向 −z 方向传播的电磁波，为反射波。

6.2.3　理想介质中均匀平面波的传播特性

从式(6-28)和式(6-30)看出，在理想介质中传输的均匀平面波有以下特点：

1）均匀平面波包含入射波和反射波两部分，每部分都是 TEM 波；对于无限大均匀媒质，反射波为零。

2）入射波的电场和磁场相位相等，且满足

$$\frac{E_{x1}}{H_{y1}}=\sqrt{\frac{u}{\varepsilon}}=Z \tag{6-31}$$

反射波的电场和磁场相位相等，且满足

$$\frac{E_{x2}}{H_{y2}}=-\sqrt{\frac{u}{\varepsilon}}=-Z \tag{6-32}$$

式中，$Z=\sqrt{\frac{u}{\varepsilon}}$ 称为媒质的波阻抗，单位是 Ω。

真空中的波阻抗为

$$Z_0=\sqrt{\frac{u_0}{\varepsilon_0}}=120\pi\Omega\approx 377\Omega \tag{6-33}$$

波的传播速率为 $v=\frac{1}{\sqrt{\mu\varepsilon}}$，在真空中的传播速度为光速

$$v=C=\frac{1}{\sqrt{\mu_0\varepsilon_0}}\approx 3\times 10^8\mathrm{m/s} \tag{6-34}$$

*波阻抗的正负

波阻抗前的符号可按照右手螺旋定则来判定：当电场强度分量的方向、磁场强度分量的方向和波的传播方向满足右手螺旋时，波阻抗前的符号取“+”号，否则取“−”号。

3）对于入射波来说，空间任一点电磁波的电场能量密度与磁场能量密度相等，各占电磁总能量密度的一半，因为电场能量密度 w_{e} 和磁场能量密度 w_{m} 分别为

$$w_{\mathrm{e}}=\frac{1}{2}\varepsilon E_{x1}^2,\ w_{\mathrm{m}}=\frac{1}{2}\mu H_{y1}^2$$

而 $E_{x1}=ZH_{y1}$，故

$$w_{\mathrm{e}}=\frac{1}{2}\varepsilon E_{x1}^2=\frac{1}{2}\varepsilon\left(ZH_{y1}\right)^2=\frac{1}{2}\mu H_{y1}^2=w_{\mathrm{m}} \tag{6-35}$$

因此电磁总能量密度为 $w=w_{\mathrm{e}}+w_{\mathrm{m}}=2w_{\mathrm{e}}$。

4）均匀平面波的能量沿传播方向以波速传播，因为入射波的坡印亭矢量为

$$\boldsymbol{S}_1=(\boldsymbol{e}_xE_x)\times(\boldsymbol{e}_yH_y)=\boldsymbol{e}_z\frac{E_x^2}{Z}=\boldsymbol{e}_z\frac{\varepsilon E_x^2}{\sqrt{\mu\varepsilon}}=\boldsymbol{e}_z\omega v=\omega\boldsymbol{v} \tag{6-36}$$

对于反射波，有类似的结论。

*6.2.4 横波

刚才讨论的均匀平面波，$\boldsymbol{E}$、$\boldsymbol{H}$ 垂直于传播方向（z 方向），这样的波称为横电磁（Transverse Electro Magnetic，TEM）波，简称 TEM 波。

根据传播方向上有无电场分量或磁场分量，电磁波可分为如下三类，任何电磁波都可以用这三种波的合成表示，如图 6-3 所示。

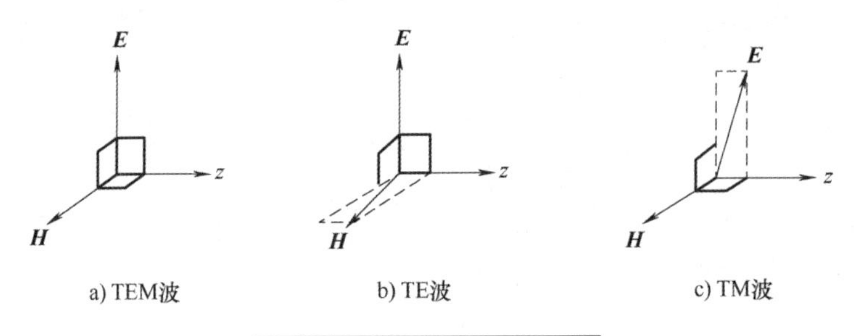

图 6-3 电磁波的三种形式

1）TEM 波：在传播方向上没有电场和磁场分量，即电场矢量 $\boldsymbol{E}$、磁场矢量 $\boldsymbol{H}$ 和传输方向相互垂直。

2）TE 波：在传播方向上有磁场分量但无电场分量的波，称为横电波。

3）TM 波：在传播方向上有电场分量而无磁场分量的波，称为横磁波。

在图 6-3a 中，电场强度矢量 $\boldsymbol{E}$ 沿 x 方向，磁场 $\boldsymbol{H}$ 沿 y 方向，波的传播方向是 z 方向，即 $\boldsymbol{E}$、$\boldsymbol{H}$ 和传播方向两两垂直，是 TEM 波。

例如，空管传输线（规则金属波导）只能传横磁波（TM 波）或横电波（TE 波），实心传输线（双导体或多导体传输线）主要传输横电磁波和准横电磁波（准 TEM 波，主波为 TEM 波，填充介质引起附加的 TM 波或 TE 波）。

6.3 无限大理想介质中的正弦均匀平面波

在无限大理想介质中，正弦均匀平面波除了具有前述均匀平面波的全部特点之外，此时的波形函数 f_1 或 f_2 变为正弦类函数，它还有一些独特的性质。

6.3.1 理想介质中正弦均匀平面波的方程及解

在无限大理想介质中，当电磁波随时间按正弦规律变化时，$\dot{\boldsymbol{E}}=\boldsymbol{e}_x\dot{\boldsymbol{E}}_x(z)$ 无源区复数形式的波动方程可写为

$$\frac{\mathrm{d}^2\dot{E}_x}{\mathrm{d}z^2}+k^2\dot{E}_x=0 \tag{6-37}$$

$$\frac{\mathrm{d}^2\dot{H}_y}{\mathrm{d}z^2}+k^2\dot{H}_y=0 \tag{6-38}$$

式中，$k=\omega\sqrt{\mu\varepsilon}$（也写成 $\beta=\omega\sqrt{\mu\varepsilon}$，称为传播常数，波矢量 $\boldsymbol{k}=\boldsymbol{e}_k\cdot k$），这两个方程是对称的。不失一般性，考虑式（6-34），这是关于 $\dot{E}_x$ 的二阶常微分方程，其通解为

$$\dot{E}_x=\dot{E}_{x\mathrm{m}}\mathrm{e}^{-\mathrm{j}kz}+\dot{E}'_{x\mathrm{m}}\mathrm{e}^{\mathrm{j}kz} \tag{6-39}$$

式中，系数 $\dot{E}_{x\mathrm{m}}$ 和 $\dot{E}'_{x\mathrm{m}}$ 为复常数，大小和相位由场源和边界条件决定。

设 $\dot{E}_{x\mathrm{m}}=E_{x\mathrm{m}}\mathrm{e}^{\mathrm{j}\phi}$、$\dot{E}'_{x\mathrm{m}}=E'_{x\mathrm{m}}\mathrm{e}^{\mathrm{j}\phi'}$，其中，$E_{x\mathrm{m}}$ 和 $E'_{x\mathrm{m}}$ 为不小于零的实数，而 ϕ 和 ϕ' 则是 $z=0$ 位置处的初始相位。采用幅值相量，式（6-36）的瞬时值式为

$$E_x=E_{x\mathrm{m}}\cos(\omega t-kz+\phi)+E'_{x\mathrm{m}}\cos(\omega t+kz+\phi') \tag{6-40}$$

式（6-40）等号右侧第一项代表沿 z 方向传播的入射波，第二项是反射波。对于无限大的均匀媒质，不存在反射波，故式（6-40）简化为 $E_x=E_{x\mathrm{m}}\cos(\omega t-kz+\phi)$，或者写成

$$\boldsymbol{E}_x=\boldsymbol{e}_xE_{x\mathrm{m}}\cos(\omega t-kz+\phi) \tag{6-41}$$

代入式 $\nabla\times\dot{\boldsymbol{E}}=-\mathrm{j}\omega\mu\dot{\boldsymbol{H}}$，即得到

$$\dot{\boldsymbol{H}}=-\frac{\nabla\times\dot{\boldsymbol{E}}}{\mathrm{j}\omega\mu}=\boldsymbol{e}_y\frac{E_{x\mathrm{m}}}{Z}\mathrm{e}^{-\mathrm{j}kz}\mathrm{e}^{\mathrm{j}\phi} \tag{6-42}$$

其对应的瞬时值表达式为

$$\boldsymbol{H}_y=\boldsymbol{e}_y\frac{E_{x\mathrm{m}}}{Z}\cos(\omega t-kz+\phi) \tag{6-43}$$

6.3.2　理想介质中均匀平面电磁波的参数及传输特点

下面以电场为例，分别从时域视角、空域视角和时空域联合视角，来分析均匀平面波在理想介质中的传播参数。

（1）周期和频率

从时域视角观察，在 $\boldsymbol{E}_x=\boldsymbol{e}_xE_{x\mathrm{m}}\cos(\omega t-kz+\phi)$ 中，设 $z=z_0$，电场强度 E_x 随时间按照正弦规律变化，如图 6-4 所示。

相位差为 2π 的两个相邻时刻间的间隔称为波的时间周期 T（简称周期，单位为 s）。周期的倒数称为频率，即

$$f=\frac{1}{T} \tag{6-44}$$

频率的单位为 Hz；角频率 $\omega=2\pi f$ 是单位时间内相位的变化量（单位 rad/s）。

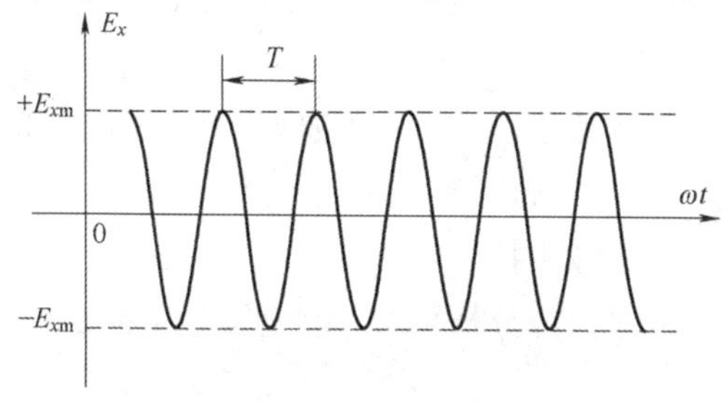

图 6-4　电场强度 E_x 随 t 按照正弦规律变化

(2) 波长和波数

从空域视角观察，将 $\boldsymbol{E}_x=\boldsymbol{e}_x E_{xm}\cos(\omega t-kz+\phi)$ 中的时间固定：设 $t=t_0$，E_x 随 z 按照正弦规律变化，如图 6-5 所示。E_x 的变化取决于 k

$$k=\omega\sqrt{\mu\varepsilon} \tag{6-45}$$

因此，理想介质中的传播常数是实常数。

当波沿传播方向向前传播时，相位逐点滞后。在波的传播方向上，相位差为 2π 的两点之间的距离称为波长，故 $k(z+\lambda)=kz+2\pi$，因此

$$\lambda=\frac{2\pi}{k} \tag{6-46}$$

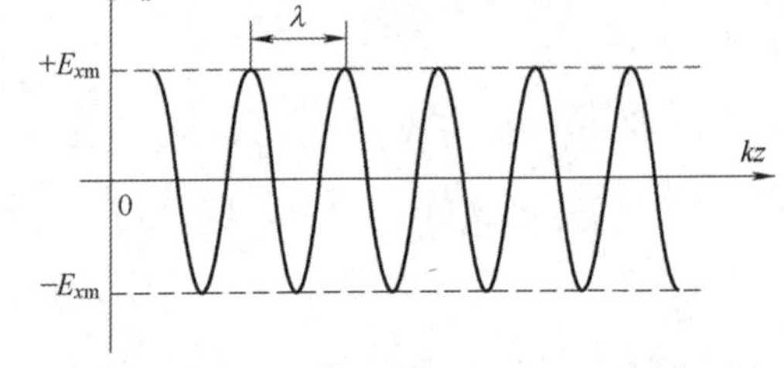

图 6-5 电场强度 E_x 随 z 按照正弦规律变化

上式也可写为 $k=2\pi/\lambda$，因此，k 代表 2π 距离内的波长数，又称为波数；它是单位距离内相位的变化量，单位是 rad/m。因此，相位的变化快慢可以从两个角度来描述：相位随时间变化的快慢由频率来描述；而相位随空间变化的快慢由波数来描述。

(3) 等相位面方程和相速度

$\boldsymbol{E}_x=\boldsymbol{e}_x E_{xm}\cos(\omega t-kz+\phi)$ 中，$\omega t-kz+\phi$ 是电场的相位，当 z 增大时，相位增大，且波向 z 方向传播时，$-kz$ 相位滞后变大，故 k 或 β 也称为相位常数。

*电磁波的时空变化动图

等相位面的方程为

$$\omega t-kz+\phi=C \tag{6-47}$$

其中 C 为常数，可见等相位面沿传播方向移动，其移动的速度称为相速度。在时谐电磁波条件下，ω、k 为恒定量，因此，相速度为

$$v=\frac{\mathrm{d}z}{\mathrm{d}t}=\frac{\omega}{k}=\frac{1}{\sqrt{u\varepsilon}} \tag{6-48}$$

显然，相速度仅与介质的电磁参数 ε 和 μ 有关，与波源的频率无关。$v=\dfrac{C}{\sqrt{\mu_r\varepsilon_r}}=\dfrac{C}{n}$，其中 $C=3\times10^8$ m/s 是自由空间中的传播速率（光速），n 为介质的折射率。因为 $n>1$，故电磁波在理想介质中的传播速率小于光速。从式(6-48)和式(6-46)不难看出

$$v=\lambda f \tag{6-49}$$

从等相位面方程看，空间坐标的变化与时间坐标的变化可以相互补偿，以保持相位或者说场量的恒定，这就是波动的本质。

(4) 波阻抗

从上面的分析可知，电场强度和磁场强度的复数振幅遵循电磁波的欧姆定律，即波阻抗为

$$Z=\frac{E_{xm}}{H_{ym}}=\sqrt{\frac{\mu}{\varepsilon}} \tag{6-50}$$

理想介质中的波阻抗是实数，且 $\dot{E}_x$ 和 $\dot{H}_y$ 不仅幅度成比例，而且相位相同。

（5）波的传播方向

从上述分析中知道，e^{-jkz}代表向 z 方向传播的波，故 e^{jkz}代表向$-z$ 方向传播的波。对于更一般的情况，波的传播方向可用等相位面方程判定：等相位面方程一般是某坐标的函数（例如$\omega t-kz+\phi$），当时间 t 增加时，欲保持相位不变，对应坐标（例如 z）必须增加，因此等相位面是向该坐标增加方向移动，即电磁波传播（例如$+z$）方向。

6.3.3　理想介质中正弦均匀平面电磁波的传输特性

从上面的分析不难得到理想介质中电磁波的特点有：

1）$\boldsymbol{E}$ 和 $\boldsymbol{H}$ 都按照同一正弦规律变化，幅度都不衰减，且等相面同时也是等幅面。

2）$\boldsymbol{E}$ 和 $\boldsymbol{H}$ 的相位相同，均为（$\omega t-\beta z+\phi$），所以 $\boldsymbol{E}$ 和 $\boldsymbol{H}$ 同时、在同一空间位置达到最大值（或最小值），且真空中的相速度为光速。

3）在理想介质中，相速波和波阻抗 Z 是纯实数，仅由媒质参数决定，和波源的频率以及场矢量值无关。

4）理想介质中，均匀平面电磁波的 $\boldsymbol{E}$、$\boldsymbol{H}$、$\boldsymbol{k}$ 两两垂直，是横电磁波，且 $\boldsymbol{E}$ 和 $\boldsymbol{H}$ 可互求。其大小关系满足 $E=ZH$，方向按照下列方法来判断：将 $\boldsymbol{E}$、$\boldsymbol{H}$、波的传播方向矢量 $\boldsymbol{k}$ 写成如下循环方式

$$\dot{\boldsymbol{E}}\quad \dot{\boldsymbol{H}}\quad \boldsymbol{k}\quad \dot{\boldsymbol{E}}\quad \dot{\boldsymbol{H}}\quad \boldsymbol{k}$$

它们的方向由右手螺旋来判断，$\boldsymbol{k}$ 的方向由 $\boldsymbol{E}\times\boldsymbol{H}$ 判定，表示为：$\dot{\boldsymbol{E}}\times\dot{\boldsymbol{H}}\to\boldsymbol{k}$。同理，$\dot{\boldsymbol{H}}\times\boldsymbol{k}\to\dot{\boldsymbol{E}}$，$\boldsymbol{k}\times\dot{\boldsymbol{E}}\to\dot{\boldsymbol{H}}$，且

$$\boldsymbol{H}=\frac{1}{Z}\boldsymbol{e}_k\times\boldsymbol{E}\ \text{或}\ \boldsymbol{E}=Z\boldsymbol{H}\times\boldsymbol{e}_k \tag{6-51}$$

5）电磁波的坡印亭矢量与能量密度。

均匀平面波所对应的时谐电磁场中电场的能量密度的瞬时值表达式为

$$w_{\mathrm{e}}=\frac{1}{2}\varepsilon E_x^2=\frac{1}{2}\varepsilon E_{x\mathrm{m}}^2\cos^2(\omega t-\beta z+\phi)$$

磁场的能量密度为

$$w_{\mathrm{m}}=\frac{1}{2}\mu H_y^2=\frac{1}{2}\varepsilon E_{x\mathrm{m}}^2\cos^2(\omega t-\beta z+\phi)$$

不难看出 $w_{\mathrm{e}}=w_{\mathrm{m}}$，故电场能等于磁场能量，总电磁能量是电场能量的 2 倍。

6）波的平均坡印亭矢量为

$$\boldsymbol{S}=\boldsymbol{S}_{\mathrm{av}}=\frac{1}{2}\mathrm{Re}[\dot{\boldsymbol{E}}\times\dot{\boldsymbol{H}}^*]=\boldsymbol{e}_z\frac{E_{x\mathrm{m}}^2}{2Z} \tag{6-52}$$

将电场的表达式代入式（6-52）可得

$$\boldsymbol{S}_{\mathrm{av}}=\boldsymbol{e}_z\frac{\varepsilon E_{x\mathrm{m}}^2}{2}\frac{1}{\sqrt{\mu\varepsilon}}=\boldsymbol{e}_z\frac{\varepsilon E_{x\mathrm{m}}^2}{2}v=\boldsymbol{e}_z\omega_{\mathrm{e}}v \tag{6-53}$$

均匀平面波的平均坡印亭矢量的方向（即电磁能量传播的方向）与波的传播方向相同，且能量的传播速度和相速相等。

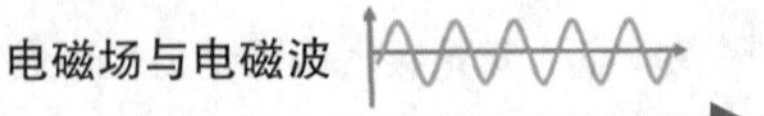

因此,在传播过程中,不仅各场量的幅度没有发生变化,波的平均坡印亭矢量也是常数。因此,理想介质中的均匀平面波是没有能量损失的等幅波。

例 6-1 自由空间中均匀平面波的电场强度为 $\boldsymbol{E}=12\pi\cos(\omega t+\pi z)\boldsymbol{e}_x$(V/m),求:

(1) 波的传播方向、相速度、波阻抗、波长和频率。

(2) 波的磁场强度和平均坡印亭矢量。

解:(1) 等相位面的方程为 $\omega t+\pi z=$常数,随着 t 的增大,z 必须逐渐减小才能确保相位不变,即该电磁波是沿$-z$ 轴方向传播的。

由于该平面波在自由空间中传播,其相速度和波阻抗的大小分别为

$$v=\frac{1}{\sqrt{\varepsilon_0\mu_0}}=3\times10^8\text{m/s},Z=Z_0=120\pi\Omega$$

波的相位常数 $k=\pi$,因此其波长为

$$\lambda=\frac{2\pi}{k}=2\text{m}$$

因此

$$f=\frac{v}{\lambda}=1.5\times10^8\text{Hz}$$

$$\boldsymbol{E}=12\pi\cos(3\times10^8\pi t+\pi z)\boldsymbol{e}_x(\text{V/m})$$

(2) 因为平面波沿$-z$ 轴方向传播,磁场强度表示为

$$\boldsymbol{H}=\frac{1}{Z}\boldsymbol{e}_k\times\boldsymbol{E}=\frac{1}{Z}(-\boldsymbol{e}_z)\times\boldsymbol{E}=-0.1\cos(\omega t+\pi z)\boldsymbol{e}_y$$

即

$$\boldsymbol{H}=-0.1\cos(3\times10^8\pi t+\pi z)\boldsymbol{e}_y(\text{A/m})$$

可得平均坡印亭矢量为

$$\boldsymbol{S}_{\text{av}}=\frac{1}{2}\text{Re}[\dot{\boldsymbol{E}}\times\dot{\boldsymbol{H}}^*]=-0.6\pi\boldsymbol{e}_z(\text{W/m}^2)\approx-1.88\boldsymbol{e}_z$$

例 6-2 自由空间中均匀平面波的波长为 18cm,若将其置于某种理想介质中,发现其波长变为 9cm。假设该理想介质为非磁性理想介质,试确定该电介质的相对介电常数。

解:无限大空间中均匀平面波的波长与频率、材料的电磁参数有关,因此有

$$\lambda_0=\frac{2\pi}{\omega\sqrt{\mu_0\varepsilon_0}}=0.18\text{m},\lambda=\frac{2\pi}{\omega\sqrt{\mu\varepsilon}}=0.09\text{m}$$

对比上述两式不难计算介质的相对介电常数,即

$$\varepsilon_r=\frac{\varepsilon}{\varepsilon_0}=4$$

例 6-3 在无耗媒质中,频率为 100MHz 的均匀电磁波沿 z 方向传播,电场为 $\boldsymbol{E}=\boldsymbol{e}_xE_x$。已知该媒质的参数为 $\varepsilon_r=4,\mu_r=1$。且当 $t=0$、$z=\frac{1}{8}$m 时,电场等于其振幅值 10^{-4}V/m。试求电场强度和磁场强度的瞬时表示式。

解：$\omega=2\pi f=2\pi\times10^8(\text{rad/s})$，$Z=\sqrt{\dfrac{\mu}{\varepsilon}}=\dfrac{Z_0}{\sqrt{\varepsilon_r}}=60\pi(\Omega)$

$$k=\omega\sqrt{\varepsilon\mu}=\frac{\omega}{c}\sqrt{\varepsilon_r\mu_r}=\frac{2\pi\times10^8}{3\times10^8}\times\sqrt{4}=\frac{4}{3}\pi\text{rad/m}$$

$t=0,z=\dfrac{1}{8}\text{m}$ 时，电场等于其振幅值 10^{-4}V/m，故电场强度的瞬时式为

$$\boldsymbol{E}=\boldsymbol{e}_xE_x=\boldsymbol{e}_x10^{-4}\cos(\omega t-kz+\phi)$$

考虑条件 $t=0,z=\dfrac{1}{8}\text{m}$ 时，电场达到幅值，得 $\phi=kz=\dfrac{4\pi}{3}\times\dfrac{1}{8}=\dfrac{\pi}{6}$，所以

$$\boldsymbol{E}=10^{-4}\cos\left(2\pi\times10^8t-\frac{4\pi}{3}z+\frac{\pi}{6}\right)=\boldsymbol{e}_x10^{-4}\cos\left[2\pi\times10^8t-\frac{4\pi}{3}\left(z-\frac{1}{8}\right)\right](\text{V/m})$$

故磁场强度的瞬时表达式为

$$\boldsymbol{H}=\frac{1}{Z}\boldsymbol{e}_z\times\boldsymbol{E}=\boldsymbol{e}_y\frac{1}{Z}E_x$$

即

$$\boldsymbol{H}(z,t)=\boldsymbol{e}_y\frac{10^{-4}}{60\pi}\cos\left[2\pi\times10^8t-\frac{4}{3}\pi\left(z-\frac{1}{8}\right)\right]\approx5.3\times10^{-7}\cos\left[2\pi\times10^8t-\frac{4}{3}\pi\left(z-\frac{1}{8}\right)\right]\boldsymbol{e}_y(\text{A/m})$$

*6.3.4　理想介质中均匀平面波的一般表达式

1. 沿 z 方向传播的均匀平面波的一般表达式

前面讨论了理想介质中沿 z 方向传播的均匀平面波，其电场矢量和磁场矢量相互垂直，而且纵向分量为零。下面就其一般表示形式展开具体分析。

一般情况下，对沿 z 方向传播的均匀平面波，电场强度既有 x 分量，也有 y 分量，其复数形式为

$$\dot{\boldsymbol{E}}=(\boldsymbol{e}_xE_{x0}\mathrm{e}^{\mathrm{j}\phi_x}+\boldsymbol{e}_yE_{y0}\mathrm{e}^{\mathrm{j}\phi_y})\mathrm{e}^{-\mathrm{j}kz}\tag{6-54}$$

式中，E_{x0} 和 E_{y0} 为不小于零的实数，分别是电场强度在 x 和 y 轴上的幅度分量；ϕ_x 和 ϕ_y 表示各分量在 $z=0$ 处的初始相位。

式(6-54)对应的瞬时值形式为

$$\boldsymbol{E}_x=\boldsymbol{e}_xE_{x0}\cos(\omega t-kz+\phi_x)+\boldsymbol{e}_yE_{y0}\cos(\omega t-kz+\phi_y)\tag{6-55}$$

设 $\dot{\boldsymbol{E}}_0=(\boldsymbol{e}_xE_{x0}\mathrm{e}^{\mathrm{j}\phi_x}+\boldsymbol{e}_yE_{y0}\mathrm{e}^{\mathrm{j}\phi_y})$，$\dot{\boldsymbol{E}}_0$ 是 $z=0$ 处的电场强度，称为复振幅，则

根据麦克斯韦方程，可进一步求得磁场为

$$\dot{\boldsymbol{E}}=\dot{\boldsymbol{E}}_0\mathrm{e}^{-\mathrm{j}kz}\tag{6-56}$$

例 6-4　频率为 100MHz 的时谐均匀平面波在各向同性的均匀、理想介质中沿 $-z$ 轴方向传播，其介质特性参数分别为 $\varepsilon_r=4$、$\mu_r=1$、$\gamma=0$。设电场的取向与 x 轴和 y 轴的正方向都成 45°角。且当 $t=0,z=\dfrac{1}{8}\text{m}$ 时，电场的大小等于其振幅值，即 $\sqrt{2}\times10^{-4}\text{V/m}$。求电场强度和磁场强度的表达式。

解：依据题意，沿 $-z$ 轴方向传播的均匀平面波的一般形式为

$$\dot{\boldsymbol{E}}=(\boldsymbol{e}_x E_{x0}\mathrm{e}^{\mathrm{j}\phi_x}+\boldsymbol{e}_y E_{y0}\mathrm{e}^{\mathrm{j}\phi_y})\mathrm{e}^{\mathrm{j}kz}$$

电场的取向与 x 轴和 y 轴的正方向都成45°角，故

$$\phi_x=\phi_y=\phi_0$$

$$E_{x0}=E_{y0}=E_0$$

因此，其电场强度的表达式可简化为

$$\dot{\boldsymbol{E}}=(\boldsymbol{e}_x+\boldsymbol{e}_y)\boldsymbol{E}_0\mathrm{e}^{\mathrm{j}\phi_0}\mathrm{e}^{\mathrm{j}kz}$$

根据媒质的电磁参数，得其相位常数和波阻抗分别为 $k=\omega\sqrt{\varepsilon\mu}=2\pi f\sqrt{\varepsilon\mu}$ 和 $Z=\sqrt{\dfrac{\mu_0\mu_r}{\varepsilon_0\varepsilon_r}}=\dfrac{Z_0}{\sqrt{\varepsilon_r}}$，代入已知条件得到 $k=\dfrac{4}{3}\pi\mathrm{rad/m}$，$Z=60\pi\Omega$。

由于在 $t=0$，$z=\dfrac{1}{8}\mathrm{m}$ 时，电场强度的振幅为$\sqrt{2}\times10^{-4}$，因此$\sqrt{2}E_0=\sqrt{2}\times10^{-4}$，

$$(\omega t+kz+\phi_0)\big|_{t=0,z=1\mathrm{m}/8}=0$$

将 $k=\dfrac{4}{3}\pi\mathrm{rad/m}$ 代入上式可得

$$\boldsymbol{E}_0=10^{-4},\phi_0=-\frac{\pi}{6}$$

即电场强度的表达式为

$$\dot{\boldsymbol{E}}=10^{-4}(\boldsymbol{e}_x+\boldsymbol{e}_y)\mathrm{e}^{-\mathrm{j}\frac{\pi}{6}}\mathrm{e}^{\mathrm{j}\frac{4\pi}{3}z}(\mathrm{V/m})$$

可得磁场强度为

$$\dot{\boldsymbol{H}}=\frac{1}{Z}(-\boldsymbol{e}_z)\times\dot{\boldsymbol{E}}=\frac{10^{-4}}{60\pi}\times(\boldsymbol{e}_x-\boldsymbol{e}_y)\mathrm{e}^{-\mathrm{j}\frac{\pi}{6}}\mathrm{e}^{\mathrm{j}\frac{4\pi}{3}z}\approx5.3\times10^{-7}(\boldsymbol{e}_x-\boldsymbol{e}_y)\mathrm{e}^{-\mathrm{j}\frac{\pi}{6}}\mathrm{e}^{\mathrm{j}\frac{4\pi}{3}z}(\mathrm{A/m})$$

2. 沿任意方向传播的均匀平面波的一般表达式

许多情况下，将平面波表示成与坐标量无关的形式更方便。

如图 6-6 所示，设均匀平面波沿任意方向 $\boldsymbol{e}_k$ 传播，经过坐标原点 O 沿传播方向矢量 $\boldsymbol{e}_k$ 的射线与任一观察点 P（位移矢量为 $\boldsymbol{r}$）所在的等相位面相交于 P'点。

考虑到 P 点所在的等相位面和波的传播方向 $\boldsymbol{e}_k$ 垂直，因此 OPP'构成一个直角三角形。OP'可表示为

$$OP'=\boldsymbol{r}\cdot\boldsymbol{e}_k$$

对理想介质中的均匀平面波而言，与上式对应的相位滞后量为

$$\Delta\phi=\boldsymbol{k}\cdot\boldsymbol{r}$$

式中，矢量 $\boldsymbol{k}=k\boldsymbol{e}_k$ 是波的传播矢量（简称波矢量、波矢），其大小等于相位常数 β，方向与波的传播方向一致。可得波的电场强度为

$$\dot{\boldsymbol{E}}=\dot{\boldsymbol{E}}_0\mathrm{e}^{-\mathrm{j}\boldsymbol{k}\cdot\boldsymbol{r}} \tag{6-57}$$

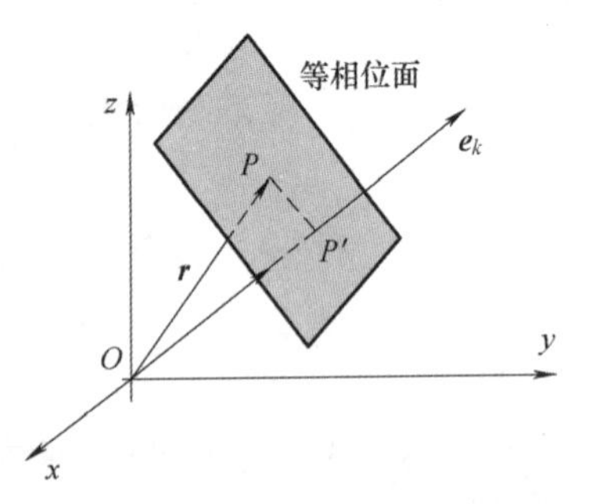

图 6-6　沿任意方向传播的波

在直角坐标系中，波矢量 $\boldsymbol{k}$、位移矢量 $\boldsymbol{r}$ 可表示为

$$\boldsymbol{k}=k\boldsymbol{e}_k=\boldsymbol{e}_x k_x+\boldsymbol{e}_y k_y+\boldsymbol{e}_z k_z,\boldsymbol{r}=\boldsymbol{e}_x x+\boldsymbol{e}_y y+\boldsymbol{e}_z z$$

将其代入式(6-57)可得

$$\dot{\boldsymbol{E}}=\dot{\boldsymbol{E}}_0\mathrm{e}^{-\mathrm{j}(xk_x+yk_y+zk_z)}$$

$k_x^2+k_y^2+k_z^2=k^2$，三个分量 k_x、k_y、k_z 中只有两个是独立的，磁场强度可由麦克斯韦方程求得。

例 6-5　自由空间中均匀平面波的磁场强度表达式如下

$$\dot{\boldsymbol{H}}=(-A\boldsymbol{e}_x+4\boldsymbol{e}_z)\mathrm{e}^{-\mathrm{j}\pi(4x+3z)}$$

(1) 试求电磁波的波矢量 $\boldsymbol{k}$、波长和常数 A 的大小。

(2) 电场强度和平均坡印亭矢量。

解：(1) 依题意，磁场强度的空间相位为 $\boldsymbol{k}\cdot\boldsymbol{r}=\pi(4x+3z)$，故波矢量为 $\boldsymbol{k}=4\pi\boldsymbol{e}_x+3\pi\boldsymbol{e}_z$ 或：波矢量等于电场强度空间相位函数的负梯度，即 $\boldsymbol{k}=-\nabla(4x+3z)$。因此 $k=|\boldsymbol{k}|=5\pi\mathrm{rad/m}$。波长为 $\lambda=\dfrac{2\pi}{k}=0.4\mathrm{m}$。

(2) 波矢量的方向代表电磁波传播的方向，因此传播方向为

$$\boldsymbol{e}_k=\frac{\boldsymbol{k}}{k}=\frac{4}{5}\boldsymbol{e}_x+\frac{3}{5}\boldsymbol{e}_z$$

考虑到均匀平面波是横电磁波，磁场方向与传播方向垂直，因此

$$\boldsymbol{H}\cdot\boldsymbol{e}_k=(-\boldsymbol{e}_xA+\boldsymbol{e}_z4)\mathrm{e}^{-\mathrm{j}\pi(4x+3z)}\times\left(\frac{4}{5}\boldsymbol{e}_x+\frac{3}{5}\boldsymbol{e}_z\right)=0$$

由此可得 $A=3$。因为平面波在自由空间中传播，波阻抗为 120π，可得

$$\boldsymbol{E}=Z_0\boldsymbol{H}\times\boldsymbol{e}_k=120\pi(-3\boldsymbol{e}_x+4\boldsymbol{e}_z)\mathrm{e}^{-\mathrm{j}\pi(4x+3z)}\times\left(\frac{4}{5}\boldsymbol{e}_x+\frac{3}{5}\boldsymbol{e}_z\right)$$

$$\boldsymbol{E}=1.885\boldsymbol{e}_y\mathrm{e}^{-\mathrm{j}\pi(4x+3z)}$$

可得平均坡印亭矢量为

$$\boldsymbol{S}_{\mathrm{av}}=\frac{1}{2}\mathrm{Re}[\dot{\boldsymbol{E}}\times\dot{\boldsymbol{H}}^*]=(3.77\boldsymbol{e}_x+2.83\boldsymbol{e}_z)\times10^{-3}(\mathrm{W/m^2})$$

6.4　有损媒质中的正弦均匀平面电磁波

有损(耗)媒质又称为导电媒质，它们在日常生活中很常见，如金属、海水和潮湿的土壤等，其典型特征是电导率 $\gamma\neq0$。由欧姆定律可知，波在导电媒质中传播时有传导电流存在，且一定伴随着电磁能量的损耗，导致电磁波在有损媒质中的传播规律和理想介质不一样。

6.4.1　有损媒质中正弦均匀平面波的方程与求解

对线性、均匀和各向同性的导电媒质(参数为 ε、μ 和 γ)，在无源无界区域内的正弦均匀平面波满足如下波动方程式

$$\frac{\partial^2E_x}{\partial z^2}-\mu\gamma\frac{\partial E_x}{\partial t}-\mu\varepsilon\frac{\partial^2E_x}{\partial t^2}=0$$

$$\frac{\partial^2H_y}{\partial z^2}-\mu\gamma\frac{\partial H_y}{\partial t}-\mu\varepsilon\frac{\partial^2H_y}{\partial t^2}=0$$

其复数形式为

$$\frac{\mathrm{d}^2\dot{E}_x}{\mathrm{d}z^2}-\mathrm{j}\omega\mu\gamma\dot{E}_x-(\mathrm{j}\omega)^2\mu\varepsilon\dot{E}_x=0$$

$$\frac{\mathrm{d}^2\dot{H}_y}{\mathrm{d}z^2}-\mathrm{j}\omega\mu\gamma\dot{H}_y-(\mathrm{j}\omega)^2\mu\varepsilon\dot{H}_y=0$$

引入复介电常数 $\varepsilon_{\mathrm{c}}=\varepsilon\left(1-\mathrm{j}\frac{\gamma}{\omega\varepsilon}\right)$，波动方程变为

$$\nabla^2\dot{\boldsymbol{E}}+k_{\mathrm{c}}^2\dot{\boldsymbol{E}}=0 \tag{6-58}$$

$$\nabla^2\dot{\boldsymbol{H}}+k_{\mathrm{c}}^2\dot{\boldsymbol{H}}=0 \tag{6-59}$$

式中，$k_{\mathrm{c}}^2=\omega^2\mu\varepsilon_{\mathrm{c}}=\omega^2\mu\left(\varepsilon-\mathrm{j}\frac{\gamma}{\omega}\right)$ 是复数，故称为复传播常数。

比较损耗媒质和理想介质中的波动方程可知，两者的方程形式完全相同，只需在出现 ε 的地方，将 ε 替换为 ε_{c}（$k\to k_{\mathrm{c}}$ 也是 ε 替换成 ε_{c} 的结果）即可。故很容易得到损耗媒质中波动方程的解（沿 z 方向传播）为

$$\dot{\boldsymbol{E}}_x=\boldsymbol{e}_x\dot{\boldsymbol{E}}_{x\mathrm{m}}\mathrm{e}^{-\mathrm{j}k_{\mathrm{c}}z}$$

$$\dot{\boldsymbol{H}}_y=\boldsymbol{e}_y\dot{H}_{y\mathrm{m}}\mathrm{e}^{-\mathrm{j}k_{\mathrm{c}}z}=\boldsymbol{e}_y\frac{\dot{\boldsymbol{E}}_{x\mathrm{m}}}{Z}\mathrm{e}^{-\mathrm{j}k_{\mathrm{c}}z} \tag{6-60}$$

6.4.2 有损媒质中正弦均匀平面波的参数和传输特性

1. 传播常数

传播常数 k_{c} 是复数，设 $k_{\mathrm{c}}=\beta-\mathrm{j}\alpha$，即 $\omega^2\mu\left(\varepsilon-\mathrm{j}\frac{\gamma}{\omega}\right)=(\beta-\mathrm{j}\alpha)^2$，得到

$$\alpha=\omega\sqrt{\frac{\varepsilon\mu}{2}\left(\sqrt{1+\left(\frac{\gamma}{\omega\varepsilon}\right)^2}-1\right)} \tag{6-61}$$

$$\beta=\omega\sqrt{\frac{\varepsilon\mu}{2}\left(\sqrt{1+\left(\frac{\gamma}{\omega\varepsilon}\right)^2}+1\right)} \tag{6-62}$$

式中，α 为衰减常数；β 为相位常数。

设 $\dot{E}_{x\mathrm{m}}=E_{x\mathrm{m}}\mathrm{e}^{\mathrm{j}\phi_E}$，有

$$\dot{\boldsymbol{E}}=\boldsymbol{e}_x\dot{E}_{x\mathrm{m}}\mathrm{e}^{-\mathrm{j}k_{\mathrm{c}}z}=\boldsymbol{e}_xE_{x\mathrm{m}}\mathrm{e}^{\mathrm{j}\phi_E}\mathrm{e}^{-\alpha z-\mathrm{j}\beta z}=\boldsymbol{e}_xE_{x\mathrm{m}}\mathrm{e}^{-\alpha z}\mathrm{e}^{-\mathrm{j}\beta z+\mathrm{j}\phi_E}$$

$$\dot{\boldsymbol{H}}=\boldsymbol{e}_y\frac{\dot{\boldsymbol{E}}_{x\mathrm{m}}}{Z}\mathrm{e}^{-\mathrm{j}k_{\mathrm{c}}z}=\boldsymbol{e}_y\frac{E_{x\mathrm{m}}\mathrm{e}^{\mathrm{j}\phi_E}}{Z}\mathrm{e}^{-\alpha z-\mathrm{j}\beta z}=\boldsymbol{e}_y\frac{E_{x\mathrm{m}}}{Z}\mathrm{e}^{-\alpha z}\mathrm{e}^{-\mathrm{j}\beta z+\mathrm{j}\phi_E}$$

式中，ϕ_E 为电场的初相位，相应的瞬时形式为

$$\boldsymbol{E}=\boldsymbol{e}_xE_{x\mathrm{m}}\mathrm{e}^{-\alpha z}\cos(\omega t-\beta z+\phi_E) \tag{6-63}$$

$$\boldsymbol{H}=\boldsymbol{e}_y\frac{E_{x\mathrm{m}}}{Z}\mathrm{e}^{-\alpha z}\cos(\omega t-\beta z+\phi_E) \tag{6-64}$$

说明波在有损媒质中传播时，不仅场强的相位有滞后，而且振幅呈指数规律衰减，如图 6-7a

所示（在理想介质中是等幅的，如图 6-7b）。频率越大，α 越大，波的衰减越快。因此，α 称为衰减常数（单位是 Np/m）。它只影响波的幅度，也称幅度因子。

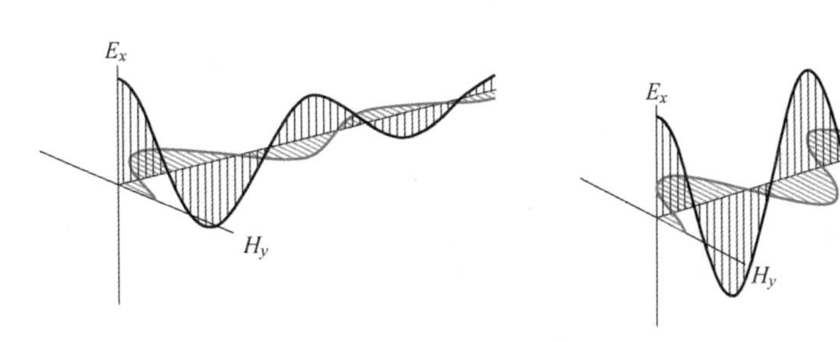

a) 导电媒质中的电磁波是减幅波　　b) 理想介质中的电磁波是等幅波

图 6-7　理想介质和导电媒质中的电磁波

随着波的传播，z 增大，相位的滞后也增大，故 β 代表波传播方向上传播单位距离的相位变化，称为相位常数（即单位长度上的相移量，单位是 rad/m）。频率越大，γ 越大，β 越大，电磁波的空间相位变化也越快。且 β 只影响波的相位，也称相位因子。

工程上常用分贝（dB）或奈培（Np）来计算衰减量，其定义为

$$\alpha = 20\lg \frac{E_{xm}}{|\boldsymbol{E}_x|} \tag{6-65}$$

$|\boldsymbol{E}_x|$ 是场强的幅度，当 $E_{xm}/|\boldsymbol{E}_x| = \mathrm{e}$ 时，衰减量为 1Np，或 $20\lg\mathrm{e} = 8.686\mathrm{dB}$，故 1Np = 8.686dB。衰减常数的单位是奈/米（Np/m）或分贝/米（dB/m）。

2. 等相位面与相速

电场的等相位面为 $\omega t-\beta z+\phi_E = C$，$C$ 为常数，因此相速度为

$$v=\frac{\mathrm{d}z}{\mathrm{d}t}=\frac{\omega}{\beta}=\frac{1}{\sqrt{\frac{\mu\varepsilon}{2}\left[\sqrt{1+\left(\frac{\gamma}{\omega\varepsilon}\right)^2}+1\right]}}<\frac{1}{\sqrt{\mu\varepsilon}} \tag{6-66}$$

波长为 $\lambda=\frac{v}{f}=\frac{2\pi}{\beta}$，故媒质损耗使波的传播速度变慢，波长变短；且相速与媒质参数和频率有关。波的传播速度（相速）随频率改变而改变，这种现象称为色散，具有色散效应的波称为色散波，这时的媒质称为色散媒质。

有损媒质是色散媒质。因此，波的不同频率分量将以不同的相速度传播，传播一段时间后，不同频率分量间的相位关系将发生变化，导致信号失真。

3. 波阻抗

理想介质的波阻抗 $Z=\sqrt{\mu/\varepsilon}$，故导电媒质的波阻抗为

$$Z_{\mathrm{c}}=\sqrt{\frac{\mu}{\varepsilon_{\mathrm{c}}}}=\sqrt{\frac{\mu}{\left(\varepsilon-\mathrm{j}\frac{\gamma}{\omega}\right)}} \tag{6-67}$$

波阻抗是复数，设 $Z_{\mathrm{c}}=|Z_{\mathrm{c}}|\mathrm{e}^{\mathrm{j}\theta}$，得到 $\theta=\phi_E-\phi_H=\frac{1}{2}\arctan\frac{\gamma}{\omega\varepsilon}$，$\theta\in\left(0,\frac{\pi}{4}\right)$。故空间同一点

的电场和磁场不同相，在时间上磁场滞后于电场。

4. 能量密度

因此，导电媒质中，电场和磁场的关系式为

$$\boldsymbol{H}=\frac{1}{Z_{\mathrm{c}}}\boldsymbol{e}_{k}\times\boldsymbol{E} \tag{6-68}$$

电磁波的电场能量密度为

$$w_{\mathrm{e}}=\frac{1}{2}\varepsilon E^{2}=\frac{\varepsilon}{2}E_{x\mathrm{m}}^{2}\mathrm{e}^{-2\alpha z}\cos^{2}(\omega t-\beta z+\phi_{E})$$

磁场能量密度为

$$w_{\mathrm{m}}=\frac{1}{2}\mu H^{2}=\frac{\varepsilon}{2}E_{x\mathrm{m}}^{2}\mathrm{e}^{-2\alpha z}\cos^{2}(\omega t-\beta z)\left[1+\left(\frac{\gamma}{\omega\varepsilon}\right)^{2}\right]^{1/2}$$

显然，导电媒质中均匀平面波的磁场能量密度大于电场能量密度。

电磁波的平均能流密度为

$$\boldsymbol{S}_{\mathrm{av}}=\frac{1}{2}\mathrm{Re}[\dot{\boldsymbol{E}}\times\dot{\boldsymbol{H}}^{*}]=\boldsymbol{e}_{z}\ \frac{1}{2}E_{x\mathrm{m}}H_{y\mathrm{m}}\mathrm{e}^{-2\alpha z}\cos\theta \tag{6-69}$$

$\theta=\phi_{E}-\phi_{H}$，表明能量流动方向就是波的传播方向，波在导电媒质中传播伴随着电磁能量的消耗，且消耗于导电媒质中的焦耳热。平均能流密度按照 $\mathrm{e}^{-2\alpha z}$ 的规律衰减，其衰减速度快于场量。

5. 导电媒质中均匀电磁波的传播特性

从上面的讨论中，可看出导电媒质中的电磁波具有如下性质：

1）场量 $\boldsymbol{E}$、$\boldsymbol{H}$ 相互垂直，且垂直于传播方向，是 TEM 波。

2）场的振幅按指数规律衰减，频率越大衰减越快。

3）波阻抗为复数。

4）$\boldsymbol{E}$ 和 $\boldsymbol{H}$ 的大小满足 $E=|Z_{\mathrm{c}}|H$，$\boldsymbol{E}$ 和 $\boldsymbol{H}$ 有相位差，磁场滞后电场。

5）波的相速与媒质参数及波源频率有关，是色散波。

6）磁场能量密度大于电场能量密度。

7）能量流动方向就是波的传播方向，平均能流密度的衰减快于场量。

8）无损媒质的 $\gamma=0$，α 和 β 变为 $\alpha=0$，$\beta=\omega\sqrt{u\varepsilon}$ 与前一节结果完全一致。

例 6-6 频率为 50MHz 的均匀平面波在潮湿的土壤（$\varepsilon_{\mathrm{r}}=16$，$\mu_{\mathrm{r}}=1$，$\gamma=0.02\mathrm{S/m}$）中传播。试计算：

（1）波的传播常数、相速度、波长和波阻抗。（2）功率密度衰减 90%所对应的传播距离。

解：据题意可知 $\omega=2\pi f=100\pi\times10^{6}\mathrm{rad/s}$，$\gamma=0.02\mathrm{S/m}$，$\varepsilon=\varepsilon_{0}\varepsilon_{\mathrm{r}}=16\varepsilon_{0}$，$\mu=\mu_{0}\mu_{\mathrm{r}}=\mu_{0}$，故

$$\frac{\gamma}{\omega\varepsilon}=\frac{0.02}{\pi\times10^{8}\times16\times8.85\times10^{-12}}=0.45$$

（1）将上述参数代入衰减常数和相位常数，可得 $\alpha=0.92\mathrm{Np/m}$，$\beta=4.29\mathrm{rad/m}$。则传播常数为 $k_{\mathrm{c}}=4.29-\mathrm{j}0.92$，相速度为

$$v_{\mathrm{p}}=\frac{\omega}{\beta}=7.3\times10^{7}\mathrm{m/s}$$

波长等于常数 2π 与相位常数之比，因此 $\lambda=\dfrac{2\pi}{\beta}=1.47\mathrm{m}$，得到

$$Z_c=\sqrt{\frac{\mu}{\varepsilon-\mathrm{j}\dfrac{\gamma}{\omega}}}=90\angle 12°\Omega$$

（2）损耗媒质中波的功率密度按 $\mathrm{e}^{-2\alpha z}$ 衰减，因此衰减 90%对应的距离 z 满足 $\mathrm{e}^{-2\alpha z}=0.1$，即 $z=1.25\mathrm{m}$。

*6.4.3　4G/5G 手机能否用于煤矿的井下和井上通信

设 4G 手机的电磁波频率为 2.4GHz，能否用于煤矿的井下和井上通信？已知煤岩介质的电磁参数为：$\varepsilon=\dfrac{10}{36\pi}\times10^{-9}\mathrm{F/m}$，$\mu=4\pi\times10^{-7}\mathrm{H/m}$，$\gamma=10^{-2}\mathrm{S/m}$。

求得煤岩介质的 $\dfrac{\gamma}{\omega\varepsilon}=7.5\times10^{-3}$，因此，煤岩介质是有损媒质，手机发射的电磁波在煤岩介质中的电场可以表示为 $E=E_m\mathrm{e}^{-\alpha z}\cos(\omega t-\beta z)$，其中

$$\alpha=\omega\sqrt{\frac{\varepsilon\mu}{2}\left(\sqrt{1+\left(\frac{\gamma}{\omega\varepsilon}\right)^2}-1\right)}=0.596\mathrm{Np/m}$$

电磁波在煤岩介质中的传输距离由 α 决定，设电场衰减到最初值的 10^{-6} 时，即认为电磁波消失，设此时传输的距离为 z，由 $E_m\mathrm{e}^{-\alpha z}=10^{-6}E_m$ 得到 $z=\dfrac{1}{\alpha}\times6\times\ln10=\dfrac{13.82}{\alpha}$。

当 $f=2.4\mathrm{GHz}$ 时，$z=23.1\mathrm{m}$；频率升高至 5G，如当 $f=3.6\mathrm{GHz}$ 时，α 和传输距离几乎不变。故电磁波在煤岩介质中的传输距离不到 24m，而我国煤矿立井的平均深度为 400m，所以无法完成井下和井上的透地通信任务。

当然，煤矿井下通信不能用手机，还有安全的原因。如果将电磁波的频率减少为 $f=250\mathrm{Hz}$ 时，$z=4016\mathrm{m}$。因此，井上和井下通信需要低频波。低频波目前主要用于抢险救灾中。

*6.4.4　飞机高度表工作原理

飞机高度表通过接收所发射电磁波的地面回波来测量飞机高度。若电磁波的频率为 3GHz，在没有雪的季节，设 c 为光速，t 为地面回波延迟的时间，则飞机高度为 $h=\dfrac{1}{2}ct$。

如图 6-8 所示，下雪时，设地面上有 $d=20\mathrm{cm}$ 厚的雪（$\varepsilon_r=1.2$），故雪中电磁波的速度为 $v=\dfrac{c}{\sqrt{\varepsilon_r}}=2.74\times10^8\mathrm{m/s}$，来回通过雪层时间为 $t=\dfrac{2d}{v}=1.46\times10^{-9}\mathrm{s}$。

如果仍按照 $h=\dfrac{1}{2}ct$ 估算高度 h，误差为 $\Delta h=\dfrac{1}{2}(c-v)t=1.9\mathrm{cm}$，因此按照 $h=\dfrac{1}{2}ct$ 估算的高度误差是很小的。

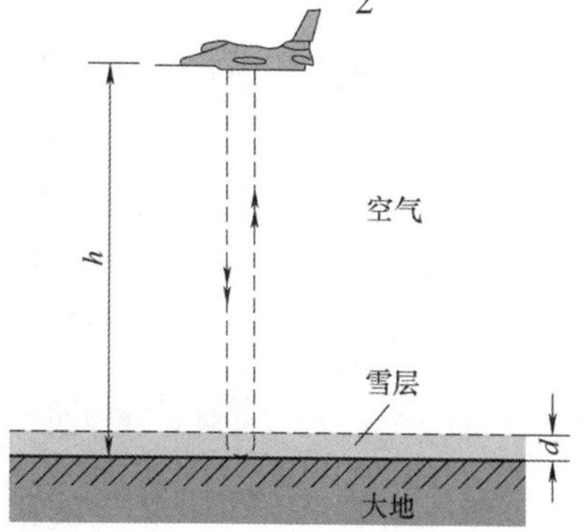

图 6-8　下雪时飞机高度表示意图

6.5 良导体和良介质中均匀平面波的传播特性

6.5.1 良导体中的均匀平面波

在良导体中，由于传导电流的存在，电磁波的部分能量转换为热能，也就是电磁波有传播损耗。且良导体满足 $\gamma \gg \omega\varepsilon$，此时的传播常数为 $k_c=\omega\sqrt{\mu\varepsilon\left(1-\mathrm{j}\dfrac{\gamma}{\omega\varepsilon}\right)} \approx \sqrt{\dfrac{\omega\mu\gamma}{2}}(1-\mathrm{j})$，故

$$\alpha=\beta\approx\sqrt{\frac{\omega\mu\gamma}{2}} \tag{6-70}$$

因此，电磁波频率越高，电磁波在良导体中的衰减常数就越大。当电磁波工作于高频时，衰减很快。所以，高频电磁波只存在于良导体表面的一个薄层内，因此存在明显的趋肤效应。根据趋肤深度 d 的定义，有 $E\mathrm{e}^{-\alpha d}=\dfrac{1}{\mathrm{e}}E$，即

$$d=\frac{1}{\alpha}=\sqrt{\frac{2}{\omega\mu\gamma}} \tag{6-71}$$

良导体中电磁的波阻抗为

$$Z_c\approx\sqrt{\frac{\omega\mu}{\gamma}}\mathrm{e}^{\mathrm{j}\frac{\pi}{4}}=R+\mathrm{j}X \tag{6-72}$$

故

$$R=X=\sqrt{\frac{\omega\mu}{2\gamma}} \tag{6-73}$$

故良导体的阻抗呈感性。因为良导体的电导率较大，故其波阻抗较小，且磁场滞后电场 45°，电场能远小于磁场能，或者说，良导体中的电磁能量以磁场能为主。

良导体中波的相速度为

$$v=\frac{\omega}{\beta}\approx\frac{\omega}{\sqrt{\pi f\mu\gamma}}=\sqrt{\frac{2\omega}{\mu\gamma}} \tag{6-74}$$

波阻和波速正比于 $\sqrt{\omega}$，则良导体是明显的色散媒质，波长为

$$\lambda=\frac{2\pi}{\beta}\approx2\pi\sqrt{\frac{2}{\omega\mu\gamma}} \tag{6-75}$$

因此，良导体中的电磁波波长较短，且和频率有关。例如频率为 10^6Hz 的电磁波，在铜中传播的相速 $v=415\text{m/s}$。通常把电磁波在自由空间的相速与在媒质中的相速之比定义为折射率 $n=c/v=\sqrt{\dfrac{\gamma}{2\omega\varepsilon}}$，良导体的折射率一般比较大。

综上所述，良导体中的电磁波具有以下性质：

1）场的振幅衰减很快，当频率很高时，电场和磁场急剧衰减，电磁波无法进入良导体深处，呈现明显的趋肤效应。

2）波阻抗的幅角为45°，磁场滞后于电场45°，波阻抗很小，电场能量远小于磁场能量。

3）波的传播速度和波长都很小，且和频率有关，良导体中的波是色散波。

4）高频时，金属（如铜、铝、金和银等）的透入深度很小，可近似看成理想导体，从而简化实际问题的求解。

6.5.2　良介质中的均匀平面波

良介质（低损耗介质，不良导体）的电导率很小，$\gamma \ll \omega\varepsilon$，故波阻抗为

$$Z=\sqrt{\frac{\mu}{\varepsilon\left(1-\mathrm{j}\dfrac{\gamma}{\omega\varepsilon}\right)}}\approx\sqrt{\frac{\mu}{\varepsilon}} \tag{6-76}$$

波矢的大小为

$$k_{\mathrm{c}}=\omega\sqrt{\mu\varepsilon\left(1-\mathrm{j}\frac{\gamma}{\omega\varepsilon}\right)}\approx\omega\sqrt{\mu\varepsilon}\left(1-\mathrm{j}\frac{1}{2}\frac{\gamma}{\omega\varepsilon}\right)$$

故

$$\beta\approx\omega\sqrt{\mu\varepsilon},\alpha\approx\frac{\gamma}{2}\sqrt{\frac{\mu}{\varepsilon}}=\frac{\gamma}{2}Z \tag{6-77}$$

良介质的相位常数、波阻抗近似等于理想介质的相应值（注意相位比幅度敏感，故传播常数近似的精度比阻抗近似精度高一阶），因此，当电磁波在良介质中传输时，除场的振幅有较小衰减外，其余性质和理想介质类似：

1）波阻抗近似等于理想介质的波阻抗，电场与磁场近似同相位；电场能量是电磁波能量的主要部分。

2）波的传播速度（相速）近似只与媒质参数有关，良介质是色散媒质，但其色散的程度很低。

例6-7　某均匀平面波在媒质（$\gamma=6.17\times10^7\mathrm{S/m},\varepsilon_0,\mu_0$）中沿$-z$方向传播，频率为$f=1.5\mathrm{MHz}$。如果在$z=0$处的电场强度为$\boldsymbol{E}(0,t)=\boldsymbol{e}_y\sin\left(2\pi ft+\dfrac{\pi}{6}\right)$，试写出$z<0$区域中磁场。

解：首先分析$z<0$区域中的电场强度，再写出其对应的磁场强度。

在导电媒质中沿$-z$方向传播的均匀平面波的电场强度表达式为

$$\boldsymbol{E}(z,t)=\boldsymbol{e}_yE_0\mathrm{e}^{\alpha z}\sin(\omega t+\beta z+\phi)$$

其中，$\omega=2\pi f=3\pi\times10^6\mathrm{rad/s}$。幅度$E_0$和初相位$\phi$可以根据$z=0$处的电场强度来确定。将上式与$\boldsymbol{E}(0,t)=\boldsymbol{e}_y\sin\left(2\pi ft+\dfrac{\pi}{6}\right)$比较，有$E_0=1,\phi=\dfrac{\pi}{6}$。

当$f=1.5\mathrm{MHz}$时，$\dfrac{\gamma}{\omega\varepsilon}\gg1$，显然，该导体属于良导体，其传播常数为$\alpha=\beta\approx\sqrt{\dfrac{\omega\mu\gamma}{2}}=\sqrt{\pi f\mu\gamma}=1.9\times10^4$，因此，$z<0$区域中的电场强度可以写为

$$\boldsymbol{E}(z,t)=\boldsymbol{e}_y\mathrm{e}^{1.9\times10^4z}\sin\left(3\pi\times10^6t+1.9\times10^4z+\frac{\pi}{6}\right)$$

得到良导体中波阻抗为

$$Z=\sqrt{\frac{\pi f\mu}{\gamma}}(1+\mathrm{j})=\frac{10^{-3}}{2.28}\mathrm{e}^{\mathrm{j}\frac{\pi}{4}}$$

故磁场强度为

$$\boldsymbol{H}=\frac{1}{Z}(-\boldsymbol{e}_z)\times\boldsymbol{E}(z,t)=2.28\times10^3\mathrm{e}^{1.9\times10^4 z}\sin\left(3\pi\times10^6 t+1.9\times10^4 z-\frac{\pi}{12}\right)\boldsymbol{e}_x$$

*6.5.3 海水中潜艇之间的通信困难

海水的电磁参数为$\varepsilon_r=81$，$\mu_r=1$，$\gamma=4\mathrm{S/m}$，先分析海水的导电性能，当电磁波的频率变化时，$\frac{\gamma}{\omega\varepsilon}$的值分别为

$$\frac{\gamma}{\omega\varepsilon}=\begin{cases}3\times10^5 & f=3\mathrm{kHz}\\ 180 & f=5\mathrm{MHz}\\ 30 & f=30\mathrm{MHz}\end{cases}$$

因此，当频率为3kHz和5MHz时，海水可以看成良导体；而在30MHz的频率下，海水表现为有损媒质。电磁波的振幅按指数规律衰减，当衰减到初值的10^{-6}时，得到波的传播距离分别为

$$z=-\frac{1}{\alpha}\ln10^{-6}=\begin{cases}63.4\mathrm{m} & f=3\mathrm{kHz}\\ 1.55\mathrm{m} & f=5\mathrm{MHz}\\ 0.65\mathrm{m} & f=30\mathrm{MHz}\end{cases}$$

当$f=3\mathrm{kHz}$时，电磁波在海水中传播63.4m就衰减到原信号的10^{-6}，而在30MHz时，传播65cm就衰减到原信号的$1/10^6$。因此，电磁波在海水中衰减很快，高频时衰减更严重，这给潜艇间(深潜潜艇)的通信带来了很大的困难。

若保持低衰减，需降低工作频率。故潜水艇进行水下通信时常选用低频段。岸基与水下潜艇(接收天线也在海面下)间的通信，目前多用甚低频和超低频实现岸对潜艇的单向通信(甚低频通信是目前各国海军的主要对潜通信手段，美俄等海军都建有多座甚长波发信台)。但是，因为甚低频电磁波在海水中只能穿透十多米的海水层与潜艇通信。故潜艇在接收信号时需要将天线浮到海面附近，而这样可能被敌方发现，威胁到潜艇的生存。

超低频可以穿透100m的海水，例如，美国的超低频发信台的工作频率为76Hz，其入水深度可达100m左右。即在水下100m处，超低频波的场强虽然很微弱，但是，只要天线有足够的长度，天线和前置放大器的内部噪声足够，仍然有可能接收到信号。若采用先进接收设备和天线，则可以在400m深度接收信号。因此，超低频通信对潜艇深水隐蔽收信具有重大意义：用超低频对潜通信可满足潜艇远距离、大深度隐蔽通信的要求，即潜艇不必像接收甚低频那样将天线浮到海面附近，可以保持在工作深度接收信号，有利于最大限度发挥其战术和技术性能。

但是，超低频对潜通信的通信 速率极低，远远不能满足发射复杂作战指令的需求，通常只能用于发送短指令码或作为通知收报用的“振铃”。

若采用高频波，不可能直接通过海水进行无线通信，需将收发天线置于海水表面附近，利

用表面波通信;或借助电离层的反射作用,利用反射波进行通信。

*6.5.4　再论趋肤效应

当电磁波穿入良导体时,波的幅度以指数规律 $E_0e^{-\alpha z}$ 递减(这里的 z 代表波在媒质内传输的距离)。由于良导体的电导率一般在 10^7S/m 量级,α 大,电磁波衰减极快,电磁波只能存在于良导体表层附近,在良导体内激励的高频电流也只存在于导体表层附近,存在趋肤效应。设媒质表面电场为 E_0,进入媒质的距离为 d 时,波的幅度衰减到表面幅度的 1/e,由 $E_0e^{-\alpha d}=E_0\frac{1}{e}$,得到 $d=\frac{1}{\alpha}$。而良导体的 $\alpha\approx\sqrt{\frac{\omega\mu\gamma}{2}}$,故

$$d\approx\sqrt{\frac{2}{\omega\mu\gamma}}=\sqrt{\frac{1}{\pi f\mu\gamma}}=\frac{\lambda}{2\pi} \tag{6-78}$$

因此,频率越高,媒质的导电率越高,趋肤深度 d 越小。当 $\gamma\to\infty$ 时,$d\to 0$,故电磁波在理想导体表面会发生全反射。

微波炉的工作原理是磁控管将 50Hz 的市电转换为微波,用微波对食物加热。因为多数食物对微波为有损耗介质,当微波透入这些食物时,在食物内部的微波损耗就转化为热。微波炉磁控管的频率为 2.45GHz,在该频率上牛排的介电常数和电导率分别为 $\varepsilon=40\varepsilon_0$,$\gamma=5$S/m,通过计算牛排的损耗角正切 $\tan\delta_1=\frac{\gamma}{\omega\varepsilon}=0.92$,可知牛排为有损媒质。其衰减系数为

$$\alpha=\omega\sqrt{\frac{\varepsilon\mu}{2}\left(\sqrt{1+\left(\frac{\gamma}{\omega\varepsilon}\right)^2}-1\right)}=40.9\text{Np/m} \tag{6-79}$$

牛排的趋肤深度为 $d=1/\alpha=24.4$mm。牛排内 8mm 处的电场强度 E 和表面的电场强度 E_0 之比为 $\frac{E}{E_0}=e^{-\frac{8}{20.8}}=82\%$,因此,在牛排内 8mm 处,电场强度比较大,故微波可以对牛排内部进行加热。

盛牛排的盘子材料是低耗介质,如发泡聚苯乙烯,介电常数和电导率为 $\varepsilon=1.03\varepsilon_0$,$\gamma=2.16\mu$S/m,容易求得其损耗角正切 $\tan\delta_2=\frac{\gamma}{\omega\varepsilon}=1.54\times10^{-5}$,因此发泡聚苯乙烯是良介质,其衰减系数为 $\alpha\approx\frac{\lambda}{2}\sqrt{\frac{\mu}{\varepsilon}}$,趋肤深度为 $d=\frac{1}{\alpha}=1.28\times10^3$m。

可见其趋肤深度值很大,故低耗材料对微波的热损耗极小,换句话说,微波对盘子几乎是透明的,因此,它不会被烧毁,所以可作为容器。普通面食的损耗角正切约为 0.073,菜和肉的损耗角正切更高,远大于盘子的损耗角正切。因此,在微波炉加热时,食物熟了而盘子不会被烧毁。

*6.5.5　表面阻抗

良导体的透入深度 d 很小,故其交流阻抗又称为表面阻抗。

如求平面导体(设在 $z>0$ 的厚度远大于趋肤深度,故可认为是半无限大导体)的交流阻

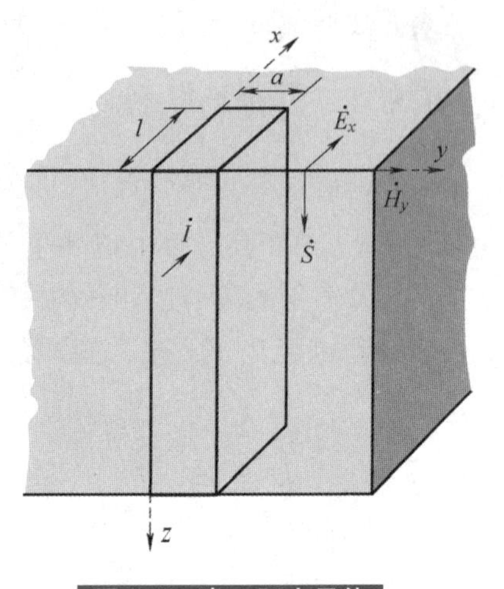

图 6-9　半无限大导体

抗,参数如图 6-9 所示。

导体中 $\boldsymbol{J}$、$\boldsymbol{E}$、$\boldsymbol{H}$ 沿 z 方向按指数规律衰减,即

$$\dot{J}_x=\gamma E_0\mathrm{e}^{-kz}\qquad \dot{E}_x=E_0\mathrm{e}^{-kz}\qquad \dot{H}_y=-\frac{\mathrm{j}k}{\omega\mu}E_0\mathrm{e}^{-kz}$$

流过 z 方向无限厚 z 方向宽度为 a 的截面积的总电流为

$$\dot{I}=\int_S\dot{J}_x\mathrm{d}S=a\gamma E_0\int_0^{\infty}\mathrm{e}^{-kz}\mathrm{d}z=\frac{a\gamma E_0}{k}$$

因为波的传播方向是 z 方向,且坡印亭矢量的通量只有在 $z=0$ 的面上才非零,则流入 $z=0$ 处的导体表面($l\times a$)面积的电磁功率为

$$-\int_S(\dot{\boldsymbol{E}}\times\dot{\boldsymbol{H}}^*)\cdot\mathrm{d}\boldsymbol{S}\Big|_{z=0}=(\dot{E}_x\dot{\boldsymbol{H}}_y^*)\Big|_{z=0}\cdot(al)$$

式中,$k=\sqrt{\omega\mu\gamma/2}\cdot(1+\mathrm{j})$。

因此,导体的复阻抗为

$$Z=\frac{1}{I^2}\left[-\oint_S(\dot{\boldsymbol{E}}\times\dot{\boldsymbol{H}}^*)\cdot\mathrm{d}\boldsymbol{S}\right]$$

因为良导体的透入深度 $d=\dfrac{1}{\alpha}=\sqrt{\dfrac{2}{\omega\mu\gamma}}$,故

$$Z=\frac{l}{ad\gamma}(1+\mathrm{j})$$

所以,导体的等效交流电阻和交流内电感分别为

$$R=\frac{l}{ad\gamma},L_i=\frac{X}{\omega}=\frac{l}{ad\gamma\omega}$$

从上述分析可以看出:

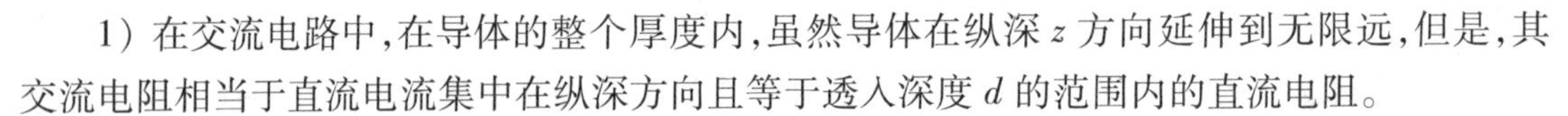

1) 在交流电路中,在导体的整个厚度内,虽然导体在纵深 z 方向延伸到无限远,但是,其交流电阻相当于直流电流集中在纵深方向且等于透入深度 d 的范围内的直流电阻。

2) 在导体的整个厚度内,有效值为 I 的交流电流的功率,等于大小为 I 的直流电流在长度为 l、宽为 a 和厚度为 d 的导体中的功率。

*6.5.6　高频屏蔽

利用高频电磁波在良导体中衰减极快的特点,可对两个空间区域间进行隔离,以控制电磁波由一区域对另一区域的感应和辐射。利用屏蔽体将元件、电流、组合件、电缆或整个系统的干扰源包围起来,防止电磁场向外扩散;或者用屏蔽体将接收电路包围起来,防止受外部电磁场的影响。

在进行电磁测量时,为了防止室内的电子设备受外界电磁场的干扰,可采用金属铜板构造屏蔽室。根据趋肤深度 d 的含义,当电磁波进入良导体 $5d$ 的距离后,电磁波的幅度为 $E_0\mathrm{e}^{-5}=0.007E_0$,只有表面振幅的 0.7%,可以认为经过 $5d$ 的厚度后,电磁波可以忽略不计了。因此,只需要导体的厚度满足 $5d$,即可满足屏蔽要求。

例如,若要求屏蔽的电磁干扰频率范围为 10kHz～100MHz。设铜的参数为 $\mu=\mu_0$、$\varepsilon=\varepsilon_0$、$\gamma=5.8\times10^7$S/m。对于频率范围的低端 $f_L=10$kHz,有

$$\frac{\gamma}{\omega_L\varepsilon}=\frac{5.8\times10^7}{2\pi\times10^4\times\frac{1}{36\pi}\times10^{-9}}=1.04\times10^{14}\gg1$$

对于频率范围的高端 $f_H=100$MHz,有

$$\frac{\gamma}{\omega_H\varepsilon}=\frac{5.8\times10^7}{2\pi\times10^8\times\frac{1}{36\pi}\times10^{-9}}=1.04\times10^{10}\gg1$$

因此,在整个频率范围内均可将铜视为良导体,对应的趋肤深度分别为

$$d_L=\frac{1}{\sqrt{\pi f_L\mu\gamma}}=0.66\text{mm},\quad d_H=\frac{1}{\sqrt{\pi f_H\mu\gamma}}=6.6\mu\text{m}$$

为满足给定频率的屏蔽要求,铜板的厚度 d 至少应为 $d=5d_L=3.3$mm。

趋肤效应在工程上有重要应用。如表面热处理,用高频强电流通过一块金属,由于趋肤效应,它的表面首先被加热,迅速达到淬火的温度,而内部温度较低,这时立即淬火使之冷却,表面即变得很硬,而内部仍保持原有的韧性。

*6.5.7　航空电磁探测

航空电磁勘探是航空物探方法的一种。它是通过飞机上装备的发射线圈向地下发射电磁信号,在地下地质体中产生感应电磁场,利用接收线圈接收感应信号,对感应信号进行分析,进而达到探测地下地质体的目的。

1. 航空电磁勘探

不同地质体间存在的电性差异,是采用航空电磁法进行地质调查的前提。当地下存在良导体(如金属矿、咸水层等)时,地质体受激发产生强感应电流,接收线圈接收到的电磁场信号强、衰减慢;当地下存在高阻体(如淡水层等)时,地质体受激发产生的感应电流十分微弱,电磁场信号衰减快。因此,通过分析接收信号衰减特征就可以判断地下介质的电性特征。

航空电磁勘查方法可分为时间域航空电磁探测和频率域航空电磁探测两种方法。时间域航空电磁又称为航空瞬变电磁法,是利用机载线圈发射电流,在发射电流关断后,直接记录感应电磁场,该方法穿透和分辨低阻覆盖能力强、受地形起伏的影响小,探测范围在地下几十米至几百米之间。频率域航空电磁法研究的是感应电磁场与频率的关系,原则上脉冲基频越高,采集数据的信噪比越好,但脉冲基频较低时,上覆岩层的响应受压制,可以更好地区分导体和上覆岩层,频率域航空电磁法的探测范围为近地表至上百米深处。

2. 航空电磁探测技术的应用

航空电磁探测方法具有快速、高效、高分辨率和对良导体敏感等优势,航空电磁勘查系统在矿产普查、地下水资源勘查、土壤盐渍化调查和海水入侵调查等有着广阔的应用前景。

(1) 航空电磁法在矿产勘查中的应用

金属矿产的电阻率相对周围岩石通常较低,会引起强烈的电磁响应低阻异常,因此,航空

电磁勘查一直都是勘查金、铜等金属矿产的重要手段。通过高精度航空电磁测量，可以快速圈定找矿靶区。相比于地面瞬变电磁法，航空瞬变电磁法更适应山区等地形切割剧烈地区的测量需求，在隐伏铀矿、多金属矿等勘查中发挥重要作用。我国在新疆东天山等地区利用航空瞬变电磁法，勘查发现大型金矿，并圈定多处铜镍矿成矿远景区。

（2）航空电磁法在地下水调查中的应用

含水层中的潜水和承压水由于沉积环境、挥发和补给条件的不同，形成咸水或淡水水体，其最大的区别就是含盐量，即导电性的不同。因此，利用航空电磁探测技术进行地下水水质填图成为一种廉价、高效的方法。利用一维反演方法对航空瞬变电磁数据进行处理，可以划分出不同深度的含水层、古河道等，对咸水层和淡水层均有显著响应。

（3）航空电磁法在农林业地质调查中的应用

航空电磁法可以清晰地划分出砂（高阻）、砂土、黏土（中低阻）和盐渍土（良导体），为农作物和经济作物的选择提供参考，在土壤盐渍化、土壤颗粒度等区域农业生态地质调查中发挥作用。此外，航空电磁法还可在荒漠和草原地区划分出细土平原（低阻），即适合农作物生产及种草造林的地区，对退耕还林工作大有裨益。在国外，航空电磁法还被用于小流域综合治理、农业生产和草场建设规划，取得了显著效果。

（4）航空电磁法在海水入侵调查中的应用

采用时间域和频率域航空电磁法进行海水入侵调查均可取得显著效果。

在淡水和砂体高阻区，电磁响应弱；沿海咸水和黏质土低阻区，电磁响应强烈；过渡类型水和亚砂土区，电磁响应介于二者之间。根据不同水质上的航空电磁响应特征，结合航空电磁反演得到的视电阻率分布，参考水文地质资料，可以确定咸、淡水的分布范围。类似地，在滨海平原地区，海水为良导体，电磁响应强烈，航空电磁法非常适合用来圈定海水入侵的范围，在沿海地区寻找淡水资源。

此外，如沿海地区地层中有断裂分布，海水可能沿断裂处入侵内地。某些地区，断裂破碎带充填裂隙水，较围岩呈现相对低阻。因此，航空电磁法还可用于调查断裂分布。

（5）航空电磁法在浅海测深中的应用

美国海洋研究和发展中心曾分别利用时间域和频率域的航空电磁系统探测浅海水域的海水深度，试验表明时间域航空电磁系统可探测水深达40~60m。澳大利亚研究人员利用直升机瞬变电磁系统在巴克斯泰斯海峡进行飞行测量，以评估海水测深仪的测量准确性，获知海底地形。试验表明，在沿海浅水水域，航空瞬变电磁法可以较为准确地探测到海水深度，甚至海底沉积厚度。但飞机在海面上空飞行时，必须精确控制飞行高度和电磁吊舱的摆动，同时还需要进一步改进数据解释技术，研究在高导覆盖情况下的数据处理方法，获得较大的探测深度。

6.6 电磁波的极化

前面讨论平面波的传播特性时，认为场强方向与时间无关，实际中有些平面波的场强方向随时间按一定的规律变化。在讨论沿 z 方向传播的均匀平面电磁波时，只考虑了电场的 x 分量，实际上还可有 y 方向的电场分量，这两个横向分量有各自的相位，合成场量的方向取决于它们之间的相位差。

在电磁波传播空间某点处，电场强度矢量的末端轨迹随时间变化的规律定义为电磁波的极化。如果轨迹是直线，称为直线极化，如果轨迹是圆或者椭圆，分别称为圆极化或椭圆极化。

电磁波的极化在光学（光学中称为偏振）工程、分析化学和雷达技术中应用广泛。下面以沿 z 轴方向传播的平面波为例，分析电磁波的极化特性。值得注意的是，波的极化和以前讨论过的介质的极化是完全不同的。

6.6.1　电磁波的极化

不失一般性，设电场波的电场强度表达式为

$$E=\boldsymbol{e}_x E_{x0}\cos(\omega t-kz+\phi_x)+\boldsymbol{e}_y E_{y0}\cos(\omega t-kz+\phi_y) \tag{6-80}$$

式中，E_{x0}、E_{y0} 为幅值；ϕ_x、ϕ_y 为初相位。

在 z 等于常数（不失一般性可取 $z=0$）的平面上讨论，即考虑电场强度矢量终端在该平面上的轨迹，有

$$\begin{cases}E_x=E_{x0}\cos(\omega t+\phi_x)\\E_y=E_{y0}\cos(\omega t+\phi_y)\end{cases} \tag{6-81}$$

1. 椭圆极化

当 $E_{y0}\neq E_{x0}$，$\phi_x-\phi_y=\phi$ 时，式(6-81)为椭圆的参数方程，消去参数 t，得

$$\left(\frac{E_x}{E_{x0}}\right)^2-2\frac{E_x}{E_{x0}}\frac{E_y}{E_{y0}}\cos\phi+\left(\frac{E_y}{E_{y0}}\right)^2=\sin^2\phi \tag{6-82}$$

这是一个椭圆方程，它说明电场矢量的端点在一个椭圆上旋转（见图 6-10），称为椭圆极化波。该椭圆的长轴和 x 轴正向的夹角 α 满足

$$\tan2\alpha=\frac{2E_{x0}E_{y0}}{E_{x0}^2-E_{y0}^2}\cos\phi$$

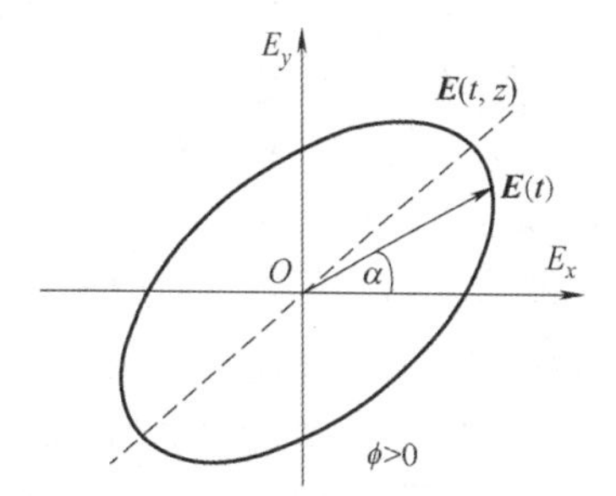

图 6-10　椭圆极化

下面讨论几种特殊情况。

2. 线极化

1）若 E_x 和 E_y 同相，即 $\phi_x=\phi_y$，此时式(6-81)简化为

$$\frac{E_x}{E_{x0}}=\frac{E_y}{E_{y0}} \tag{6-83}$$

这是直线方程，合成电场为 $E=\sqrt{E_x^2+E_y^2}\sin(\omega t+\alpha)$，它和 x 轴正向夹角 α 的正切为

$$\tan\alpha=\frac{E_{y0}}{E_{x0}}=\frac{E_y}{E_x} \tag{6-84}$$

表明电场强度末端的轨迹是位于一、三象限的一条直线，如图 6-11a 所示，这种极化方式称为线极化。

2）设 E_x 和 E_y 反相，即 $\phi_x-\phi_y=\pm\pi$ 时，如图 6-11b 所示，有

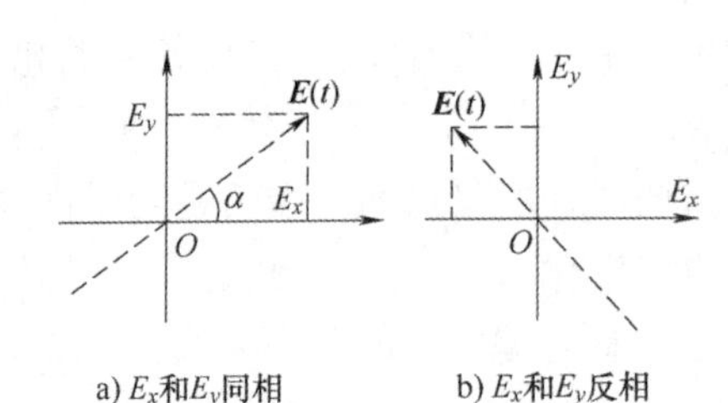

a) E_x和E_y同相　　b) E_x和E_y反相

图 6-11　线极化

$$\frac{E_x}{E_{x0}}=-\frac{E_y}{E_{y0}},\tan\alpha=-\frac{E_{y0}}{E_{x0}}=-\frac{E_y}{E_x} \tag{6-85}$$

即电场强度矢量的顶点轨迹是二、四象限的一条直线,也是线极化波。

综上所述,对沿 z 轴方向传播的电磁波而言,当 E_x 和 E_y 同相或反相时,是线极化波。

工程上,垂直或平行于地面的直线极化波称为垂直线极波。

3. 圆极化

设 E_x 和 E_y 等幅度,即 $E_{x0}=E_{y0}=E_0$,且 $\phi_x-\phi_y=\pm\pi/2$ 时,式(6-81)简化为

$$E_x^2+E_y^2=E_0^2 \tag{6-86}$$

这是半径为 E_0 的圆,说明电场强度矢量的顶点轨迹是一个圆,称为圆极化波。

1) E_x 超前于 E_y 的相位为 $\pi/2$,即 $\phi_x-\phi_y=\pi/2$,如图 6-12a 所示,则

$$\begin{cases}E_x=E_0\cos(\omega t+\phi_x)\\E_y=E_0\sin(\omega t+\phi_x)\end{cases} \tag{6-87}$$

此时合成电磁波的电场强度矢量与 x 轴正向夹角 α 的正切为

$$\tan\alpha=\frac{E_y}{E_x}=\frac{\sin(\omega t+\phi_x)}{\cos(\omega t+\phi_x)}=\tan(\omega t+\phi_x) \tag{6-88}$$

即 $\alpha=\omega t+\phi_x$,这表明合成电场强度的方向随时间变化,它与 x 轴的夹角随时间的增加而增加,即总电场强度以角速度 ω 绕 z 轴旋转,如果顺着传播方向(z 轴正向)看过去,合成电场矢量旋转方向与电磁波传播方向成右手螺旋关系,称为右旋圆极化。

2) E_y 超前 E_x 的角度为 $\pi/2$,$\phi_y=\phi_x+\pi/2$,如图 6-12b 所示,即

$$\begin{cases}E_x=E_0\cos(\omega t+\phi_x)\\E_y=-E_0\sin(\omega t+\phi_x)\end{cases} \tag{6-89}$$

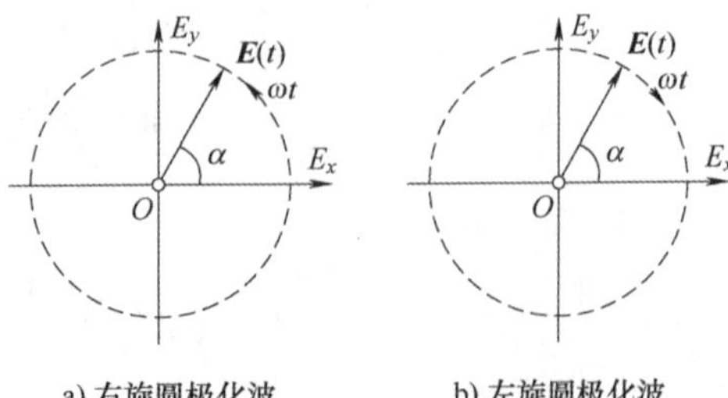

a) 右旋圆极化波　　b) 左旋圆极化波

图 6-12　圆极化波

合成电场矢量旋转方向与电磁波传播方向成左手螺旋关系，称为左旋圆极化。

不难证明，任意平面波可以分解为两个极化方向垂直的线极化波。各类极化波也可以互相表示。椭圆、圆极化波可以分解为两个极化方向垂直的线极化波，同时线极化波也可以分解为两个幅度相等、旋向相反的圆极化波。

6.6.2　极化波的旋向判断

圆极化和椭圆极化都有左旋和右旋之分（图 6-10 中，$\phi>0$ 为右旋椭圆极化），两者判断方法类似。下面以圆极化为例，说明极化波的旋向判断方法。

圆极化的旋向判断步骤为：

1）判断电磁波是否满足圆极化波的条件为：场矢量的两分量振幅相同，相位相差 90°。

2）确定波的传播方向以及哪个分量的相位超前、哪个分量的相位滞后。

3）确定旋向：将大拇指指向传播方向，四指从相位超前的分量转向相位滞后的分量，符合右手螺旋关系的为右旋圆极化，符合左手螺旋关系的为左旋圆极化。

例 6-8　已知 $\boldsymbol{E}=\boldsymbol{e}_x E_m\sin(\omega t-kz)+\boldsymbol{e}_y E_m\cos(\omega t-kz)$，判断均匀平面波的极化方式。

解：从电场的表达式看出，$E_x=E_m\sin(\omega t-kz)$，$E_y=E_m\cos(\omega t-kz)$，波的传播方向为 z 轴方向，且 $E_{xm}=E_{ym}$，$\Delta\phi=\dfrac{\pi}{2}$，满足圆极化波的条件。

将 E_x 和 E_y 统一成余弦（也可以是正弦，不影响结果）函数，$\boldsymbol{E}=\boldsymbol{e}_x E_m\cos\left(\omega t-kz-\dfrac{\pi}{2}\right)+\boldsymbol{e}_y E_m\cos(\omega t-kz)$，故 $\phi_x=-\dfrac{\pi}{2}$，$\phi_y=0$，E_y 超前 E_x。

画出如图 6-13a 所示坐标系（x、y 和 z 轴需满足右手螺旋关系），将大拇指指向传播方向（z 轴方向），四指从相位超前的分量 $\boldsymbol{E}_y$ 转向相位滞后的分量 $\boldsymbol{E}_x$，符合左手螺旋，因此为左旋圆极化波。

例 6-9　已知 $\boldsymbol{E}=\boldsymbol{e}_y E_m e^{-j(kx-\pi/3)}+\boldsymbol{e}_z E_m e^{-j(kx+\pi/6)}$，判断均匀平面波的极化方式。

解：从电场的表达式看出，波的传播方向为 x 轴方向，满足圆极化波的条件，且 E_y 超前 E_z。画出如图 6-13b 所示坐标系，将大拇指指向 x 轴方向，四指从 E_y 转向相位滞后的分量 E_z，符合右手螺旋，因此为右旋圆极化波。

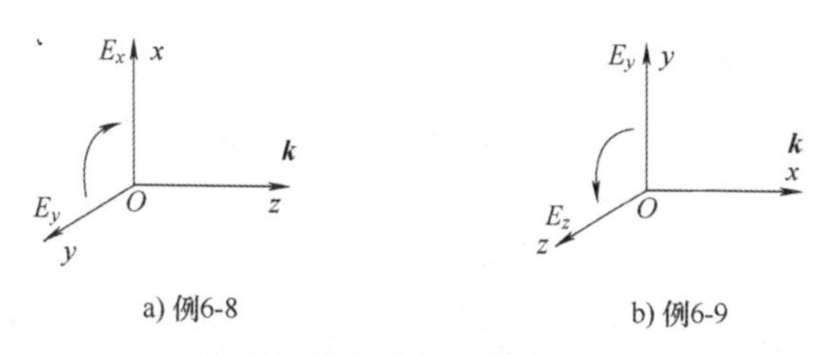

图 6-13　圆极化的旋向判断

*6.6.3　电磁波极化的工程应用

电磁波的极化在许多领域中获得了广泛应用。如在光学工程中利用材料对于不同极化波的传播特性设计光学偏振片。在分析化学中,利用某些物质对传播其中的电磁波具有改变极化方向的特性来实现物质结构的分析。在雷达目标探测技术中,利用目标对电磁波散射过程中改变极化的特性实现目标的识别。

1. 天线的极化

天线的极化方向是指天线辐射时形成的电场强度方向。当电场强度方向垂直于地面时,称为垂直极化;当电场强度方向平行于地面时,称为水平极化。

垂直极化和水平极化都是线极化的特殊形式。因为水平极化波会在大地表面产生极化电流,极化电流因受大地阻抗影响产生热能而使电场信号迅速衰减;而垂直极化方式则不易产生极化电流,故在地面传播时损耗小。因此,在移动通信系统中,一般均采用垂直极化方式。

双极化天线是一种新型天线技术,是两副极化天线的组合,两副天线的极化方向相互正交,应用较多的有垂直极化与水平极化的组合、±45°极化的组合,性能上一般后者优于前者,因此目前大部分采用的是±45°极化方式,大大节省了天线数量,且接收效果优于单极化天线。

2. 极化匹配

无线电技术中为实现最佳无线电信号的发射和接收等,接收天线的极化特性必须与被接收电磁波的极化特性一致,这种情况称为极化匹配,否则不能接收或只能接收部分能量。例如,垂直极化波要用具有垂直极化特性的天线来接收,水平极化波要用具有水平极化特性的天线来接收。右旋圆极化波要用具有右旋圆极化特性的天线来接收,而左旋圆极化波要用具有左旋圆极化特性的天线来接收。

为了避免信号串扰,可使用不同的极化特性。例如,在微波中继站通信链路中,由于后继站均位于前方,为避免站间串扰,通信频率及电磁波的极化特征均应逐站变更。

采用圆极化制式的电视发射天线和用户接收天线,有助于抑制(减弱)重影现象。其依据是:当圆极化波入射到一个平面上或球面上时,其反射波旋向相反,天线只能接收旋向相同的直射波,抑制了反射波传来的重影信号。

3. 极化损失

当波的极化方向与接收天线的极化方向不一致时,接收到的信号能量都会减弱,即产生极化损失。例如,当用圆极化天线接收任一线极化波或用线极化天线接收任一圆极化波时,都要产生极化损失,即只能接收到波的一半能量。

4. 极化隔离

当接收天线的极化方向与来波的极化方向完全正交时,例如用水平极化的接收天线接收垂直极化的来波或用右旋圆极化的接收天线接收左旋圆极化的来波时,天线就完全接收不到来波的能量,这种情况下极化损失是最大的,称极化完全隔离。

当然,理想的极化完全隔离是没有的,馈送到一种极化天线中的信号多少会在另外一种极化的天线中出现。

5. 全天候雷达

在很多情况下,系统必须利用圆极化才能进行正常工作。因为圆极化波总可以分解为两个空间相互正交的线极化波,其中总有一个可以被某线极化天线接收。如在我国已成功发射的北斗卫星定位系统中，天线采用的就是圆极化工作方式。因为卫星在远离地球大气层的太空中工作，信号传输要经过电离层和雨雾层，普通的线极化天线在经过电离层时会受到电磁干扰而使极化方向发生偏转，或者受到雨雾等天气因素影响而产生误码，因此具有更稳定电磁特性的圆极化天线更适合在卫星通信中收发信号。

圆极化雷达通常号称全天候雷达，无论雨雾冰雪均能正常工作。由于地球重力的影响，雨滴一般是椭球形。假设雷达采用线极化波，当电磁波穿过雨区时，如果波的极化方向和椭球的长轴一致，则在雨滴中产生感应电压，电磁能转化为热能。这种转换是不可逆的，导致电磁波严重衰减。所以，线极化雷达在雨季不能很好工作。而圆极化波的电场方向是不断变化的，因此，不可能始终和雨滴椭球长轴保持一致，从而减少电磁波能量的衰减。

6. 移动通信的极化问题

在移动通信中，如果信号的接收方或发射方在运动过程中（比如导弹与地面控制中心的通信），其状态和位置在不断地改变，其天线的极化状态也在不断地改变。若双方都是线极化天线，则可能因为相对位置变化而出现失配的情况。如果采用圆极化天线，就可以保证信号畅通。例如飞行器在飞行过程中，如果利用线极化的电磁信号来遥控飞行器，在某些情况下飞行器的天线可能会收不到地面的信号从而造成失控。因此，卫星等通信系统的收发天线和地面天线均采用圆极化方式工作。在现代战争中，也都采用圆极化天线进行电子侦察和实施电子干扰。

在微波设备中，如铁氧体环行器及隔离器等的功能就是利用了电磁波的极化特性获得的。

7. 偏振光在摄影中的应用

光也是一种电磁波，光的极化称为偏振。自然光波是无偏振的，为了获得偏振光，最简单的方法是自然光通过一定偏振特性的滤光片。只有当偏振光的偏振方向和偏振片的偏振方向一致时，才能顺利通过。

立体电影就是利用了偏振光参数的立体效果。拍摄时使用两个相互垂直的偏振镜头从不同的角度取景，放映时只要佩戴一副左右垂直的偏振眼镜，就能看到立体画面。

将偏振片用于摄影，可以获得很多意想不到的效果。由于太阳光经过大气散射后具有一定的偏振特性，旋转加在镜头前的偏振片，即可减少蓝天的亮度。从而增加蓝天和白云的对比度，其效果比黄色滤光片更显著。

太阳光穿过雾气和玻璃后也会具有一定的偏振特性。因此，使用偏振片摄影，可以消除雾气的散光和玻璃的反射光，从而提高雾中景物和玻璃橱窗中物体的清晰度。

例 6-10 指出下列各均匀平面波的极化方式：

（1）$\boldsymbol{E}=(\boldsymbol{e}_x\mathrm{e}^{\mathrm{j}\frac{\pi}{3}}+\boldsymbol{e}_y)\mathrm{e}^{-\mathrm{j}kz}$。

（2）$\boldsymbol{E}=(\boldsymbol{e}_y-\mathrm{j}\boldsymbol{e}_z)\mathrm{e}^{-\mathrm{j}kx}$。

（3）$\boldsymbol{E}=(3\boldsymbol{e}_x-\mathrm{j}2\boldsymbol{e}_y)\mathrm{e}^{\mathrm{j}kz}$。

（4）$\boldsymbol{E}=(\boldsymbol{e}_x-\boldsymbol{e}_z)\cos(10^8\pi t-ky)$。

解：（1）波沿 z 轴正方向传播，虽然 E_x 和 E_y 分量的幅度相等且 E_x 超前 E_y，但两者的相位差并不是 $\pi/2$，是右旋椭圆极化波。

（2）波沿 x 轴正方向传播，E_y 和 E_z 分量的幅度相等且 E_y 超前 E_z 的相位为 $\pi/2$，是右旋极化波。

(3) 波沿$-z$轴方向传播,E_x和E_y分量的幅度不同且E_x超前E_y的相位为$\pi/2$,是左旋椭圆极化波。

(4) E_x和E_z的相位相同,E_x和E_z的相差为π,因此该波应该属于线极化波。

*铁氧体内电磁波的传播特点

铁氧体一种铁磁物质,其电阻率很高($10^3 \sim 10^7 \Omega \cdot m$),即电导率很低,同时,铁氧体是各向异性媒质。各向异性介质常用来制作各种电磁波器件。当电磁波在铁氧体内传输时,其传播特点有:

1) 波的损耗很小。

2) 铁氧体内传播的均匀平面电磁波仍然是TEM波。

3) 铁氧体可以传播圆极化波,但是左旋和右旋的传播常数不一样,故相速度也不一样。

4) 不是任何频率的圆极化波都能在铁氧体中传播,只有波的频率满足一定条件时,才能在铁氧体中传播。

5) 存在法拉第旋转效应。

*6.7 电磁波的色散、相速和群速

电磁波相速度是等相位面的传播速度,即恒定相位点的推进速度为$v=\omega/\beta$。对于理想介质,$\beta=\omega\sqrt{\mu\varepsilon}$,故$v=\dfrac{1}{\sqrt{\varepsilon\mu}}$;而在有损媒质中,$\beta$不再是$\omega$的线性函数,故$v$与频率有关,这样的媒质称为色散媒质。但是,单频正弦波不能传递任何信息,实际电磁波总可以看成若干不同频率的单频波的叠加。若媒质有色散,各频率分量的传播速度不同,此时,采用"群速"描述多频信号在损耗媒质中能量的传播速度。

考虑两个振幅均为E_{xm}的行波信号,角频率分别为$\omega+\Delta\omega$和$\omega-\Delta\omega$,它们在色散媒质中的相位系数分别为$\beta+\Delta\beta$和$\beta-\Delta\beta$,则其电场强度分别为

$$\begin{cases}\boldsymbol{E}_1=\boldsymbol{e}_x E_{xm}\cos[(\omega+\Delta\omega)t-(\beta+\Delta\beta)z]\\ \boldsymbol{E}_2=\boldsymbol{e}_x E_{xm}\cos[(\omega-\Delta\omega)t-(\beta-\Delta\beta)z]\end{cases} \tag{6-90}$$

其合成波为

$$\boldsymbol{E}=\boldsymbol{E}_1+\boldsymbol{E}_2=2\boldsymbol{e}_x E_{xm}\cos(\omega t-\beta z)\cos(\Delta\omega t-\Delta\beta z)$$

其复数形式为

$$\dot{\boldsymbol{E}}=2\boldsymbol{e}_x E_{xm}\cos(\Delta\omega t-\Delta\beta z)\mathrm{e}^{-\mathrm{j}\beta z} \tag{6-91}$$

式中,$\mathrm{e}^{-\mathrm{j}\beta z}$为行波因子;$2E_{xm}\cos(\Delta\omega t-\Delta\beta z)$为电场强度的振幅。

设E_1和E_2的波形如图6-14所示,合成波的振幅随时间按照余弦规律变化,称为调幅波(包络波)。包络波上恒定相位点$\Delta\omega t-\Delta\beta z=C$($C$为常数)推进的速度,称为群速$v_g$,不难得到

$$v_g=\frac{\mathrm{d}z}{\mathrm{d}t}=\frac{\Delta\omega}{\Delta\beta}$$

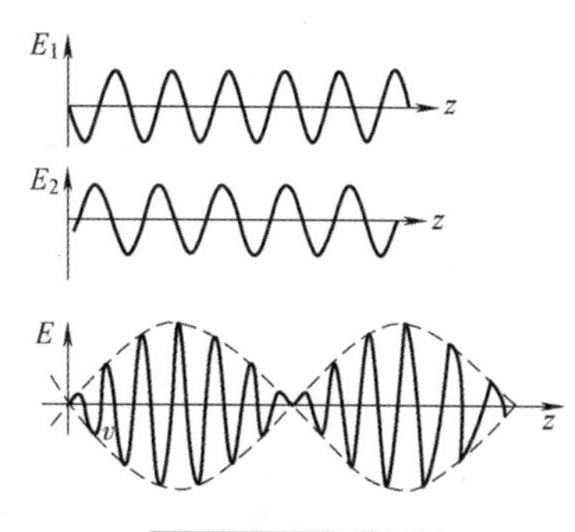

图 6-14　调幅波

群速是电磁波的包络传播的速度,也就是电磁波的实际前进速度。相速度只代表相位变化的快慢,并不代表电磁波能量的真正传播速度。通俗地讲,相速就是电磁波形状向前变化的速度。

形象地说,当我们拿电钻在很坚固的墙上钻洞时,电钻钻头的螺纹在旋转时,感觉螺纹以高速前进,但这只是错觉。这时,因为螺纹的旋转速度相当于“相速度”,虽然很快,但是电钻在墙内推进速度很慢,电钻的推进速度就是“群速度”。如果墙壁很硬,电钻很难钻,即群速较慢。

设 $\Delta\omega \ll \omega$,因为

$$v_g=\frac{d\omega}{d\beta}=\frac{d(v\beta)}{d\beta}=v+\beta\frac{dv}{d\beta}=v+\frac{\omega}{v}v_g\frac{dv}{d\omega}$$

故

$$v_g=\frac{v}{1-\dfrac{\omega}{v}\dfrac{dv}{d\omega}}$$

若$\dfrac{dv}{d\omega}=0$,则 $v_g=v$,媒质无色散;即波在非色散媒质中传播时,各频率分量的相速均等于群速;

若$\dfrac{dv}{d\omega}<0$,则 $v_g<v$,称为正常色散;群速小于相速;

若$\dfrac{dv}{d\omega}>0$,则 $v_g>v$,称为非正常色散或反常色散。这里的“正常”和“非正常”没有特别的含义。

在强反常色散时,群速可以超过光速,甚至变为负值。多频信号经过长为 L 的距离时的时延定义为群时延,即

$$\tau=\frac{L}{v_g}=L\frac{d\beta}{d\omega}$$

很显然,群时延是频率的函数,因此,对于不同频率分量,传播相同距离所造成的时延不同,从而使信号发生畸变。

6.8 习题与答案

6.8.1 习题

1. 已知真空中传播的平面波电场为：$E_x=100\cos(\omega t-2\pi z)$，求此波的波长、频率、相速度、磁场强度、波阻抗以及平均能流密度矢量。

2. 在自由空间中，有一波长为 12cm 的均匀平面波，当该波进入到某无损耗媒质时，其波长变为 8cm，且此时 $|\boldsymbol{E}|=31.41\text{V/m}$，$|\boldsymbol{H}|=0.125\text{A/m}$。求无损耗媒质的 ε_r 和 μ_r。

3. 频率为 $f=3\text{GHz}$，电场沿 $\boldsymbol{e}_y$ 方向极化的均匀平面波在 $\varepsilon_r=2.5$、损耗角正切值为 10^{-2} 的非磁性媒质中，沿正 $\boldsymbol{e}_x$ 方向传播。求：

(1) 波的振幅衰减一半时，传播的距离。

(2) 媒质的波阻抗、波的相速和波长。

(3) 设在 $x=0$ 处 $\boldsymbol{E}=50\sin\left(6\pi\times10^9t+\dfrac{\pi}{3}\right)\boldsymbol{e}_y$，写出 $\boldsymbol{H}(x,t)$ 的表示式。

4. 已知真空中的均匀平面波电场强度瞬时值为 $\boldsymbol{E}=20\sqrt{2}\sin(6\pi\times10^8t-\beta z)\boldsymbol{e}_x\text{V/m}$，求：

(1) 频率 f、波长 λ、相速 v_p 及相位常数 β。

(2) 电场强度复数表达式、磁场强度复数及瞬时值表达式。

(3) 能流密度矢量瞬时值及平均值。

5. 已知无界理想媒质（$\varepsilon=9\varepsilon_0,\mu=\mu_0,\gamma=0$）中，正弦均匀平面电磁波的频率 $f=10^8\text{Hz}$，电场强度为 $\boldsymbol{E}=4\mathrm{e}^{-\mathrm{j}kz3}\boldsymbol{e}_x+3\mathrm{e}^{-\mathrm{j}\left(kz-\frac{\pi}{3}\right)}\boldsymbol{e}_y$，求：

(1) 均匀平面电磁波的相速度 v_p、波长 λ、相移常数 k 和波阻抗 Z。

(2) 电场强度和磁场强度的瞬时表达式。

(3) 与电磁波传播方向垂直的单位面积上通过的平均功率。

6. 微波炉利用磁控管输出的 2.45GHz 的微波炉加热食品。在该频率上，牛排的等效复介电常数和损耗角正切分别为 $\varepsilon'=40\varepsilon_0$，$\tan\delta=0.3$。求：

(1) 微波传入牛排的趋肤深度，在牛排内 8mm 处的微波场强是表面处的百分之几。

(2) 微波炉中盛牛排的盘子是用发泡聚苯乙烯制成的，其等效复介电常数和损耗角正切分别为 $\varepsilon'=1.03\varepsilon_0$，$\tan\delta=0.3\times10^{-4}$。说明为何用微波加热时，牛排被烧熟而盘子并没有被烧毁。

7. 海水的电磁参数为 $\varepsilon_r=80$，$\mu_r=1$，$\gamma=4\text{S/m}$，频率为 3kHz 和 30MHz 的电磁波在海平面处（刚好在海平面下侧的海水中）的电场强度为 1V/m。求：

(1) 电场强度衰减为 $1\mu\text{V/m}$ 处的深度，应选择哪个频率进行潜水艇的水下通信。

(2) 频率为 3kHz 的电磁波从海平面下侧向海水中传播的平均功率流密度。

8. 平面电磁波垂直入射到金属表面，证明透入金属的电磁能量全部转化为焦耳热。

9. 根据以下电场表示式，说明它们所表征的波的极化形式。

(1) $\boldsymbol{E}=\mathrm{j}E_m\mathrm{e}^{\mathrm{j}kz}\boldsymbol{e}_x+\mathrm{j}E_m\mathrm{e}^{\mathrm{j}kz}\boldsymbol{e}_y$。

（2）$\boldsymbol{E}=\boldsymbol{e}_x E_{\mathrm{m}}\sin(\omega t-kz)+\boldsymbol{e}_y E_{\mathrm{m}}\cos(\omega t-kz)$。

（3）$\boldsymbol{E}=E_{\mathrm{m}}\mathrm{e}^{-\mathrm{j}kz}\boldsymbol{e}_x-\mathrm{j}E_{\mathrm{m}}\mathrm{e}^{-\mathrm{j}kz}\boldsymbol{e}_y$。

（4）$\boldsymbol{E}=\boldsymbol{e}_x E_{\mathrm{m}}\sin(\omega t-kz)+\boldsymbol{e}_y E_{\mathrm{m}}\cos(\omega t-kz+40°)$。

10. 在某种无界导电媒质中传播的均匀平面波的电场表达式为 $\boldsymbol{E}=4\mathrm{e}^{-0.2z}\mathrm{e}^{-\mathrm{j}0.2z}\boldsymbol{e}_x+4\mathrm{e}^{-0.2z}\mathrm{e}^{-\mathrm{j}0.2z}\mathrm{e}^{\mathrm{j}\frac{\pi}{2}}\boldsymbol{e}_y$，试说明波的极化状态。

11. 有两个频率和振幅都相等的单频率的平面波沿 z 轴传播，一个波沿 x 轴方向极化，另一个沿 y 轴方向极化，但相位比前者超前 $\pi/2$，求合成波的极化，一个圆极化可以分解为怎样的两个线极化？

12. 证明：电磁波在良导电媒质中传播时，场强每经过一个波长衰减 54.54dB。

13. 为了得到有效的电磁屏蔽，屏蔽层的厚度通常取所用屏蔽材料中电磁波的一个波长，即 $l=2\pi d$，其中 d 为穿透深度。试计算：

（1）收音机内中频变压器的铝屏蔽罩的厚度。

（2）电源变压器铁屏蔽罩的厚度。

（3）若中频变压器用铁而电源变压器用铝做屏蔽罩是否也可以？

14. 在要求导线的高频电阻很小的场合，通常使用多股纱包线代替单股线。证明：相同截面积的 N 股纱包线的高频电阻只有单股线的 $1/\sqrt{N}$。

15. 判断下列各式所表示的均匀平面波的传播方向和极化方式。

（1）$\boldsymbol{E}=\mathrm{j}E_1\mathrm{e}^{\mathrm{j}kz}\boldsymbol{e}_x+\mathrm{j}E_1\mathrm{e}^{\mathrm{j}kz}\boldsymbol{e}_y$。

（2）$\boldsymbol{H}=H_1\mathrm{e}^{-\mathrm{j}kx}\boldsymbol{e}_y+H_2\mathrm{e}^{-\mathrm{j}kx}\boldsymbol{e}_z\ (H_1\neq H_2\neq 0)$。

（3）$\boldsymbol{E}=E_0\mathrm{e}^{-\mathrm{j}kz}\boldsymbol{e}_x-\mathrm{j}E_0\mathrm{e}^{-\mathrm{j}kz}\boldsymbol{e}_y$。

（4）$\boldsymbol{E}=\mathrm{e}^{-\mathrm{j}kz}(E_0\boldsymbol{e}_x+AE_0\mathrm{e}^{\mathrm{j}\varphi}\boldsymbol{e}_y)$（$A$ 为常数，$\varphi\neq 0,\pm\pi$）。

（5）$\boldsymbol{H}=\left(\dfrac{E_{\mathrm{m}}}{Z}\mathrm{e}^{-\mathrm{j}ky}\boldsymbol{e}_x+\mathrm{j}\dfrac{E_{\mathrm{m}}}{Z}\mathrm{e}^{-\mathrm{j}ky}\boldsymbol{e}_z\right)$。

（6）$\boldsymbol{E}(z,t)=E_{\mathrm{m}}\sin(\omega t-kz)\boldsymbol{e}_x+E_{\mathrm{m}}\cos(\omega t-kz)\boldsymbol{e}_y$。

（7）$\boldsymbol{E}(z,t)=E_{\mathrm{m}}\sin\left(\omega t-kz+\dfrac{\pi}{4}\right)\boldsymbol{e}_x+E_{\mathrm{m}}\cos\left(\omega t-kz-\dfrac{\pi}{4}\right)\boldsymbol{e}_y$。

16. 证明：一个直线极化波可分解为两个振幅相等、旋转方向相反的圆极化波。

17. 证明：任意一圆极化波的坡印亭矢量瞬时值是个常数。

18. 有两个频率相同传播方向也相同的圆极化波，试问：

（1）如果旋转方向相同振幅也相同，但初相位不同，其合成波是什么极化？

（2）如果上述三个条件中只是旋转方向相反其他条件都相同，其合成波是什么极化？

（3）如果在所述三个条件中只是振幅不相等，其合成波是什么极化波？

19. 已知平面波的电场强度 $\boldsymbol{E}=[(2+\mathrm{j}3)\boldsymbol{e}_x+4\boldsymbol{e}_y+3\boldsymbol{e}_z]\mathrm{e}^{\mathrm{j}(1.8y-2.4z)}$，试确定其传播方向和极化状态，是否横电磁波？

20. 在一种对于同一频率的左、右旋圆极化波有不同传播速度的媒质中，两个等幅圆极化波同时向 z 方向传播，一个右旋圆极化

$$\boldsymbol{E}_1=E_{\mathrm{m}}\mathrm{e}^{-\mathrm{j}\beta_1 z}(\boldsymbol{e}_x-\mathrm{j}\boldsymbol{e}_y)$$

另一个是左旋圆极化

$$\boldsymbol{E}_2=E_{\mathrm{m}}\mathrm{e}^{-\mathrm{j}\beta_2 z}(\boldsymbol{e}_x+\mathrm{j}\boldsymbol{e}_y)$$

式中 $\beta_2>\beta_1$，试求：

（1）$z=0$ 处合成电场的方向和极化形式。

（2）$z=l$ 处合成电成的方向和极化形式。

6.8.2 答案

1. $\lambda=1\mathrm{m}, v=3\times10^8\mathrm{m/s}, f=3\times10^8\mathrm{Hz}, Z_0=120\pi\Omega\approx376.8\Omega, \boldsymbol{H}=0.265\cos(\omega t-2\pi z)\boldsymbol{e}_y(\mathrm{A/m})$，$\boldsymbol{S}_{\mathrm{av}}=\frac{1}{2}\mathrm{Re}(E\times H^*)=13.26\boldsymbol{e}_z(\mathrm{W/m^2})$.

2. $\varepsilon_{\mathrm{r}}=2.25, \mu_{\mathrm{r}}=1$.

3. （1）$l=1.40\mathrm{m}$.

（2）$Z\approx238.5\Omega, v=1.90\times10^8\mathrm{m/s}, \lambda=6.33\mathrm{cm}$.

（3）$\boldsymbol{H}(x,t)=0.21\mathrm{e}^{-0.5x}\sin\left(6\pi\times10^9 t-99.3x+\frac{\pi}{3}\right)\boldsymbol{e}_z(\mathrm{A/m})$.

4. （1）$f=3\times10^8\mathrm{Hz}, \lambda=1\mathrm{m}, v_{\mathrm{p}}=3\times10^8\mathrm{m/s}, \beta=2\pi\mathrm{rad/m}\approx6.28\mathrm{rad/m}$.

（2）以 sin 函数为基准，有效值相量 $\boldsymbol{E}=\boldsymbol{e}_x 20\mathrm{e}^{-\mathrm{j}20\pi}\mathrm{V/m}, \dot{\boldsymbol{H}}_y(z)=\frac{1}{6\pi}\mathrm{e}^{-\mathrm{j}2\pi z}\boldsymbol{e}_y, \boldsymbol{H}_y(z,t)=\frac{\sqrt{2}}{6\pi}\sin(6\pi\times10^8 t-2\pi z)\boldsymbol{e}_y(\mathrm{A/m})$.

（3）$\boldsymbol{S}(z,t)=\frac{20}{3\pi}\sin^2(6\pi\times10^8 t-2\pi z)\boldsymbol{e}_z, \boldsymbol{S}_{\mathrm{av}}=\frac{10}{3\pi}\boldsymbol{e}_z$.

5. （1）$v_{\mathrm{p}}=10^8\mathrm{m/s}, \lambda=1\mathrm{m}, k=2\pi\mathrm{rad/m}, Z=40\pi\Omega\approx125.6\Omega$.

（2）$\boldsymbol{E}(t)=4\cos(2\pi\times10^8 t-2\pi z)\boldsymbol{e}_x+3\cos\left(2\pi\times10^8 t-2\pi z+\frac{\pi}{3}\right)\boldsymbol{e}_y(\mathrm{V/m})$

$$\boldsymbol{H}(t)=-\frac{3}{40\pi}\cos\left(2\pi\times10^8 t-2\pi z+\frac{\pi}{3}\right)\boldsymbol{e}_x+\frac{1}{10\pi}\cos(2\pi\times10^8 t-2\pi z)\boldsymbol{e}_y(\mathrm{A/m})$$

（3）$P_{\mathrm{av}}=\frac{5}{16\pi}\mathrm{W/m^2}\approx0.1\mathrm{W/m^2}$.

6. （1）20.8mm，68%.（2）趋肤深度为 $1.3\times10^3\mathrm{m}$，可见其趋肤深度很大，意味着微波在其中传播的热损耗很小，因而盘子不会被烧掉.

7.（1）3kHz 的电磁波.具体低频电磁波频率的选择还要全面考虑其他因素.（2）$4.6\mathrm{W/m^2}$.

8. 略.

9. （1）线极化波.（2）左旋圆极化波.（3）右旋圆极化波.（4）左旋椭圆极化波.

10. 右旋圆极化波.

11. 右旋圆极化波。即一个圆极化波是由两个极化方向垂直、一个相位超前于另一个相位 $\pi/2$ 的平面波合成。反之，一个圆极化波可分解为上述的两个平面波。

12. 略.

13. （1）0.76mm.（2）1.41mm.（3）可以选用.

14. 略.

15. (1) $-z$ 方向,直线极化.(2) $+x$ 方向,直线极化.(3) $+z$ 方向,右旋圆极化.(4) $+z$ 方向,椭圆极化.(5) $+y$ 方向,右旋圆极化.(6) $+z$ 方向,左旋圆极化.(7) $+z$ 方向,直线极化.

16. 略.

17. 略.

18. (1) 合成波仍是圆极化波,且旋转方向不变,但振幅变了.(2) 合成波是线极化波.(3) 合成波是圆极化波,且旋转方向不变,但振幅变了.

19. 与 y 轴夹角 = 126. 9°,右旋椭圆极化,是横电磁波.

20. (1) 合成场指向 $\boldsymbol{e}_x$ 方向,是线极化波.(2) 合成场是线极化波,与 x 轴夹角为 θ $\frac{\beta_2-\beta_1}{2}l$.

第 7 章　均匀平面波在不同媒质分界面的反射与折射

均匀平面波在无限大均匀媒质中的传播沿直线进行。实际电磁波都是在有限空间传播的，这种空间包含不同的媒质。当电磁波在传播过程中遇到不同媒质构成的分界面时，会产生折射和反射：一部分能量穿过界面透入另外一种媒质，形成折（透）射波；另一部分能量返回原来的媒质，形成反射波。

根据入射方式的不同，可以分成垂直入射和斜入射两种方式，如图 7-1 所示。当入射波的传播方向与分界面的法线平行，即与分界面垂直时，称为垂直入射（正入射）。反之，入射波的传播方向不平行于法线时称为斜入射。

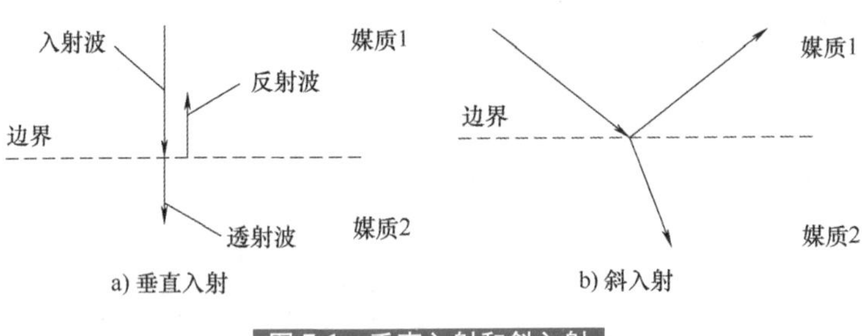

图 7-1　垂直入射和斜入射

平面波在边界上的反射及透射规律与媒质特性及边界形状有关，反射波与折射波的特性由分界面两侧媒质的参数确定。本章仅讨论线极化平面波在无限大平面边界上的反射及透射特性。先分析平面波向平面边界的垂直入射，再讨论平面波以任意角度向平面边界的斜入射。如无特殊说明，本章所涉及的所有媒质都是均匀、线性和各向同性的非磁性媒质。

无论是正入射还是斜入射，总可以将问题描述为：已知入射波的电场或者磁场，根据波动方程和边界条件，求解反射波和折射波的电场和磁场，从而得到入射和透射空间的电磁场。

为了方便表述，本章将场的复数形式上的点省略。

7.1　平面波对平面边界的垂直入射

7.1.1　正弦平面电磁波对一般导电媒质的垂直入射

如图7-2所示，设x轴左右两边媒质均为一般导电媒质，且电磁参数分别为ε_{1c}、γ_1、μ_1和ε_{2c}、γ_2、μ_2，媒质1和媒质2的传播常数和波阻抗分别为

$$k_1=\omega\sqrt{\mu_1\varepsilon_{1c}}=\omega\sqrt{\mu_1\varepsilon_1}\left(1-\mathrm{j}\frac{\gamma_1}{\omega\varepsilon_1}\right)^{1/2},Z_{1c}=\sqrt{\mu_1/\varepsilon_{1c}} \tag{7-1}$$

$$k_2=\omega\sqrt{\mu_2\varepsilon_{2c}}=\omega\sqrt{\mu_2\varepsilon_2}\left(1-\mathrm{j}\frac{\gamma_2}{\omega\varepsilon_2}\right)^{1/2},Z_{2c}=\sqrt{\mu_2/\varepsilon_{2c}} \tag{7-2}$$

1. 入/反/透射波的表示

设入射波沿z方向传播，入射波、反射波和透射波分别用下标i、r和t表示，其传播矢量用$\boldsymbol{k}_1$、$\boldsymbol{k}_1'$和$\boldsymbol{k}_2$表示，$\boldsymbol{E}$和$\boldsymbol{H}$是其电场和磁场，很显然$\boldsymbol{k}_1'=-\boldsymbol{k}$（即反射波和入射波方向相反）。

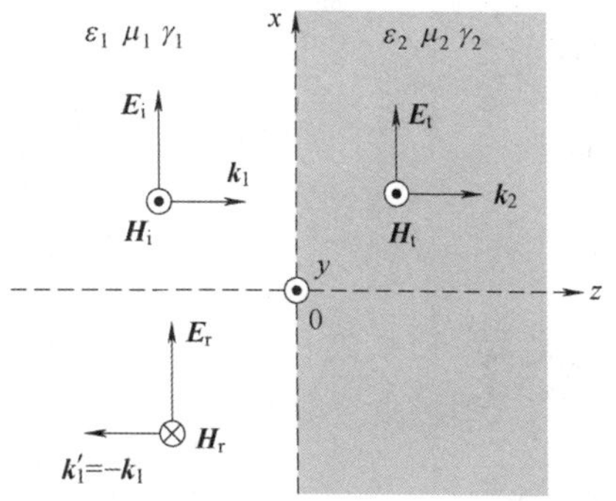

图7-2　波对一般导电媒质的垂直入射

（1）入射波

设入射波沿x方向极化，电场强度的复振幅为E_{im}，入射波的电场表达式为

$$\boldsymbol{E}_{\mathrm{i}}=\boldsymbol{e}_x E_{\mathrm{im}}\mathrm{e}^{-\mathrm{j}k_1 z} \tag{7-3}$$

因为波的传播方向为z方向，根据电场和磁场的关系$\boldsymbol{H}_{\mathrm{i}}=\dfrac{1}{Z_{1c}}\boldsymbol{e}_z\times\boldsymbol{E}_{\mathrm{i}}$，得到

$$\boldsymbol{H}_{\mathrm{i}}=\boldsymbol{e}_y\frac{E_{\mathrm{im}}}{Z_{1c}}\mathrm{e}^{-\mathrm{j}k_1 z} \tag{7-4}$$

（2）反射波

反射波的传播方向和入射波相反，所以反射波的电场为

$$\boldsymbol{E}_{\mathrm{r}}=\boldsymbol{e}_x E_{\mathrm{rm}}\mathrm{e}^{\mathrm{j}k_1 z} \tag{7-5}$$

式中，E_{rm}为反射波的复振幅。

根据电场和磁场的关系$\boldsymbol{H}_{\mathrm{r}}=\dfrac{1}{Z_{1c}}(-\boldsymbol{e}_z)\times\boldsymbol{E}_{\mathrm{r}}$，有

$$\boldsymbol{H}_{\mathrm{r}}=-\boldsymbol{e}_y\frac{E_{\mathrm{rm}}}{Z_{1c}}\mathrm{e}^{\mathrm{j}k_1 z} \tag{7-6}$$

值得注意的是，反射波的传播方向是$-z$方向，故上式中的单位传播矢量是$-\boldsymbol{e}_z$。

（3）透射波

透射波的传播方向和入射波相同，且在媒质2中传播，故透射波的电场为

$$\boldsymbol{E}_{\mathrm{t}}=\boldsymbol{e}_x E_{\mathrm{tm}}\mathrm{e}^{-\mathrm{j}k_2 z} \tag{7-7}$$

式中，E_{tm}为透射波的复振幅。

根据 $\boldsymbol{H}_{\mathrm{t}}=\frac{1}{Z_{2\mathrm{c}}}\boldsymbol{e}_z\times\boldsymbol{E}_{\mathrm{t}}$，有

$$\boldsymbol{H}_{\mathrm{t}}=\boldsymbol{e}_y\frac{E_{\mathrm{tm}}}{Z_{2\mathrm{c}}}\mathrm{e}^{-\mathrm{j}k_2z} \tag{7-8}$$

2. 合成场量

在媒质 1 中，同时存在入射波和反射波，故媒质 1 中的合成矢量 $\boldsymbol{E}_1$ 和 $\boldsymbol{H}_1$ 为

$$\boldsymbol{E}_1=\boldsymbol{E}_{\mathrm{i}}+\boldsymbol{E}_{\mathrm{r}}=\boldsymbol{e}_x[E_{\mathrm{im}}\mathrm{e}^{-\mathrm{j}k_1z}+E_{\mathrm{rm}}\mathrm{e}^{\mathrm{j}k_1z}],\boldsymbol{H}_1=\boldsymbol{H}_{\mathrm{i}}+\boldsymbol{H}_{\mathrm{r}}=\frac{1}{Z_{1\mathrm{c}}}\boldsymbol{e}_y[E_{\mathrm{im}}\mathrm{e}^{-\mathrm{j}k_1z}-E_{\mathrm{rm}}\mathrm{e}^{\mathrm{j}k_1z}]$$

在媒质 2 中只有透射波，故媒质 2 中的合成场矢量 $\boldsymbol{E}_2$ 和 $\boldsymbol{H}_2$ 为

$$\boldsymbol{E}_2=\boldsymbol{E}_{\mathrm{t}}=\boldsymbol{e}_xE_{\mathrm{tm}}\mathrm{e}^{-\mathrm{j}k_2z},\boldsymbol{H}_2=\boldsymbol{H}_{\mathrm{t}}=\boldsymbol{e}_y\frac{E_{\mathrm{tm}}}{Z_{2\mathrm{c}}}\mathrm{e}^{-\mathrm{j}k_2z}$$

3. 入/反/透射波的振幅关系

根据边界条件，在分界面 $z=0$ 处，电场强度和磁场强度的切向分量连续，即

$$E_{\mathrm{im}}+E_{\mathrm{rm}}=E_{\mathrm{tm}},\frac{1}{Z_1}(E_{\mathrm{im}}+E_{\mathrm{rm}})=\frac{1}{Z_2}E_{\mathrm{tm}}$$

得到

$$E_{\mathrm{rm}}=\frac{Z_{2\mathrm{c}}-Z_{1\mathrm{c}}}{Z_{1\mathrm{c}}+Z_{2\mathrm{c}}}E_{\mathrm{im}},E_{\mathrm{tm}}=\frac{2Z_{2\mathrm{c}}}{Z_{1\mathrm{c}}+Z_{2\mathrm{c}}}E_{\mathrm{im}}$$

定义反射系数 R 为边界上的反射波与入射波的电场分量之比，透射系数 T 为边界上的透射波与入射波电场分量之比。不难得到

$$R=\frac{E_{\mathrm{rm}}}{E_{\mathrm{im}}}=\frac{Z_{2\mathrm{c}}-Z_{1\mathrm{c}}}{Z_{1\mathrm{c}}+Z_{2\mathrm{c}}} \tag{7-9}$$

$$T=\frac{E_{\mathrm{tm}}}{E_{\mathrm{im}}}=\frac{2Z_{2\mathrm{c}}}{Z_{1\mathrm{c}}+Z_{2\mathrm{c}}} \tag{7-10}$$

从式(7-9)~式(7-10)可以得出：

1）$1+R=T$。

2）一般情况下，$Z_{1\mathrm{c}}$ 和 $Z_{2\mathrm{c}}$ 为复数，R 和 T 也是复数，表明反射波和透射波的振幅和相位都与入射波不同，即分界面上反射波和透射波将引入附加相移。

3）若媒质 2 为理想导体，则 $Z_{2\mathrm{c}}\to0$，故 $R=-1$，$T=0$，此时电磁波被全部反射。

4）若媒质 1 为理想介质，媒质 2 为良导体，则存在趋肤效应，良导体中的波很快衰减。

5）若两媒质均为理想介质时，$Z_{1\mathrm{c}}=Z_1$ 和 $Z_{2\mathrm{c}}=Z_2$ 为实数，此时

$$R=\frac{Z_2-Z_1}{Z_2+Z_1},\quad T=\frac{2Z_2}{Z_2+Z_1} \tag{7-11}$$

R 和 T 都是实数，且 $T>0$，说明透射波和入射波是同相位的。或者说，透射波无附加相移。

若 $Z_2>Z_1$，$R>0$，则反射波无附加相移，且反射波电场与入射波电场同相叠加；若 $Z_2<Z_1$（等价于 $n_2>n_1$），$R<0$，则反射波和入射波相位相差 180°，或者说，在界面处存在“半波损失”现象。

7.1.2　平面电磁波对理想导体平面的垂直入射

理想导体是一种特殊的导电媒质，故平面电磁波对理想导体平面的垂直入射的规律可以直接从 7.1.1 导出（设 $\gamma\to\infty$ 即可）。

如图 7-3 所示，在理想介质填充的半无限大区域 1 中，均匀平面波沿 z 轴方向传播，在 $z=0$ 处垂直入射到理想导体所在区域 2 的表面上。

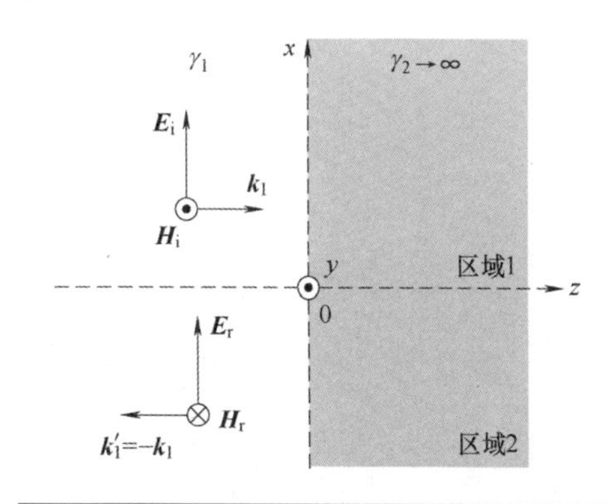

图 7-3　电磁波对理想导体平面的垂直入射

对理想导体而言，其波阻抗 $Z_{2c}\to 0$，故透射系数 $T=0$，表明没有能量进入媒质 2。换句话说，电磁波在理想导体表面发生全反射（无透射波），只需分析反射波即可。

很容易得到反射系数 $R=-1$，表明分界面上入射波和反射波的振幅相同，相位差为 π，存在半波损失。故 $E_{rm}=-E_{im}$。得到入射波和反射波分别为

$$\boldsymbol{E}_i=\boldsymbol{e}_x E_{im}e^{-jk_1z},\boldsymbol{H}_i=\boldsymbol{e}_y\frac{E_{im}}{Z_1}e^{-jk_1z}\tag{7-12}$$

$$\boldsymbol{E}_r=-\boldsymbol{e}_x E_{im}e^{jk_1z},\boldsymbol{H}_r=\boldsymbol{e}_y\frac{E_{im}}{Z_1}e^{jk_1z}\tag{7-13}$$

此时，媒质 1 中的总场量为

$$\boldsymbol{E}_1=\boldsymbol{E}_i+\boldsymbol{E}_r=\boldsymbol{e}_x E_{im}(e^{-jk_1z}-e^{jk_1z})=-2j\boldsymbol{e}_x E_{im}\sin(k_1z)$$

$$\boldsymbol{H}_1=\boldsymbol{H}_i+\boldsymbol{H}_r=\boldsymbol{e}_y\frac{E_{im}}{Z_1}(e^{-jk_1z}+e^{jk_1z})=\frac{2}{Z_1}\boldsymbol{e}_y E_{im}\cos(k_1z)$$

写成瞬时值形式，即

$$\boldsymbol{E}_1=2\boldsymbol{e}_x E_{im}\sin(k_1z)\sin(\omega t)\tag{7-14}$$

$$\boldsymbol{H}_1=\frac{2}{Z_1}\boldsymbol{e}_y E_{im}\cos(k_1z)\cos(\omega t)\tag{7-15}$$

可以看出：

1）在给定时刻 t，电场和磁场随 z 作正弦变化。

2）设 λ 为波长，对任意时刻，当 $k_1z=-n\pi$ 或 $z=\dfrac{-n\pi}{k_1}=-n\dfrac{\lambda}{2}(n=0,1,2,\cdots)$时，电场振幅为零，磁场振幅为最大值，这些位置称为电场波节点或磁场波腹点。当 $k_1z=-(2n+1)\dfrac{\pi}{2}$或 $z=-(2n+1)\dfrac{\lambda}{4}$时，磁场为零，电场振幅为最大值，称为电场波腹点或磁场波节点。

显然，电场强度的波节即为磁场强度的波腹，同样电场强度的波腹即为磁场强度的波节，且电场强度（或磁场强度）相邻波节或相邻波腹的空间距离为半波长。此时，空间电磁波不再是行波，电场和磁场原地振荡，这样的波称为驻波，如图 7-4 所示。

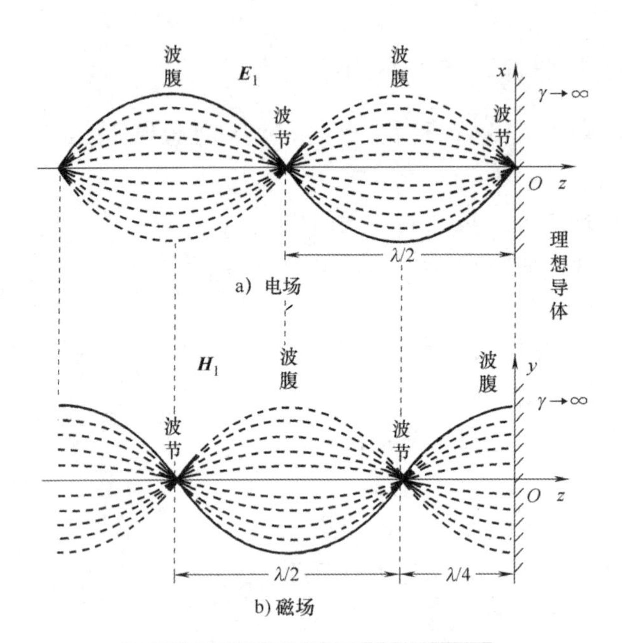

图 7-4　理想导体外的空间场分布

驻波是振幅相等的两个反向行波(入射波和反射波)相互叠加的结果。在电场波腹点,二者电场同相叠加,故振幅呈现最大值;在电场波节点,二者电场反相叠加,互相抵消为零。

3) 电场波节点和磁场波腹点每隔 $\lambda/4$ 交替出现,即 $\boldsymbol{E}_1$ 和 $\boldsymbol{H}_1$ 在空间上错开 $\lambda/4$,而在时间上相差 1/4 周期。

4) 电场波腹点相隔 $\lambda/2$,电场波节点也相隔 $\lambda/2$;在工程实际经常利用此性质测量驻波的工作波长。

5) 在媒质 1 中,$\boldsymbol{S}_{\mathrm{av}}=\dfrac{1}{2}\mathrm{Re}[\boldsymbol{E}_1\times\boldsymbol{H}_1^*]=\dfrac{1}{2}\mathrm{Re}\left[-2\mathrm{j}\boldsymbol{e}_x E_{\mathrm{im}}\sin k_1 z\times\dfrac{2}{Z_1}\boldsymbol{e}_y E_{\mathrm{im}}\cos k_1 z\right]=0$,所以驻波本身并不传播能量,而是只存在电场和磁场间的能量交换;驻波可以说是射频、微波系统最重要的指标,也是信号完整性的主要问题之一。

例 7-1　频率为 300MHz 的均匀平面波由空气垂直入射到海面。已知海水的 $\varepsilon_r=81$,$\mu_r=1$,$\gamma=4\mathrm{S/m}$,且海面的合成波磁场强度 $H_0=5\times10^{-3}\mathrm{A/m}$。试求:

(1) 海面的合成电场强度。

(2) 空气中的驻波比。

(3) 海面下 0.1m 处的电场强度与磁场强度的振幅。

(4) 单位面积进入海水的平均功率。

解:$\omega=2\pi f=6\pi\times10^8\mathrm{rad/s}$,$\dfrac{\gamma}{\omega\varepsilon}=2.96$,海水不能看作良导体,所以

$$\alpha=\omega\sqrt{\frac{\mu\varepsilon}{2}\left[\sqrt{1+\left(\frac{\gamma}{\omega\varepsilon}\right)^2}-1\right]}=9.276\frac{\omega}{c}=58.28\mathrm{Np/m}$$

$$\beta=\omega\sqrt{\frac{\mu\varepsilon}{2}\left[\sqrt{1+\left(\frac{\gamma}{\omega\varepsilon}\right)^2}+1\right]}=12.924\frac{\omega}{c}=81.205\mathrm{rad/m}$$

（1）海水波阻抗

$$Z_c=\sqrt{\frac{\mu}{\varepsilon_c}}=\sqrt{\frac{\mu}{\varepsilon}}\sqrt{1-j\frac{\gamma}{\omega\varepsilon}}=\frac{40\pi}{3}\sqrt{1-j2.96}\,\Omega=23.67e^{+j35.67°}\,\Omega$$

海水表面的电场强度为 $E_0=Z_cH_0=23.67e^{+j35.67°}H=0.118e^{+j35.67°}$ V/m

（2）空气中波阻抗为 $Z=120\pi\Omega$，则反射系数为

$$R=\frac{Z_c-Z}{Z_c+Z}=\frac{19.23+13.80j-120\pi}{19.23+13.80j+120\pi}=\frac{-357.76+13.80j}{396.22+13.80j}\Omega$$，R 大小为 0.903。

因此空气驻波比为

$$S=\frac{1+|R|}{1-|R|}=\frac{1.903}{0.097}=19.6$$

（3）海面下 0.1m 的电场强度和磁场强度为

$$\dot{E}=\dot{E}_0e^{-\alpha z}=0.118e^{+j35.67°}e^{-58.28\times0.1}\text{V/m}=3.474e^{+j35.67°}\text{V/m}$$

$$\dot{H}=\dot{H}_0e^{-\alpha z}=5\times10^{-3}e^{-58.28\times0.1}\text{A/m}=1.47\times10^{-5}\text{A/m}$$

（4）单位面积进入海水内的功率等于海表面处的平均坡印亭矢量的大小，即

$$S_{av}=\frac{1}{2}\text{Re}[\dot{E}_0\dot{H}_0^*]=\frac{1}{2}|\dot{H}_0|^2\text{Re}[\dot{Z}_w]=2.41\times10^{-4}\text{W/m}^2$$

例 7-2　频率为 1GHz 的均匀平面波由空气垂直入射到导体铜（$\gamma=5.8\times10^7$S/m，可视作理想导体）的表面。如果入射波电场强度的幅度为 1V/m，试求每平方米导体铜表面所吸收的平均功率。

解：每平方米导体铜表面所吸收的平均功率可以通过表面电阻率$\frac{1}{2}|J_S|^2R$ 来进行计算，其表面电阻率为 $R=\frac{\alpha}{\gamma}=\frac{\sqrt{\pi f\mu\gamma}}{\gamma}=\sqrt{\frac{\pi f\mu}{\gamma}}$，即

$$R=\sqrt{\frac{\pi\times10^9\times4\pi\times10^{-7}}{5.8\times10^7}}\Omega\approx8.25\times10^{-3}\Omega$$

导体铜可视作理想导体，当均匀平面波从空气垂直入射到导体铜的表面时将发生全反射。因为 $E_{im}=1$V/m，入射波磁场幅度为 $\boldsymbol{H}_i=\frac{E_{im}}{Z_1}=\frac{1}{120\pi}$A/m。

在 $f=1$GHz 时，因为铜对电场的反射系数 $|R|\approx1$，得分界面处合成磁场的幅度为 $2H_i$，所以 $|J_S|=2H_i=\frac{1}{60\pi}$A/m。根据理想导体表面的边界条件，可得其表面电流密度为 $|J_S|=2H_i=\frac{1}{60\pi}$A/m，故每平方米导体铜表面所吸收的平均功率为$\frac{1}{2}|J_S|^2R=1.16\times10^{-7}$W/m²。

例 7-3　自由空间中均匀平面波沿 z 方向传播，其电场强度矢量为

$$\boldsymbol{E}_i=100\sin(\omega t-\beta z)\boldsymbol{e}_x+200\cos(\omega t-\beta z)\boldsymbol{e}_y(\text{V/m})$$

求：（1）磁场强度。

（2）若在传播方向上 $z=0$ 处放置无限大的理想导体平板，求区域 $z<0$ 中的电场强度和磁场强度。

（3）求理想导体板表面的电流密度。

解:（1）电场强度的复数表示为 $\boldsymbol{E}_\mathrm{i}=100\mathrm{e}^{-\mathrm{j}\beta z}\mathrm{e}^{-\mathrm{j}\pi/2}\boldsymbol{e}_x+200\mathrm{e}^{-\mathrm{j}\beta z}\boldsymbol{e}_y$,则

$$\boldsymbol{H}_\mathrm{i}(z)=\frac{1}{Z_0}\boldsymbol{e}_z\times\boldsymbol{E}_\mathrm{i}=\frac{1}{Z_0}(-200\mathrm{e}^{-\mathrm{j}\beta z}\boldsymbol{e}_x+100\mathrm{e}^{-\mathrm{j}\beta z}\mathrm{e}^{-\mathrm{j}\pi/2}\boldsymbol{e}_y)$$

磁场的瞬时表达式为

$$\boldsymbol{H}_\mathrm{i}(z,t)=\frac{1}{Z_0}\left[-200\cos(\omega t-\beta z)\boldsymbol{e}_x+100\cos\left(\omega t-\beta z-\frac{1}{2}\pi\right)\boldsymbol{e}_y\right]$$

（2）反射波的电场为

$$\boldsymbol{E}_\mathrm{r}(z)=-100\mathrm{e}^{\mathrm{j}\beta z}\mathrm{e}^{-\mathrm{j}\pi/2}\boldsymbol{e}_x-200\mathrm{e}^{\mathrm{j}\beta z}\boldsymbol{e}_y$$

反射波的磁场为

$$\boldsymbol{H}_\mathrm{r}(z)=\frac{1}{Z_0}(-\boldsymbol{e}_z\times\boldsymbol{E}_\mathrm{r})=\frac{1}{Z_0}(-200\mathrm{e}^{\mathrm{j}\beta z}\boldsymbol{e}_x+100\mathrm{e}^{\mathrm{j}\beta z}\mathrm{e}^{-\mathrm{j}\pi/2}\boldsymbol{e}_y)$$

在区域 $z<0$ 的合成波电场和磁场分别为

$$\boldsymbol{E}_1=\boldsymbol{E}_\mathrm{i}+\boldsymbol{E}_\mathrm{r}=-\mathrm{j}200\mathrm{e}^{-\mathrm{j}\pi/2}\sin(\beta z)\boldsymbol{e}_x-\mathrm{j}400\sin(\beta z)\boldsymbol{e}_y(\mathrm{V/m})$$

$$\boldsymbol{H}_1=\boldsymbol{H}_\mathrm{i}+\boldsymbol{H}_\mathrm{r}=\frac{1}{Z_0}[-400\cos(\beta z)\boldsymbol{e}_x+200\mathrm{e}^{-\mathrm{j}\pi/2}\cos(\beta z)\boldsymbol{e}_y](\mathrm{A/m})$$

（3）理想导体表面电流密度为

$$\boldsymbol{J}_S=-\boldsymbol{e}_z\times\boldsymbol{H}_1\Big|_{z=0}=\frac{200}{Z_0}\mathrm{e}^{-\mathrm{j}\pi/2}\boldsymbol{e}_x+\frac{400}{Z_0}\boldsymbol{e}_y=-\mathrm{j}0.53\boldsymbol{e}_x+1.06\boldsymbol{e}_y(\mathrm{A/m^2})$$

7.1.3 平面波在理想介质分界面的垂直入射

如图 7-5 所示,设理想媒质 1 和媒质 2 分别填充左右半平面的半无限大区域,得到媒质 1 和媒质 2 的参数与各波的表达式见表 7-1。

表 7-1 媒质 1 和媒质 2 的参数与各波的表达式

	媒质 1	媒质 2
参数	$\gamma_1=0,k_1=\beta_1=\omega\sqrt{\mu_1\varepsilon_1},Z_1=\sqrt{\dfrac{\mu_1}{\varepsilon_1}}$	$\gamma_2=0,k_2=\beta_2=\omega\sqrt{\mu_2\varepsilon_2},Z_2=\sqrt{\dfrac{\mu_2}{\varepsilon_2}}$
波	入射波:$\boldsymbol{E}_\mathrm{i}=\boldsymbol{e}_xE_\mathrm{im}\mathrm{e}^{-\mathrm{j}\beta_1z},\boldsymbol{H}_\mathrm{i}=\boldsymbol{e}_y\dfrac{E_\mathrm{im}}{Z_1}\mathrm{e}^{-\mathrm{j}\beta_1z}$ 反射波:$\boldsymbol{E}_\mathrm{r}=\boldsymbol{e}_xRE_\mathrm{im}\mathrm{e}^{\mathrm{j}\beta_1z},\boldsymbol{H}_\mathrm{r}=-\boldsymbol{e}_y\dfrac{RE_\mathrm{im}}{Z_1}\mathrm{e}^{\mathrm{j}\beta_1z}$	透射波 $\boldsymbol{E}_\mathrm{t}=\boldsymbol{e}_xTE_\mathrm{im}\mathrm{e}^{-\mathrm{j}\beta_2z}$ $\boldsymbol{H}_\mathrm{t}=\boldsymbol{e}_y\dfrac{TE_\mathrm{im}}{Z_2}\mathrm{e}^{-\mathrm{j}\beta_2z}$
反/透射系数	$R=\dfrac{Z_2-Z_1}{Z_2+Z_1},T=\dfrac{2Z_2}{Z_2+Z_1},1+R=T$	

媒质 1 中的总场量为

$$\boldsymbol{E}_1=\boldsymbol{E}_\mathrm{i}+\boldsymbol{E}_\mathrm{r}==\boldsymbol{e}_xE_\mathrm{im}(\mathrm{e}^{-\mathrm{j}\beta_1z}+R\mathrm{e}^{\mathrm{j}\beta_1z})$$

$$\boldsymbol{H}_1=\boldsymbol{H}_\mathrm{i}+\boldsymbol{H}_\mathrm{r}=\boldsymbol{e}_y\frac{E_\mathrm{im}}{Z_1}(\mathrm{e}^{-\mathrm{j}\beta_1z}-R\mathrm{e}^{\mathrm{j}\beta_1z})$$

E_1 可以改写为

$$E_1 = e_x E_{im}[2jR\sin\beta_1 z + (1+R)e^{-j\beta_1 z}] \tag{7-16}$$

式中,第一部分与时间无关,只与空间坐标 z 无关,所以它是驻波;而第二部分是沿 z 方向传播的行波。因此,E_1 既有驻波,又有行波,这种由行波和纯驻波合成的波称为行驻波,它代表能量一部分返回电源,一部分向前传播。同理,在区域 1 中的合成磁场强度也为行驻波。

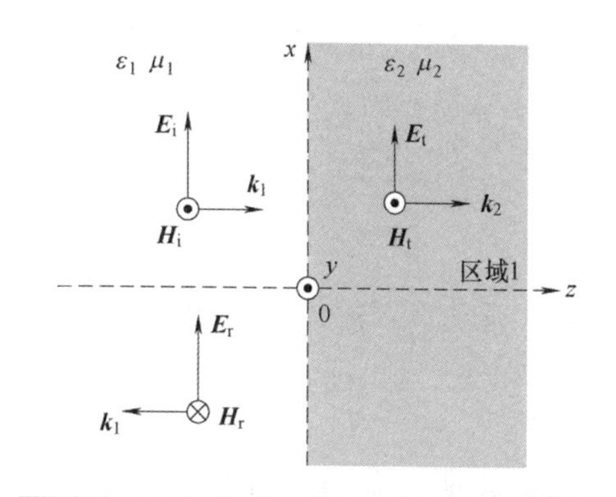

图 7-5　平面波理想介质分界面的垂直入射

在工程上,常用驻波系数(或者驻波比)S 描述波从一种媒质(器件)进入另一种媒质(器件)时的反射波大小。驻波系数定义为驻波电场强度的最大值与最小值之比,即

$$S = \frac{|E|_{max}}{|E|_{min}} = \frac{1+|R|}{1-|R|} \tag{7-17}$$

显然,$S \in [1, \infty)$,S 越大,驻波分量越大,行波分量越小。当 $R=0$ 时,$S=1$,代表纯行波,此时无反射波,这就是光学镜片和隐身飞机的工作原理。当 $R=\pm 1$ 时,$S\to\infty$,代表纯驻波。

反射系数还可以用驻波系数表示为

$$|R| = \frac{S-1}{S+1} \tag{7-18}$$

例 7-4　在自由空间,均匀平面波垂直入射到半无限大的无耗介质平面上,已知自由空间中,合成波的驻波比为 3,介质内传输波的波长是自由空间波长的 1/6,且分界面上为驻波电场的最小点。求介质的相对磁导率和相对介电常数。

解: 因为驻波比 $S=\frac{1+|R|}{1-|R|}=3$,得到 $|R|=\frac{1}{2}$。反射系数 $R=\frac{Z_2-Z_1}{Z_2+Z_1}$。因为 $Z_1=Z_0$,$Z_2=\sqrt{\frac{\mu_2}{\varepsilon_2}}=\sqrt{\frac{\mu_r}{\varepsilon_r}}Z_0$,得到 $\frac{\mu_r}{\varepsilon_r}=\frac{1}{9}$,由 $\lambda_2=\frac{\lambda_0}{\sqrt{\mu_r\varepsilon_r}}=\frac{\lambda_0}{6}$,从而得出 $\varepsilon_r\mu_r=36$,故 $\mu_r=2$,$\varepsilon_r=18$。

例 7-5　均匀平面波由空气向理想介质($\mu_r=1$,$\varepsilon_r\neq 1$)平面垂直入射。已知分界面上 $E_0=10\text{V/m}$,$H_0=0.25\text{A/m}$。试求:

(1) 理想介质的 ε_r。

(2) 空气中的驻波比。

(3) 入射波、反射波和折射波的电磁场。

解: (1) 利用波阻抗的表达式 $Z=\sqrt{\frac{1}{\varepsilon_r}}\sqrt{\frac{\mu_0}{\varepsilon_0}}=\frac{E_0}{H_0}$ 可以得到

$$\varepsilon_r = \left(\sqrt{\frac{\mu_0}{\varepsilon_0}}\frac{H}{E}\right)^2 = (120\pi\times 0.025)^2 \approx 88.8$$

(2) $Z_2=40\Omega$,$Z_1=120\pi\Omega$,垂直入射的反射系数为

$$R=\frac{Z_2-Z_1}{Z_2+Z_1}\approx -0.808$$

因此驻波比为

$$S=\frac{1+|R|}{1-|R|}=\frac{1.808}{0.192}=9.417$$

（3）垂直入射的透射系数为

$$T=\frac{2Z_2}{Z_2+Z_1}=\frac{2\times 40}{40+120\pi}\approx 0.192$$

根据题意，已知分界面上 $E_0=10\text{V/m}$，即 $TE_{im}=E_m$。所以有 $E_{im}=52.1\text{V/m}$，$H_{im}=E_{im}/Z_1=0.14\text{A/m}$。设空气中的传播常数为 k_1，则理想介质中的传播常数 $k_2=2k_1$，因此，入射波、反射波和透射波分别为

$$\boldsymbol{E}_i=52.1\mathrm{e}^{-\mathrm{j}k_1z}\boldsymbol{e}_x,\ \boldsymbol{H}_i=0.14\mathrm{e}^{-\mathrm{j}k_1z}\boldsymbol{e}_y$$

$$\boldsymbol{E}_r=42.2\mathrm{e}^{+\mathrm{j}k_1z}\boldsymbol{e}_x,\ \boldsymbol{H}_r=0.11\mathrm{e}^{+\mathrm{j}k_1z}\boldsymbol{e}_y$$

$$\boldsymbol{E}_t=10\mathrm{e}^{-\mathrm{j}k_2z}\boldsymbol{e}_x=10\mathrm{e}^{-\mathrm{j}9.4k_1z}\boldsymbol{e}_x(\text{V/m}),\ \boldsymbol{H}_t=0.25\mathrm{e}^{-\mathrm{j}k_2z}\boldsymbol{e}_y=0.25\mathrm{e}^{-\mathrm{j}9.4k_1z}\boldsymbol{e}_y(\text{A/m})$$

例 7-6 某右旋圆极化波由空气垂直入射至理想介质平面（$z=0$），见图 7-5，设 $\varepsilon_1=\varepsilon_0$，$\varepsilon_2=9\varepsilon_0$。试求反射波和透射波的电场强度及其极化类型。

解：$k_1=\omega\sqrt{\mu_0\varepsilon_0}$，$k_2=\omega\sqrt{\mu_2\varepsilon_2}=3k_1$

入射波是右旋圆极化波，其电场复矢量可表示为

$$\boldsymbol{E}_i=(\boldsymbol{e}_x-\mathrm{j}\boldsymbol{e}_y)E_0\mathrm{e}^{-\mathrm{j}k_1z}$$

反射系数和透射系数为

$$R=\frac{Z_2-Z_1}{Z_2+Z_1}=-0.5,\ T=\frac{2Z_2}{Z_2+Z_1}=0.5$$

反射波电场强度复矢量为

$$\boldsymbol{E}_r=(\boldsymbol{e}_x-\mathrm{j}\boldsymbol{e}_y)RE_0\mathrm{e}^{\mathrm{j}k_1z}=\frac{1}{2}(\boldsymbol{e}_x-\mathrm{j}\boldsymbol{e}_y)E_0\mathrm{e}^{\mathrm{j}k_1z}$$

透射波电场强度复矢量为

$$\boldsymbol{E}_t=(\boldsymbol{e}_x-\mathrm{j}\boldsymbol{e}_y)TE_0\mathrm{e}^{-\mathrm{j}k_2z}=\frac{1}{2}(\boldsymbol{e}_x-\mathrm{j}\boldsymbol{e}_y)E_0\mathrm{e}^{-\mathrm{j}3k_1z}$$

从反射波、透射波和入射波的表达式可看出：入射波和透射波沿 z 方向传播，反射波沿 $-z$ 方向传播，故透射波是右旋圆极化波，反射波是左旋圆极化波。因此，反射会改变圆极化波的旋向。

*7.1.4 超声波探伤与电磁波探伤

超声波经常被用作探伤，即检测被检工件中是否有缺陷，如裂缝缝隙、层状偏析和夹杂物等。

当超声波垂直入射到缺陷界面时，会发生反射和透射。当缺陷反射波的声压达到入射压的 1%时，探伤仪示波屏上就可得到可分辨的反射回波。所以，通过测量反射波的声压可以确

定工件中有没有缺陷。

当平面超声波垂直入射于两种波阻抗不同的分界面时，从反射系数和透射系数的表达式可以看出，分界面的波阻抗差异越大，则反射系数越高，缺陷越容易被检出。反之，两者波阻抗差异越小，反射系数越低，缺陷检出越困难。

例如普通碳钢焊缝金属与母材金属两者声阻抗通常仅差 1%(即($Z_2=(1+0.01)Z_1$)，反射系数

$$R=\frac{(1+1\%)Z_1-Z_1}{(1+1\%)Z_1+Z_1}=0.5\%,T=\frac{2(1+1\%)Z_1}{(1+1\%)Z_1+Z_1}\approx 1$$

透射系数近似为 1，这表明声波几乎全部透射到第二介质，反射波极小，基本上可以忽略。此时，几乎观测不到反射波。

当超声波从水入射到钢时，$R=0.937$，反射声压略低于入射声压，因此，很容易探测到反射波。所以，同样厚度的分界面位于波阻抗不同的工件中，工件波阻抗越大，对缺陷的检测灵敏度越高。

电磁波探伤原理类似于超声波损伤，空气、铝和钢的波阻抗之比为 0.0004∶17∶46，当铝和钢中有同样性质和厚度的缺陷时，超声波对钢中该缺陷的检测能力高于铝中同类缺陷的检测能力。因为波的频率增加时，波阻抗增大，若要提高铝中缺陷的检测能力，可用提高检测频率的方法。如铝中微小气隙的反射率仅为此缺陷位于钢中时的 1/3，若检测频率提高 4 倍，就可获得原频率在钢中的反射率。

*7.1.5　易拉罐可否增强 WiFi 信号

相信大家听说过“易拉罐可让寝室 WiFi 信号增强多少倍”的说法，这个可信吗？

在很多定向天线中，经常使用一块金属板（可以看成理想导体）作为反射板，先分析其工作原理。

1. 天线反射板原理分析

如图 7-6 所示，天线发出的波有两部分：其中一部分是朝上方传播的波，如图 7-6 中的波 1；另一部分是朝下方传播的波，如图 7-6 中的波 2。其中波 2 的传播途径为：

1）朝下传播到理想导体，设其距离为 $1/4\lambda$，λ 为波长，由此带来相位滞后 $\pi/2$。

2）波传播到理想导体表面发生全反射，此时存在半波损失。

3）反射波继续朝上传播 $1/4\lambda$，相位滞后为 $\pi/2$。

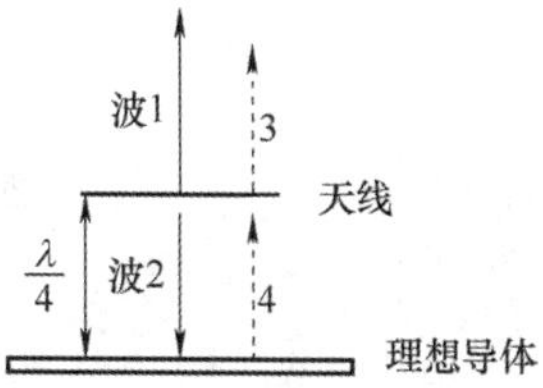

图 7-6　天线反射板原理

因此，当波 2 传播到原天线位置处时，波 1 和波 2 正好同相叠加，所以能增强信号。故天线反射板可以提高天线增益，同时屏蔽背面物体。

2. 反射板的安放位置

当天线和反射板之间的距离为天线 $1/4\lambda$ 的奇数倍时，前面分析的结论依然成立。为了使天线体积更小，一般选 $1/4\lambda$。

3. 易拉罐与 WiFi 信号分析

易拉罐罐身的主要成分是金属，如图 7-7 所示，可看成理想导体，因此，易拉罐罐身相当于

反射板。当电磁波传播到罐身时,波会发生全反射。

从上述分析知道,易拉罐不是总能增强 WiFi 信号,只有离天线的距离为 $1/4\lambda$ 的整数倍时才满足同相的相位要求,同时还与易拉罐的形状和角度有关。

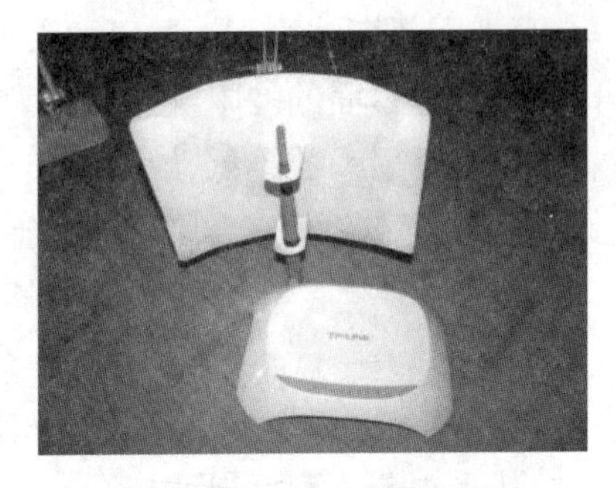

图 7-7 易拉罐与 WiFi

实际上,理想导体板对天线的影响可以用镜像天线来表示,如图 7-8a 所示,设反射板为理想导体,即 $\gamma\to\infty$,A 为实际天线元,其镜像天线为 B。设观察点为 C,则从天线 A 传播到 C 点的波分成两部分:一部分是从 A 传输至 C 点的直接波;另一部分是从 A 传输到 D 点,再反射到 C 点的波。

因为 $AD=BD$,故反射波和镜像天线的推迟时间相同。

以水平天线元为例,如图 7-8b 中的 I,I 的镜像天线为 I',和原电流 I 大小相等,方向相反。任一点的场都和距离 h 有关,且都等于电流 I 和镜像电流 I' 产生的场的叠加。当 $h=\lambda/4$ 时,I 与 I' 产生场的空间相位几乎一致:$2h$ 的空间距离导致的相位差为 π,I 与 I' 方向相反,对应的相位差为 π。因此,I 到场点 b 的直接入射波与 I' 到场点 b 的直接入射波同相,从而使信号增强。

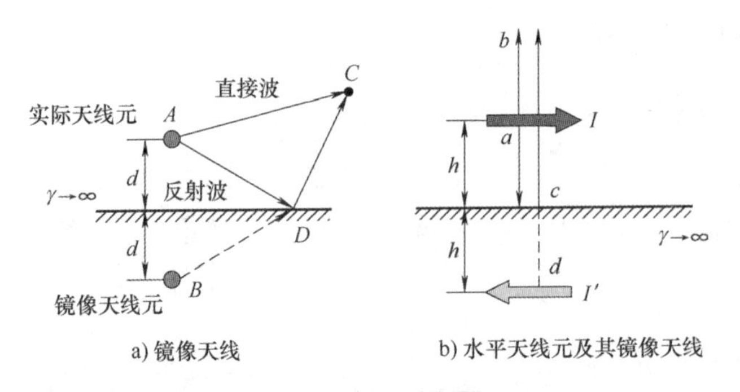

a) 镜像天线　　b) 水平天线元及其镜像天线

图 7-8 镜像天线

7.2 平面波在理想介质分界面上的斜入射

前面讨论了电磁波的正入射,一般情况下,电磁波对媒质分界面的入射方向是任意的,这节讨论最简单的情形,即正弦平面电磁波在不同媒质界面上反射、透射的一般规律,首先讨论其方向关系。

7.2.1 反射定律和透射定律

如图 7-9 所示,入射波的传播方向 $\boldsymbol{k}_1$ 与分界面法线的夹角是射角 θ_1,反射波的传播方向 $\boldsymbol{k}_1'$ 与分界面法线的夹角是反射角 θ_1',透射波的传播方向 $\boldsymbol{k}_2$ 与分界面法线的夹角是透射角 θ_2。

设上半平面为媒质 1(参数为 μ_1、ε_1),下半平面为媒质 2(参数为 μ_2、ε_2)。可以证明:

1) 入射波、反射波和透射波三个波矢量与分界面法线共四线共面,此平面称为入射面。

2）入射波射线（射线方向和波矢量分向一致）和反射波射线处于法线两侧，且

$$\theta_1=\theta_1' \tag{7-19}$$

3）透射波射线和入射波射线处于法线两侧，且

$$\frac{\sin\theta_2}{\sin\theta_1}=\frac{k_1}{k_2}=\sqrt{\frac{\mu_1\varepsilon_1}{\mu_2\varepsilon_2}}=\frac{v_2}{v_1} \tag{7-20}$$

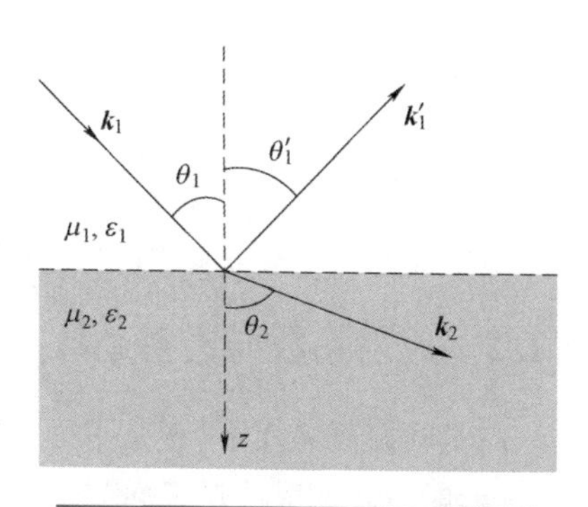

图 7-9　平面波对分界面的入射

式(7-19)说明反射角等于入射角，这就是著名的斯奈尔反射定律。式(7-20)是斯奈尔透射定律。在非磁性媒质中，$\mu_1=\mu_2=\mu_0$，且媒质的透射率是真空波速 c 和媒质相速度之比，即$n=\dfrac{c}{v_p}=\sqrt{\varepsilon_r\mu_r}$，因此式(7-20)变成

$$\frac{\sin\theta_1}{\sin\theta_2}=\frac{k_2}{k_1}=\frac{n_2}{n_1} \tag{7-21}$$

上述两条结论总称为斯奈尔定律，它描述了电磁波的反射和透射规律。

*反射定律和透射定律的证明

设入射波的电场强度 $\boldsymbol{E}_i(\boldsymbol{r})$ 可以表示为

$$\boldsymbol{E}_i(\boldsymbol{r})=\boldsymbol{E}_{im}e^{-j\boldsymbol{k}_1\cdot\boldsymbol{r}}$$

式中，$\boldsymbol{r}=\boldsymbol{e}_x x+\boldsymbol{e}_y y+\boldsymbol{e}_z z$；$\boldsymbol{k}_1=\boldsymbol{e}_{k_1}k_1$，$k_1=\omega\sqrt{\mu_1\varepsilon_1}$；$\boldsymbol{e}_{k_1}=\boldsymbol{e}_x\sin\theta_1+\boldsymbol{e}_z\cos\theta_1$。故

$$\boldsymbol{E}_i(\boldsymbol{r})=\boldsymbol{E}_{im}e^{-jk_1(x\sin\theta_1+z\cos\theta_1)}$$

反射波及透射波电场分别为

$$\boldsymbol{E}_r(\boldsymbol{r})=\boldsymbol{E}_{rm}e^{-j\boldsymbol{k}_1'\cdot\boldsymbol{r}}\text{和}\boldsymbol{E}_t(\boldsymbol{r})=\boldsymbol{E}_{tm}e^{-j\boldsymbol{k}_2\cdot\boldsymbol{r}}$$

设 $\boldsymbol{k}_1'=\boldsymbol{e}_{k_1'}k_1'$，$\boldsymbol{e}_{k_1'}=\boldsymbol{e}_x\sin\theta_1'-\boldsymbol{e}_z\cos\theta_1'$，$\boldsymbol{k}_2=\boldsymbol{e}_{k_2}k_2$，$\boldsymbol{e}_{k_2}=\boldsymbol{e}_x\sin\theta_2+\boldsymbol{e}_z\cos\theta_2$，$k_2=\omega\sqrt{\mu_2\varepsilon_2}$，得到

$$\boldsymbol{E}_r(\boldsymbol{r})=\boldsymbol{E}_{rm}e^{-j\boldsymbol{k}_1'\cdot\boldsymbol{r}}=\boldsymbol{E}_{rm}e^{-jk_1'(x\sin\theta_1'-z\cos\theta_1')}$$

$$\boldsymbol{E}_t(\boldsymbol{r})=\boldsymbol{E}_{tm}e^{-j\boldsymbol{k}_2\cdot\boldsymbol{r}}=\boldsymbol{E}_{tm}e^{-jk_2(x\sin\theta_2+z\cos\theta_2)}$$

媒质 1 中的电场 $\boldsymbol{E}_1=\boldsymbol{E}_i+\boldsymbol{E}_r$，媒质 2 中的电场 $\boldsymbol{E}_2=\boldsymbol{E}_t$，而在分界面($z=0$)上电场切向分量连续，在分界面上，两侧电场强度的切向分量必须连续，且考虑到上述边界条件在入射波以任何角度入射到边界面上的任何位置时都满足，得

$$\boldsymbol{e}_z[\boldsymbol{E}_{im}e^{-jk_1x\sin\theta_1}+\boldsymbol{E}_{rm}e^{-jk_1x\sin\theta_1'}]=\boldsymbol{e}_z\boldsymbol{E}_{tm}e^{-jk_2x\sin\theta_2}$$

上述等式对于任意 x 均应成立，因此各项指数中对应的系数应该相等，即

$$k_1\sin\theta_1=k_1'\sin\theta_1'=k_2\sin\theta_2 \tag{7-22}$$

此式表明反射波及透射波的相位沿分界面的变化始终与入射波保持一致。因此，该式又称为分界面上的相位匹配条件。

因为 $k_1=k_1'$，从式得到

$$\theta_1=\theta_1'$$

因为这里的媒质 1 和媒质 2 都是理想介质，故 $k_2=\omega\sqrt{\mu_2\varepsilon_2}$，$k_1=\omega\sqrt{\mu_1\varepsilon_1}$，从式(7-22)还可

以得到

$$\frac{\sin\theta_2}{\sin\theta_1}=\frac{k_1}{k_2}=\sqrt{\frac{\mu_1\varepsilon_1}{\mu_2\varepsilon_2}}$$

对于非磁性介质，$\mu_2=\mu_1$，且媒质的透射率为 $n=\sqrt{\varepsilon_r}$，故 $n_1\sin\theta_1=n_2\sin\theta_2$。

7.2.2　反射系数与透射系数

在不同媒质界面上，正弦平面电磁波的方向关系遵循反射定律和透射定律。本节讨论入射波、反射波和透射波三者之间的幅值关系。由于任意平面波总可以分解为平行极化波和垂直极化波，因此在讨论平面波的反射、透射时，只要考虑线极化波即可。

1. 垂直极化波和平行极化波

电场方向垂直于入射面的线极化波称为垂直极化波，如图 7-10a 所示电场方向平行于入射面的线极化波称为平行极化波，如图 7-10b 所示。

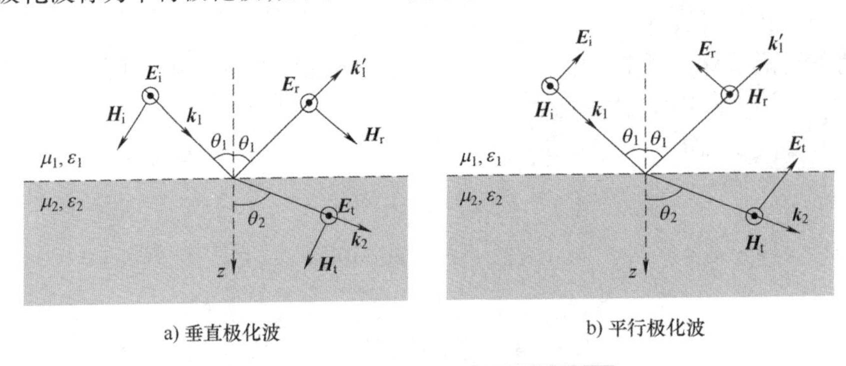

图 7-10　平行极化波和垂直极化波

根据边界条件可知，无论平行极化平面波，还是垂直极化平面波，在平面边界上被反射和透射时，极化特性都不会发生变化。如果入射波是平行极化波，则透射波与反射波也是平行极化波；如果入射波是垂直极化波，则透射波与反射波也是垂直极化波。

斜投射时的反射系数及透射系数与平面波的极化特性有关，设 $R_{\perp}$、$T_{\perp}$ 和 $R_{/\!/}$、$T_{/\!/}$ 分别为垂直极化波和平行极化波的反射系数和透射系数，下面推导其表达式。

2. 垂直极化波的反射系数与透射系数

在 $z=0$ 的平面（媒质分界面）上，根据电磁波满足的边界条件，有

$$E_i+E_r=E_t$$

$$-\frac{E_i}{Z_1}\cos\theta_1+\frac{E_r}{Z_1}\cos\theta_1=-\frac{E_t}{Z_2}\cos\theta_2$$

解得

$$E_r=\frac{Z_2\cos\theta_1-Z_1\cos\theta_2}{Z_2\cos\theta_1+Z_1\cos\theta_2}E_i$$

$$E_t=\frac{2Z_2\cos\theta_1}{Z_2\cos\theta_1+Z_1\cos\theta_2}E_i$$

故

$$R_{\perp}=\frac{E_{r}}{E_{i}}=\frac{Z_{2}\cos\theta_{1}-Z_{1}\cos\theta_{2}}{Z_{2}\cos\theta_{1}+Z_{1}\cos\theta_{2}} \tag{7-23}$$

$$T_{\perp}=\frac{E_{2}}{E_{i}}=\frac{2Z_{2}\cos\theta_{1}}{Z_{2}\cos\theta_{1}+Z_{1}\cos\theta_{2}} \tag{7-24}$$

很显然，$1+R_{\perp}=T_{\perp}$。对于非磁性介质，$\mu_{2}=\mu_{1}$，$n_{1}\sin\theta_{1}=n_{2}\sin\theta_{2}$，所以

$$R_{\perp}=\frac{\cos\theta_{1}-\sqrt{\varepsilon_{2}/\varepsilon_{1}-\sin^{2}\theta_{1}}}{\cos\theta_{1}+\sqrt{\varepsilon_{2}/\varepsilon_{1}-\sin^{2}\theta_{1}}} \tag{7-25}$$

$$T_{\perp}=\frac{2\cos\theta_{1}}{\cos\theta_{1}+\sqrt{\varepsilon_{2}/\varepsilon_{1}-\sin^{2}\theta_{1}}} \tag{7-26}$$

3. 平行极化波的反射系数与透射系数

在 $z=0$ 的平面（媒质分界面）上，根据电磁波满足的边界条件，有

$$E_{i}\cos\theta_{1}-E_{r}\cos\theta_{1}=E_{t}\cos\theta_{2}$$

$$\frac{E_{i}}{Z_{1}}+\frac{E_{r}}{Z_{1}}=\frac{E_{t}}{Z_{2}}$$

解得

$$E_{r}=\frac{Z_{1}\cos\theta_{1}-Z_{2}\cos\theta_{2}}{Z_{1}\cos\theta_{1}+Z_{2}\cos\theta_{2}}E_{i}$$

$$E_{t}=\frac{2Z_{2}\cos\theta_{1}}{Z_{1}\cos\theta_{1}+Z_{2}\cos\theta_{2}}E_{i}$$

为表示波的反射与透射情况，一般用电场强度的切向分量（交界面处）定义反射系数和透射系数，即

$$R_{/\!/}=\frac{-E_{r}\cos\theta_{1}}{E_{i}\cos\theta_{1}}=\frac{Z_{2}\cos\theta_{2}-Z_{1}\cos\theta_{1}}{Z_{2}\cos\theta_{2}+Z_{1}\cos\theta_{1}} \tag{7-27}$$

$$T_{/\!/}=\frac{E_{2}\cos\theta_{2}}{E_{i}\cos\theta_{1}}=\frac{2Z_{2}\cos\theta_{1}}{Z_{2}\cos\theta_{2}+Z_{1}\cos\theta_{1}} \tag{7-28}$$

对于非磁性介质，有

$$R_{/\!/}=\frac{\sqrt{(\varepsilon_{2}/\varepsilon_{1})-\sin^{2}\theta_{1}}-(\varepsilon_{2}/\varepsilon_{1})\cos\theta_{1}}{\sqrt{(\varepsilon_{2}/\varepsilon_{1})-\sin^{2}\theta_{1}}+(\varepsilon_{2}/\varepsilon_{1})\cos\theta_{1}} \tag{7-29}$$

$$T_{/\!/}=\frac{2\sqrt{(\varepsilon_{2}/\varepsilon_{1})-\sin^{2}\theta_{1}}}{\sqrt{(\varepsilon_{2}/\varepsilon_{1})-\sin^{2}\theta_{1}}+(\varepsilon_{2}/\varepsilon_{1})\cos\theta_{1}} \tag{7-30}$$

不难看出：

1）当入射角为 0°时（即垂直入射），平行极化和垂直极化可视为同一种情况。

2）设 $z\geqslant0$ 的空间为理想导体，由于 $Z_{2}=0$，无论是平行极化还是垂直极化，透射系数总为零，反射系数总满足 $|R_{\perp}|=|R_{/\!/}|=1$。

3）无论平行极化还是垂直极化，反射系数和透射系数间存在如下关系

$$1+R_{\perp}=T_{\perp}\quad 1+R_{/\!/}=T_{/\!/} \tag{7-31}$$

例 7-7　当均匀平面波由空气向位于 $z=0$ 平面的理想导电体表面斜投射时，已知入射波电场强度为 $\boldsymbol{E}_{\mathrm{i}}=10\mathrm{e}^{-\mathrm{j}(6x+8z)}\boldsymbol{e}_y(\mathrm{V/m})$

试求：

（1）平面波的频率。

（2）入射角。

（3）反射波的电场强度和磁场强度。

（4）空气中的合成场及能流密度矢量。

解：（1）由入射波的电场强度表示式可知 $\boldsymbol{k}\cdot\boldsymbol{r}=k_x x+k_y y+k_z z$，故 $k_x=6, k_y=0, k_z=8$，因此波、波长和频率为

$$k=\sqrt{k_x^2+k_y^2+k_z^2}=10, \lambda=\frac{2\pi}{k}=0.2\pi\mathrm{m}, f=\frac{c}{\lambda}=4.77\times10^8\mathrm{Hz}$$

（2）根据传播方向与分界面的关系，得入射角为 $\theta_{\mathrm{i}}=\arcsin3/5=37°$。

（3）入射波的磁场强度为

$$\boldsymbol{H}_{\mathrm{i}}(x,z)=\frac{1}{Z_0}(\boldsymbol{e}_k\times\boldsymbol{E}_{\mathrm{i}})=\frac{10}{Z_0}(6\boldsymbol{e}_z-8\boldsymbol{e}_x)\mathrm{e}^{-\mathrm{j}(6x+8z)}$$

由于入射方向位于 xOz 平面，电场方向垂直于入射面，因此入射波为垂直极化波。已知垂直极化波在理想导电体表面上的反射系数 $R_{\perp}=-1$，则反射波的电场强度和磁场强度分别为

$$\boldsymbol{E}_{\mathrm{r}}=-10\mathrm{e}^{-\mathrm{j}(6x-8z)}\boldsymbol{e}_y$$

$$\boldsymbol{H}_{\mathrm{r}}=\frac{1}{Z_0}(\boldsymbol{e}_{k\mathrm{r}}\times\boldsymbol{E}_{\mathrm{r}})=\frac{10}{Z_0}(6\boldsymbol{e}_z+8\boldsymbol{e}_x)\mathrm{e}^{-\mathrm{j}(6x-8z)}$$

（4）合成波的电场强度和磁场强度分别为

$$\boldsymbol{E}=\boldsymbol{E}_{\mathrm{i}}+\boldsymbol{E}_{\mathrm{r}}=-20\mathrm{j}\boldsymbol{e}_y\sin8z\mathrm{e}^{-\mathrm{j}6x}$$

$$\boldsymbol{H}=\boldsymbol{H}_{\mathrm{i}}+\boldsymbol{H}_{\mathrm{r}}=\frac{1}{Z_0}(120\cos8z\boldsymbol{e}_z+\mathrm{j}160\sin8z\boldsymbol{e}_x)\mathrm{e}^{-\mathrm{j}6x}$$

能流密度矢量为

$$\boldsymbol{S}=\boldsymbol{E}\times\boldsymbol{H}^*=-\frac{30\sin^2 8z}{\pi}\boldsymbol{e}_x-\mathrm{j}\frac{10}{Z_0}\sin16z\boldsymbol{e}_z$$

7.2.3　全反射和全透射

1. 全透射

通过前面分析可知，对于非磁性介质，不论是垂直还是平行极化的斜入射，反射系数均可正可负。当反射系数为零时，表示没有反射波存在，这种情况也称为全透射，此时电磁波的能量将全部透入第二种媒质中。

对垂直极化波而言，如果 $R_{\perp}=0$，则 $\cos\theta_1=\sqrt{\dfrac{\varepsilon_2}{\varepsilon_1}-\sin^2\theta_1}$，此式成立的条件是 $\varepsilon_2=\varepsilon_1$。因此，对垂直极化波而言，不可能出现全透射的情况。也就是说，在垂直极化时，不存在全透射现象，即在介质分界面总存在反射波。

对平行极化波，设 $R_{/\!/}=0$，得

$$\frac{\varepsilon_2}{\varepsilon_1}\cos\theta_1=\sqrt{\frac{\varepsilon_2}{\varepsilon_1}-\sin^2\theta_1}$$

求解上式得

$$\theta_1=\theta_b=\arctan\sqrt{\frac{\varepsilon_2}{\varepsilon_1}}\text{或}\ \theta_b=\arcsin\sqrt{\frac{\varepsilon_2}{\varepsilon_1+\varepsilon_2}} \tag{7-32}$$

此时的入射角 θ_b 也称为布儒斯特角。它表明当平行极化入射波以布儒斯特角入射到两介质交界面时，不存在反射波。

任意极化的电磁波以布儒斯特角斜入射到两非磁性媒质的分界面时，入射波中 E 平行于入射面的部分将全部透入媒质 2，仅垂直入射面的另一部分入射波被分界面反射，故反射波是 E 垂直入射面的线极化波。实际中可利用测量布儒斯特角来测量介质的介电常数，也可利用布儒斯特角提取入射波的垂直极化分量。

如图 7-11 所示，任意极化波以 θ_b 入射到分界面时，平行极化波发生全透射，因此，反射波中只有垂直极化分量，这就是极化滤波的原理。

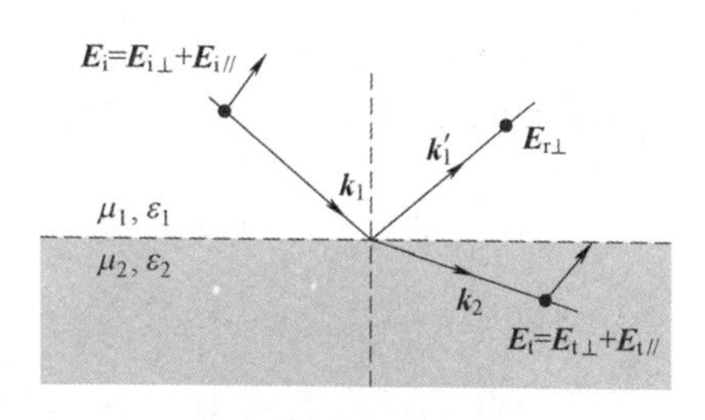

图 7-11　极化滤波

2. 全反射

当均匀平面电磁波入射到理想导体表面时，理想导体内部电场强度必须为零，对于平行极化波来说，在分界面上，应有 $E_i\cos\theta_1=E_r\cos\theta_1$，此时 $|R_{/\!/}|=1$。同理可得 $|R_\perp|=1$。

电磁波在理想介质表面也会全反射，其条件也是 $|R|=1$。将 $|R_{/\!/}|=|R_\perp|=1$ 代入反射系数的表达式有 $\frac{\varepsilon_2}{\varepsilon_1}-\sin^2\theta_1\leqslant0$，即

$$\theta_1\geqslant\theta_c=\arcsin\sqrt{\frac{\varepsilon_2}{\varepsilon_1}}=\arcsin\frac{n_2}{n_1} \tag{7-33}$$

式中，θ_c 为临界角。

显然，上述情况只有当 $\varepsilon_2<\varepsilon_1$ 时才有意义。因此，不论是平行极化波还是垂直极化波，产生全反射的条件为：

1）电磁波由波密媒质入射到波疏媒质中，即 $\varepsilon_1>\varepsilon_2$。

2）入射角不小于 $\theta_c=\arcsin\sqrt{\varepsilon_2/\varepsilon_1}$，称 θ_c 为全反射的临界角。

***全反射现象中的透射波：表面波**

电磁波由稠密媒质入射到稀疏媒质（$n_1>n_2$，$\varepsilon_1>\varepsilon_2$）中，当入射角 θ_1 不同时，结果也不同。

1）当 $\theta_1<\theta_c$ 时，不产生全反射。

2）当 $\theta_1=\theta_c$ 时，透射角为 $\sin\theta_2=\sqrt{\frac{\varepsilon_1}{\varepsilon_2}}\sin\theta_c=1$，即透射角 $\theta_2=90°$，此时透射波仍存在，沿分界面方向（见图 7-12 中的 x 方向）传播，不沿 z 方向传播。

3）$90°>\theta_1>\theta_c$ 时，$\sin\theta_2=\sqrt{\frac{\varepsilon_1}{\varepsilon_2}}\sin\theta_1>1$，此时 $|R_\perp|=|R_{/\!/}|=1$，且 $k_2\cos\theta_2=k_2\sqrt{1-\sin^2\theta_2}$，反射系数为复数。设 $\alpha=\sqrt{\frac{\varepsilon_1}{\varepsilon_2}\sin^2\theta_1-1}$，则 $k_2\cos\theta_2=-\mathrm{j}k_2\alpha$，即发生全反射时的反射系数与透射系数公式可写为

$$R_\perp=\frac{n_1\cos\theta_1+\mathrm{j}n_2\alpha}{n_1\cos\theta_1-\mathrm{j}n_2\alpha}\quad T_\perp=\frac{2n_1\cos\theta_1}{n_1\cos\theta_1-\mathrm{j}n_2\alpha}$$

$$R_{/\!/}=-\frac{n_2\cos\theta_1+\mathrm{j}n_1\alpha}{n_2\cos\theta_1-\mathrm{j}n_1\alpha}\quad T_{/\!/}=\frac{2n_1\cos\theta_1}{n_2\cos\theta_1-\mathrm{j}n_1\alpha}$$

故透射波电场为

$$\boldsymbol{E}_\mathrm{t}=\boldsymbol{E}_\mathrm{tm}\mathrm{e}^{-\mathrm{j}k_2(x\sin\theta_2+z\cos\theta_2)}=\boldsymbol{E}_\mathrm{tm}\mathrm{e}^{-k_2\alpha z}\mathrm{e}^{-\mathrm{j}k_2x\sin\theta_2}$$

从上式可以看出，媒质 2 中的透射波沿着 x 方向传播，如图 7-12 所示；其振幅沿 z 方向（垂直于分界面方向）按指数规律衰减。且若 $k_2\alpha$ 足够大，透射波能量主要集中在边界表面附近，这种波称为表面波或隐失波、倏逝波。

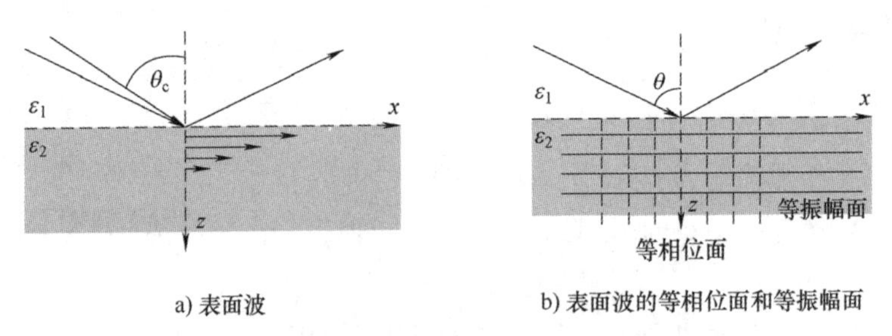

a) 表面波　　b) 表面波的等相位面和等振幅面

图 7-12　表面波及其等相位面与等振幅面

由上面的分析可知，透射波电场的幅度为 $E_\mathrm{tm}\mathrm{e}^{-k_2\alpha z}$，波的相位为 $k_2x\sin\theta_2$，因此，当 θ_2 一定时，其等相位面的方程为：$k_2x\sin\theta_2=$常数，即 $x=$常数的平面。波的等振幅面是 $z=$常数的平面，即波的振幅在等相位面上不均匀，因此这种透射波为非均匀平面波，如图 7-12b 所示。表面波的相速为

$$v_\mathrm{p}=\frac{\omega}{\beta}=\frac{\omega}{\omega\sqrt{\mu_0\varepsilon_0}\sqrt{\varepsilon_{\mathrm{r}1}}\sin\theta_\mathrm{i}}=\frac{c}{\sqrt{\varepsilon_{\mathrm{r}1}}\sin\theta_\mathrm{i}}$$

在全反射条件下，$\frac{\omega}{k_2}>\frac{\omega}{\beta}>\frac{\omega}{k_1}$，透射波的相速比平面波在介质 2 中的相速小，比平面波在介质 1 中的相速大，介质 2 中的相速最大就是自由空间的光速，因此这种透射波的相速总是小于光速，也称为慢波。

*全反射的能流

发生全反射时，介质 2 中透射波的平均能流密度为

$$\boldsymbol{S}_\mathrm{av}=\frac{1}{2}\mathrm{Re}[\boldsymbol{E}_\mathrm{t}\times\boldsymbol{H}_\mathrm{t}^*]=\frac{1}{2Z_2}\mathrm{Re}[T^2\boldsymbol{E}_\mathrm{tm}(\boldsymbol{e}_x\sin\theta_2-\mathrm{j}\alpha\boldsymbol{e}_z)]$$

由上式可见，介质 2 中沿分界面 z 方向透射波的平均功率密度为$-\mathrm{j}\alpha$，实部为 0，无实功率

传输，但是能流密度的瞬时值并不为零，而是在界面层内来回振荡。因此在该介质中，虽有透射场的存在，但入射波的能量全部返回至原介质中；沿分界面 x 方向透射波的平均功率流密度为上式第一项，介质 2 中的透射波随 z 按指数衰减，但是与欧姆损耗引起的衰减不同，沿 z 方向没有能量损耗。

全反射现象开始发生时会有一部分电磁能量进入介质 2 并建立起透射波（即倏逝波），电磁能量跨过界面往复流动，但透入介质 2 的平均能流密度为零，倏逝波与透射现象中的透射波又有所不同，它是非均匀波，沿界面切向传播，在分界面法向振幅按指数迅速衰减。

*斜滑投射

从式（7-31）~式（7-34）可以看出，当入射角 $\theta_1\to\frac{\pi}{2}$ 时，$R_\perp=R_{/\!/}\approx-1$，$T_\perp=T_{/\!/}\approx0$。即无论何种极化及何种媒质，透射系数接近 0，发生全反射，此时反射波和入射波相位近似相反，此时称为斜滑投射。当大角度倾斜观察物体的表面时，常显得比较明亮，这就是斜滑投射。

如图 7-13 所示，目标接收的波分为两部分：一部分是直接从雷达传输到目标的波，称为直接波；第二部分是雷达发射的波经过地面反射后，传输到目标的波。当波从雷达传输到地面时，如果入射角 θ_1 近似为 90°，发生斜滑投射，此时反射波和直接波的空间相位几乎一致。也就是说，反射波与直接波近似等值反相，合成波大大削弱。因此，在地面附近的一定范围内，只存在微弱的电磁波，或没有电磁波，此范围就是雷达的盲区。

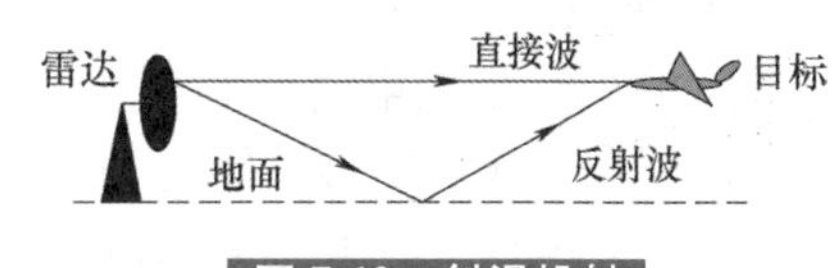

图 7-13　斜滑投射

因此，当雷达指向低空目标时存在盲区，无法发现低空目标。例如马岛战争中，阿根廷军旗战机利用低空突防战术，击沉了多艘英国舰船。

克服斜滑投射的方法是采用多部雷达配合，例如高空雷达和地面雷达的配合。

*7.3　正弦平面波对理想导体表面的斜入射

设媒质 1 为理想介质，媒质 2 为理想导电体，即 $\gamma_1=0,\gamma_2\to\infty$，媒质 2 的波阻抗为 $Z_{2c}\to0$，因此，无论是垂直极化波还是平行极化，反射系数 $R_\perp=1,R_{/\!/}=-1$，折射系数为 $T_\perp=T_{/\!/}=0$。此结果表明，当平面波向理想导体表面斜投射时，无论入射角如何，均会发生全反射，故折射波为零，理想导体表面有表面电流。

对于垂直极化波，如图 7-14 所示，因为 $Z_2=0$，$R_\perp=-1,E_{\rm rm}=-E_{\rm im}$。入射波电场垂直于入射面，故入射波和反射波电场只有 E_y 分量，而磁场有 H_x 和 H_z 分量。媒质 1 中的合成波的电场和磁场分别为

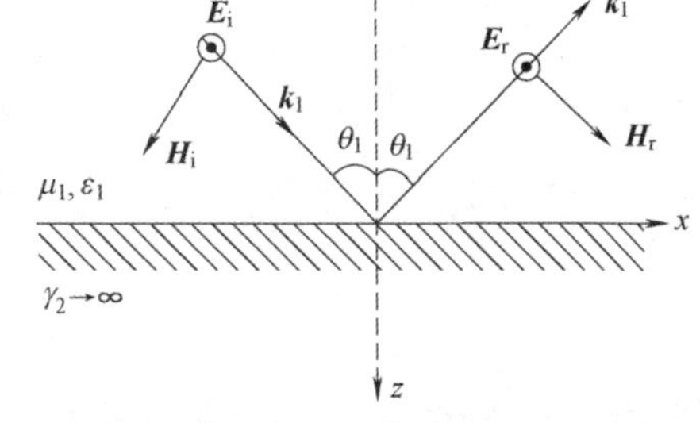

图 7-14　垂直极化波对理想导体平面的斜入射

$$E_y=E_{\rm im}{\rm e}^{-{\rm j}k_1(x\sin\theta_1+z\cos\theta_1)}-E_{\rm im}{\rm e}^{-{\rm j}k_1(x\sin\theta_1-z\cos\theta_1)}$$

即

$$E_y = \mathrm{j}2E_{\mathrm{im}}\sin(k_1 z\cos\theta_1)\mathrm{e}^{-\mathrm{j}k_1 x\sin\theta_1} \tag{7-34}$$

又 $\boldsymbol{H}=\boldsymbol{H}_x+\boldsymbol{H}_z$，即

$$H_x = -2H_{\mathrm{m}}\cos\theta_1\cos(k_1 z\cos\theta_1)\mathrm{e}^{-\mathrm{j}kx\sin\theta_1} \tag{7-35}$$

$$H_z = -\mathrm{j}2H_{\mathrm{m}}\sin\theta_1\sin(k_1 z\cos\theta_1)\mathrm{e}^{-\mathrm{j}kx\sin\theta_1} \tag{7-36}$$

式中，$H_{\mathrm{m}}=E_{\mathrm{im}}/z$。

从上式可得合成波的特点为：

1）合成波沿 x 方向传播，其振幅与 z 方向有关。

2）合成波等相位面为 $\omega t-k_1 x\sin\theta_1=$常数，故相速为 $v=\dfrac{\omega}{k\sin\theta}$，故相速有可能大于光速，相速大于光速的波称为快波，反之称为慢波。

3）等相位面上场强分布不均匀，是驻波，也是非均匀平面波；等幅度面方程是 $z=$常数，与等相位面垂直。

4）电磁波的传播方向（x 方向）有磁场分量，故不是 TEM 波，而是 TE 波，或 H 波。

5）在 $z=-n\lambda_1/(2\cos\theta_1)$ 处，合成波电场为零。因此，如果在此处放置一块无限大的理想导电平面，不会破坏原来的场分布，这就意味着在两块相互平行的无限大理想导电平面之间可以传播 TE 波，形成平行板波导。同理，对于平行极化波，合成波也是非均匀平面波；同时，在电磁波的传播方向（x 方向）有电场分量，故称为 TM 波，或 E 波。

*7.4 均匀平面波对良导体表面的斜入射

设电磁波从媒质 1（理想介质，介电常数为 ε_1）入射到媒质 2（良导体，介电常数为 ε_2，电导率为 γ_2），由反射定律和折射定律得到

$$\sin\theta_2 = \frac{k_1}{k_2}\sin\theta_1 \tag{7-37}$$

对于理想介质有 $k_1=\omega\sqrt{\mu_1\varepsilon_1}$；对良导体有 $k_2\approx\alpha+\beta=(1+\mathrm{j})\sqrt{\dfrac{\omega\mu_2\gamma_2}{2}}$，故

$$\sin\theta_2 = \sqrt{\frac{2\omega\mu_1\varepsilon_1}{\mu_2\gamma_2}}\sin\theta_1 \tag{7-38}$$

对于一般的非磁性物质，有 $\mu_1=\mu_2=\mu_0$，则

$$\sin\theta_2 = \sqrt{\frac{2\omega\varepsilon_1}{\gamma_2}}\sin\theta_1 \tag{7-39}$$

当频率不太高时，$2\omega\varepsilon_1\ll\gamma_2$，此时 $\sin\theta_2\approx 0$，折射角近似为零，即折射波近似沿分界面的法线方向传播。也就是说，电磁波从理想介质入射到良导体表面时，无论入射角如何，折射波的传播方向都近似垂直于分界面。

进一步，由理想介质和良导体的波阻抗分别为 $Z_1=\sqrt{\dfrac{\mu_1}{\varepsilon_1}}$，$Z_2=\sqrt{\dfrac{\mathrm{j}\omega\mu_0}{\gamma_2}}$，得到

$$R_{\perp} \ll 1, R_{/\!/} \ll 1, T_{\perp} \approx -1, T_{/\!/} \approx -1 \tag{7-40}$$

式(7-40)说明,频率不太高的电磁波从理想介质入射到良导体表面时,无论入射角和极化方式如何,在良导体内的折射波都很少,和理想导体类似,近似发生全发射。

7.5　习题与答案

7.5.1　习题

1. 频率为100MHz的正弦均匀平面波在各向同性的均匀理想介质中沿 z 方向传播,介质的特性参数为$\varepsilon_r=4,\mu_r=1,\gamma=0$。设电场沿 x 方向,即 $\boldsymbol{E}=\boldsymbol{e}_x E_x$。已知:当 $t=0$、$z=1/8$m 时,电场等于其振幅值 10^{-4}V/m。试求:

(1) 波的传播速度、波长、波数。

(2) 电场和磁场的瞬时表达式。

(3) 坡印亭矢量和平均坡印亭矢量。

2. y 方向极化的均匀平面波在理想介质中沿$+z$ 方向传播,已知介质特性参数为 $\varepsilon_r=4$,$\mu_r=1,\gamma=0$,电场振幅为37.7V/m,波的相位常数为2πrad/m,初始相位为0。试求:

(1) 波的传播速度、波长。

(2) 电场和磁场的瞬时表达式和复数表达形式。

(3) 坡印亭矢量和平均坡印亭矢量。

3. 空气中传播的均匀平面波垂直入射到位于 $z=0$ 的理想导体板上,其电场强度为 $\boldsymbol{E}_i=(\boldsymbol{e}_x-\mathrm{j}\boldsymbol{e}_y)E_0\mathrm{e}^{-\mathrm{j}\beta z}$。试求:

(1) 波的极化方式。

(2) 反射波的电场强度。

(3) 导体板上的感应电流。

(4) 空气中总电场强度的瞬时表达式。

4. 空气中传播的均匀平面波由空气垂直入射到位于 $z=0$ 的介质分界面上,其电场强度为 $\boldsymbol{E}=\boldsymbol{e}_x E_0\mathrm{e}^{-\mathrm{j}\beta z}$。已知介质参数分别为:$\mu_r=1,\varepsilon_r=9$。试求:

(1) 反射波的电场强度和磁场强度。

(2) 透射波的电场强度和磁场强度。

5. (任意方向)空气中传播的均匀平面波的电场为 $\boldsymbol{E}=\boldsymbol{e}_z \boldsymbol{E}_0\mathrm{e}^{-\mathrm{j}(3x+4y)}$,试求:

(1) 波的传播方向。

(2) 波的频率和波长。

(3) 波的极化方式。

(4) 与 $\boldsymbol{E}$ 相伴的磁场 $\boldsymbol{H}$。

(5) 坡印亭矢量和平均坡印亭矢量。

(6) 波的能量密度。

6. 当平面波向理想介质边界斜入射时,试证:布儒斯特角与相应的折射角之和为 $\pi/2$。

7. 当频率$f=0.3\text{GHz}$的均匀平面波由媒质$\varepsilon_r=4$,$\mu_r=1$斜入射到与自由空间的交界面时,试求:

(1) 临界角θ_c。

(2) 当垂直极化波以$\theta_i=60°$入射时,在自由空间中的折射波传播方向如何?相速v_p为多少?

(3) 当圆极化波以$\theta_i=60°$入射时,反射波是什么极化的?

8. 一个线极化平面波由自由空间投射到$\varepsilon_r=4$、$\mu_r=1$的介质分界面,如果入射波的电场与入射面的夹角是45°。试问:

(1) 当入射角θ_i为多少时,反射波只有垂直极化波?

(2) 这时反射波的平均功率流密度是入射波的百分之几?

9. 一个圆极化的均匀平面波,电场$\boldsymbol{E}=E_0\mathrm{e}^{-\mathrm{j}kz}(\boldsymbol{e}_x+\mathrm{j}\boldsymbol{e}_y)$垂直入射到$z=0$处的理想导体平面。试求:

(1) 反射波电场、磁场表达式。

(2) 合成波电场、磁场表达式。

(3) 合成波沿z方向传播的平均功率流密度。

10. 当均匀平面波由空气向理想介质($\mu_r=1$,$\gamma=0$)垂直入射时,有84%的入射功率输入此介质,试求介质的相对介电常数ε_r。

11. 当平面波从第一种理想介质向第二种理想介质垂直入射时,若媒质波阻抗$Z_2>Z_1$,证明:分界面处为电场波腹点;若$Z_2<Z_1$,则分界面处为电场波节点。

12. 均匀平面波从空气垂直入射于一非磁性介质墙上。在此墙前方测得的电场振幅分布如图7-15所示,求:

(1) 介质墙的ε_r。

(2) 电磁波频率f。

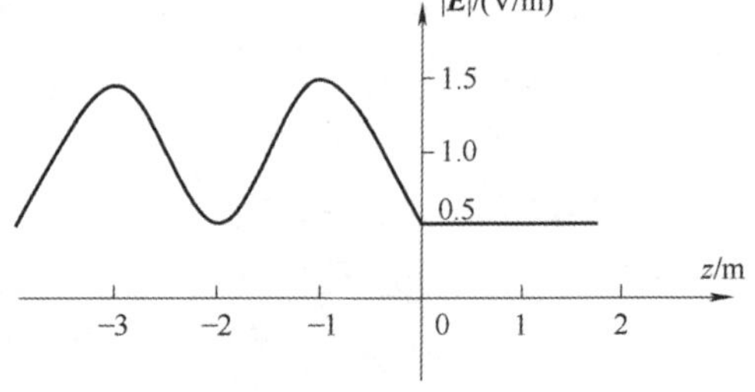

图7-15 习题12图

13. 电场强度为$\dot{\boldsymbol{E}}_i(z)=(\mathrm{j}\boldsymbol{e}_x+\boldsymbol{e}_y)E_m\mathrm{e}^{-\mathrm{j}\beta_0 z}$的均匀平面波从空气中垂直入射到$z=0$处的理想介质(相对介电常数$\varepsilon_r=9$,$\mu_r=1$)平面上。求:

(1) 入射波电场和磁场的瞬时表达式,说明入射波的极化类型。

(2) 反射波电场和磁场的复数表达式,并说明反射波的极化类型。

(3) 透射波电场和磁场的复数表达式,并说明透射波的极化类型。

(4) 求空气中合成电场的表达式,简要说明合成波的特点。

14. 右旋圆极化波从空气垂直入射到位于$z=0$的理想导体板上,其电场强度的复数形式为$\dot{\boldsymbol{E}}_i(z)=(\boldsymbol{e}_x-\mathrm{j}\boldsymbol{e}_y)E_m\mathrm{e}^{-\mathrm{j}\beta z}$。求:

(1) 反射波的表达式并说明反射波的极化类型。

(2) 总电场强度瞬时表达式。

(3) 板上的感应面电流密度。

15. 设 $z<0$ 区域中理想介质参数为 $\varepsilon_{r1}=4$、$\mu_{r1}=1$；$z>0$ 区域中理想介质参数为 $\varepsilon_{r2}=9$、$\mu_{r2}=1$。若入射波的电场强度为 $\boldsymbol{E}=\mathrm{e}^{-\mathrm{j}6(\sqrt{3}x+z)}(\boldsymbol{e}_x+\boldsymbol{e}_y-\sqrt{3}\boldsymbol{e}_z)$，试求：

（1）平面波的频率。

（2）反射角和折射角。

（3）反射波和折射波。

16. 当右旋圆极化平面波以 60° 入射角自媒质 1 向媒质 2 斜投射时，如图 7-16 所示。若两种媒质的电磁参数为 $\varepsilon_{r1}=1$，$\varepsilon_{r2}=9$，$\mu_{r1}=\mu_{r2}=1$，平面波的频率为 300MHz，试求入射波、反射波及折射波的表示式及其极化特性。

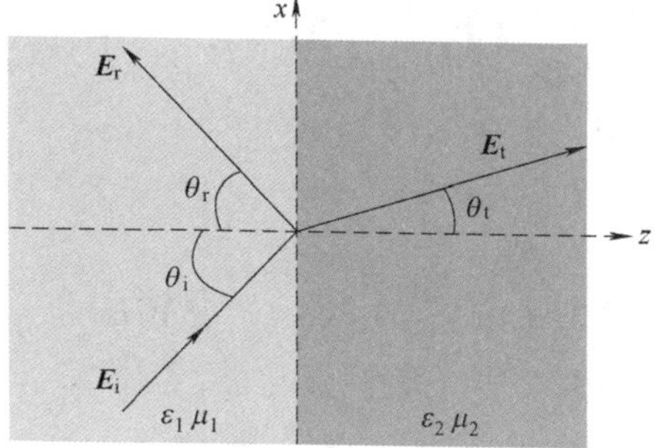

图 7-16　习题 16 图

7.5.2　答案

1.（1）$v_p=1.5\times10^8\mathrm{m/s}$，$\lambda=1.5\mathrm{m}$，$k=4\pi/3$.

（2）$\boldsymbol{E}=10^{-4}\cos\left(2\pi\times10^8t-\dfrac{4}{3}\pi z+\dfrac{1}{6}\pi\right)\boldsymbol{e}_x$，$\boldsymbol{H}=\dfrac{10^{-4}}{60\pi}\cos\left(2\pi\times10^8t-\dfrac{4}{3}\pi z+\dfrac{1}{6}\pi\right)\boldsymbol{e}_y$.

（3）$\boldsymbol{S}=\dfrac{10^{-8}}{60\pi}\cos^2\left(2\pi\times10^8t-\dfrac{4}{3}\pi z+\dfrac{1}{6}\pi\right)\boldsymbol{e}_z$，$\boldsymbol{S}_{av}=\dfrac{10^{-8}}{120\pi}\boldsymbol{e}_z(\mathrm{W/m^2})$.

2.（1）$v_p=1.5\times10^8\mathrm{m/s}$，$\lambda=1\mathrm{m}$.（2）$\boldsymbol{E}=37.7\cos(3\pi\times10^8t-2\pi z)\boldsymbol{e}_y(\mathrm{V/m})$，复数形式：$\boldsymbol{E}=37.7\mathrm{e}^{\mathrm{j}2\pi z}\boldsymbol{e}_y$；$\boldsymbol{H}=-0.2\boldsymbol{e}_x\cos(\omega t-2\pi z)(\mathrm{A/m})$，$\boldsymbol{H}=\dfrac{1}{Z}\boldsymbol{e}_k\times\boldsymbol{E}=\dfrac{1}{60\pi}\boldsymbol{e}_z\times\boldsymbol{e}_y37.7\mathrm{e}^{-\mathrm{j}2\pi z}=-0.2\boldsymbol{e}_x\mathrm{e}^{-\mathrm{j}2\pi z}$.（3）$\boldsymbol{S}(t)=7.54\cos^2(\omega t-2\pi z)\boldsymbol{e}_z$，$\boldsymbol{S}_{av}=3.77\boldsymbol{e}_z(\mathrm{W/m^2})$.

3.（1）入射波为右旋圆极化波.（2）$\boldsymbol{E}_r=(-\boldsymbol{e}_x+\mathrm{j}\boldsymbol{e}_y)E_0\mathrm{e}^{\mathrm{j}\beta z}$.（3）$\boldsymbol{J}_s=\dfrac{E_0}{60\pi}(\boldsymbol{e}_x-\mathrm{j}\boldsymbol{e}_y)$.（4）$\boldsymbol{E}(t)=\mathrm{Re}[\boldsymbol{E}\mathrm{e}^{\mathrm{j}\omega t}]=2E_0\sin\beta z(\boldsymbol{e}_x\sin\omega t-\boldsymbol{e}_y\cos\omega t)$.

4.（1）$\boldsymbol{E}_r=-\boldsymbol{e}_x\dfrac{E_0}{2}e^{\mathrm{j}\beta z}$，$\boldsymbol{H}_r=\boldsymbol{e}_y\dfrac{E_0}{2Z_0}\mathrm{e}^{\mathrm{j}\beta z}$.（2）$\boldsymbol{E}_t=\boldsymbol{e}_x\dfrac{E_0}{2}\mathrm{e}^{-\mathrm{j}3\beta z}$，$\boldsymbol{H}_t=\boldsymbol{e}_y\dfrac{3E_0}{2Z_0}\mathrm{e}^{\mathrm{j}3\beta z}$.

5.（1）$\theta_c=\dfrac{\pi}{4}$.（2）$\theta_2=90°$.（3）$R_{/\!/}=-1$，$T_{/\!/}=\sqrt{2}$.（4）$\boldsymbol{H}=\dfrac{E_0}{120\pi}\left(-\dfrac{3}{5}\boldsymbol{e}_y+\dfrac{4}{5}\boldsymbol{e}_x\right)\mathrm{e}^{-\mathrm{j}(3x+4y)}=\dfrac{E_0}{120\pi}\left(-\dfrac{3}{5}\boldsymbol{e}_y+\dfrac{4}{5}\boldsymbol{e}_x\right)\cos[\omega t-(3x+4y)]$.

（5）$\boldsymbol{S}=\dfrac{E_0^2}{120\pi}\left(\dfrac{3}{5}\boldsymbol{e}_x+\dfrac{4}{5}\boldsymbol{e}_y\right)\cos^2[\omega t-(3x+4y)]$，$\boldsymbol{S}_{av}=\dfrac{E_0^2}{240\pi}\left(\dfrac{3}{5}\boldsymbol{e}_x+\dfrac{4}{5}\boldsymbol{e}_y\right)$.

（6）$w=\varepsilon_0E_0^2\cos^2(\omega t-3x-4y)$.

6. 略.

7.（1）$\theta_c=30°$.（2）折射波沿分界面传播，形成表面波；$v_p=1.73\times10^8\mathrm{m/s}$.（3）反射波是椭圆极化波.

8. (1) $\theta_i=63.4°$.(2) 18%.

9. (1) $\boldsymbol{E}_r=-E_0(\boldsymbol{e}_x+j\boldsymbol{e}_y)e^{j\beta z}$, $\boldsymbol{H}_r=-\dfrac{E_0}{Z}e^{j\beta z}(j\boldsymbol{e}_x-\boldsymbol{e}_y)$.(2) $\boldsymbol{E}=-2jE_0\sin(\beta z)(\boldsymbol{e}_x+j\boldsymbol{e}_y)$, $\boldsymbol{H}=\dfrac{2E_0}{Z}\cos\beta z(-j\boldsymbol{e}_x+\boldsymbol{e}_y)$.(3) $\boldsymbol{S}_{av}=0$.

10. $\varepsilon_r=5.44$.

11. 略.

12. (1) $\varepsilon_r=9$.(2) $f=75\text{MHz}$.

13. (1) 右旋圆极化波,且 $\boldsymbol{E}_i(z,t)=E_m[(\boldsymbol{e}_x\cos(\omega t-\beta_0 z)-\boldsymbol{e}_y\sin(\omega t-\beta_0 z)]$, $\boldsymbol{H}_i(z,t)=\dfrac{E_m}{Z_0}\left[\boldsymbol{e}_y\cos(\omega t-\beta_0 z)+\boldsymbol{e}_x\cos\left(\omega t-\beta_0 z-\dfrac{\pi}{2}\right)\right]$.

(2) 沿$-z$方向传播的左旋圆极化波,且 $\boldsymbol{E}_r(z)=-\dfrac{1}{2}(j\boldsymbol{e}_x+\boldsymbol{e}_y)E_m e^{j\beta_0 z}$, $\boldsymbol{H}_r(z)=\dfrac{-E_m}{2Z_0}(j\boldsymbol{e}_y-\boldsymbol{e}_x)e^{j\beta_0 z}$.

(3) 右旋圆极化波,且 $\boldsymbol{E}_t(z)=\dfrac{E_m}{2}(j\boldsymbol{e}_x+\boldsymbol{e}_y)e^{j3\beta_0 z}$, $\boldsymbol{H}_t(z)=\dfrac{E_m}{2Z_0}(j\boldsymbol{e}_y-\boldsymbol{e}_x)e^{j3\beta_0 z}$.

(4) 向z方向传播的行驻波,且 $\dot{\boldsymbol{E}}_1(z)=(j\boldsymbol{e}_x+\boldsymbol{e}_y)E_m\left[e^{-j\beta_0 z}-\dfrac{1}{2}e^{j\beta_0 z}\right]$.

14. (1) 反射波为左旋圆极化波,且 $\dot{\boldsymbol{E}}_r(z)=(-\boldsymbol{e}_x+j\boldsymbol{e}_y)E_m e^{j\beta z}$, $\boldsymbol{E}_r(z,t)=-\boldsymbol{e}_x E_m\cos(\omega t+\beta z)-\boldsymbol{e}_y E_m\sin(\omega t+\beta z)$; $\dot{\boldsymbol{H}}_r=\dfrac{1}{Z_1}\boldsymbol{e}_z\times[(\boldsymbol{e}_x-j\boldsymbol{e}_y)E_m e^{j\beta z}]$.(2) $\dot{\boldsymbol{E}}_1(z)=(\boldsymbol{e}_x-j\boldsymbol{e}_y)(-2j)E_m\sin(\beta z)$, $\boldsymbol{E}_1(z,t)=2E_m\sin(\beta z)[\boldsymbol{e}_x\sin(\omega t)-\boldsymbol{e}_y\cos(\omega t)]$; $\dot{\boldsymbol{H}}_1=\dfrac{2E_m}{Z_1}(\boldsymbol{e}_y+j\boldsymbol{e}_x)\cos(\beta z)$.(3) $\dot{\boldsymbol{J}}_s=\dfrac{2E_m}{Z_0}(\boldsymbol{e}_x-j\boldsymbol{e}_y)$.

15. (1) $f=287\text{MHz}$.(2) $\theta_r=60°$, $\theta_t=35.3°$.

(3) 反射波的电场强度为 $\boldsymbol{E}_r=\boldsymbol{E}_{r\perp}+\boldsymbol{E}_{r//}$,其中 $\boldsymbol{E}_{r\perp}=-0.420e^{-j6(\sqrt{3}x-z)}\boldsymbol{e}_y$, $\boldsymbol{E}_{r//}=0.0425e^{-j6(\sqrt{3}x-z)}(-\boldsymbol{e}_x-\boldsymbol{e}_z\sqrt{3})$;折射波的电场强度为 $\boldsymbol{E}_t=\boldsymbol{E}_{t\perp}+\boldsymbol{E}_{t//}$,其中 $\boldsymbol{E}_{t\perp}=0.580e^{-j18\left(\frac{x}{\sqrt{3}}+\sqrt{\frac{2}{3}}z\right)}\boldsymbol{e}_y$, $\boldsymbol{E}_{t//}=1.276\left(\sqrt{\dfrac{2}{3}}\boldsymbol{e}_x-\sqrt{\dfrac{1}{3}}\boldsymbol{e}_z\right)e^{-j18\left(\frac{x}{\sqrt{3}}+\sqrt{\frac{2}{3}}z\right)}$.

16. 入射波为右旋圆极化,且 $\boldsymbol{E}^i(x,z)=\left(\dfrac{1}{2}\boldsymbol{e}_x-\dfrac{\sqrt{3}}{2}\boldsymbol{e}_z-j\boldsymbol{e}_y\right)E_0 e^{-j\pi(\sqrt{3}x+z)}$.其中,

$$\boldsymbol{E}^i_{//}(x,z)=\left(\frac{1}{2}\boldsymbol{e}_x-\frac{\sqrt{3}}{2}\boldsymbol{e}_z\right)E_0 e^{-j\pi(\sqrt{3}x+z)},\ \boldsymbol{E}^i_{\perp}(x,z)=(-j\boldsymbol{e}_y)E_0 e^{-j\pi(\sqrt{3}x+z)}$$

反射波为左旋椭圆极化波,且

$$\boldsymbol{E}^r=\boldsymbol{E}^r_{//}(x,z)+\boldsymbol{E}^r_{\perp}(x,z)=[-0.111(\boldsymbol{e}_x+\sqrt{3}\boldsymbol{e}_z)+j\boldsymbol{e}_y 0.703]E_0 e^{-j\pi(\sqrt{3}x-z)}$$

折射波为右旋椭圆极化波,且

$$\boldsymbol{E}^t=\boldsymbol{E}^t_{//}(x,z)+\boldsymbol{E}^t_{\perp}(x,z)=[0.068(\sqrt{33}\boldsymbol{e}_x-\sqrt{3}\boldsymbol{e}_z)-j0.297\boldsymbol{e}_y]E_0 e^{-j\pi(\sqrt{3}x+\sqrt{33}z)}$$

第8章　导行电磁波

前面章节我们讨论了电磁波在无界空间中的传播规律以及电磁波在半无限空间界面处的反射和折射。在无界空间，电磁波可以沿着任意方向自由传播；在半无界空间，当界面发生全反射时，电磁波被局限在入射波一侧。本章进一步讨论电磁波在有界空间中的定向传播。能在有界空间传播的电磁波称为导行电磁波，传输导行电磁波的装置称为导波装置，或导行系统，简称波导。常见导波装置的横截面尺寸、形状、介质分布、材料及边界均沿传输方向不变，也称规则导波装置。常用的导行系统有平行双导线、同轴线、矩形波导、圆柱形波导、微带线和光纤等，如图8-1所示。

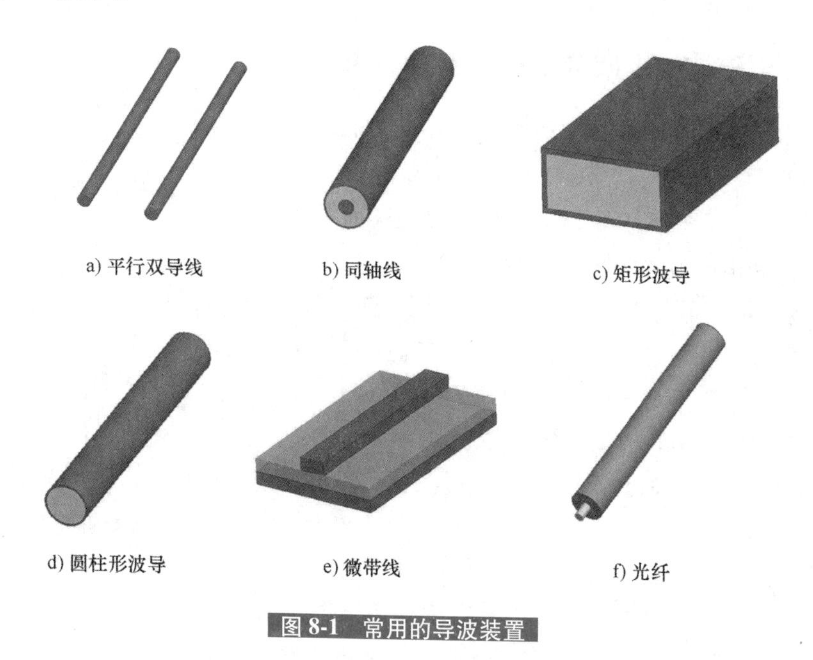

图8-1　常用的导波装置

最简单、最常用的导波系统有矩形波导、圆柱形波导和同轴线。前二者是单导体结构，主要应用于电磁能量的传输;后者则是双导体结构,电磁能量在同轴线内、外导体之间传输,主要应用于传输载荷信息的电磁波。如果将一段波导的两端短路或开路,就可以构成微波谐振器。本章主要讨论矩形波导、圆柱形波导和同轴线的传输模式、场分布以及传输特性,还将讨论几种常用微波谐振器的场分布和主要参数。

8.1 导行电磁波的一般分析方法

为了便于分析而又不失一般性,在具体分析波导系统时,通常可作如下假设:

1) 波导系统中的导体是理想导体($\sigma=\infty$),介质为理想各向同性均匀电介质($\sigma=0$)。

2) 波导系统中无电磁波源,即 $\rho=0, J=0$。

3) 导行电磁波沿 z 方向传播且 z 方向无限长。

4) 波导内的电磁场是时谐场,角频率为 ω。

与自由空间不同的是,导波系统在横截面上(与 z 方向垂直的截面)多了各种各样的边界。通过求解无界空间的麦克斯韦方程组,得到了该方程的本征函数,即时谐均匀平面电磁波解,分析自由空间中电磁波的传播特性。对应地,分析导波系统中的导行电磁波,则是在特定边界条件下求解麦克斯韦方程组,得到各个场分量,从而获得导行电磁波沿轴向(纵向)的传播规律和电磁场在横截面内的分布情况。

纵向分量法是分析导行电磁波的常用方法。纵向分量法的思想是:①将导行系统中的电磁场矢量分解为纵向分量和横向分量,由亥姆霍兹方程得出纵向分量满足的标量微分方程,求解该标量微分方程,得到纵向分量;②从麦克斯韦方程组出发,将横向分量用纵向分量来表示,最终得到所有场分量。

8.1.1 导行电磁波的纵向分量和横向分量方程

无源区域内,时谐电磁场满足齐次亥姆霍兹方程

$$\nabla^2 \boldsymbol{E}+k^2\boldsymbol{E}=0 \tag{8-1}$$

$$\nabla^2 \boldsymbol{H}+k^2\boldsymbol{H}=0 \tag{8-2}$$

式中,$k=\omega\sqrt{\mu\varepsilon}$ 为电磁波在无界介质中的波数。

将电磁场矢量表示为横向分量和纵向分量之和,即

$$\boldsymbol{E}=\boldsymbol{E}_{\mathrm{T}}+\boldsymbol{e}_z E_z \tag{8-3}$$

$$\boldsymbol{H}=\boldsymbol{H}_{\mathrm{T}}+\boldsymbol{e}_z H_z \tag{8-4}$$

式中,$\boldsymbol{e}_z$ 为 z 向单位矢量;下标 T 为横截面。

建立广义柱坐标系(u_1, u_2, z),z 沿导行系统的轴向。将式(8-3)、式(8-4)代入式(8-1)、式(8-2)得

$$\nabla^2 E_z+k^2E_z=0 \tag{8-5}$$

$$\nabla^2 H_z+k^2H_z=0 \tag{8-6}$$

$$\nabla^2 \boldsymbol{E}_{\mathrm{T}}+k^2\boldsymbol{E}_{\mathrm{T}}=0 \tag{8-7}$$

$$\nabla^2 \boldsymbol{H}_{\mathrm{T}}+k^2\boldsymbol{H}_{\mathrm{T}}=0 \tag{8-8}$$

在所建立的广义柱坐标系中，拉普拉斯算子可写为

$$\nabla^2 = \nabla_T^2 + \frac{\partial^2}{\partial z^2} \tag{8-9}$$

式中，下标 T 表示横向截面。

在直角坐标系中，$\nabla_T^2 = \frac{\partial^2}{\partial x^2} + \frac{\partial^2}{\partial y^2}$；在柱坐标系中，$\nabla_T^2 = \frac{1}{\rho}\frac{\partial}{\partial \rho}\left(\rho\frac{\partial}{\partial \rho}\right) + \frac{1}{\rho^2}\frac{\partial^2}{\partial \varphi^2}$。利用分离变量法，令

$$E_z(u_1, u_2, z) = E_z(u_1, u_2)Z(z) \tag{8-10}$$

并将式(8-9)和式(8-10)代入式(8-5)，整理可得

$$-\frac{(\nabla_T^2 + k^2)E_z(u_1, u_2)}{E_z(u_1, u_2)} = \frac{1}{Z(z)}\frac{d^2 Z(z)}{dz^2} \tag{8-11}$$

方程的左边为横向坐标 u_1、u_2 的函数，与坐标 z 无关；方程的右边是坐标 z 的函数，与横向坐标 u_1、u_2 无关。对一切的 u_1、u_2、z 欲使上式成立，只有方程左右两边都等于某一常数。设该常数为 γ^2，则由(8-11)化简可得

$$\nabla_T^2 E_z(u_1, u_2) + k_c^2 E_z(u_1, u_2) = 0 \tag{8-12}$$

$$\frac{d^2 Z(z)}{dz^2} - \gamma^2 Z(z) = 0 \tag{8-13}$$

式中，$k_c^2 = k^2 + \gamma^2$。

式(8-13)的通解为 $Z(z) = A_+ e^{-\gamma z} + A_- e^{\gamma z}$，其中第一项 $A_+ e^{-\gamma z}$ 表示沿着 $+z$ 方向传播的波，第二项 $A_- e^{\gamma z}$ 为沿着 $-z$ 方向传播的波。考虑到均匀波导无限长，没有反射波，因此 $A_- = 0$，$Z(z) = A_+ e^{-\gamma z}$，$E_z(u_1, u_2, z) = A_+ E_z(u_1, u_2) e^{-\gamma z}$。为了讨论方便，将式中的待定系数 A_+ 记入 $E_z(u_1, u_2)$ 的系数中且仍写为 $E_z(u_1, u_2)$，这样纵向分量可表示为

$$E_z(u_1, u_2, z) = E_z(u_1, u_2) e^{-\gamma z} \tag{8-14}$$

其中 $E_z(u_1, u_2)$ 需要通过求解式(8-12)得到。

同理

$$H_z(u_1, u_2, z) = H_z(u_1, u_2) e^{-\gamma z} \tag{8-15}$$

$H_z(u_1, u_2)$ 满足

$$\nabla_T^2 H_z(u_1, u_2) + k_c^2 H_z(u_1, u_2) = 0 \tag{8-16}$$

利用分离变量法，同样也可以得到横向分量

$$\boldsymbol{E}_T(u_1, u_2, z) = \boldsymbol{E}_T(u_1, u_2) e^{-\gamma z} \tag{8-17}$$

$$\boldsymbol{H}_T(u_1, u_2, z) = \boldsymbol{H}_T(u_1, u_2) e^{-\gamma z} \tag{8-18}$$

以及它们所满足的方程

$$\nabla_T^2 \boldsymbol{E}_T(u_1, u_2) + k_c^2 \boldsymbol{E}_T(u_1, u_2) = 0 \tag{8-19}$$

$$\nabla_T^2 \boldsymbol{H}_T(u_1, u_2) + k_c^2 \boldsymbol{H}_T(u_1, u_2) = 0 \tag{8-20}$$

原则上讲，直接求解式(8-12)、式(8-16)、式(8-19)和式(8-20)即可得到导行电磁波，但这样求解相对比较复杂。

8.1.2 导波场的横向分量与纵向分量之间的关系式

在所建立的广义柱坐标系中,哈密顿算子也可表示为横向分量与纵向分量之和,即

$$\nabla=\nabla_{\mathrm{T}}+\boldsymbol{e}_z\frac{\partial}{\partial z} \tag{8-21}$$

将式(8-3)、式(8-4)和式(8-21)代入无源区域时谐场麦克斯韦方程组的两个旋度方程$\nabla\times\boldsymbol{H}=\mathrm{j}\omega\varepsilon\boldsymbol{E}$和$\nabla\times\boldsymbol{E}=-\mathrm{j}\omega\mu\boldsymbol{H}$,等式两边横向分量和纵向分量应分别相等,并注意到对于行波状态下的导行波有$\partial/\partial z=-\gamma$,可得

$$\nabla_{\mathrm{T}}\times\boldsymbol{e}_zH_z-\gamma\boldsymbol{e}_z\times\boldsymbol{H}_{\mathrm{T}}=\mathrm{j}\omega\varepsilon\boldsymbol{E}_{\mathrm{T}} \tag{8-22}$$

$$\nabla_{\mathrm{T}}\times\boldsymbol{H}_{\mathrm{T}}=\mathrm{j}\omega\varepsilon E_z\boldsymbol{e}_z \tag{8-23}$$

$$\nabla_{\mathrm{T}}\times\boldsymbol{e}_zE_z-\gamma\boldsymbol{e}_z\times\boldsymbol{E}_{\mathrm{T}}=-\mathrm{j}\omega\mu\boldsymbol{H}_{\mathrm{T}} \tag{8-24}$$

$$\nabla_{\mathrm{T}}\times\boldsymbol{E}_{\mathrm{T}}=-\mathrm{j}\omega\mu H_z\boldsymbol{e}_z \tag{8-25}$$

由横向分量方程式(8-22)和式(8-24)可以求解出$\boldsymbol{E}_{\mathrm{T}}(u_1,u_2)$和$\boldsymbol{H}_{\mathrm{T}}(u_1,u_2)$。以计算$\boldsymbol{E}_{\mathrm{T}}(u_1,u_2)$为例,首先分别用$\mathrm{j}\omega\mu$乘以式(8-22),$\gamma\boldsymbol{e}_z$叉乘式(8-24),然后将两式相加,并利用矢量恒等式$\nabla\times(\phi\boldsymbol{A})=\phi\nabla\times\boldsymbol{A}+\nabla\phi\times\boldsymbol{A}$及$\boldsymbol{A}\times\boldsymbol{B}\times\boldsymbol{C}=(\boldsymbol{A}\cdot\boldsymbol{C})\boldsymbol{B}-(\boldsymbol{A}\cdot\boldsymbol{B})\boldsymbol{C}$,整理可得

$$-k_{\mathrm{c}}^2\boldsymbol{E}_{\mathrm{T}}=\gamma\nabla_{\mathrm{T}}E_z+\mathrm{j}\omega\mu\nabla_{\mathrm{T}}H_z\times\boldsymbol{e}_z \tag{8-26}$$

同理可得

$$-k_{\mathrm{c}}^2\boldsymbol{H}_{\mathrm{T}}=\gamma\nabla_{\mathrm{T}}H_z-\mathrm{j}\omega\varepsilon\nabla_{\mathrm{T}}E_z\times\boldsymbol{e}_z \tag{8-27}$$

上式即为行波状态下场的横向分量与纵向分量之间的关系式,简称行波横-纵关系式。易看出,只要做变换$E\leftrightarrow H,\mu\leftrightarrow-\varepsilon$,就可以由式(8-26)和式(8-27)中的任一式写出另外一式。

因此,通过求解方程式(8-12)和式(8-16)可以得到导波场的纵向分量$E_z(u_1,u_2)$和$H_z(u_1,u_2)$,将纵向分量代入式(8-26)和式(8-27)便可得到导波场的所有横向分量$\boldsymbol{E}_{\mathrm{T}}(u_1,u_2)$和$\boldsymbol{H}_{\mathrm{T}}(u_1,u_2)$。

在广义柱坐标系中,$\nabla_{\mathrm{T}}=\boldsymbol{e}_1\frac{1}{h_1}\frac{\partial}{\partial u_1}+\boldsymbol{e}_2\frac{1}{h_2}\frac{\partial}{\partial u_2}$,式(8-26)和式(8-27)可写为分量形式

$$E_{u_1}=-\frac{1}{k_{\mathrm{c}}^2}\left(\gamma\frac{\partial E_z}{h_1\partial u_1}+\mathrm{j}\omega\mu\frac{\partial H_z}{h_2\partial u_2}\right) \tag{8-28}$$

$$E_{u_2}=-\frac{1}{k_{\mathrm{c}}^2}\left(\gamma\frac{\partial E_z}{h_2\partial u_2}-\mathrm{j}\omega\mu\frac{\partial H_z}{h_1\partial u_1}\right) \tag{8-29}$$

$$H_{u_1}=-\frac{1}{k_{\mathrm{c}}^2}\left(\gamma\frac{\partial H_z}{h_1\partial u_1}-\mathrm{j}\omega\varepsilon\frac{\partial E_z}{h_2\partial u_2}\right) \tag{8-30}$$

$$H_{u_2}=-\frac{1}{k_{\mathrm{c}}^2}\left(\gamma\frac{\partial H_z}{h_2\partial u_2}+\mathrm{j}\omega\varepsilon\frac{\partial E_z}{h_1\partial u_1}\right) \tag{8-31}$$

对于直角坐标系,u_1、u_2变量对应为x、y,对应的拉梅系数$h_1=h_2=1$,式(8-28)~式(8-31)可简化为

$$E_x=-\frac{1}{k_{\mathrm{c}}^2}\left(\gamma\frac{\partial E_z}{\partial x}+\mathrm{j}\omega\mu\frac{\partial H_z}{\partial y}\right) \tag{8-32}$$

$$E_y=-\frac{1}{k_c^2}\left(\gamma\frac{\partial E_z}{\partial y}-j\omega\mu\frac{\partial H_z}{\partial x}\right) \tag{8-33}$$

$$H_x=-\frac{1}{k_c^2}\left(\gamma\frac{\partial H_z}{\partial x}-j\omega\varepsilon\frac{\partial E_z}{\partial y}\right) \tag{8-34}$$

$$H_y=-\frac{1}{k_c^2}\left(\gamma\frac{\partial H_z}{\partial y}+j\omega\varepsilon\frac{\partial E_z}{\partial x}\right) \tag{8-35}$$

对于柱坐标系，u_1、u_2 变量对应为 ρ、φ，对应的拉梅系数 $h_1=1$，$h_2=\rho$，式(8-28)~式(8-31)可简化为

$$E_\rho=-\frac{1}{k_c^2}\left(\gamma\frac{\partial E_z}{\partial \rho}+j\omega\mu\frac{\partial H_z}{\rho\,\partial \varphi}\right) \tag{8-36}$$

$$E_\varphi=-\frac{1}{k_c^2}\left(\gamma\frac{\partial E_z}{\rho\,\partial \varphi}-j\omega\mu\frac{\partial H_z}{\partial \rho}\right) \tag{8-37}$$

$$H_\rho=-\frac{1}{k_c^2}\left(\gamma\frac{\partial H_z}{\partial \rho}-j\omega\varepsilon\frac{\partial E_z}{\rho\,\partial \varphi}\right) \tag{8-38}$$

$$H_\varphi=-\frac{1}{k_c^2}\left(\gamma\frac{\partial H_z}{\rho\,\partial \varphi}+j\omega\varepsilon\frac{\partial E_z}{\partial \rho}\right) \tag{8-39}$$

8.2　导行波波型的分类以及导行波的传输特性

8.2.1　导行波波型的分类

通过上一节的推导和分析可以看到，导波装置中导行电磁场问题主要归结为在特定边界条件下求解纵向分量方程式(8-12)和式(8-16)。方程组的每一组本征解都表示一种能够单独存在于导波装置中的电磁波模式，也称导行电磁波的传输模式。根据纵向分量方程特征，导行电磁波的模式大致可以分为三类。

1. TE 波和 TM 波

若电场仅有横向分量 $\boldsymbol{E}_T(u_1,u_2)$，纵向分量 $E_z=0$，这种导行电磁波波型称为横电波，简称 TE 波(Transverse Electric Wave)或 H 波。对于 TE 波($E_z=0$)，只需求解磁场纵向分量方程(8-16)即可进一步得到其全部分量。

若磁场仅有横向分量 $\boldsymbol{H}_T(u_1,u_2)$，纵向分量 $H_z=0$，这种导行电磁波波型称为横磁波，简称 TM 波(Transverse Magnetic Wave)或 E 波。对于 TM 波($H_z=0$)，只需求解电场纵向分量方程式(8-12)。

2. TEM 波

若电场和磁场在传播方向上的分量都为 0，即纵向分量 $E_z=0$，$H_z=0$。此时导行电磁场只有横向分量 $\boldsymbol{E}_T(u_1,u_2)$ 和 $\boldsymbol{H}_T(u_1,u_2)$，因此这种导行电磁波波型称为横电磁波，简称 TEM 波(Transverse Electric and Magnetic Wave)或 TEM 模。因为这种波型没有纵向电磁场，纵向分量方程式(8-12)和式(8-16)失去意义，所以只能求解横向分量方程式(8-19)和式(8-20)。将

$E_z=0$ 和 $H_z=0$ 代入式(8-26)、式(8-27)可得 TEM 波 $k_c=0,\gamma=jk$。此外,由式(8-26)、式(8-27)可知,TE 波和 TM 波的 $k_c\neq0$。

TEM 波主要存在于双导体结构传输系统(例如平行双导线、同轴线),TE 波和 TM 波既可以在单导体结构的规则金属波导中(如矩形波导、圆柱形波导等)传输,也可在双导体结构传输系统中传输。但是,单导体结构的规则金属波导中不能传输 TEM 波。这是因为 TEM 波的电磁场均在导行系统的横截面内,且电场、磁场相互垂直。由 $\nabla\times\boldsymbol{H}=\boldsymbol{J}+\mathrm{j}\omega\varepsilon\boldsymbol{E}=\boldsymbol{J}+\boldsymbol{J}_\mathrm{d}$ 可知,磁场必须围绕传导电流和(或)位移电流构成闭合回路。在单导体结构的规则金属波导中,电流只存在于作为波导壁的导体表面上,而在其内部不存在传导电流。因此,横向磁场必然要由纵向电场所产生的位移电流 $\mathrm{j}\omega\varepsilon E_z$ 来维系。而 TEM 波的纵向场为零,所以不可能存在 TEM 波。

8.2.2 导行波的传输特性

1. 截止波长与传输条件

由导行电磁波的表达式(8-14)和式(8-15)可知,导行波的传输状态取决于传播常数 γ,而 γ 满足关系

$$\gamma^2=k_c^2-k^2 \tag{8-40}$$

对于无损耗的理想导行系统,$k=\omega\sqrt{\mu\varepsilon}=2\pi/\lambda$ 是一个实数,λ 为工作波长。k_c 是由导行系统边界条件和传输模式所决定的本征值,也是实数,只与波导几何参数有关。令 $k_c=\omega_c\sqrt{\mu\varepsilon}=2\pi/\lambda_c$。因此,随着工作波长 λ 的变化,γ^2 的取值有三种可能,即 $\gamma^2>0$、$\gamma^2<0$ 和 $\gamma^2=0$。

1) $\gamma^2>0$ 时,即 $k_c>k$、$\lambda>\lambda_c$,γ 为实数。令 $\gamma=\alpha$,导行电磁场表示为

$$\boldsymbol{E}(u_1,u_2,z)=\boldsymbol{E}(u_1,u_2)\mathrm{e}^{-\alpha z} \tag{8-41}$$

$$\boldsymbol{H}(u_1,u_2,z)=\boldsymbol{H}(u_1,u_2)\mathrm{e}^{-\alpha z} \tag{8-42}$$

这表明,导行系统中的电磁场沿传输方向(+z 轴)呈指数规律衰减,不是传输的波,故称 $\gamma^2>0$ 时为截止状态。

2) $\gamma^2<0$ 时,即 $k_c<k$、$\lambda<\lambda_c$,γ 为虚数。令 $\gamma=\mathrm{j}\beta$(β 为实数),导行电磁场表示为

$$\boldsymbol{E}(u_1,u_2,z)=\boldsymbol{E}(u_1,u_2)\mathrm{e}^{-\mathrm{j}\beta z} \tag{8-43}$$

$$\boldsymbol{H}(u_1,u_2,z)=\boldsymbol{H}(u_1,u_2)\mathrm{e}^{-\mathrm{j}\beta z} \tag{8-44}$$

上式表明,导行系统中的电磁场是沿+z 轴传输的等幅波,故称 $\gamma^2<0$ 时为传输状态。

3) $\gamma^2=0$ 时,即 $k_c=k$、$\lambda=\lambda_c$,此时

$$\boldsymbol{E}(u_1,u_2,z)=\boldsymbol{E}(u_1,u_2) \tag{8-45}$$

$$\boldsymbol{H}(u_1,u_2,z)=\boldsymbol{H}(u_1,u_2) \tag{8-46}$$

可见,导行系统中的电磁场不是传输波,故 $\gamma^2=0$ 时称为临界状态。

由上述分析可知,k_c 与 k、λ_c 与 λ 以及 ω_c 与 ω 分别具有相同的量纲,而且他们之间的相对大小关系决定了导行电磁场的状态:当 $\lambda<\lambda_c$ 时为传输状态;$\lambda\geqslant\lambda_c$ 时为截止状态。因此,k_c、λ_c 与 ω_c 也分别成为截止波数、截止波长和截止角频率,导行系统的传输条件为

$$\lambda<\lambda_c \text{ 或 } k>k_c \text{ 或 } \omega>\omega_c \tag{8-47}$$

2. 相速、波导波长与群速

当 $k>k_c$ 或 $\lambda<\lambda_c$ 时,导行电磁波处于传输状态,传播常数 $\gamma=\mathrm{j}\beta$,由式(8-40)可得相位常数

β 为

$$\beta=\sqrt{k^2-k_c^2}=\frac{2\pi}{\lambda}\sqrt{1-\left(\frac{\lambda}{\lambda_c}\right)^2}=k\sqrt{1-\left(\frac{k_c}{k}\right)^2} \tag{8-48}$$

根据相速度的定义，可得导行电磁波的相速度 v_p 为

$$v_p=\frac{\omega}{\beta}=\frac{v}{\sqrt{1-\left(\frac{\lambda}{\lambda_c}\right)^2}} \tag{8-49}$$

式中，$v=1/\sqrt{\mu\varepsilon}$ 为时谐均匀平面电磁波在充满介质（其电磁参数为 μ、ε）的无界空间中的传播速度。

导行系统中，沿轴向相位差为 2π 的两点之间的距离称为波导波长，记为 λ_g。根据波导波长的定义，有

$$\lambda_g=\frac{2\pi}{\beta}=\frac{\lambda}{\sqrt{1-\left(\frac{\lambda}{\lambda_c}\right)^2}} \tag{8-50}$$

根据群速度的定义 $v_g=\mathrm{d}\omega/\mathrm{d}\beta$，下式两边同时对相位常数 β 求偏导（注意截止波数 k_c 只与波导几何参数有关）

$$\beta^2=k^2-k_c^2=\omega^2\mu\varepsilon-k_c^2 \tag{8-51}$$

可得导行系统中的电磁波群速度 v_g 为

$$v_g=\frac{\mathrm{d}\omega}{\mathrm{d}\beta}=v\sqrt{1-\left(\frac{\lambda}{\lambda_c}\right)^2} \tag{8-52}$$

显然，相速和群速满足关系

$$v_pv_g=v^2 \tag{8-53}$$

对于 TE 波和 TM 波，$k_c=2\pi/\lambda_c\neq0$，由式（8-49）和式（8-52）可知，其相速度和群速度都是频率的函数，即 TE 波和 TM 波均为色散波。对于 TEM 波，$k_c=0$，$v_p=v_g=v=c/\sqrt{\mu_r\varepsilon_r}$，其传播速度与频率无关，因此 TEM 波为非色散波。

3. 波阻抗

与时谐均匀平面电磁波的波阻抗不同，导波系统中的导行电磁波的波阻抗定义为横向电场分量振幅与横向磁场分量振幅之比，记为 Z_W

$$Z_W=\frac{|\boldsymbol{E}_T|}{|\boldsymbol{H}_T|} \tag{8-54}$$

对于 TE 波，$E_z=0$，注意到 $\gamma=\mathrm{j}\beta$，根据导行电磁波横向分量与纵向分量的关系式（8-28）~式（8-31）可得

$$Z_{WTE}=\frac{\omega\mu}{\beta}=\frac{\eta}{\sqrt{1-\left(\frac{\lambda}{\lambda_c}\right)^2}} \tag{8-55}$$

对于 TM 波，$H_z=0$，同理可得

$$Z_{WTM}=\frac{\beta}{\omega\varepsilon}=\eta\sqrt{1-\left(\frac{\lambda}{\lambda_c}\right)^2} \tag{8-56}$$

由导行电磁波波阻抗的定义和式(8-26)、式(8-27)可以得到,无论是TE波还是TM波,其电场横向分量与磁场横向分量之间存在如下关系:

$$\boldsymbol{E}_{\mathrm{T}}=Z_{\mathrm{W}}\boldsymbol{H}_{\mathrm{T}}\times\boldsymbol{e}_z,\boldsymbol{H}_{\mathrm{T}}=\frac{1}{Z_{\mathrm{W}}}\boldsymbol{e}_z\times\boldsymbol{E}_{\mathrm{T}} \tag{8-57}$$

对于TEM波,电磁场只有横向分量,其波阻抗与时谐均匀平面波的波阻抗一样,即

$$Z_{\mathrm{TEM}}=\eta=\sqrt{\frac{\mu}{\varepsilon}}=\eta_0\sqrt{\frac{\mu_{\mathrm{r}}}{\varepsilon_{\mathrm{r}}}}=120\pi\sqrt{\frac{\mu_{\mathrm{r}}}{\varepsilon_{\mathrm{r}}}} \tag{8-58}$$

4. 传输功率

由坡印亭定理可知,导波系统中某个导行电磁波沿+z方向传输的平均功率为

$$\begin{aligned}P&=\frac{1}{2}\mathrm{Re}\int_{\boldsymbol{\Sigma}}(\boldsymbol{E}\times\boldsymbol{H}^*)\cdot\mathrm{d}\boldsymbol{\Sigma}=\frac{1}{2}\mathrm{Re}\int_{\boldsymbol{\Sigma}}(\boldsymbol{E}_{\mathrm{T}}\times\boldsymbol{H}_{\mathrm{T}}^*)\cdot\boldsymbol{e}_z\mathrm{d}\boldsymbol{\Sigma}\\&=\frac{1}{2Z_{\mathrm{W}}}\int_{\boldsymbol{\Sigma}}|\boldsymbol{E}_{\mathrm{T}}|^2\mathrm{d}\boldsymbol{\Sigma}=\frac{Z_{\mathrm{W}}}{2}\int_{\boldsymbol{\Sigma}}|\boldsymbol{H}_{\mathrm{T}}|^2\mathrm{d}\boldsymbol{\Sigma}\end{aligned} \tag{8-59}$$

式中,$\boldsymbol{\Sigma}$为导行系统的横截面面积;Z_{W}为该波型的波阻抗。

对比时谐均匀平面电磁波不难发现,导波系统中导行电磁波的相关参数(如相位常数β、相速度v_{p}、群速度v_{g}、波导波长λ_{g}以及波阻抗Z_{W}等)都是时谐均匀平面电磁波相应参数的$\sqrt{1-(\lambda/\lambda_{\mathrm{c}})^2}$倍或$1/\sqrt{1-(\lambda/\lambda_{\mathrm{c}})^2}$倍。这种现象可以理解为:导波系统中的电磁波由于受边界条件的约束,在边界上发生全反射(不发生全反射的电磁波会从导波系统中泄漏出去,不是导行电磁波)而曲折向前传播,因此导行电磁波的相位常数β是波矢$\boldsymbol{k}$在传播方向z的一个分量。

8.3 矩形波导

矩形波导是微波系统中最常用的波导之一,这种单导体结构波导只能传输TE波和TM波。

矩形波导由横截面为矩形的中空金属管构成,金属管内可填充空气或其他电介质。设矩形波导横截面(金属管内壁)的宽边尺寸为a、窄边尺寸为b,建立如图8-2所示的直角坐标系。

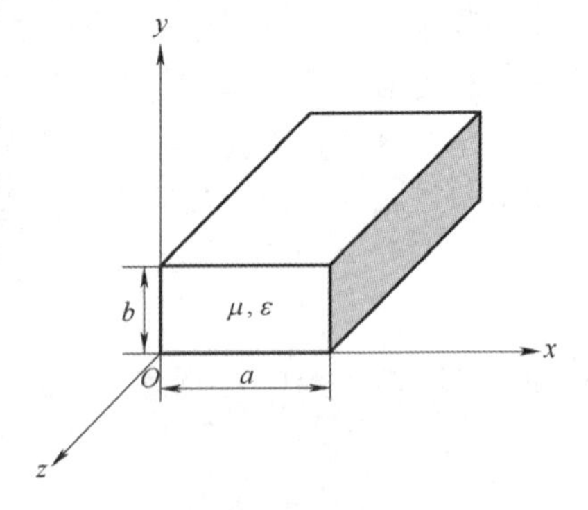

图8-2 矩形波导

8.3.1 矩形波导中的TE波

对于TE波,$E_z=0$,纵向只有磁场分量

$$H_z(x,y,z)=H_z(x,y)\mathrm{e}^{-\mathrm{j}\beta z} \tag{8-60}$$

其中$H_z(x,y)$满足标量波动方程

$$\nabla_{\mathrm{T}}^2H_z(x,y)+k_{\mathrm{c}}^2H_z(x,y)=0 \tag{8-61}$$

$H_z(x,y)$对应的边界条件可由理想导体表面电场切向分量为零的边界条件推导得到。对于TE波($E_z=0$)有

$$E_y\big|_{x=0,a}=0, E_x\big|_{y=0,b}=0 \tag{8-62}$$

代入横-纵向分量关系式(8-32)、式(8-33)有

$$\begin{aligned} E_y&=\frac{j\omega\mu}{k_c^2}\frac{\partial H_z}{\partial x}\bigg|_{x=0,a}=0\\ E_x&=-\frac{j\omega\mu}{k_c^2}\frac{\partial H_z}{\partial y}\bigg|_{y=0,b}=0 \end{aligned} \tag{8-63}$$

因此,$H_z(x,y)$在波导边界上满足

$$\frac{\partial H_z}{\partial x}\bigg|_{x=0,a}=0, \frac{\partial H_z}{\partial y}\bigg|_{y=0,b}=0 \tag{8-64}$$

下面利用分离变量法来求解矩形波导 TE 波的场分量。在直角坐标系中,$H_z(x,y)$满足的式(8-61)可写为

$$\frac{\partial^2 H_z}{\partial x^2}+\frac{\partial^2 H_z}{\partial y^2}+k_c^2 H_z=0 \tag{8-65}$$

令 $H_z(x,y)=X(x)Y(y)$,代入式(8-65),整理可得

$$-\frac{1}{X(x)}\frac{d^2X(x)}{dx^2}-\frac{1}{Y(y)}\frac{d^2Y(y)}{dy^2}=k_c^2 \tag{8-66}$$

式中,左边第一项是变量 x 的函数;第二项为变量 y 的函数;右边的 k_c 只与波导尺寸有关,为常数。要使等式对所有的 x、y 恒成立,等式左边第一项和第二项必须都为常数,分别设为 k_x^2 和 k_y^2,并整理可得

$$\frac{d^2X(x)}{dx^2}+k_x^2X(x)=0 \tag{8-67}$$

$$\frac{d^2Y(y)}{dy^2}+k_y^2Y(y)=0 \tag{8-68}$$

式中,$k_x^2+k_y^2=k_c^2$。

式(8-67)和式(8-68)均为二阶常系数齐次微分方程,其解分别为

$$X(x)=A_1\cos(k_x x)+A_2\sin(k_x x) \tag{8-69}$$

$$Y(y)=B_1\cos(k_y y)+B_2\sin(k_y y) \tag{8-70}$$

因此,可得到式(8-61)的解为

$$\begin{aligned} H_z(x,y)&=X(x)Y(y)\\ &=[A_1\cos(k_x x)+A_2\sin(k_x x)][B_1\cos(k_y y)+B_2\sin(k_y y)] \end{aligned} \tag{8-71}$$

式中,A_1、A_2、B_1、B_2 和 k_x、k_y 为待定常数,由边界条件、传输模式以及激励源的强度来确定。

将式(8-71)代入边界条件(8-64),可得

$$A_2=0, k_x=\frac{m\pi}{a}; m=0,1,2,3,\cdots \tag{8-72}$$

$$B_2=0, k_y=\frac{n\pi}{b}; n=0,1,2,3,\cdots \tag{8-73}$$

将式(8-72)、式(8-73)代入式(8-71),并令 $A_1B_1=H_{mn}$,可以得到矩形波导中 TE 波的磁场

纵向分量的基本解为

$$H_z(x,y,z)=H_{mn}\cos\left(\frac{m\pi}{a}x\right)\cos\left(\frac{n\pi}{b}y\right)\mathrm{e}^{-\mathrm{j}\beta z} \tag{8-74}$$

式中,H_{mn}的值由激励源的强度决定;m、n 称为波型指数。

m,n 不同,导行电磁波在波导截面的场分布就不同,故不同的 m、n 代表不同的模式,称为 TE_{mn}模或 H_{mn}模。每一种模式可以单独存在于矩形波导中,多种模式也可以同时存在于矩形波导中。因此,所有 m、n 的线性组合都是方程式(8-61)的解

$$H_z(x,y,z)=\sum_{m=0}^{\infty}\sum_{n=0}^{\infty}H_{mn}\cos\left(\frac{m\pi}{a}x\right)\cos\left(\frac{n\pi}{b}y\right)\mathrm{e}^{-\mathrm{j}\beta z} \tag{8-75}$$

将式(8-75)以及 $E_z=0$ 代入导行电磁波横-纵分量关系式(8-32)~式(8-35),可得到 TE 波的所有横向电磁场分量为

$$E_x(x,y,z)=\sum_{m=0}^{\infty}\sum_{n=0}^{\infty}\frac{\mathrm{j}\omega\mu}{k_\mathrm{c}^2}\frac{n\pi}{b}H_{mn}\cos\left(\frac{m\pi}{a}x\right)\sin\left(\frac{n\pi}{b}y\right)\mathrm{e}^{-\mathrm{j}\beta z} \tag{8-76}$$

$$E_y(x,y,z)=-\sum_{m=0}^{\infty}\sum_{n=0}^{\infty}\frac{\mathrm{j}\omega\mu}{k_\mathrm{c}^2}\frac{m\pi}{a}H_{mn}\sin\left(\frac{m\pi}{a}x\right)\cos\left(\frac{n\pi}{b}y\right)\mathrm{e}^{-\mathrm{j}\beta z} \tag{8-77}$$

$$H_x(x,y,z)=\sum_{m=0}^{\infty}\sum_{n=0}^{\infty}\frac{\mathrm{j}\beta}{k_\mathrm{c}^2}\frac{m\pi}{a}H_{mn}\sin\left(\frac{m\pi}{a}x\right)\cos\left(\frac{n\pi}{b}y\right)\mathrm{e}^{-\mathrm{j}\beta z} \tag{8-78}$$

$$H_y(x,y,z)=\sum_{m=0}^{\infty}\sum_{n=0}^{\infty}\frac{\mathrm{j}\beta}{k_\mathrm{c}^2}\frac{n\pi}{b}H_{mn}\cos\left(\frac{m\pi}{a}x\right)\sin\left(\frac{n\pi}{b}y\right)\mathrm{e}^{-\mathrm{j}\beta z} \tag{8-79}$$

其中

$$k_\mathrm{c}^2=\left(\frac{m\pi}{a}\right)^2+\left(\frac{n\pi}{b}\right)^2 \tag{8-80}$$

式(8-75)~式(8-79)是矩形波导中 TE 波的一般表达式,由此可见 m、n 不能同时取零,即矩形波导中不存在 TE_{00}模,但可以存在 TE_{m0}模、TE_{0n}模和 $\mathrm{TE}_{mn}(m,n\neq0)$模。

8.3.2 矩形波导中的 TM 波

对于 TM 波,$H_z=0$,纵向只有电场分量,即

$$E_z(x,y,z)=E_z(x,y)\mathrm{e}^{-\mathrm{j}\beta z} \tag{8-81}$$

其中 $E_z(x,y)$满足标量波动方程

$$\nabla_\mathrm{T}^2E_z(x,y)+k_\mathrm{c}^2E_z(x,y)=0 \tag{8-82}$$

在矩形波导的四个侧面,$E_z(x,y)$满足如下边界条件:

$$E_z(0,y)=E_z(a,y)=E_z(x,0)=E_z(x,b)=0 \tag{8-83}$$

同样采用分离变量法求解方程(8-82),可得

$$E_z(x,y)=[A_1\cos(k_xx)+A_2\sin(k_xx)][B_1\cos(k_yy)+B_2\sin(k_yy)] \tag{8-84}$$

将式(8-84)代入边界条件式(8-83),可得

$$A_1=0,k_x=\frac{m\pi}{a};m=1,2,3,\cdots \tag{8-85}$$

$$B_1=0, k_y=\frac{n\pi}{a}; n=1,2,3,\cdots \tag{8-86}$$

所以，TM 波（E 波）纵向电场分量的一般解为

$$E_z(x,y,z)=\sum_{m=0}^{\infty}\sum_{n=0}^{\infty}E_{mn}\sin\left(\frac{m\pi}{a}x\right)\sin\left(\frac{n\pi}{b}y\right)\mathrm{e}^{-\mathrm{j}\beta z} \tag{8-87}$$

将式(8-87)以及 $H_z=0$ 代入导行电磁波横-纵分量关系式(8-32)~式(8-35)，可得 TM 波的所有横向电磁场分量为

$$E_x(x,y,z)=-\sum_{m=1}^{\infty}\sum_{n=1}^{\infty}\frac{\mathrm{j}\beta}{k_{\mathrm{c}}^2}\frac{m\pi}{a}E_{mn}\cos\left(\frac{m\pi}{a}x\right)\sin\left(\frac{n\pi}{b}y\right)\mathrm{e}^{-\mathrm{j}\beta z} \tag{8-88}$$

$$E_y(x,y,z)=-\sum_{m=1}^{\infty}\sum_{n=1}^{\infty}\frac{\mathrm{j}\beta}{k_{\mathrm{c}}^2}\frac{n\pi}{b}E_{mn}\sin\left(\frac{m\pi}{a}x\right)\cos\left(\frac{n\pi}{b}y\right)\mathrm{e}^{-\mathrm{j}\beta z} \tag{8-89}$$

$$H_x(x,y,z)=\sum_{m=1}^{\infty}\sum_{n=1}^{\infty}\frac{\mathrm{j}\omega\varepsilon}{k_{\mathrm{c}}^2}\frac{n\pi}{b}E_{mn}\sin\left(\frac{m\pi}{a}x\right)\cos\left(\frac{n\pi}{b}y\right)\mathrm{e}^{-\mathrm{j}\beta z} \tag{8-90}$$

$$H_y(x,y,z)=-\sum_{m=1}^{\infty}\sum_{n=1}^{\infty}\frac{\mathrm{j}\omega\varepsilon}{k_{\mathrm{c}}^2}\frac{m\pi}{a}E_{mn}\cos\left(\frac{m\pi}{a}x\right)\sin\left(\frac{n\pi}{b}y\right)\mathrm{e}^{-\mathrm{j}\beta z} \tag{8-91}$$

式中，$k_{\mathrm{c}}^2=(m\pi/a)^2+(n\pi/b)^2$。

从式(8-87)~式(8-91)可以看到，m、n 均不能取零，否则所有分量均为零。因此，不存在诸如 TM_{00}、TM_{m0} 和 TM_{0n} 这样的波型。

综上，矩形波导中可以传输 TE_{m0} 波和 TE_{0n} 波，却不存在 TM_{m0} 波和 TM_{0n} 波。尽管 TE 波和 TM 波的场方程具有对偶的形式，但是 TE 波的边界条件式(8-64)和 TM 波的边界条件式(8-83)对通解提出了不同的要求，导致这两种模式存在差异。

从矩形波导 TE 波和 TM 波的表达式可以看到，这两种导行电磁波的每一个非零场分量在横向即 x 和 y 方向都呈驻波分布，且 m 和 n 为相应驻波的波节点（零点）数。此外，描述的所有 TE 波和 TM 波都是矩形波导的可传播模式，但实际波导系统中究竟有哪些模式存在，以及这些模式的强度如何，则要由激励源的频率、激励方式、波导横截面尺寸和波导中填充的介质等具体因素来决定。

8.3.3　矩形波导的截止波长

由上述分析可知，矩形波导中导行电磁波的截止波数只与波导几何参数 a 和 b 以及具体模式 m 和 n 有关，与其他参数无关。而且，矩形波导中的 TE 模和 TM 模具有相同的截止波数和截止波长，即

$$k_{\mathrm{c}mn}=\sqrt{\left(\frac{m\pi}{a}\right)^2+\left(\frac{n\pi}{b}\right)^2} \tag{8-92}$$

$$\lambda_{\mathrm{c}mn}=\frac{2\pi}{k_{\mathrm{c}mn}}=\frac{2}{\sqrt{\left(\frac{m}{a}\right)^2+\left(\frac{n}{b}\right)^2}} \tag{8-93}$$

波导中不同模式具有相同截止参数（如截止波数、截止波长等）的现象称为模式简并，相

应的模式称为简并模式。矩形波导中具有相同且不为零的模指数 m、n 的 TE_{mn} 模和 TM_{mn} 模是简并模式。此外,对于 $a=2b$ 的矩形波导,TE_{20} 和 TE_{01} 也是简并模式。将式(8-93)代入式(8-48)~式(8-58),即可求得各个导行电磁波模式的传播常数、相速、群速、波导波长和波阻抗等传播参数。

某模式如 TE_{mn} 模或 TM_{mn} 模能否在波导中传输,取决于工作波长与该模式截止波长 λ_{cmn} 的相对大小。当 $\lambda<\lambda_{cmn}$ 时,该模式可以传输;当 $\lambda\geqslant\lambda_{cmn}$ 时,该模式截止。将 $a>2b$ 的矩形波导各个模式的截止波长分布绘制在坐标轴上,如图 8-3 所示。通常把这种各模式的截止波长分布图称为模式分布图。截止波长最长的传输模式称为波导的主模或最低次模,其他模式均为高次模。由式(8-93)和图 8-3 可见,矩形波导的主模是 TE_{10} 模。根据波导工作波长在图 8-3 中的相对位置,可以判断该波导可以传输哪些模式。比如,如果工作波长位于区间$(a,2a)$,即 $2a>\lambda>a$,此时该波导仅能传播主模,这个区域也称为单模区或主模传输区;当 $\lambda<a$ 时,除主模外还有其他高阶模可以传输,这种有多个模式可能传输的区域称为多模区。通常情况下,波导都工作在单模传输区。

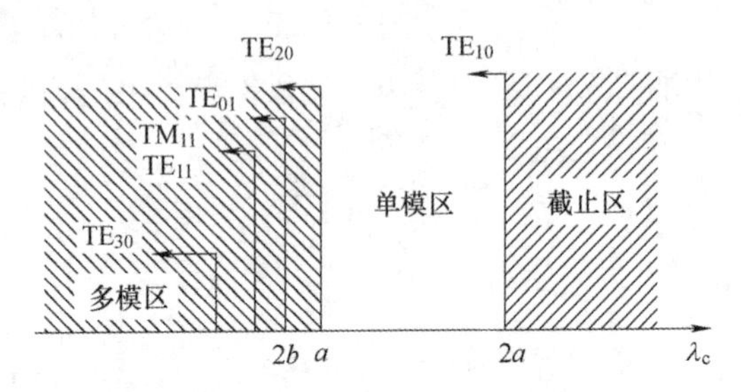

图 8-3 矩形波导的模式分布图

例 8-1 空心规则金属矩形波导 BJ-100 尺寸为 $a=22.86\text{mm}$,$b=10.16\text{mm}$,若工作频率分别为 10GHz,请问波导中可能存在哪些模式?若在波导中填充 $\varepsilon_r=2.1$ 的聚四氟乙烯,该波导的可传输模式有何变化?

解:波导工作频率 $f=10\text{GHz}$,空心波导内填充的是空气 $\varepsilon_r=1$。根据

$$\lambda_c=\frac{2}{\sqrt{\left(\frac{m}{a}\right)^2+\left(\frac{n}{b}\right)^2}},f_c=\frac{v}{\lambda_c}=\frac{c}{\sqrt{\varepsilon_r}\lambda_c}$$

从主模开始计算各阶模式的截止波长和截止频率如下:

对于 TE_{10} 模,$\lambda_c=2a=4.572\text{cm}$, $f_c=6.562\text{GHz}<f$,可传播;

对于 TE_{20} 模,$\lambda_c=a=2.286\text{cm}$, $f_c=13.123\text{GHz}>f$,不可传播。

更高阶模式的截止频率更高,都不能传播。因此,该波导工作在 10GHz 时,只能传输 TE_{10} 模。

若在波导中填充聚四氟乙烯,$\varepsilon_r=2.1$。由截止频率的表达式可知,ε_r 增大,f_c 减小。填充聚四氟乙烯后,重新计算各模式截止波长和截止频率如下:

对于 TE_{10} 模,$\lambda_c=2a=4.572\text{cm}$, $f_c=4.528\text{GHz}<f$,可传播;

对于 TE_{20} 模,$\lambda_c=a=2.286\text{cm}$, $f_c=9.056\text{GHz}<f$,可传播;

对于 TE_{01} 模,$\lambda_c=2b=2.032\text{cm}$, $f_c=10.188\text{GHz}>f$,不可传播。

更高阶模式的截止频率更高,都不能传播。因此,该波导工作在 10GHz 时,填充聚四氟乙烯后可传播的模式增加,可传播 TE_{10} 和 TE_{20}。

8.3.4　矩形波导中的 TE_{10} 模

TE_{10} 模是矩形波导的主模，也称为 H_{10} 模，是矩形波导中最常用的模式，其优点是场结构简单、频带宽、损耗小、传输稳定，而且易于激励和实现单模传输。

1. TE_{10} 模的场结构

将 $m=1$、$n=0$ 和 $k_c=\pi/a$ 代入式(8-75)~式(8-79)，可得 TE_{10} 模的场复数表达式为

$$H_z=H_{10}\cos\left(\frac{\pi}{a}x\right)e^{-j\beta z} \tag{8-94}$$

$$E_y(x,y,z)=-\frac{j\omega\mu a}{\pi}H_{10}\sin\left(\frac{\pi}{a}x\right)e^{-j\beta z} \tag{8-95}$$

$$H_x(x,y,z)=\frac{j\beta a}{\pi}H_{10}\sin\left(\frac{\pi}{a}x\right)e^{-j\beta z} \tag{8-96}$$

$$E_x(x,y,z)=E_z(x,y,z)=H_y(x,y,z)=0 \tag{8-97}$$

其瞬时值表达式为

$$H_z(x,y,z,t)=|H_{10}|\cos\left(\frac{\pi}{a}x\right)\cos(\omega t-\beta z+\varphi_{10}) \tag{8-98}$$

$$E_y(x,y,z,t)=\frac{\omega\mu a}{\pi}|H_{10}|\sin\left(\frac{\pi}{a}x\right)\sin(\omega t-\beta z+\varphi_{10}) \tag{8-99}$$

$$H_x(x,y,z,t)=-\frac{\beta a}{\pi}|H_{10}|\sin\left(\frac{\pi}{a}x\right)\sin(\omega t-\beta z+\varphi_{10}) \tag{8-100}$$

$$E_x(x,y,z,t)=E_z(x,y,z,t)=H_y(x,y,z,t)=0 \tag{8-101}$$

式中，φ_{10} 为 H_z 的初相位。

由式(8-94)~式(8-97)或式(8-98)~式(8-101)可见，矩形波导主模 TE_{10} 模的电场只有 y 方向的分量 E_y，磁场与电场垂直，有 H_x 和 H_z 两个分量。而且，这些场分量都与 y 无关，也就是说这些场分量沿 y 轴(即波导窄边)均匀分布。根据 TE_{10} 模的瞬时表达式画出某时刻该模式的各场分量的空间分布示意图如图 8-4 所示，其中图 8-4a、b 分别为某时刻电场分量在波导横截面和传播方向的分布，图 8-4c、d 分别为某时刻磁场在横截面和传播方向的分布。

将式(8-98)~式(8-101)代入电磁场边界条件中的 $\boldsymbol{J}_S=\boldsymbol{e}_n\times\boldsymbol{H}$，得到 TE_{10} 模在波导内壁上引起的面电流分布为

$$\boldsymbol{J}_S\Big|_{x=0}=\boldsymbol{e}_x\times\boldsymbol{e}_zH_z\Big|_{x=0}=-\boldsymbol{e}_yH_z\Big|_{x=0}=-\boldsymbol{e}_yH_{10}e^{-j\beta z} \tag{8-102}$$

$$\boldsymbol{J}_S\Big|_{x=a}=-\boldsymbol{e}_x\times\boldsymbol{e}_zH_z\Big|_{x=a}=\boldsymbol{e}_yH_z\Big|_{x=a}=-\boldsymbol{e}_yH_{10}e^{-j\beta z} \tag{8-103}$$

$$\begin{aligned}\boldsymbol{J}_S\Big|_{y=0}&=\boldsymbol{e}_y\times(\boldsymbol{e}_xH_x+\boldsymbol{e}_zH_z)\Big|_{y=0}=(\boldsymbol{e}_xH_z-\boldsymbol{e}_zH_x)\Big|_{y=0}\\&=H_{10}\left[\boldsymbol{e}_x\cos\left(\frac{\pi}{a}x\right)-\boldsymbol{e}_z\frac{j\beta a}{\pi}\sin\left(\frac{\pi}{a}x\right)\right]e^{-j\beta z}\end{aligned} \tag{8-104}$$

$$\begin{aligned}\boldsymbol{J}_S\Big|_{y=b}&=-\boldsymbol{e}_y\times(\boldsymbol{e}_xH_x+\boldsymbol{e}_zH_z)\Big|_{y=b}=(-\boldsymbol{e}_xH_z+\boldsymbol{e}_zH_x)\Big|_{y=b}\\&=H_{10}\left[-\boldsymbol{e}_x\cos\left(\frac{\pi}{a}x\right)+\boldsymbol{e}_z\frac{j\beta a}{\pi}\sin\left(\frac{\pi}{a}x\right)\right]e^{-j\beta z}\end{aligned} \tag{8-105}$$

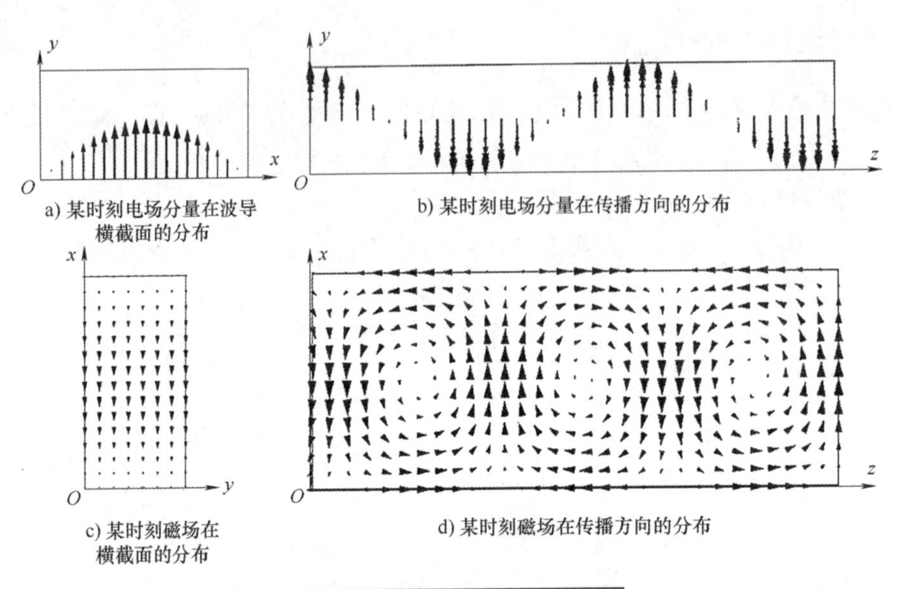

图 8-4 某时刻 TE_{10} 模的场结构

根据式(8-102)~式(8-105)画出某时刻的管壁电流,如图 8-5 所示。由图 8-5 和式(8-102)~式(8-105)可见,两窄壁上电流只有 y 方向的分量分布且两窄壁上面电流密度的幅值和方向均相同。然而,两宽壁上的面电流密度的幅值相同、方向相反,并且在 $x=a/2$ 处,宽壁横向面电流为零,只存在纵向面电流。因此,在矩形波导宽壁中央开一纵向狭缝,不会切断高频电流,故不影响波导内电磁波的传播。这样的一条狭缝可用于波导内电磁场的测量。

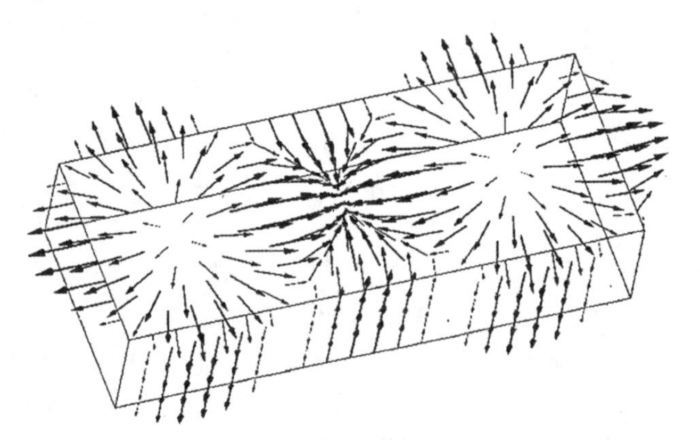

图 8-5 某时刻矩形波导中 TE_{10} 模的管壁电流

2. TE_{10} 模的传输特性

将 $m=1,n=0$ 代入矩形波导截止波数的表达式(8-92)和截止波长的表达式(8-93)得到 TE_{10} 模的截止波数和截止波长分别为

$$k_c=\pi/a \tag{8-106}$$

$$\lambda_c=\frac{2\pi}{k_c}=2a \tag{8-107}$$

进而代入式(8-48)~式(8-59)即可得到其相位常数

$$\beta_{TE_{10}}=\frac{2\pi}{\lambda}\sqrt{1-\left(\frac{\lambda}{2a}\right)^2} \tag{8-108}$$

波导波长

$$\lambda_g = \frac{\lambda}{\sqrt{1-\left(\frac{\lambda}{2a}\right)^2}} \tag{8-109}$$

相速

$$v_p = \frac{v}{\sqrt{1-\left(\frac{\lambda}{2a}\right)^2}} \tag{8-110}$$

群速

$$v_g = v\sqrt{1-\left(\frac{\lambda}{2a}\right)^2} \tag{8-111}$$

波阻抗

$$Z_{WTE_{10}} = \frac{\eta}{\sqrt{1-\left(\frac{\lambda}{2a}\right)^2}} \tag{8-112}$$

传输功率

$$\begin{aligned} P_{TE_{10}} &= \frac{1}{2}\mathrm{Re}\int_{\Sigma}(\boldsymbol{E}_y \times \boldsymbol{H}_x^*)\cdot \boldsymbol{e}_z \mathrm{d}\boldsymbol{\Sigma} = -\frac{1}{2}\mathrm{Re}\int_0^a\int_0^b E_y H_x^* \,\mathrm{d}x\mathrm{d}y \\ &= \frac{\omega\mu a}{\pi}|H_{10}|^2 \beta_{TE_{10}} = \frac{ab}{4}\frac{|E_{10}|^2}{Z_{TE_{10}}} \end{aligned} \tag{8-113}$$

式中，$|E_{10}| = \frac{\omega\mu a}{\pi}|H_{10}|$。

8.4　圆柱形波导

圆柱形波导(简称圆波导)也是一种常见的导波系统，它常用于毫米波的远距离通信、精密衰减器、天线的双极化馈线和微波谐振器等。圆柱形波导也是单导体结构波导，它由一根圆柱形空心金属管构成，管内填充理想介质，只能传输 TE 波和 TM 波。

考虑到圆柱形波导的对称性，通常采用圆柱坐标(ρ,φ,z)，如图 8-6 所示，设圆柱形波导的横截面半径为 a。

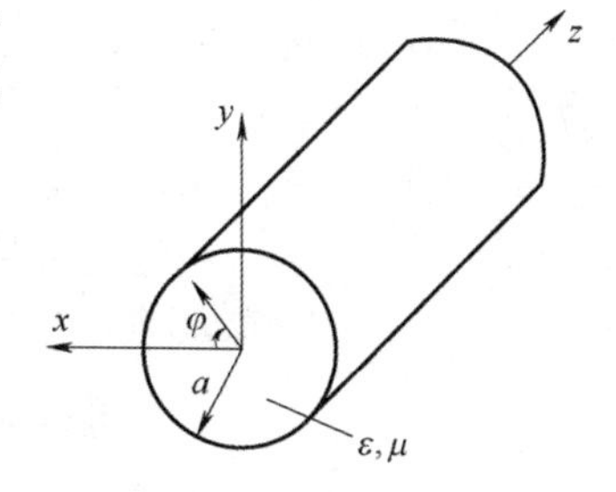

图 8-6　圆柱形波导

8.4.1　圆波导中的 TE 波

在柱坐标系中，圆波导 TE 波($E_z=0$)的纵向磁场分量可表示为

$$H_z(\rho,\varphi,z) = H_z(\rho,\varphi)\mathrm{e}^{-\mathrm{j}\beta z} \tag{8-114}$$

其中 $H_z(\rho,\varphi)$满足波动方程式(8-16)，该方程在柱坐标系中可写为

$$\left[\frac{1}{\rho}\frac{\partial}{\partial\rho}\left(\rho\frac{\partial}{\partial\rho}\right) + \frac{1}{\rho^2}\frac{\partial^2}{\partial\varphi^2} + k_c^2\right]H_z(\rho,\varphi) = 0 \tag{8-115}$$

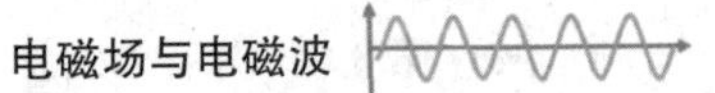

应用分离变量法，令 $H_z(\rho,\varphi)=R(\rho)\phi(\varphi)$，代入式(8-115)，整理可得

$$\frac{1}{R(\rho)}\left[\left(\rho^2\frac{\mathrm{d}^2R(\rho)}{\mathrm{d}\rho^2}+\rho\frac{\mathrm{d}R(\rho)}{\mathrm{d}\rho}\right)+\rho^2k_c^2R(\rho)\right]=-\frac{1}{\phi(\varphi)}\frac{\mathrm{d}^2\phi(\varphi)}{\mathrm{d}\varphi^2} \tag{8-116}$$

式(8-116)等号两边分别为 ρ 和 φ 的函数。等式要恒成立，必定要等于某常数。考虑到 $\phi(\varphi)$ 的自然边界条件，即 $\phi(\varphi)=\phi(\varphi+2k\pi)$（$k$ 为任意整数），令该常数为 m^2，式(8-116)可简化为如下两个方程：

$$\frac{\mathrm{d}^2\phi(\varphi)}{\mathrm{d}\varphi^2}+m^2\phi(\varphi)=0 \tag{8-117}$$

$$\rho^2\frac{\mathrm{d}^2R(\rho)}{\mathrm{d}\rho^2}+\rho\frac{\mathrm{d}R(\rho)}{\mathrm{d}\rho}+(\rho^2k_c^2-m^2)R(\rho)=0 \tag{8-118}$$

方程式(8-117)的解为

$$\phi(\varphi)=A_1\cos(m\varphi)+A_2\sin(m\varphi)\qquad m=0,1,2,3,\cdots \tag{8-119}$$

或记为

$$\phi(\varphi)=A\begin{pmatrix}\cos(m\varphi)\\ \sin(m\varphi)\end{pmatrix} \tag{8-120}$$

方程式(8-118)是贝塞尔方程，其通解为

$$R(\rho)=B_1J_m(k_c\rho)+B_2N_m(k_c\rho) \tag{8-121}$$

式中，$J_m(x)$ 和 $N_m(x)$ 分别为第一类和第二类 m 阶贝塞尔函数，习惯上常称为 $J_m(x)$ 为 m 阶贝塞尔函数，$N_m(x)$ 为 m 阶纽曼函数。

图 8-7 和图 8-8 给出了几条低阶贝塞尔函数 $J_m(x)$ 及其导数 $J'_m(x)$、纽曼函数 $N_m(x)$ 的曲线。

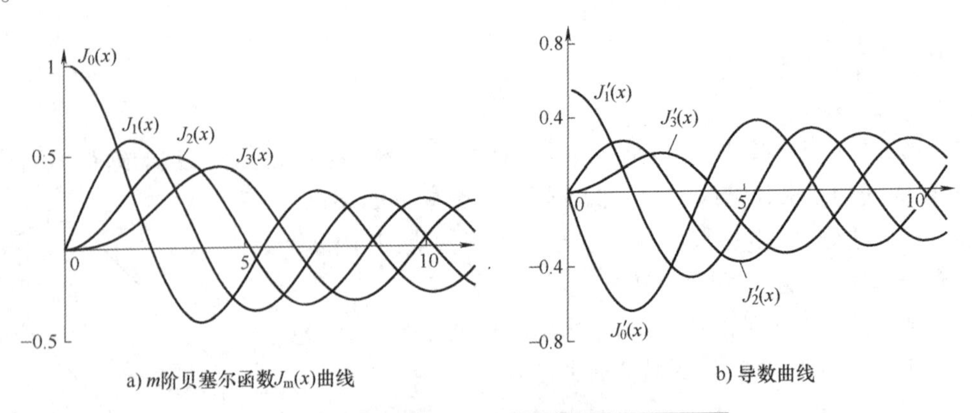

图 8-7　m 阶贝塞尔函数 $J_m(x)$ 及其导数曲线

根据 m 阶贝塞尔函数(图 8-7)和 m 阶纽曼函数(图 8-8)的特征，结合圆柱波导自然边界条件，即场量在 $\rho=0$ 处为有限值，可以得 $B_2=0$（因为 $\rho\to0$ 时，$N_m(k_c\rho)\to-\infty$）。因此，最终得到圆柱波导 TE 模 H_z 的基本表达式为

$$H_z(\rho,\varphi,z)=CJ_m(k_c\rho)\begin{pmatrix}\cos(m\varphi)\\ \sin(m\varphi)\end{pmatrix}\mathrm{e}^{-\mathrm{j}\beta z} \tag{8-122}$$

将圆柱波导边界条件 $E_\varphi\Big|_{\rho=a}=0$ 代入柱坐标系下导行电磁波横-纵向分量关系式(8-37),并结合 $E_z=0$ 可以得到TE波的边界条件为

$$\left.\frac{\partial H_z}{\partial \rho}\right|_{\rho=a}=0 \tag{8-123}$$

将式(8-122)代入式(8-123)有 $J'_m(k_c a)=J'_m(\mu'_{mn})=0$,解得

$$k_{cTE}=\frac{\mu'_{mn}}{a} \tag{8-124}$$

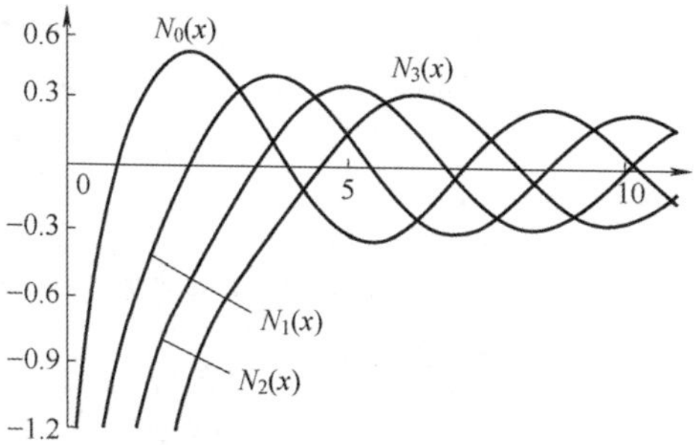

图 8-8　m 阶纽曼函数 $N_m(x)$ 曲线

式中,μ'_{mn} 为 m 阶贝塞尔函数导数的第 n 个非零根,$m=0,1,2,3,\cdots$是贝塞尔函数的阶数,$n=1,2,3,\cdots$是根的序号。

μ'_{mn} 可以通过查找特殊函数根值表获得,m 阶贝塞尔函数导数的部分根值见表 8-1。

表 8-1　第一类贝塞尔函数导数 $J'_m(x)$ 的根值表(μ'_{mn})

n	m			
	0	1	2	3
1	3.832	1.841	3.054	4.201
2	7.016	5.331	6.706	8.015
3	10.173	8.536	9.965	11.846

每一组 m、n 的组合都使得 $H_z(\rho,\varphi,z)$ 具有不同的空间分布,都是导行电磁波的一种解。令 $C=H_{mn}$,对 m、n 所有组合求和即可得到圆波导中TE波纵向磁场分量的一般表达式为

$$H_z(\rho,\varphi,z)=\sum_{m=0}^{\infty}\sum_{n=1}^{\infty}H_{mn}J_m\left(\frac{\mu'_{mn}}{a}\rho\right)\begin{pmatrix}\cos(m\varphi)\\ \sin(m\varphi)\end{pmatrix}e^{-j\beta z} \tag{8-125}$$

将式(8-125)代入柱坐标系下导行电磁波横-纵向分量关系式(8-36)~式(8-39),即得圆柱波导中TE波的所有横向电磁场分量为

$$E_\rho(\rho,\varphi,z)=\sum_{m=0}^{\infty}\sum_{n=1}^{\infty}\frac{j\omega\mu a^2 m}{\rho(\mu'_{mn})^2}H_{mn}J_m\left(\frac{\mu'_{mn}}{a}\rho\right)\begin{pmatrix}\sin(m\varphi)\\ -\cos(m\varphi)\end{pmatrix}e^{-j\beta z} \tag{8-126}$$

$$E_\varphi(\rho,\varphi,z)=\sum_{m=0}^{\infty}\sum_{n=1}^{\infty}\frac{j\omega\mu a}{\mu'_{mn}}H_{mn}J'_m\left(\frac{\mu'_{mn}}{a}\rho\right)\begin{pmatrix}\cos(m\varphi)\\ \sin(m\varphi)\end{pmatrix}e^{-j\beta z} \tag{8-127}$$

$$H_\rho(\rho,\varphi,z)=-\sum_{m=0}^{\infty}\sum_{n=1}^{\infty}\frac{j\beta a}{\mu'_{mn}}H_{mn}J'_m\left(\frac{\mu'_{mn}}{a}\rho\right)\begin{pmatrix}\cos(m\varphi)\\ \sin(m\varphi)\end{pmatrix}e^{-j\beta \varepsilon} \tag{8-128}$$

$$H_\varphi(\rho,\varphi,z)=\sum_{m=0}^{\infty}\sum_{n=1}^{\infty}\frac{j\beta a^2 m}{\rho(\mu'_{mn})^2}H_{mn}J_m\left(\frac{\mu'_{mn}}{a}\rho\right)\begin{pmatrix}\sin(m\varphi)\\ -\cos(m\varphi)\end{pmatrix}e^{-j\beta \varepsilon} \tag{8-129}$$

8.4.2　圆波导中的TM波

在柱坐标系中,圆波导TM波($H_z=0$)的纵向磁场分量可表示为

$$E_z(\rho,\varphi,z)=E_z(\rho,\varphi)\mathrm{e}^{-\mathrm{j}\beta z} \tag{8-130}$$

其中 $E_z(\rho,\varphi)$ 满足的波动方程(8-12),该方程在柱坐标系中可写为

$$\left[\frac{1}{\rho}\frac{\partial}{\partial\rho}\left(\rho\frac{\partial}{\partial\rho}\right)+\frac{1}{\rho^2}\frac{\partial^2}{\partial\varphi^2}+k_c^2\right]E_z(\rho,\varphi)=0 \tag{8-131}$$

利用与 TE 波相同的处理方法,可得方程的基本解为

$$E_z(\rho,\varphi,z)=E_{mn}J_m(k_c\rho)\begin{pmatrix}\cos(m\varphi)\\ \sin(m\varphi)\end{pmatrix}\mathrm{e}^{-\mathrm{j}\beta x} \tag{8-132}$$

将式(8-132)代入 TM 波的边界条件

$$E_z\big|_{\rho=a}=0 \tag{8-133}$$

解得

$$k_{\mathrm{cTM}}=\frac{\mu_{mn}}{a} \tag{8-134}$$

式中,μ_{mn} 为 m 阶贝塞尔函数的第 n 个非零根,μ_{mn} 可以通过查找特殊函数根值表获得,m 阶贝塞尔函数的根值见表 8-2。

表 8-2 第一类贝塞尔函数 $J_n(x)$ 的根值表(μ_{mn})

n	m			
	0	1	2	3
1	2.405	3.832	5.139	6.370
2	5.520	7.016	8.417	9.760
3	8.654	10.173	11.620	13.015

同样地,将式(8-132)代入柱坐标系下导行电磁波横-纵向分量关系式,即得圆柱波导中 TM 波的所有横向电磁场分量为

$$E_\rho(\rho,\varphi,z)=-\sum_{m=0}^{\infty}\sum_{n=1}^{\infty}\frac{\mathrm{j}\beta a}{\mu_{mn}}E_{mn}J'_m\left(\frac{\mu_{mn}}{a}\rho\right)\begin{pmatrix}\cos(m\varphi)\\ \sin(m\varphi)\end{pmatrix}\mathrm{e}^{-\mathrm{j}\beta z} \tag{8-135}$$

$$E_\varphi(\rho,\varphi,z)=\sum_{m=0}^{\infty}\sum_{n=1}^{\infty}\frac{\mathrm{j}\beta a^2 m}{\rho\mu_{mn}^2}E_{mn}J_m\left(\frac{\mu_{mn}}{a}\rho\right)\begin{pmatrix}\cos(m\varphi)\\ -\sin(m\varphi)\end{pmatrix}\mathrm{e}^{-\mathrm{j}\beta z} \tag{8-136}$$

$$H_\rho(\rho,\varphi,z)=\sum_{m=0}^{\infty}\sum_{n=1}^{\infty}\frac{\mathrm{j}\omega\varepsilon a^2 m}{\rho\mu_{mn}^2}E_{mn}J_m\left(\frac{\mu_{mn}}{a}\rho\right)\begin{pmatrix}-\sin(m\varphi)\\ \cos(m\varphi)\end{pmatrix}\mathrm{e}^{-\mathrm{j}\beta z} \tag{8-137}$$

$$H_\varphi(\rho,\varphi,z)=-\sum_{m=0}^{\infty}\sum_{n=1}^{\infty}\frac{\mathrm{j}\omega\varepsilon a}{\mu_{mn}}E_{mn}J'_m\left(\frac{\mu_{mn}}{a}\rho\right)\begin{pmatrix}\cos(m\varphi)\\ \sin(m\varphi)\end{pmatrix}\mathrm{e}^{-\mathrm{j}\beta z} \tag{8-138}$$

8.4.3 圆波导的传输特性

1. 截止波长和单模传输条件

根据圆柱波导 TE 模和 TM 模的截止波数式(8-124)和式(8-134)可得相应的截止波长分别为

$$\lambda_{\text{cTE}}=\frac{2\pi}{k_{\text{cTE}}}=\frac{2\pi a}{\mu'_{mn}} \tag{8-139}$$

$$\lambda_{\text{cTM}}=\frac{2\pi}{k_{\text{cTM}}}=\frac{2\pi a}{\mu_{mn}} \tag{8-140}$$

由上述两式可以看到，圆柱波导各模式的截止波长只与模型参数 m、n 以及波导半径 a 有关，且其排列顺序固定不变（只与 m 和 n 有关）。根据式（8-139）和式（8-140）计算出各模式截止波长并画出其模式分布图，如图 8-9 所示。

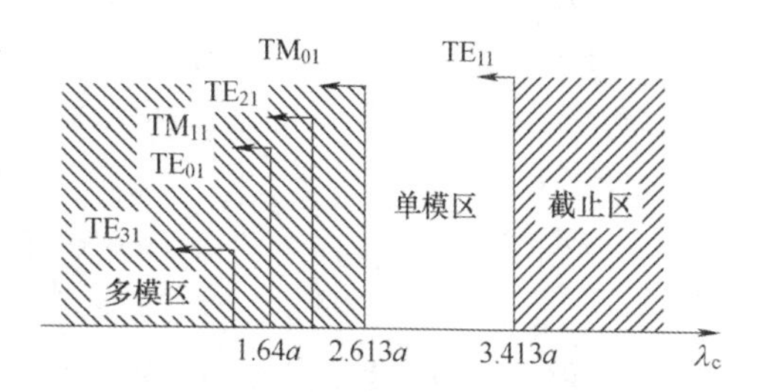

图 8-9　圆柱波导的模式分布图

由图 8-9 可见，TE_{11} 截止波长最长，即 $(\lambda_c)_{\text{TE}_{11}}=3.413a$，是圆柱波导的主模。圆柱形波导的单模传输条件为

$$2.613a<\lambda<3.413a \tag{8-141}$$

2. 简并现象

在 TE_{mn} 和 TM_{mn} 模中，m、n 不同，场的结构不同。m 表示场沿圆周方向整驻波分布的个数，n 是沿半径方向零点或最大值的个数。圆柱波导中存在两种简并现象：一种是 TE_{mn} 模和 TM_{mn} 模之间的简并（E-H 简并）；另一种是极化简并。

1）E-H 简并。对于圆波导而言，由于零阶贝塞尔函数一阶导数的零点与一阶贝塞尔函数的零点重合，即 $\mu'_{0n}=\mu_{1n}$，因此有 $(\lambda_c)_{\text{TE}_{0n}}=(\lambda_c)_{\text{TM}_{1n}}$，故 TE_{0n} 模和 TM_{1n} 模为 E-H 简并模。

2）极化简并。对同一组 m、n 值，只要 $m\neq 0$，场量沿 φ 坐标就可能存在 $\cos(m\varphi)$ 和 $\sin(m\varphi)$ 两种分布，两者的场结构形式完全相同，只是极化面不同，它们互相垂直，这种简并称为极化简并。利用圆波导的极化简并可以设计极化分离器和极化衰减器等器件。

8.4.4　圆波导的常用模式

圆波导中的常用模式有 TE_{11} 模、TM_{01} 模和 TE_{01} 模三种模式。

1. TE_{11} 模

TE_{11} 模是圆波导中的主模。TE_{11} 模的场结构如图 8-10 所示。由图 8-10 可见，TE_{11} 模的场结构与矩形波导中的 TE_{01} 模相似，利用该特点可设计方圆波导变换器（见图 8-11），实现矩形波导 TE_{01} 模到圆波导 TE_{11} 模的激励。

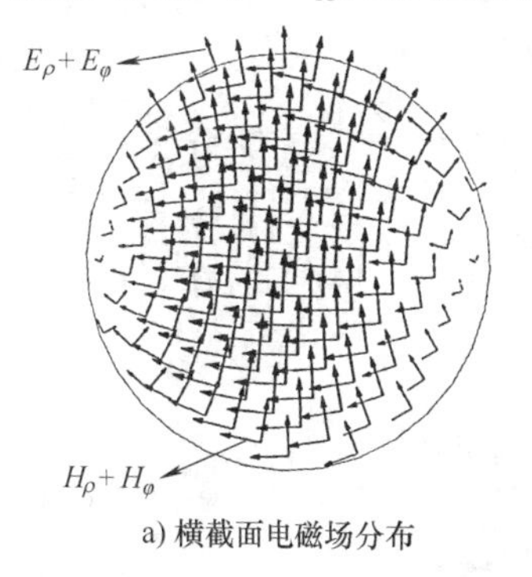

a) 横截面电磁场分布

z

b) 传播方向磁场分布

图 8-10　圆波导中 TE_{11} 模的场结构

虽然 TE_{11} 模是圆波导中的主模，但由于场结构存在极化简并，因而不能保证单模工作。即使圆波导中只激励起一种波形，但圆波导加工中难免出现细微的不均匀性，这会使得该波形分裂成极化简并波，致使 TE_{11} 模场的极化面发生旋转。因此，大部分情况下采用矩形波导，而不采用容易加工的圆波导。

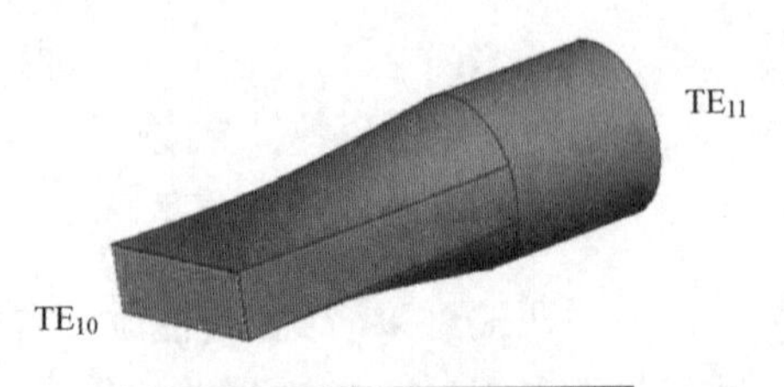

图 8-11　方圆波导变换器

2. TM_{01} 模

TM_{01} 模是圆波导中 E 波的最低次模，也是圆波导中的第一个高次模，TM_{01} 模的截止波长为 $\lambda_c=2.613a$。因为 $m=0$，其电磁场分布与 φ 无关，即为轴对称或圆对称分布，所以 TM_{01} 模无极化简并现象。TM_{01} 模只有 H_φ、E_ρ 和 E_z 三个场分量，场结构如图 8-12 所示。横截面上电场只有 $\boldsymbol{e}_\rho$ 分量，呈中心辐射状。由于 TM_{01} 模的场结构特点及轴对称性，该模常被用于雷达天线馈电系统的旋转铰链中。

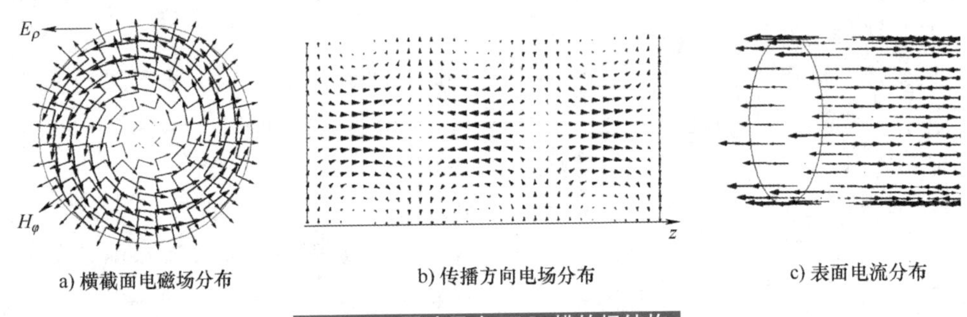

图 8-12　圆波导中 TM_{01} 模的场结构

圆波导中 TM_{01} 模引起的壁电流分布为

$$\boldsymbol{J}_S=-\boldsymbol{e}_\rho\times\boldsymbol{H}_\varphi\big|_{\rho=a}=-\boldsymbol{e}_zH_\varphi\big|_{\rho=a} \tag{8-142}$$

由式(8-142)可见，TM_{01} 模的壁电流分布只有 z 分量。对于传输模式的圆波导，可以沿波导纵向开窄槽，插入金属探针作为测量线使用。

3. TE_{01} 模

TE_{01} 模是圆波导的高次模，其截止波长为 $\lambda_c=1.640a$。该模式也是一种无极化简并现象的轴对称模式。TE_{01} 只有 E_φ、H_ρ 和 H_z 三个场分量，且 E_φ 构成闭合回路，场结构如图 8-13 所示。

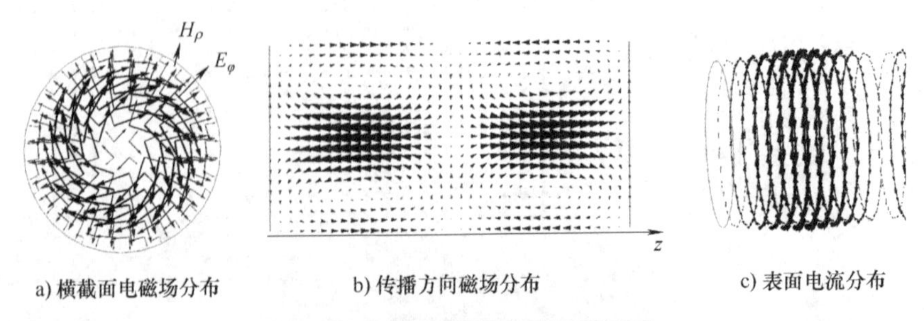

图 8-13　圆波导 TE_{01} 模的场结构

圆波导中，TE_{01}模引起的壁电流分布为

$$\boldsymbol{J}_S=-\boldsymbol{e}_\rho\times\boldsymbol{H}_z\big|_{\rho=a}=-\boldsymbol{e}_\varphi H_z\big|_{\rho=a} \tag{8-143}$$

可见，TE_{01}模引起的壁电流分布只有φ分量。该特点使得TE_{01}模在高频下的损耗最小，因此特别适用于做高Q谐振腔以及毫米波远距离传输。但是，由于TE_{01}模不是主模，且与TM_{11}异模简并，因此在使用时必须设法滤除干扰模式。通常，可以采用许多环形互相绝缘的铜片叠成"叠片波导"，其结构如图8-14所示。

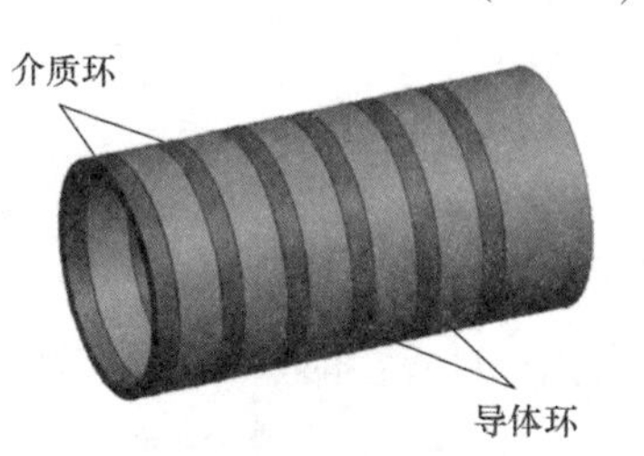

图8-14　叠片波导

8.5　同轴波导

同轴波导也称为同轴线，由同轴的内外圆柱形导体和内外导体间填充介质构成，其形状如图8-15所示。内导体半径为a，外导体的内半径为b，内外导体之间填充电参数为ε、μ的理想介质，内外导体为理想导体。同轴线是一种典型的双导体导波系统，因此它既可以传播TEM波，也可以传播TE波、TM波。

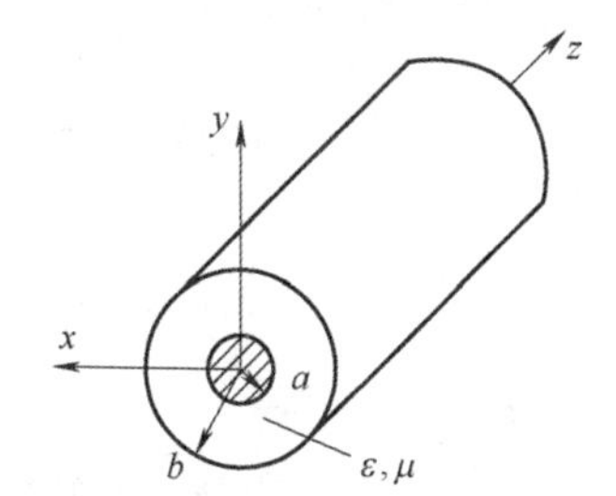

图8-15　同轴波导结构示意图

8.5.1　同轴波导中的TEM波

TEM波无纵向场分量，$E_z=H_z=0$、$k_c=0$，因此不能采用纵向分量法求解。在同轴波导中，TEM波的电场和磁场只有横向场分量且满足二维拉普拉斯方程$\nabla_T^2\boldsymbol{E}_T(\rho,\varphi)=0$和$\nabla_T^2\boldsymbol{H}_T(\rho,\varphi)=0$，而磁力线必须是闭合曲线，故磁场只有$H_\varphi$分量，即$\boldsymbol{H}=\boldsymbol{e}_\varphi H_\varphi$；又因为电场、磁场互相垂直，所以电场只有$E_\rho$分量，即$\boldsymbol{E}=\boldsymbol{e}_\rho E_\rho$。此外，TEM的截止波数为0，即$k_c=0$，$\gamma=\mathrm{j}k$。将上述参数代入到柱坐标系中$H$的旋度方程为

$$\nabla\times\boldsymbol{H}=\frac{1}{\rho}\begin{pmatrix}\boldsymbol{e}_\rho & \rho\boldsymbol{e}_\varphi & \boldsymbol{e}_z\\ \dfrac{\partial}{\partial\rho} & \dfrac{\partial}{\partial\varphi} & \dfrac{\partial}{\partial z}\\ 0 & \rho H_\varphi & 0\end{pmatrix}=\mathrm{j}\omega\varepsilon\boldsymbol{E} \tag{8-144}$$

和$\boldsymbol{E}$的旋度方程为

$$\nabla\times\boldsymbol{E}=\frac{1}{\rho}\begin{pmatrix}\boldsymbol{e}_\rho & \rho\boldsymbol{e}_\varphi & \boldsymbol{e}_z\\ \dfrac{\partial}{\partial\rho} & \dfrac{\partial}{\partial\varphi} & \dfrac{\partial}{\partial z}\\ E_\rho & 0 & 0\end{pmatrix}=-\mathrm{j}\omega\varepsilon\boldsymbol{H} \tag{8-145}$$

展开可得

$$\frac{1}{\rho}\frac{\partial(\rho H_\varphi)}{\partial\rho}=0 \tag{8-146}$$

$$-\frac{1}{\rho}\frac{\partial(\rho H_{\varphi})}{\partial z}=\mathrm{j}kH_{\varphi}=\mathrm{j}\omega\varepsilon E_{\rho} \tag{8-147}$$

$$\frac{1}{\rho}\frac{\partial E_{\rho}}{\partial\varphi}=0 \tag{8-148}$$

$$\frac{\partial E_{\rho}}{\partial z}=-\mathrm{j}kE_{\rho}=-\mathrm{j}\omega\mu H_{\varphi} \tag{8-149}$$

由式(8-147)和式(8-149)可得

$$E_{\rho}=\frac{k}{\omega\varepsilon}H_{\varphi}=\frac{\omega\mu}{k}H_{\varphi}=\sqrt{\frac{\mu}{\varepsilon}}H_{\varphi}=\eta H_{\varphi} \tag{8-150}$$

由式(8-148)可知，E_{ρ} 与 φ 无关。结合式(8-150)可知，H_{φ} 也与 φ 无关。因此，由式(8-146)可得 $\rho H_{\varphi}=$ 常数。令 $\rho H_{\varphi}=H_m$，最终可以得到同轴波导 TEM 模的电磁场复数形式为

$$H_{\varphi}(\rho,z)=\frac{H_m}{\rho}\mathrm{e}^{-\mathrm{j}kz} \tag{8-151}$$

$$E_{\rho}(\rho,z)=\frac{E_m}{\rho}\mathrm{e}^{-\mathrm{j}kz} \tag{8-152}$$

式中，$E_m=\eta H_m$。

某时刻同轴波导中 TEM 模的场分布如图 8-16 所示。

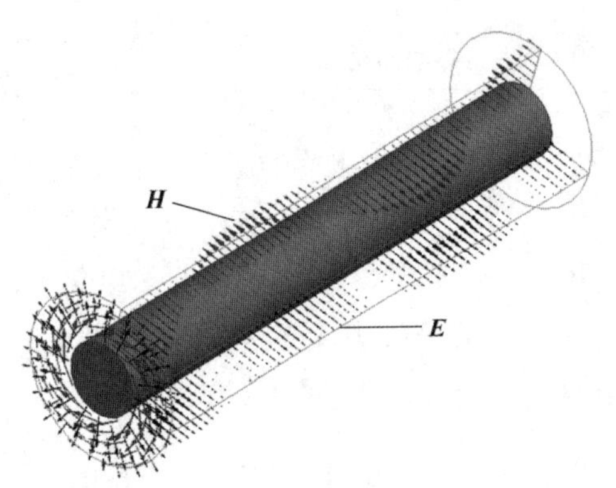

图 8-16　同轴波导中 TEM 模的场分布

由于同轴波导中 TEM 波的相位常数 β 等于填充介质中的波数 k，即 $\beta=k$，因此 TEM 波与该介质中的平面电磁波具有相同的传播参数(如相速度)，即

$$v_{\mathrm{p}}=\frac{\omega}{\beta}=\frac{1}{\sqrt{\varepsilon\mu}} \tag{8-153}$$

波阻抗为

$$Z_{\mathrm{TEM}}=\frac{E_{\rho}}{H_{\varphi}}=\frac{\gamma}{\mathrm{j}\omega\varepsilon}=\sqrt{\frac{\mu}{\varepsilon}}=\eta \tag{8-154}$$

从以上的分析可知，TEM 是无色散波，其截止波数 $k_{\mathrm{c}}=\sqrt{\gamma^2+k^2}=0$，即 $\lambda_{\mathrm{c}}=\infty$。因此，同轴波导中的主模是 TEM 模。同轴波导中传输 TEM 模时，其传输功率为

$$\begin{aligned}P&=\frac{1}{2}\mathrm{Re}\int_S(\boldsymbol{E}\times\boldsymbol{H}^*)\cdot\mathrm{d}\boldsymbol{S}=\frac{1}{2}\mathrm{Re}\int_a^b(\boldsymbol{E}_{\mathrm{T}}\times\boldsymbol{H}_{\mathrm{T}}^*)\cdot\boldsymbol{e}_z\mathrm{d}\boldsymbol{S}\\&=\frac{1}{2}\int_a^b(E_{\rho}\cdot H_{\varphi}^*)2\pi r\mathrm{d}r=\pi\frac{\gamma}{\mathrm{j}\omega\varepsilon}|H_m|^2\ln\frac{b}{a}=\pi\sqrt{\frac{\mu}{\varepsilon}}|H_m|^2\ln\frac{b}{a}\\&=\frac{\pi}{\eta}|E_m|^2\ln\frac{b}{a}\end{aligned} \tag{8-155}$$

式中，$E_m=\eta H_m$。

由式(8-152)可知，同轴波导中传播 TEM 模时，在 $\rho=a$ 处电场最大，且为

$$|E_a|=\sqrt{\frac{\mu}{\varepsilon}}\frac{H_m}{a}=\frac{\eta H_m}{a}=\frac{E_m}{a} \tag{8-156}$$

若假设该处的电场强度$|E_a|$等于同轴波导中所填充媒质的击穿电场强度E_{br}，则击穿时有$|E_m|=E_{br}a$，将其代入式(8-155)，得同轴波导传输 TEM 模时的功率容量为

$$P_{br}=\frac{\pi a^2 E_{br}^2}{\eta}\ln\frac{b}{a} \tag{8-157}$$

8.5.2　同轴波导中的高次模

在实际应用中，同轴波导都是以 TEM 模(主模)方式工作，已广泛应用于微波信号的高质量传输。以 TEM 模工作的空心同轴线还是微波段电磁参数测量的最重要夹具之一。但是，当工作频率过高时，在同轴波导中还将出现一系列的高次模(如 TM 模和 TE 模)，从而破坏同轴波导的工作条件。因此，同轴波导单模传输条件是其应用中需要注意的问题。

同轴波导中的 TM 模和 TE 模的分析方法与圆柱形波导中 TM 模和 TE 模的分析方法相似，即在给定的边界条件下求解E_z或H_z满足的波动方程，从而可以得到同轴波导中不同TM_{mn}模和TE_{mn}模的场分布以及相应模式的截止波长$(\lambda_c)_{mn}$。

根据计算得到同轴波导中TE_{11}模和TM_{01}模的截止波长分别为

$$\begin{aligned}(\lambda_c)_{TE_{11}}&\approx\pi(b+a)\\(\lambda_c)_{TM_{01}}&\approx2(b-a)\end{aligned} \tag{8-158}$$

于是，同轴波导几个较低阶的模式分布如图 8-17 所示。

为保证同轴波导在给定工作频带内传输 TEM 模，就必须使工作波长大于第一个次高模——TE_{11}模的截止波长，即

$$\lambda_{min}\geqslant(\lambda_c)_{TE_{11}}\approx\pi(b+a)\qquad a+b\leqslant\frac{\lambda_{min}}{\pi} \tag{8-159}$$

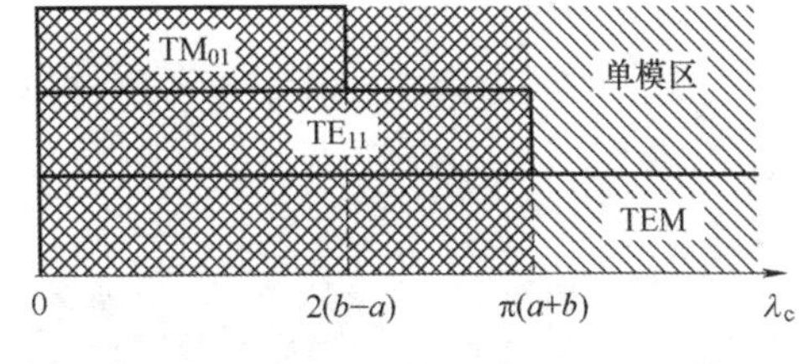

图 8-17　同轴波导中的模式分布图

该式给出了$a+b$的取值范围，要确定最终尺寸，还必须确定a/b的值。可以根据实际需要选择该值的大小。例如，当要求各功率容量最大时选择$a/b=1.65$，当要求传输损耗最小时选择$a/b=3.59$，当要求耐压最高时选择$a/b=2.72$。

8.6　谐振腔

低频波段的谐振电路通常由集总参数元件电感和电容构成。当工作频率升高到 UHF 波段(300MHz~3GHz)以及更高的频段时，制造一般的集总参数元件非常困难。这是由于电路的几何尺寸与工作波长相比拟，从而使其成为一个辐射源，干扰其他的电路和系统。

谐振腔则是一种适用于 UHF 以及更高频率的谐振元件，它是用金属导体壁完全密闭的空腔，将电磁波全部约束在空腔内，同时其整个大面积的金属表面又为电流提供通路。此外，当利用微波来消菌、杀毒以及加热时，通常也需要将电磁波约束在封闭的谐振腔内，以免微波泄

漏导致电磁干扰和污染问题。

常见的微波谐振腔有矩形谐振腔、圆柱谐振腔和同轴谐振腔等，其结构均可视为两端短路的波导，如图 8-18 所示。

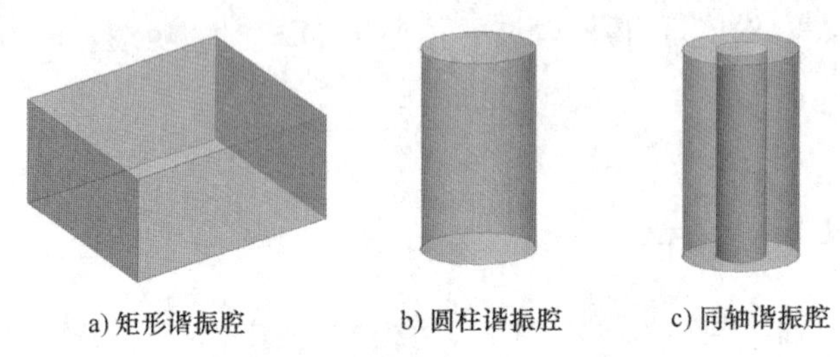

图 8-18 各种谐振腔示意图

8.6.1 矩形谐振腔

将一段长度为 l 的矩形波导两端用金属板封闭起来，构成矩形谐振腔，如图 8-19 所示。因为 TM 模和 TE 模都能存在于矩形波导内，所以，TM 模和 TE 模也同样可以存在于矩形谐振腔中。由于谐振腔内不存在传播方向，因此，TM 模和 TE 模的名称不唯一。

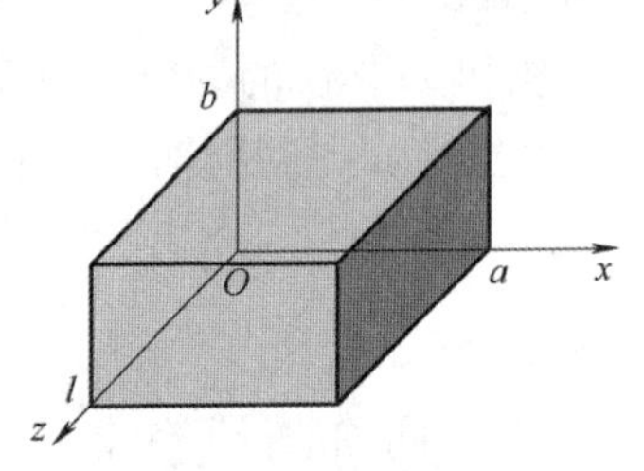

图 8-19 矩形谐振腔

在理论分析矩形谐振腔模式时，可以假设 z 轴为参考的传播方向。由于在 $z=0$ 和 $z=l$ 处存在导体壁，电磁波将在其间来回反射形成驻波，所以在空腔内不可能有波的传播。

1. TM_{mnp} 模

由之前的波导模式分析结论可知，在矩形波导中沿 $+z$ 方向传播的 TM_{mn} 模的场分量为

$$E_z(x,y,z)=E_m\sin\left(\frac{m\pi}{a}x\right)\sin\left(\frac{n\pi}{b}y\right)\mathrm{e}^{-\mathrm{j}\beta z} \tag{8-160}$$

$$E_x(x,y,z)=-\frac{\gamma}{k_c^2}\left(\frac{m\pi}{a}\right)E_m\cos\left(\frac{m\pi}{a}x\right)\sin\left(\frac{n\pi}{b}y\right)\mathrm{e}^{-\mathrm{j}\beta z} \tag{8-161}$$

$$E_y(x,y,z)=-\frac{\gamma}{k_c^2}\left(\frac{m\pi}{b}\right)E_m\sin\left(\frac{m\pi}{a}x\right)\sin\left(\frac{n\pi}{b}y\right)\mathrm{e}^{-\mathrm{j}\beta z} \tag{8-162}$$

$$H_x(x,y,z)=\frac{\mathrm{j}\omega\varepsilon}{k_c^2}\left(\frac{n\pi}{b}\right)E_m\sin\left(\frac{m\pi}{a}x\right)\cos\left(\frac{n\pi}{b}y\right)\mathrm{e}^{-\mathrm{j}\beta z} \tag{8-163}$$

$$H_y(x,y,z)=-\frac{\mathrm{j}\omega\varepsilon}{k_c^2}\left(\frac{n\pi}{a}\right)E_m\cos\left(\frac{m\pi}{a}x\right)\cos\left(\frac{n\pi}{b}y\right)\mathrm{e}^{-\mathrm{j}\beta z} \tag{8-164}$$

$$H_z(x,y,z)=0 \tag{8-165}$$

该模式的电磁波被位于 $z=l$ 处的端面反射，然后沿 $-z$ 方向传播，相应的行波因子为 $\mathrm{e}^{\mathrm{j}\beta z}$，这时入射波和反射波叠加将形成以 $\sin\beta z$ 或 $\cos\beta z$ 表示的驻波分布。在 $z=0$ 和 $z=l$ 的两个面上，E_x 和 E_y 是切向分量。由边界条件可知，电场切向分量在 $z=0$ 和 $z=l$ 平面上应等于零。因此，E_x 和 E_y 沿 z 的驻波分布应为 $\sin\beta z$，且 $\beta=p\pi/l$，p 为整数。将 E_x 和 E_y 的表达式代入导行电磁波横-纵分量关系式中，并将 γ 还原为 $\gamma=-\partial/\partial z$（因为驻波状态下 $\partial/\partial z\neq\gamma$）可以得到，$E_z$ 沿 z 的驻

波分布应为 $\cos\beta z$，H_x 和 H_y 沿袭了 E_z 在 z 方向的变化规律，也应为 $\cos\beta z$。于是，矩形谐振腔内 TM_{mnp} 模的场分布为

$$E_z(x,y,z)=E_m\sin\left(\frac{m\pi}{a}x\right)\sin\left(\frac{n\pi}{b}y\right)\cos\left(\frac{p\pi}{l}z\right) \tag{8-166}$$

$$E_x(x,y,z)=-\frac{1}{k_c^2}\left(\frac{m\pi}{a}\right)\left(\frac{p\pi}{l}\right)E_m\cos\left(\frac{m\pi}{a}x\right)\sin\left(\frac{n\pi}{b}y\right)\sin\left(\frac{p\pi}{l}z\right) \tag{8-167}$$

$$E_y(x,y,z)=-\frac{1}{k_c^2}\left(\frac{m\pi}{b}\right)\left(\frac{p\pi}{l}\right)E_m\sin\left(\frac{m\pi}{a}x\right)\cos\left(\frac{n\pi}{b}y\right)\sin\left(\frac{p\pi}{l}z\right) \tag{8-168}$$

$$H_x(x,y,z)=\frac{\mathrm{j}\omega\varepsilon}{k_c^2}\left(\frac{n\pi}{b}\right)E_m\sin\left(\frac{m\pi}{a}x\right)\cos\left(\frac{n\pi}{b}y\right)\cos\left(\frac{p\pi}{l}z\right) \tag{8-169}$$

$$H_y(x,y,z)=-\frac{\mathrm{j}\omega\varepsilon}{k_c^2}\left(\frac{m\pi}{a}\right)H_m\cos\left(\frac{m\pi}{a}x\right)\sin\left(\frac{n\pi}{b}y\right)\cos\left(\frac{p\pi}{l}z\right) \tag{8-170}$$

$$H_z(x,y,z)=0 \tag{8-171}$$

由矩形波导中 TM_{mn} 模、TE_{mn} 模的相位常数为

$$\beta=\sqrt{k_c^2-k^2}=\sqrt{\left(\frac{m\pi}{a}\right)^2+\left(\frac{n\pi}{b}\right)^2-k^2} \tag{8-172}$$

将前面给出的条件 $\beta=\dfrac{p\pi}{l}$ 代入式(8-172)，得

$$k=k_{mnp}=\sqrt{\left(\frac{m\pi}{a}\right)^2+\left(\frac{n\pi}{b}\right)^2+\left(\frac{p\pi}{l}\right)^2} \tag{8-173}$$

与之对应的频率即为谐振腔的谐振频率，表达式为

$$f_{mnp}=\frac{\omega_{mnp}}{2\pi}=\frac{k_{mnp}}{2\pi\sqrt{\mu\varepsilon}}=\frac{1}{\sqrt{\mu\varepsilon}}\sqrt{\left(\frac{m}{2a}\right)^2+\left(\frac{n}{2b}\right)^2+\left(\frac{p}{2l}\right)^2} \tag{8-174}$$

2. TE_{mnp} 模

对于 TE_{mnp} 模的驻波分量的复数表示，可由矩形波导中 TE_{mn} 模的场分量导出，其方法与导出 TM_{mnp} 模驻波场分量相同。E_x 和 E_y 是 $z=0$ 和 $z=l$ 两个端面上的切向分量，因此 E_x 和 E_y 沿 z 的驻波分布应为 $\sin\beta z$，且 $\beta=p\pi/l$。同样地，将导行电磁波横-纵分量关系式中的 γ 还原为 $\gamma=-\partial/\partial z$ 可得 H_z 沿 z 方向与 E_x、E_y 一样呈 $\sin\beta z$ 驻波分布，而 H_x、H_y 呈 $\cos\beta z$ 驻波分布。最终得到 TE_{mnp} 模的各场量为

$$H_z(x,y,z)=H_m\cos\left(\frac{m\pi}{a}x\right)\cos\left(\frac{n\pi}{b}y\right)\sin\left(\frac{p\pi}{l}z\right) \tag{8-175}$$

$$H_x(x,y,z)=-\frac{1}{k_c^2}\left(\frac{m\pi}{a}\right)\left(\frac{p\pi}{l}\right)H_m\sin\left(\frac{m\pi}{a}x\right)\cos\left(\frac{n\pi}{b}y\right)\cos\left(\frac{p\pi}{l}z\right) \tag{8-176}$$

$$H_y(x,y,z)=-\frac{1}{k_c^2}\left(\frac{m\pi}{b}\right)\left(\frac{p\pi}{l}\right)H_m\cos\left(\frac{m\pi}{a}x\right)\sin\left(\frac{n\pi}{b}y\right)\cos\left(\frac{p\pi}{l}z\right) \tag{8-177}$$

$$E_x(x,y,z)=\frac{\mathrm{j}\omega\mu}{k_c^2}\left(\frac{n\pi}{b}\right)H_m\cos\left(\frac{m\pi}{a}x\right)\sin\left(\frac{n\pi}{b}y\right)\sin\left(\frac{p\pi}{l}z\right) \tag{8-178}$$

$$E_y(x,y,z)=-\frac{\mathrm{j}\omega\mu}{k_c^2}\left(\frac{m\pi}{a}\right)H_m\sin\left(\frac{m\pi}{a}x\right)\cos\left(\frac{n\pi}{b}y\right)\sin\left(\frac{p\pi}{l}z\right)\tag{8-179}$$

$$E_z(x,y,z)=0\tag{8-180}$$

式中,k_c 与 f_{mnp} 的表达式与 TM_{mnp} 模相同。

具有相同谐振频率的不同模式称为简并模。对于给定尺寸的谐振腔,谐振频率最低的模式称为主模。

对于 TM_{mnp} 模,由其场分量的表示式(8-166)~式(8-171)可知,m 和 n 不能为零,而 p 可以为零。对于 TE_{mnp} 模,由其场分量的表示式(8-175)~式(8-180)可知,m 或 n 均可为零(但不能同时为零),而 p 不能为零。

3. 矩形谐振腔的品质因素

谐振腔可以储存电场能量和磁场能量。在实际的谐振腔中,由于腔壁的电导率是有限的,它的表面电阻不为零,这样将导致能量的损耗。和其他谐振回路一样,谐振腔的品质因素 Q 定义为

$$Q=2\pi\frac{W}{W_T}\tag{8-181}$$

式中,W 为谐振腔中的储能;W_T 为一个周期内谐振腔中损耗的能量。设 P_L 为谐振腔内的时间平均损耗,则一个周期 $T=\frac{2\pi}{\omega}$ 内谐振腔损耗的能量为 $W_T=P_L\frac{2\pi}{\omega}$,得

$$Q=2\pi\frac{W}{P_L\frac{2\pi}{\omega}}=\omega\frac{W}{p_L}\tag{8-182}$$

确定谐振腔在谐振频率的 Q 值时,通常是假设其损耗足够小,以致可以用无损耗时的场分布进行计算。

8.6.2 微波炉中的谐振腔

微波加热具有高效、快速和节能等众多优点,被广泛应用于工业、农业、化工、军事和医疗等各个方面。微波炉更是走进了千家万户,成为厨房必备电器之一。

家用微波炉是一种工作在 2.45GHz 高功率微波设备。为了防止微波泄漏带来的电磁污染,被加热食物放置在微波炉的炉腔内。微波炉的炉腔通常是电镀锌板或不锈钢板等材料制造而成的长方形腔体,如图 8-20 所示。谐振腔内可以存在的谐振模式由腔体的尺寸决定。

微波炉炉腔的谐振模式,即电磁波在腔内的驻波场注定了微波炉腔的空间电磁场分布不均匀,这也必将导致微波炉加热食物时受热不均匀。为了改善微波炉的加热均匀性,微波炉腔通常都不是标准的矩形腔,腔壁常常设计一些“凸起”或“凹陷”。利用这种不规则腔体,可以在一定程度上改善腔内电磁场分布的不均匀性。此外,使用玻璃转盘和电磁搅拌

图 8-20 一种微波炉

器，利用被加热食物或腔内电磁场空间位置的变化改善微波加热均匀性，是微波炉中广泛采用、较为有效的两种方式，但加热均匀性仍有很大的改善空间。

以干燥剂再生为例，图8-21和图8-22分别为某型号转盘微波炉和电磁搅拌器微波炉再生干燥剂的效果对比图。很明显，转盘微波炉的再生效果具有明显的圆对称性，圆中心处因为电磁场较弱而欠干燥。电磁搅拌器微波炉有两个明显的强场区域，处于该区域的干燥剂再生效果较好，而其他区域再生效果较差。

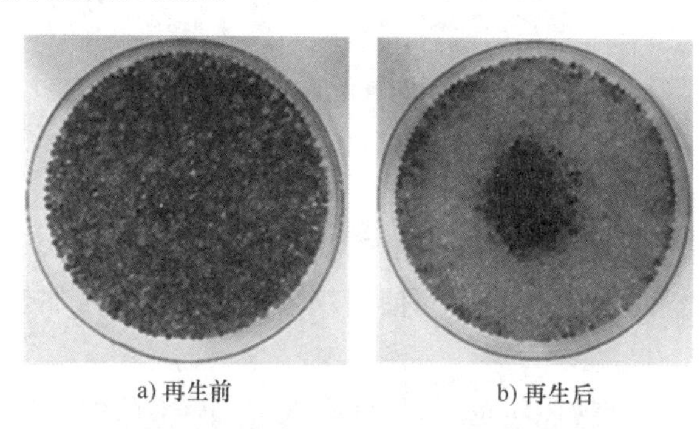

a) 再生前　　b) 再生后

图8-21　转盘微波炉干燥剂再生效果

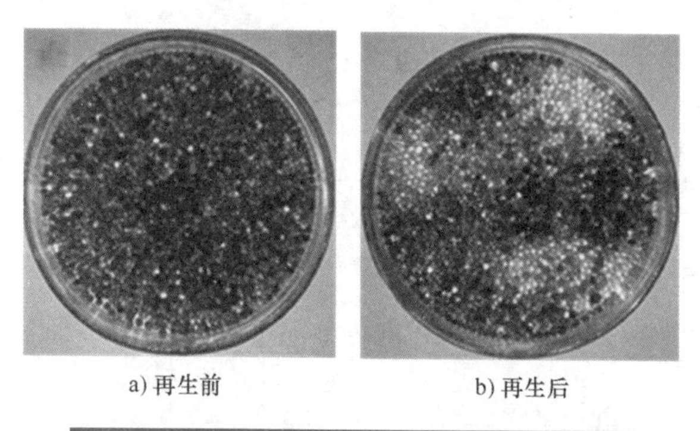

a) 再生前　　b) 再生后

图8-22　电磁搅拌器微波炉干燥剂再生效果

8.7　习题与答案

8.7.1　习题

1. 试说明TEM波、TE波和TM波的区别。

2. 什么是工作波长、截止波长、波导波长；它们之间有何联系和区别？

3. 何为波导的色散特性；波导的色散特性跟哪些因素有关？

4. 波导中导行电磁波的相位常数、波导波长、相速度、群速度以及波阻抗与平面电磁波的相应参数有何异同；产生这种差异的原因是什么？

5. 分别说明矩形波导和圆柱波导中波形指数 m 和 n 的物理含义。

6. 矩形波导的模式简并和圆柱形波导的模式简并有何异同？

7. BJ-100 矩形波导的横截面尺寸为 $a\times b=22.86\text{mm}\times10.16\text{mm}$,波导内填充空气,信号频率为 15GHz。试求:

(1) 波导中可以传播的模式。

(2) 该矩形波导主模的相位常数、相速度、波导波长和波阻抗。

8. 外导体内直径为 7.0mm、内导体外直径为 3.04mm 的空气同轴线是微波段电磁参数测量的关键材料,这种空气同轴线上通常标识其工作频率范围为 0~18GHz,特性阻抗为 $Z_0=50\Omega$。试述:

(1) 试根据同轴波导单模传输条件和波阻抗对上述标识进行说明。

(2) 如果要单模传输频率为 60GHz 的信号,结合加工难易程度谈谈你的同轴电缆设计方案。

9. 设计一矩形谐振腔,使得 2.45GHz 和 5.8GHz 分别谐振于两个不同的模式,通过分析这两种模式电场强度的空间分布,谈谈你对使用双微波源改善微波加热均匀性的可行性判断及实施方案。

10. 一微波谐振腔的尺寸为 200mm×290mm×320mm,试求该谐振腔的主模及谐振频率。

8.7.2 答案

1.~6. 略.

7. (1) 能传输 TE_{10}、TE_{20}和 TE_{01}模.

(2) $\beta_{TE_{10}}=282.51\text{rad/s}$, $v_p=3.33\times10^8\text{m/s}$, $\lambda_g=2.22\text{cm}$, $Z_{WTE_{10}}=419.23\Omega$.

8. (1) $f_c\approx18.13\times10^9\text{Hz}=18.13\text{GHz}$, $Z_0\approx50\Omega$.

(2) 外导体直径为 3.5mm 或 1.85mm.

9. 取 $l=300\text{mm}$,可得 $a=30.2\text{mm}$, $b=106\text{mm}$。如果两模式较好地互补,能在一定程度上改善微波加热均匀性.

10. $f_{mnp}=\dfrac{1}{\sqrt{\mu\varepsilon}}\sqrt{\left(\dfrac{m}{2a}\right)^2+\left(\dfrac{n}{2b}\right)^2+\left(\dfrac{p}{2l}\right)^2}=c\sqrt{\left(\dfrac{m}{2a}\right)^2+\left(\dfrac{n}{2b}\right)^2+\left(\dfrac{p}{2l}\right)^2}$

令 $a=200\text{mm}$、$b=290\text{mm}$ 和 $c=320\text{mm}$。当 $m=0$, $n=1$, $p=1$ 时,f_{mnp}取得最小值为 1.396GHz,对应的主模为 TE_{011}模.